计 算 机 科 学 丛 书

ARM版

数字设计和计算机体系结构

[美] 莎拉·L.哈里斯（Sarah L. Harris） 戴维·莫尼·哈里斯（David Money Harris） 著

陈俊颖 等译

Digital Design and Computer Architecture
ARM Edition

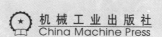

机械工业出版社
China Machine Press

图书在版编目（CIP）数据

数字设计和计算机体系结构（原书第2版·ARM版）/（美）莎拉·L. 哈里斯（Sarah L. Harris），（美）戴维·莫尼·哈里斯（David Money Harris）著；陈俊颖等译 . —北京：机械工业出版社，2019.6（2021.11 重印）

（计算机科学丛书）

书名原文：Digital Design and Computer Architecture, ARM Edition

ISBN 978-7-111-62925-2

I. 数⋯　II.①莎⋯　②戴⋯　③陈⋯　III.①数字电路 – 电路设计　②计算机体系结构
IV.①TN79　②TP303

中国版本图书馆 CIP 数据核字（2019）第 107386 号

注意

　　本书涉及领域的知识和实践标准在不断变化。新的研究和经验拓展我们的理解，因此须对研究方法、专业实践或医疗方法作出调整。从业者和研究人员必须始终依靠自身经验和知识来评估和使用本书中提到的所有信息、方法、化合物或本书中描述的实验。在使用这些信息或方法时，他们应注意自身和他人的安全，包括注意他们负有专业责任的当事人的安全。在法律允许的最大范围内，爱思唯尔、译文的原文作者、原文编辑及原文内容提供者均不对因产品责任、疏忽或其他人身或财产伤害及/或损失承担责任，亦不对由于使用或操作文中提到的方法、产品、说明或思想而导致的人身或财产伤害及/或损失承担责任。

出版发行：机械工业出版社（北京市西城区百万庄大街 22 号　邮政编码：100037）

责任编辑：朱秀英	责任校对：殷　虹
印　　刷：大厂回族自治县益利印刷有限公司	版　　次：2021 年 11 月第 1 版第 2 次印刷
开　　本：185mm×260mm　1/16	印　　张：24.25
书　　号：ISBN 978-7-111-62925-2	定　　价：129.00 元

凡购本书，如有缺页、倒页、脱页，由本社发行部调换

客服热线：（010）88378991　88379833	投稿热线：（010）88379604
购书热线：（010）68326294	读者信箱：hzjsj@hzbook.com

版权所有·侵权必究
封底无防伪标均为盗版
本书法律顾问：北京大成律师事务所　韩光/邹晓东

本书真的太棒了，是全心全意为计算机教学而打造的，并且清楚地表明了两位作者对教学和教育的热爱和热情。读完这本书的学生将在毕业后多年仍感谢他们。写作风格，清晰度，详细图表，信息流程，主题复杂性的逐渐增加，各章节中的精彩例子，章节末尾的习题，简洁明了的解释，有用的现实世界的例子，对每个主题的所有方面的涵盖——所有这些事情都做得很好。如果本书刚好是你的课堂教材，相信你一定会享受这门课，学到真东西，并且在毕业多年后依然受用。

——Mehdi Hatamian，Broadcom 公司高级副总裁

两位作者基于他们的畅销书《Digital Design and Computer Architecture》创造了 ARM 版本，完成得非常出色。重定向到 ARM 是一项具有挑战性的任务，但作者在保持其清晰透彻的演示风格以及出色的文字质量的同时成功完成了这项工作。我相信这个新版本将受到学生和专业人士的欢迎。

——Donald Hung，圣何塞州立大学

在我作为教授的 10 年间审阅和使用过的所有教科书中，本书是仅有的两本毫无疑问值得购买的教科书（另一本是《Computer Organization and Design》）。它的写作清晰简洁，图表易于理解，用作运行示例的 CPU 足够复杂以在实际中应用，但又足够简单，可以让学生彻底理解。

——Zachary Kurmas，大谷州立大学

本书为传统的教学内容提供了新的视角。很多教科书看上去像繁杂的灌木丛，作者在这本书中将"枯枝"去除，同时保留了最基本的内容，并把这些内容放到了现代环境中。正因为如此，他们提供的教材可以激发学生为未来的挑战设计解决方案的兴趣。

——Jim Frenzel，爱达荷大学

两位作者的写作风格令人愉快，内容丰富。他们对资料的处理水平很高，可以通过大量有用的图表向学生介绍计算机工程。他们对组合电路、微结构和存储器系统处理得尤其好。

——James Pinter-Lucke，克莱蒙特麦肯纳学院

这本书非常清晰而且易于理解。习题的设计非常好，同时也提供了很多现实案例。书中避免了许多其他教材中冗长而令人费解的解释。可以看出，作者花费了很多时间和努力来提高本书的可读性。我强烈推荐这本书。

——Peiyi Zhao，查普曼大学

数字逻辑设计、计算机体系结构、嵌入式系统和片上系统设计等课程是计算机系统课程的主体。本书巧妙地将数字设计和 ARM 体系结构融合在一起，既明确了数字设计作为 ARM 体系结构的基础知识，也帮助读者了解了 ARM 体系结构课程如何运用数字设计课程中的关键知识。本书各章节间衔接连贯，自然而然地引导读者从最基本的 0 和 1 一直深入到 ARM 微处理器的构建。通过这本书，完全没有计算机系统和软硬件知识的学生，也能从零开始循序渐进地掌握设计 ARM 微处理器以及编写相应软硬件程序的基本原理和方法。

"层次化、模块化、规整化"三大计算机软硬件的通用设计原则贯穿本书始终。通过对设计思想的学习，读者能建立起良好的工程设计思路，为将来设计大规模的复杂软硬件系统打下良好的基础。同时，本书内容紧密贴近领域新动态，涉及的相关数据、编程语言、软件工具、硬件结构等都紧跟行业发展。通过本书的学习，能增强读者使用主流工具和开发环境进行实际应用设计的能力。

本书不仅内容丰富充实，文字通俗流畅，而且叙述风趣幽默，并配有大量示例和习题，有助于读者理解和掌握数字设计和 ARM 体系结构的相关知识。本书不仅适用于相关专业课程的教学，也适合作为相关工程技术人员的参考书籍。

本书主要由华南理工大学陈俊颖翻译、校对及定稿，付懿轩、庄仁鑫和邢正颖参与了部分翻译工作。本书由广东省自然科学基金项目（编号：2016A030310412）资助完成。在本书翻译过程中，华南理工大学的陈虎（第 1 版译者）给予了大力的支持与帮助，机械工业出版社的曲熠、朱秀英等编辑提出了宝贵的意见并付出了辛勤的劳动，在此对他们表示衷心的感谢！

在本书翻译过程中，译者力求准确无误地表达原文意思，尽可能使文字流畅易懂。但是受水平和时间所限，难免有疏漏和错误之处，恳请广大读者不吝指正。

最后，特别感谢我的家人一直以来对我无私的关爱和支持。

陈俊颖

2019 年 3 月 12 日

本书的独特之处在于从计算机体系结构的角度呈现数字逻辑设计，从 1 和 0 开始，逐步引领读者了解微处理器的设计。

我们相信，构建微处理器是工程和计算机科学专业学生的特殊"仪式"。处理器的内部工作对于不熟悉的人来说似乎是神奇的，但经过仔细解释后，其实是直截了当的。数字设计本身就是一个强大而令人兴奋的主题。汇编语言编程揭示了处理器所使用的内部语言。微体系结构（简称为微结构）将它们链接在一起。

在这本日益流行的图书的前两个版本中，包括了由 Patterson 和 Hennessy 所撰写且被广泛使用的体系结构书籍中讨论的传统 MIPS 体系结构。作为最初的精简指令集计算体系结构之一，MIPS 非常简洁，易于理解和构建。今天，MIPS 仍然是一个重要的体系结构，在 2013 年被 Imagination Technologies 收购后，又被注入了新的活力。

在过去的 20 年中，ARM 体系结构由于其高效和丰富的生态系统而大受欢迎。这段时间出货了超过 500 亿个 ARM 处理器，并且全球超过 75% 的人都在使用带有 ARM 处理器的产品。在撰写本书时，几乎所有在售的手机和平板电脑都包含一个或多个 ARM 处理器。有报道预测数百亿的 ARM 处理器将很快控制物联网。许多公司正在构建高性能 ARM 系统，以在服务器市场挑战 Intel。由于其商业重要性和学生的兴趣，我们撰写了本书的 ARM 版本。

在教学上，MIPS 和 ARM 版本的学习目标是相同的。ARM 体系结构具有许多功能，包括寻址模式和条件执行，这些功能有助于提高效率，但增加了少量的复杂性。它与 MIPS 的微体系结构也非常相似，而条件执行和程序计数器是它们最大的差异。关于 I/O 的章节提供了大量使用 Raspberry Pi 的示例。Raspberry Pi 是一种非常流行的基于 ARM 的嵌入式 Linux 单板计算机。

只要市场依然有需求，我们就希望能够同时提供 MIPS 和 ARM 两个版本。

特点

并列讲述 SystemVerilog 和 VHDL 语言

硬件描述语言（Hardware Description Language，HDL）是现代数字设计实践的中心，而设计者分成了 SystemVerilog 语言和 VHDL 语言两个阵营。在介绍组合逻辑和时序逻辑设计后，本书紧接着就在第 4 章中介绍硬件描述语言，并将在第 5 章和第 7 章用其来设计处理器的模块和整个处理器。然而，如果不讲授硬件描述语言，第 4 章可以跳过去，不影响后续章节。

本书的特色在于使用并列的方式讲述 SystemVerilog 语言和 VHDL 语言，使得读者可以快速对比两种语言。第 4 章描述了适用于这两种硬件描述语言的原则，而且并列给出了这两种语言的语法和实例。这种并列方法使得教师可以选择其中一种硬件描述语言讲述，同时，读者在专业实践中也可以很快从一种描述语言转到另一种描述语言。

ARM 体系结构和微体系结构

第 6 章和第 7 章首次深入介绍了 ARM 体系结构和微体系结构。ARM 是一种理想的体系结构，因为它是一种每年应用于数百万种产品中的真实体系结构，但又十分精简且易于学习。此外，由于其在商业和业余爱好者世界中的流行，已有多种 ARM 体系结构的模拟和开发工具。在本书中，所有与 ARM 技术相关的材料均经 ARM Limited 许可复制。

现实世界视角

除了讨论 ARM 体系结构的现实世界视角外，第 6 章还介绍了英特尔 x86 处理器的体系结构，以提供另一种视角。第 9 章（在线补充资料⊖）还描述了 Raspberry Pi 单板计算机环境中的外围设备，这是一个非常流行的基于 ARM 的平台。这些现实世界视角的章节展示了该章中的概念与许多 PC 和消费电子产品中的芯片之间的关系。

高级微体系结构概览

第 7 章介绍了现代高性能微结构的特征，包括分支预测、超标量、乱序执行、多线程和多核处理器。这些内容对于第一次上体系结构课程的学生比较易于理解，展示了本书中的微结构原理是如何扩展到现代处理器设计中的。

章末的习题和面试问题

学习数字设计的最佳方式是实践。每章末尾都有很多习题用于实践所讲述的内容。习题后面是一组由这个领域工业界的同事向申请工作的学生提出的面试问题。这些问题可以让学生感受到面试过程中可能遇到的典型问题类型。习题的答案可以通过本书的配套网站和教师支持网站获得。

在线补充资料⊖

补充资料可以通过 booksite.elsevier.com/9780128000564 获得。这个对所有读者开放的配套网站包括以下内容：

- 奇数编号习题的答案；
- Altera 公司专业级计算机辅助设计工具的链接；
- 链接到 Keil 的 ARM 微控制器开发套件（MDK-ARM），这是一个用于编译、汇编和模拟 ARM 处理器的 C 和汇编代码的工具；
- ARM 处理器的硬件描述语言（HDL）代码；
- 关于 Altera Quartus Ⅱ 工具的提示；
- PPT 格式的电子教案；
- 简单的课程和实验素材；
- 勘误表。

教师网站包括：

- 所有习题的答案；
- 链接到 Altera 的专业级计算机辅助设计（CAD）工具；
- PDF 格式和 PPT 格式的书中插图。

在线资料提供了在课程中使用 Altera、Raspberry Pi 和 MDK-ARM 工具的指南，同时也提供了关于构建实验的详细资料。

⊖ 请访问华章网站 www.hzbook.com 下载在线章节。——编辑注
⊜ 关于本书教辅资源，只有使用本书作为教材的教师才可以申请，需要的教师请访问爱思唯尔的教材网站 https://textbooks.elsevier.com/ 进行申请。——编辑注

如何在课程中使用软件工具

Altera Quartus II

Quartus II Web Edition 是专业级 Quartu II FPGA 设计工具的免费版本。基于此软件，学生可以使用原理图或者硬件描述语言（SystemVerilog 或 VHDL）完成数字逻辑设计。在完成设计后，学生可以使用 Altera Quartus II Web Edition 中包含的 ModelSim-Altera Starter Edition 模拟电路。Quartus II Web Edition 中还包含用于综合 SystemVerilog 或者 VHDL 程序的内置工具。

Web Edition 和 Subscription Edition 两个软件的差异在于，Web Edition 仅支持 Altera 公司部分常用 FPGA 器件。ModelSim-Altera Starter Edition 和 ModelSim 商业版的区别在于，Starter Edition 降低了超过 10 000 行的硬件描述语言代码的模拟速度。

Keil 的 ARM 微控制器开发套件（MDK-ARM）

Keil 的 MDK-ARM 是一个为 ARM 处理器开发代码的工具，可以免费下载。MDK-ARM 包括一个商业 ARM C 编译器，以及一个允许学生编写 C 和汇编程序，然后编译并模拟它们的模拟器。

实验

配套网站提供了从数字逻辑设计到计算机体系结构的一系列实验的链接。这些实验教授学生如何使用 Quartus II 工具来输入、模拟、综合和实现他们的设计。这些实验也包含了使用 MDK-ARM 和 Raspberry Pi 开发工具完成 C 语言和汇编语言编程的内容。

经过综合后，学生可以在 Altera DE2（或 DE2-115）开发教育板上实现自己的设计。这个功能强大而且具有价格优势的开发板可以通过 www.altera.com 获得。该开发板包含可通过编程来实现学生设计的 FPGA。我们提供的实验描述了如何使用 Quartus II Web Edition 在 DE2 开发板上实现一些设计。

为了运行这些实验，学生需要下载并安装 Altera Quartus II Web Edition 和 MDK-ARM（或 Raspberry Pi）工具。教师也需要选择软件并安装在实验室的机器上。这些实验包括了如何在 DE2 开发板上实现项目的指导。这些实现步骤可以跳过，但是我们认为它有很大的价值。

我们在 Windows 平台上测试了所有的实验，当然这些工具也可以在 Linux 上使用。

错误反馈

正如所有经验丰富的程序员所知，比较复杂的程序都毫无疑问地有潜在错误。这本书也不例外。我们花费了大量的精力查找和去除本书的错误。然而，错误仍然不可避免。我们将在本书的网站上维护和更新勘误表。

请将你发现的错误发送到 ddcabugs@gmail.com。第一个报告实质性错误而且在后续版本中被采用的读者可以得到 1 美元的奖励！

致谢

感谢 Nate McFadden、Joe Hayton、Punithavathy Govindaradjane 以及 Morgan Kaufmann 团队的其他成员所做的辛勤工作。

感谢 Matthew Watkins，他提供了第 7 章中关于异构多处理器的部分。非常感谢 Joshua

Vasquez 的工作，他开发了第 9 章中 Raspberry Pi 的代码。还要感谢 Josef Spjut 和 Ruye Wang，他们对资料进行了测试。

众多评审人员大大改进了这本书。他们是：Boyang Wang，John Barr，Jack V. Briner，Andrew C. Brown，Carl Baumgaertner，A. Utku Diril，Jim Frenzel，Jaeha Kim，Phillip King，James Pinter-Lucke，Amir Roth，Z. Jerry Shi，James E. Stine，Luke Teyssier，Peiyi Zhao，Zach Dodds，Nathaniel Guy，Aswin Krishna，Volnei Pedroni，Karl Wang，Ricardo Jasinski，Josef Spjut，Jörgen Lien，Sameer Sharma，John Nestor，Syed Manzoor，James Hoe，Srinivasa Vemuru，K. Joseph Hass，Jayantha Herath，Robert Mullins，Bruno Quoitin，Subramaniam Ganesan，Braden Phillips，John Oliver，Yahswant K. Malaiya，Mohammad Awedh，Zachary Kurmas，Donald Hung，以及一位匿名审稿人。感谢 Khaled Benkrid 及其在 ARM 的同事仔细审阅了 ARM 相关材料。

非常感谢哈维玛德学院和 UNLV 的学生，他们提供了有关本书草稿的有用反馈。特别值得一提的是 Clinton Barnes、Matt Weiner、Carl Walsh、Andrew Carter、Casey Schilling、Alice Clifton、Chris Acon 和 Stephen Brawner。

最后，但同样重要的是，感谢家人的爱和支持。

目 录

Digital Design and Computer Architecture, ARM Edition

⊖　请访问华章网站 www.hzbook.com 下载在线章节。——编辑注

二　进　制

1.1　课程计划

在过去的 30 年里，微处理器彻底变革了我们的世界。现在一台笔记本电脑的计算能力都远远超过了过去一个房间大小的大型计算机。一辆高级汽车上包含了大约 100 个微处理器。微处理器的进步使得移动电话和 Internet 成为可能，并且极大地促进了医学的进步。全球集成电路工业销售额从 1985 年的 210 亿美元发展到 2013 年的 3060 亿美元，其中微处理器占据重要部分。我们相信微处理器不仅仅是对技术、经济和社会有重要意义，而且潜在地激发了人类的创造力。在学习完这本书后，读者将学会如何设计和构造属于自己的微处理器。这些基本技能将为读者设计其他数字系统奠定坚实的基础。

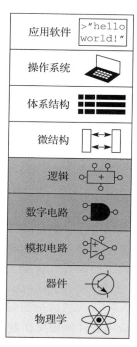

我们假设读者对电子学有基本的认识，有一定的编程经验和基础，同时对理解微处理器的内部运行原理有浓厚的兴趣。这本书将集中讨论基于 0 和 1 的数字系统的设计。我们从接收 0 和 1 作为输入，产生 0 和 1 作为输出的逻辑门开始本课程。接着，我们将研究如何利用这些逻辑门构成加法器、存储器等比较复杂的模块。随后，我们将学习使用以微处理器的语言——汇编语言进行程序设计。最后，我们将上述内容结合起来以构造一个能执行汇编程序的微处理器。

数字系统的一个重要优点是其构造模块相当简单：仅仅包括 0 和 1。它不需要繁杂的数学知识或高深的物理学知识。相反，设计者的最大挑战是如何将这些简单的模块组合起来构成复杂的系统。微处理器可能是读者构造的第一个复杂系统，其复杂性可能一下子难以全部接受。因此，如何管理复杂性是贯穿全书的重要主题。

1
～
3

1.2　管理复杂性的艺术

与非专业人员相比，计算机科学家或工程师的一个重要特征是掌握了系统地管理复杂性的方法。现代数字系统由上百万甚至数十亿的晶体管构成，没有人能通过为每个晶体管的电子运动建立并求解方程的方法来理解这样的系统。读者必须学会如何管理复杂性，从而理解如何在不陷入细节的情况下构造微处理器系统。

1.2.1　抽象

管理复杂性的关键技术在于抽象（abstraction）：隐蔽不重要的细节。一个系统可以从多个不同层面抽象。例如，美国的政治家将世界抽象为城市、县、州和国家。一个县包含了若干城市，而一个州则包含了若干县。当一个政治家竞选总统时，他对整个州的投票情况更有兴趣，而非单个县。因此，州在这个层次中的抽象更有益处。另一方面，美国人口调查局需要统计每个城市的人口，因此必须考虑更低层次抽象的细节。

图 1-1 给出了一个电子计算机系统的抽象层次，其中在每个层次中都包含了典型的模块。最底层的抽象是物理层，即电子的运动。电子的特征由量子力学和麦克斯韦（Maxwell）方程描述。我们的系统由晶体管或先前的真空管等电子器件（device）构造。这些器件都有明确定义的称为端子（terminal）的外部连接点，并建立每个端子上电压和电流之间的关系模型。通过器件级的抽象，我们可以忽略单个电子。更高一级抽象为模拟电路（analogy circuit）。在这一级中，器件组合在一起构造成放大器等组件。模拟电路的输入和输出都是连续的电压值。逻辑门等数字电路（digital circuit）则将电压控制在离散的范围内，以表示 0 和 1。在逻辑设计中，我们将使用数字电路构造更复杂的结构，例如，加法器或存储器。

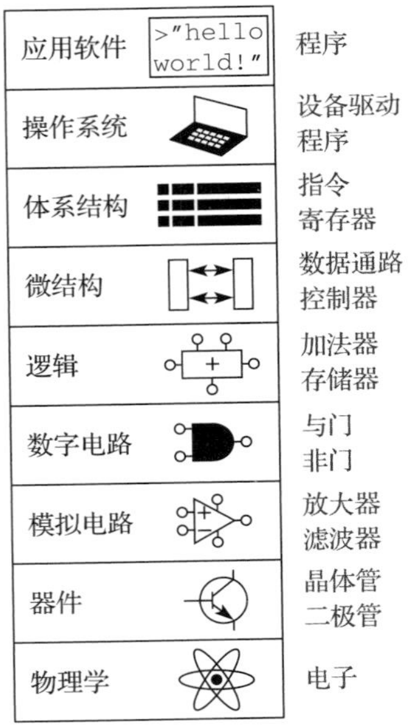

微结构（micro-architecture）将逻辑和体系结构层次的抽象连接在一起。体系结构（architecture）层描述了程序员观点的计算机抽象。例如，目前广泛应用于个人计算机（Personal computers，PC）的 Intel 公司的 x86 体系结构定义了一套指令系统和寄存器（用于存储临时变量的存储器），从而程序员可以使用这些指令和寄存器。微结构将逻辑组件组合在一起以实现体系结构中定义的指令。一个特定的体系结构可以有不同的微结构实现方式，以取得在价格、性能和功耗等方面的不同折中。例如，Intel 公司的 Core i7、80486 和 AMD 公司的 Athlon 等都是 x86 体系结构的不同微结构实现。

进入软件层面后，操作系统负责处理底层的抽象，例如访问硬盘或管理存储器。最后，应用软件使用操作系统提供的这些功能以解决用户的问题。正是借助于抽象的威力，年迈的祖母可以通过计算机上网，而不用考虑电子的量子波动或计算机中的存储器组织问题。

这本书将主要讨论从数字电路到体系结构之间的抽象层次。当读者处于某个抽象层次时，最好能了解当前抽象层次之上和之下的层次。例如，计算机科学家不可能在不理解程序运行平台体系结构的情况下来充分优化代码。在不了解晶体管具体用途的情况下，器件工程师也不能在晶体管设计时做出明智的设计选择。我们希望读者学习完本书后，能选择正确的层次以解决问题，同时评估自己的设计选择对其他抽象层次的影响。

图 1-1　电子计算机系统的抽象层次

1.2.2　约束

约束（discipline）是对设计选择的一种内在限制，通过这种限制可以更有效地在更高的抽象层次上工作。使用可互换部件是约束的一种常见应用，其典型例子是来复枪的制作。在 19 世纪早期，来复枪靠手工一支支地制作。来复枪的零件从很多不同的手工制作商那里买来，然后由一个技术熟练的做枪工人组装在一起。基于可互换部件的约束变革了这个产业：通过将零件限定为一个误差允许范围内的标准集合，就可以很快地组装和修复来复枪，而且不需要太熟练的技术。做枪工人不再需要考虑枪管和枪托形状等较低层次的抽象。

在本书中，对数字电路的约束非常重要。数字电路使用离散电压，而模拟电路使用连续电压。因此，数字电路是模拟电路的子集，而且在某种意义上其能力要弱于范围更广的模拟电路。相对而言，然而数字电路的设计很简单。通过数字电路的约束规则，我们可以很容易地将组件组合成复杂的系统，而且这种数字系统在很多应用上都远远优于由模拟组件组成的系统。例如，数字化的电视、光盘（CD）以及移动电话正在取代以前的模拟设备。

1.2.3 三条原则

除了抽象和约束外，设计者还使用另外三条原则来管理系统的复杂性：层次化（hierarchy）、模块化（modularity）和规整化（regularity）。这些原则对于软硬件的设计都是通用的。

- 层次化：将系统划分为若干模块，然后更进一步划分每个模块，直到这些模块都很容易理解。
- 模块化：所有模块有定义好的功能和接口，以便于它们之间可以很容易地相互连接而不会产生意想不到的副作用。
- 规整化：在模块之间寻求一致，通用的模块可以重新使用多次，以减少设计不同模块的数量。

我们通过制作来复枪的例子来解释这三条原则。在 19 世纪早期，来复枪是最复杂的常见物品之一。使用层次化原理，我们可以将它划分为图 1-2 所示的几个组件：枪机、枪托和枪管。

枪管是一个长金属管子，子弹就是通过这里射出的。枪机是一种射击设备。而枪托是用木头制成的，它将各种部件连接起来并且为使用者提供牢固的握枪位置。更进一步，枪机包含扳机、击锤、燧石、扣簧和药锅。对每种组件都可以展开更详细的层次化描述。

模块化使得每个组件都有明确的功能和接口。枪托的功能是装配枪机和枪管，它的接口包括长度和装配钉的位置。在模块化的来复枪设计中，只要枪托和枪管长度正确并

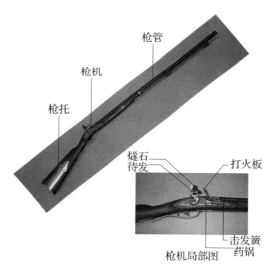

图 1-2 燧石来复枪及其枪机的特写照片（图片来源：意大利 Euroarms, www.euroarms.net © 2006）

有适当的安装机制，那么来自不同制造商的枪托就可以用于特定的枪管。枪管的功能是使子弹更加精确地射出，模块化设计规定它不能对其他部件产生影响：对枪托的设计不能影响到枪管的功能。

规整化表明可互换部件是一个好方法。利用规整化原则，损坏的枪管可以用相同的部件取代。可以在装配线上更有效地生产枪管，而不是辛苦地手工制作。

层次化、模块化和规整化三条原则在本书中很重要，它们将贯穿本书。

1.3 数字抽象

大部分物理变量是连续的，例如电线上的电压值、振动的频率、物体的位置等都是连续的值。相反，数字系统使用离散值变量（discrete-valued variable）来表示信息，也就是说，变量是有限数目的不同离散值。

早期 Charles Babbage 的分析机使用了具有 10 个离散值变量的数字系统。1834～1871
年，Babbage 一直在设计和尝试制作这种机械计算
机。分析机使用 0～9 号 10 个齿轮表示 0～9 这 10
个数字，这很像汽车里的机械里程表。图 1-3 展示
了这种分析机的原型，其中每一行表示一个数字，
Babbage 使用了 25 行齿轮，因此这台机器的精度为
25 位数字。

与 Babbage 的机器不同的是，大部分电子计算
机使用二进制表示，其中高电压表示 1，低电压表
示 0。这是因为区分 2 种电压要比区分 10 种容易
得多。

有 N 个不同状态的离散值变量的信息量（amount
of information）D 由比特（bit）衡量，N 和 D 之间
的关系是：

$$D=\log_2 N \ \text{bit} \tag{1.1}$$

一个二进制状态变量包含了 $\log_2 2=1$ 比特的信

图 1-3　Babbage 的分析机，在他去世的
1871 年仍在制造（图片来源：科
学馆 / 科学与社会图片库）

息，事实上，bit 是 **binary digit** 的缩写。每一个 Babbage 的齿轮包含 $\log_2 10=3.322$ 比特的信
息，这是因为它能够表示 $2^{3.322}=10$ 种不同状态中的一种。一个连续的信号在理论上包含了无
穷多的信息，因为它可以表示无穷多个数值。实际上对于很多连续的信号来说，噪声和测
量误差将信息量限制在 10～16 比特之内。如果需要对信号进行快速测量，其信息量将更低
（例如 8 比特）。

本书着重讲述使用二进制变量 1 和 0 表示的数字电路。George Boole 发明了一种针对
二进制变量进行逻辑操作的系统，称为布尔逻辑（Boolean logic）。每个布尔变量都是 TRUE
和 FALSE 中的一种。电子计算机普遍使用正电压表示 1，使用 0 电压表示 0。本书中将使用
1、TRUE 和 HIGH 表示同等的含义。同样，本书中使用的 0、FALSE 和 LOW 也可以相互
替换。

数字抽象（digital abstraction）的优势在于设计者可以只关注 0 和 1，而忽略布尔变量的
物理表示到底是特定电压，还是旋转的齿轮，或者是液体的高度。计算机编程人员不需要了
解计算机硬件的细节就能工作。此外，对硬件细节的理解使得程序员可以针对特定计算机来
优化软件。

仅仅一个比特并没有太多的信息。下一节将用一组比特来表示数字，后面几节将使用一
组比特来表示字母和程序。

1.4　数字系统

我们已经习惯于使用十进制数字。但在由 0 和 1 组成的数字系统中，二进制或者十六进
制数字使用起来更方便。本节将介绍在后续章节中要用到的几种数字系统。

1.4.1　十进制数

小学就已经学习过用十进制（decimai）来计数和做算术。如同我们有 10 个手指一样，
十进制也是由 0，1，2，…，9 这 10 个数字组成。多个十进制数字组合在一起可以形成更大

的十进制数。十进制数字中，每一列的权都是前一列的 10 倍。从右到左，每一列的权分别为 1、10、100、1000 等。十进制数的基数（base）为 10。基往往通过数值后方的下标表示，以避免与原数值混淆。例如，图 1-4 描述了十进制数 9742_{10} 是根据每一列的权和该列的数字相乘之后求和而得到的。

1000的列 100的列 10的列 1的列

$$9742_{10} = 9 \times 10^3 + 7 \times 10^2 + 4 \times 10^1 + 2 \times 10^0$$

9个一千 7个一百 4个十 2个一

图 1-4 一个十进制数的表示

一个 N 位的十进制数表示了 10^N 个数字中的某一个：0，1，2，3，…，10^N-1，称为数的表示范围（range）。例如，一个 3 位的十进制数表示了 0～999 的 1000 个数字中的某一个。

1.4.2 二进制数

一位比特表示 0 和 1 两个值中的一个。将多个比特合并在一起就形成了一个二进制数（binary number）。二进制数的每一列权都是前一列的 2 倍，因此二进制数的基数是 2。在 9
二进制数中，每一列的权（从右到左）分别为 1，2，4，8，16，32，64，128，256，512，1024，2048，4096，8192，16384，32768，65536，依次类推。如果你经常在二进制数下工作，记住这些 2 的 n 次方（$n \leqslant 16$）会节省你很多时间。

一个 N 位的二进制数代表 2^N 个数字中的某一个：0，1，2，3，…，2^N-1。表 1-1 显示了 1 位、2 位、3 位和 4 位二进制数和与之相等的十进制数。

表 1-1 二进制数和与之等价的十进制数

1 位二进制数	2 位二进制数	3 位二进制数	4 位二进制数	十进制等价值
0	00	000	0000	0
1	01	001	0001	1
	10	010	0010	2
	11	011	0011	3
		100	0100	4
		101	0101	5
		110	0110	6
		111	0111	7
			1000	8
			1001	9
			1010	10
			1011	11
			1100	12
			1101	13
			1110	14
			1111	15

例 1.1 **二进制转换为十进制。**将二进制数 10110_2 转换为十进制。

解：图 1-5 给出了转换方法。 ■ 10

16的列 8的列 4的列 2的列 1的列

$$10110_2 = 1\times2^4+0\times2^3+1\times2^2+1\times2^1+0\times2^0=22_{10}$$

1个16　0个8　1个4　1个2　0个1

图 1-5　二进制到十进制的转换

例 1.2　十进制转换为二进制。将十进制数 84_{10} 转换为二进制。

解：需要判断每一列的二进制数值是 1 还是 0。从二进制数的最左或最右边都可以进行。

从左开始，首先从小于等于给定十进制数的 2 的最高次幂开始（本例中是 64），84≥64，因此权为 64 的这一列是 1；还剩 84−64=20，20＜32，所以权为 32 的这一列是 0；20≥16，所以权为 16 的这一列是 1；剩下 20−16=4，4＜8，所以权为 8 的这一列是 0；4≥4，因此权为 4 的这一列为 1，剩下 4−4=0。因此权为 2 和 1 的列的二进制数值均为 0。将它们组合在一起，$84_{10}=1010100_2$。

从右开始，用 2 重复除给定的十进制数，余数放在每一列中。84/2=42，因此权为 1 的这一列为 0；42/2=21，因此权为 2 的这一列为 0；21/2=10，余数是 1，因此权为 4 的这一列为 1；10/2=5，权为 8 的这一列为 0；5/2=2，余数是 1，权为 16 的这一列为 1；2/2=1，权为 32 的这一列为 0；1/2=0，余数是 1，权为 64 的这一列为 1。从而 $84_{10}=1010100_2$。■

1.4.3　十六进制数

书写一个很大的二进制数将十分冗长且易出错。4 位一组的二进制数可以表示 2^4=16 种数。因此，有时使用基数为 16 的表示会更方便，这称为十六进制（hexadecimal）。十六进制数使用数字 0～9 和字母 A～F，如表 1-2 所示，十六进制数每一列的权分别是 1、16、16^2（256）、16^3（4096），依次类推。

表 1-2　十六进制数系统

十六进制数	十进制等价值	二进制等价值	十六进制数	十进制等价值	二进制等价值
0	0	0000	8	8	1000
1	1	0001	9	9	1001
2	2	0010	A	10	1010
3	3	0011	B	11	1011
4	4	0100	C	12	1100
5	5	0101	D	13	1101
6	6	0110	E	14	1110
7	7	0111	F	15	1111

例 1.3　十六进制转换为二进制和十进制。将十六进制数 $2ED_{16}$ 转换为二进制和十进制。

解：十六进制和二进制之间的转换很容易，其中每个十六进制数字相当于 4 位二进制数字。$2_{16}=0010_2$，$E_{16}=1110_2$，$D_{16}=1101_2$，因此 $2ED_{16}=001011101101_2$。十六进制转换为十进制需要计算，图 1-6 给出了计算过程。■

256的列 16的列 1的列

$$2ED_{16}=2\times16^2+E\times16^1+D\times16^0=749_{10}$$

2个256　14个16　13个1

图 1-6　十六进制到十进制的转换

11

例 1.4 二进制转换为十六进制。将二进制数 1111010_2 转换为十六进制。

解：转换非常容易，从右往左读取数据，4 个最低位是 $1010_2=A_{16}$，下面是 $111_2=7_{16}$。因此 $1111010_2=7A_{16}$。■

例 1.5 十进制转换为十六进制和二进制。将十进制数 333_{10} 转换为十六进制和二进制。

解：如同十进制转换为二进制那样，十进制转换为十六进制可以从左或从右进行。

从左开始时，从小于等于给定十进制数的 16 的最高次幂开始（本例中是 256），333 中仅包含了 1 个 256，所以在权为 256 的这一列是 1，还剩 333−256=77；77 中有 4 个 16，所以在权为 16 的这一列是 4；还剩 77−16×4=13；$13_{10}=D_{16}$，所以在权为 1 的这一列是 D。因此，$333_{10}=14D_{16}$。如例 1.3 所示，将十六进制转换为二进制是很容易的，$14D_{16}=101001101_2$。

从右开始，用 16 重复除以给定的十进制数，余数放在每一列中。333/16=20，余数是 $13_{10}=D_{16}$，所以权为 1 的这一列为 D；20/16=1，余数为 4，所以权为 16 的这一列为 4；1/16=0，余数是 1，所以权为 256 的这一列为 1。最后，结果为 $14D_{16}$。■

1.4.4　字节、半字节和字

8 个一组的比特位称为字节（byte），它能表示 2^8=256 个数字。计算机内存中存储的数据习惯于用字节作单位，而不用位。

4 个一组的比特位或者半个字节称为半字节（nibble），它能表示 2^4=16 个数字。一个十六进制数占用 1 个半字节，两个十六进制数占用一个字节。半字节已经不是一个常用的单位，但这个术语很吸引人。

微处理器处理的一块数据称为字（word）。字的大小取决于微处理器的结构。在写作本书的 2015 年，很多计算机都采用 64 位处理器，意味着它们对 64 位的字进行操作。同时，老的处理 32 位字的计算机也被广泛应用。比较简单的微处理器，特别是应用在诸如烤面包机等小设备中的处理器，使用 8 位或 16 位字。

在一组位中，权为 1 的那一位称为最低有效位（least significant bit，lsb），处于另一端的位称为最高有效位（most significant bit，msb），如图 1-7a 所示的 6 位二进制数。同样，对于一个字来说，也可用最低有效字节（Least Significant Byte，LSB）和最高有效字节（Most Significant Byte，MSB）来表示，如图 1-7b 所示。该图是一个 4 字节的数据，用 8 个十六进制数表示。

101100　　　　　DEAFDAD8
最高　最低　　　最高　　　最低
有效位　有效位　　有效字节　　有效字节
a)　　　　　　　b)

图 1-7　最低位（字节）和最高位（字节）

可以利用一个很方便的巧合，2^{10}=1024≈10^3，因此 kilo（希腊文的千）表示 2^{10}。例如，2^{10} 字节是 1 千字节（1KB）。类似地，mega（百万）表示 2^{20}≈10^6，giga（十亿）表示 2^{30}≈10^9。如果你知道 2^{10}≈1 千，2^{20}≈1 兆，2^{30}≈10 亿，而且记住 2 的 n 次方（$n≤9$）的值，你将很容易地得出 2 的任意次方的值。

例 1.6 估算 2 的 n 次方。不用计算器求 2^{24} 的近似值。

解：将指数分成 10 的倍数和余数。$2^{24}=2^{20}×2^4$，2^{20}≈1 兆，2^4=16。因此 2^{24}≈16 兆。精确地说，2^{24}=16 777 216，但是 16 兆这个数据已经足够精确。■

1024 字节称为 1 千字节（kilobyte，KB）。1024 比特称为 1 千比特（kilobit、Kb 或 Kbit）。类似地，MB、Mb、GB 和 Gb 分别叫作兆字节、兆比特、吉字节和吉比特。内存容量经常用字节做单位，信息传输速率一般用比特/秒做单位。例如，拨号的调制解调器最大传输速率为 56Kb/s。

1.4.5　二进制加法

二进制加法与十进制加法相似但更简单，如图 1-8 所示。在十进制加法中，如果两个数据之和大于单个数字所能表示的值，将在下一列的位置上标记 1。图 1-8 比较了二进制加法与十进制加法。图 1-8a 的最右端的一列，7+9=16，因为 16>9，故不能用单个数字表示，因此记录权为 1 的列结果（6），然后将权为 10 的列结果（1）进位到更高一列中。同样，在二进制加法中，如果两个数相加之和大于 1，那么我们将此按二进制进位到更高一列，如图 1-8b 所示，在图的最右端一列，$1+1=2_{10}=10_2$，使用 1 个二进制位无法表示此结果，因此记录此和中权为 1 的列结果（0），并将权为 2 的列结果（1）进位到更高一列中。在加法的第二列中，$1+1+1=3_{10}=11_2$，记录此和的权为 1 的列结果（1），并将权为 2 的列结果（1）进位到更高一列。为了更明确地表示，进位到相邻列的位称为进位（carry bit）。

例 1.7　**二进制加法**。计算 0111_2+0101_2。

解：图 1-9 给出了相加结果 1100_2。进位用粗体标出，可以通过计算它们的十进制来检验计算结果。$0111_2=7_{10}$，$0101_2=5_{10}$，结果为 $12_{10}=1100_2$。　■

数字系统常常对固定长度的数字进行操作。如果加法的结果太大，超出了数字的表示范围，将产生溢出（overflow）。例如，一个 4 位数的表示范围是 [0, 15]，如果两个 4 位数相加的结果超过了 15，那么就会产生溢出。结果的第 5 位被抛弃，从而产生一个不正确的结果。可以通过检查最高一列是否有进位来判断是否溢出。

例 1.8　**有溢出的加法**。计算 1101_2+0101_2，有没有产生溢出？

解：图 1-10 给出了计算结果是 10010_2。此结果超出了 4 位二进制数的表示范围。如果结果一定要存储为 4 位的二进制数，那么它的最高位将被抛弃，剩下一个不正确的结果 0010_2。如果计算结果使用 5 位或更多位来表示，结果 10010_2 将会是正确的。　■

```
    11      ← 进位 →      11                                         11 1
   4277                  1011               111                      1101
 + 5499                + 0011              0111                    + 0101
 ──────                ──────            + 0101                    ──────
   9776                  1110            ──────                     10010
                                          1100
  a) 十进制            b) 二进制
```

图 1-8　显示进位的加法例子　　图 1-9　二进制加法示例　　图 1-10　有溢出的二进制加法示例

1.4.6　有符号的二进制数

到目前为止，我们只考虑了表示正数的无符号（unsigned）二进制数。我们还需要一种能表示正数和负数的二进制数字体系。有多种方案可以表示有符号（signed）二进制数，其中最常用的两种为：带符号的原码和二进制补码。

1. 带符号的原码

带符号的原码（sign/magnitude）是一种直观的数据表示方式，符合我们写负数的习惯：把负号标在数字前面。一个 N 位带符号的原码数中的最高位为符号位，剩下的 $N-1$ 位为数值（绝对值）。符号位为 0 表示正数，1 表示负数。

例 1.9　**带符号的原码表示的数**。用 4 位带符号的原码表示 5 和 -5。

解：两个数字的值均为 $5_{10}=101_2$，所以，$5_{10}=0101_2$，$-5_{10}=1101_2$。　■

遗憾的是，普通的二进制加法无法在带符号的原码下实现。例如，-5_{10} 和 5_{10} 相加，用这种格式计算出来的结果是 $1101_2+0101_2=10010_2$，这是没有道理的。

N 位的带符号的原码的数据表示范围是 $[-2^{N-1}+1, 2^{N-1}-1]$。这种格式在表示 0 时有两种方法：+0 和 −0。对于同一个数字有两种不同的表示方法有可能会造成麻烦。

2．二进制补码

二进制补码中最高位的权是 $−2^{N−1}$ 而不是 $2^{N−1}$，其他位的表示方法与无符号二进制数相同。它克服了带符号的原码格式中 0 有两种表示方式的缺点。在二进制补码中，0 只有一种表示方式，而且也可以使用普通的加法。

在二进制补码中，0 表示成 $00\cdots000_2$。正数的最高位为 0，$01\cdots111_2=2^{N−1}−1$。负数的最高位是 1，$10\cdots000_2=−2^{N−1}$，−1 表示成 $11\cdots111_2$。

注意：正数的最高位都是 0，负数的最高位都是 1，所以最高位可以当作符号位，然而剩余那些位的解释与带符号的原码有所不同。

二进制补码的符号位在求二进制补码（taking the two's complement）的过程中保持不变。在此过程中首先对数据的每一位取反，然后在数据的最低位加 1。这对于计算负数的二进制补码表示或根据二进制补码表示计算负数的值是很有用的。

例 1.10　负数的二进制补码表示。把 $−2_{10}$ 表示成一个 4 位的二进制补码数。

解：$+2_{10}=0010_2$，为了得到 $−2_{10}$ 的值，将所有位取反后加 1。0010_2 取反之后为 1101_2，$1101_2+1=1110_2$，所以 $−2_{10}=1110_2$。 ■

例 1.11　二进制补码的负数的值。求二进制补码数据 1001_2 的十进制数值。

解：1001_2 最高位是 1，所以它一定是一个负数。为了求取它的值，将所有位取反然后加 1。1001_2 取反后的结果是 0110_2，$0110_2+1=0111_2=7_{10}$，所以，$1001_2=−7_{10}$。 ■

用二进制补码表示的数据有一个明显的优点，加法操作对正数和负数都可得出正确的结果。当进行 N 位的数据加法时，第 N 位的进位（即第 $N+1$ 位结果）被抛弃。

例 1.12　两个二进制补码数据相加。使用补码计算（a）$−2_{10}+1_{10}$ 和（b）$−7_{10}+7_{10}$ 的结果。

解：（a）$−2_{10}+1_{10}=1110_2+0001_2=1111_2=−1_{10}$。（b）$−7_{10}+7_{10}=1001_2+0111_2=10000_2$，第五位被丢弃，剩下后四位结果 0000_2。 ■

减法是将第二个操作数改变符号后求取补码，然后跟第一个操作数相加来完成。

例 1.13　两个二进制补码数据相减。使用 4 位二进制补码计算（a）$5_{10}−3_{10}$ 和（b）$3_{10}−5_{10}$ 的结果。

解：（a）$3_{10}=0011_2$，取二进制补码得 $−3_{10}=1101_2$，计算 $5_{10}+(−3_{10})=0101_2+1101_2=0010_2=2_{10}$。注意，因为使用 4 位表示结果，其最高位的进位被丢弃。（b）第二个操作数 5_{10} 取补码得 $−5_{10}=1011$，计算 $3_{10}+(−5_{10})=0011_2+1011_2=1110_2=−2_{10}$。 ■

计算 0 的二进制补码时，需要将所有的二进制位取反（产生 $11\cdots111_2$），然后加 1，丢弃最高位，剩余 $00\cdots000$。因此，0 的表示是唯一的。与带符号的原码系统不同，二进制补码表示方法中没有 −0。0 被认为是正数，因为它的符号位为 0。

如同无符号数，N 位二进制补码数能够表示 2^N 种数值，但是这些数分为正数和负数。例如，一个 4 位的无符号数可以表示 16 种数值：0～15，一个 4 位的二进制补码也可以表示 16 个数值：−8～7。一般而言，N 位二进制补码的表示范围是 $[−2^{N−1}, 2^{N−1}−1]$。注意到负数比正数多一个，这是因为没有 −0。最小的负数是 $10\cdots000_2=−2^{N−1}$，这个数有时被叫作怪异数（weird number）。求取它的二进制补码时，首先各位取反变成 $01\cdots111_2$，然后加 1，变成 $10\cdots000_2$，与原数相同。因此，这个负数没有与之对应的正数。

两个 N 位正数或者负数相加，如果结果大于 $2^{N−1}−1$ 或者小于 $−2^{N−1}$，则会产生溢出。一个正数和一个负数相加肯定不会导致溢出。不像无符号整数加法中，最高位产生进位表示溢出。二进制补码加法中判定溢出的条件是：相加的两个数符号相同且结果的符号与被加数符号相反，表示发生溢出。

例 1.14 有溢出的二进制数加法。用 4 位二进制数计算 $4_{10}+5_{10}$。判断结果是否有溢出。

解： $4_{10}+5_{10}=0100_2+0101_2=1001_2=-7_{10}$。结果超过 4 位二进制补码整数的表示范围，产生了不正确的负值结果。如果使用 5 位或更多位数计算，则结果为正确的值 $01001_2=9_{10}$。 ∎

当二进制补码数扩展到更多位数时，需要将符号位复制到所有的扩展高位中。这个过程称为**符号扩展**（sign extension）。例如，数字 3 和 -3 的二进制补码表示分别为 0011 和 1101。将这两个数扩展为 7 位时，可以将符号位复制到新的高三位中，分别得到 0000011 和 1111101。

3. 数制系统的比较

三种最常见的二进制数值系统分别为：无符号数、二进制补码和带符号的原码。表 1-3 比较了这三种数值系统中 N 位数的表示范围。由于二进制补码可以表示正数和负数，而且可以使用常见的加法，所以这个编码方式最为方便。减法采用将减数取反（即采用二进制补码）再和被减数相加的方法实现。除非特殊声明，我们都使用二进制补码表示有符号数。

表 1-3 N 位数的表示范围

数制系统	表示范围
无符号的原码	$[0, 2^N-1]$
带符号的原码	$[-2^{N-1}+1, 2^{N-1}-1]$
二进制补码	$[-2^{N-1}, 2^{N-1}-1]$

图 1-11 给出了每个数字系统中 4 位数的表示方法。无符号数在 [0, 15] 范围内按照正常的二进制顺序排列。二进制补码表示范围为 [-8, 7]。其中非负数 [0, 7] 的编码与无符号数相同，负数 [-8, -1] 中越大的二进制数越接近 0。注意，怪异数 1000 表示 -8，没有正数与之对应。符号 / 数值表示的范围为 [-7, 7]。最高位为符号位。正数 [1, 7] 的编码与无符号数相同。负数表示与整数对称，而仅仅符号位为 1。0 可以表示为 0000 或 1000。由于 0 有两种表示方法，所以 N 位符号 / 数值仅可以表示 2^N-1 个整数。

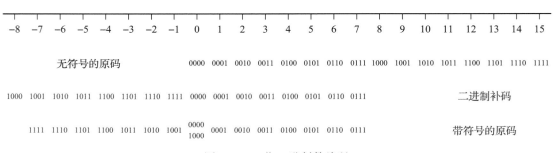

图 1-11 4 位二进制数编码

1.5 逻辑门

现在我们已经知道如何使用二进制变量表示信息，下面将研究对这些二进制变量进行操作的数字系统。逻辑门（logic gate）是最简单的数字电路，它们可以接收一个或多个二进制输入并产生一个二进制输出。逻辑门用电路符号画出，并表示出输入和输出。输入往往画在左侧（或上部），输出往往画在右侧（或下部）。数字设计师往往使用字母表开始部分的字母表示门的输入，用 Y 表示门的输出。输入和输出之间的关系由真值表或布尔表达式描述。真值表（truth table）的左侧列出输入，右侧列出对应的输出，而且每种可能的输入组合对应一行。布尔表达式（Boolean equation）是基于二进制变量的数学表达式。

1.5.1 非门

非门（NOT gate）有一个输入 A 和一个输出 Y，如图 1-12 所示。非门的输出是输入之反。如果 A 为 FALSE，则 Y 为 TRUE。如果 A 为 TRUE，则 Y 为 FALSE。这个关系由图中的真值表和布尔表达式所表示。布尔表达式中 A 上面的横线读作 NOT，因此读作“Y 等于 NOT A”。非门也称为反相器（inverter）。

还有一些对非逻辑的表示，例如 $Y=A'$、$Y=\neg A$ 或 $Y=\sim A$。我们仅使用，$Y=\overline{A}$ 但读者在碰到其他类型的表示时也不要被迷惑。

1.5.2 缓冲

另一种单输入逻辑门称为缓冲（buffer），如图 1-13 所示。它仅仅将输入传递到输出。

从逻辑的角度看，缓冲和电线没有差异，好像没有用。然而，从模拟电路的角度看，缓冲可能有一些很好的特征使得它可以向电机传递大电流，或者将输出更快地传递到多个门的输入上。这个例子也说明了为什么我们要考虑整个系统的多个层次抽象；数字抽象掩盖了缓冲的真实作用。

三角符号表示一个缓冲。输出上的圆圈称为气泡（bubble），用来表示取反，正如图 1-12 中的非门符号一样。

1.5.3 与门

两输入逻辑门更加有趣。图 1-14 中的与门（AND gate）在所有输入 A 和 B 都为 TRUE 时，输出 Y 才为 TRUE。否则输出为 FALSE。为了方便起见，输入按照 00、01、10、11 的二进制递增顺序排列。与门的布尔表达式可以写成多种方式：$Y=A\cdot B$，$Y=AB$ 或者 $Y=A\cap B$。其中 $\cap$ 符号读作“intersection”（交），常常由逻辑学家使用。我们更常用 $Y=AB$，读作“Y 等于 A 与 B”。 20

1.5.4 或门

图 1-15 的或门（OR gate）中只要输入 A 和 B 中有一个为 TRUE，输出 Y 就为 TRUE。或门的布尔表达式可以写为：$Y=A+B$ 或者 $Y=A\cup B$。其中 $\cup$ 符号读作“union”（并），常常由逻辑学家使用。数字电路工程师更常用 $Y=A+B$，读作“Y 等于 A 或 B”。

$Y=\overline{A}$

A	Y
0	1
1	0

图 1-12 非门

$Y=A$

A	Y
0	0
1	1

图 1-13 缓冲

$Y=AB$

A	B	Y
0	0	0
0	1	0
1	0	0
1	1	1

图 1-14 与门

$Y=A+B$

A	B	Y
0	0	0
0	1	1
1	0	1
1	1	1

图 1-15 或门

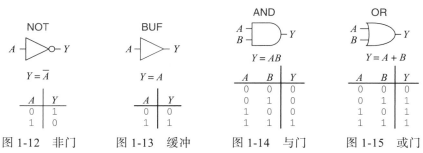

1.5.5 其他二输入逻辑门

图 1-16 给出了其他常见的二输入逻辑门。异或门（exclusive OR，XOR）的输入 A 和 B 中有且仅有一个输入为 TRUE 时，输出为 TRUE。异或操作由 $\oplus$ 表示，它是一个带圈的加号。如果门后面有一个气泡，表示进行取反操作。NAND 门执行与非操作。它的两个输入为 TRUE 时才为 FALSE，其他情况都为 TRUE。NOR 门执行或非操作。它在输入 A 和 B 都不为 TRUE 时才输出 TRUE。N 输入 XOR 门有时也称为奇偶校验（parity）门，即有奇数个输入为 TRUE 时产生 TRUE 输出。正如二输入门一样，真值表中的输入组合按照二进制递增顺序排列。

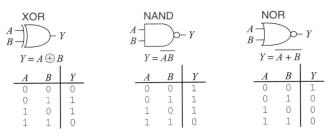

图 1-16 其他两输入逻辑门

例 1.15 XNOR 门。图 1-17 给出两输入 XNOR 门的电路符号和布尔表达式。它执行异或非逻辑。请完成真值表。

解：图 1-18 给出了真值表。在所有输入都为 TRUE 或都为 FALSE 的情况下，XNOR 输出 TRUE。两输入 XNOR 门有时称为相等（equality）电路，因为在输入相等时输出为 TRUE。 ∎

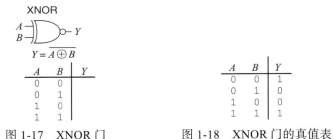

图 1-17 XNOR 门   图 1-18 XNOR 门的真值表

1.5.6 多输入门

有很多需要三个或三个以上输入的布尔函数。最常见的是 AND、OR、XOR、NAND、NOR 和 XNOR。N 输入与门在所有输入都为 TRUE 时才产生 TRUE。N 输入或门在有一个输入为 TRUE 时就产生 TRUE。

例 1.16 三输入 NOR 门。图 1-19 给出了三输入 NOR 门的电路符号和布尔表达式。请完成真值表。

解：图 1-20 给出了真值表。只有在所有输入都不为 TRUE 时，输出才为 TRUE。 ∎

例 1.17 四输入 AND 门。图 1-21 给出了四输入 AND 门的电路符号和布尔表达式。请完成真值表。

解：图 1-22 给出真值表。只有所有的输入都为 TRUE 时，输出才为 TRUE。 ∎

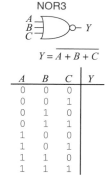

$$Y = \overline{A + B + C}$$

A	B	C	Y
0	0	0	
0	0	1	
0	1	0	
0	1	1	
1	0	0	
1	0	1	
1	1	0	
1	1	1	

图 1-19　三输入 NOR 门

A	B	C	Y
0	0	0	1
0	0	1	0
0	1	0	0
0	1	1	0
1	0	0	0
1	0	1	0
1	1	0	0
1	1	1	0

图 1-20　三输入 NOR 门的真值表

A	C	B	D	Y
0	0	0	0	0
0	0	0	1	0
0	0	1	0	0
0	0	1	1	0
0	1	0	0	0
0	1	0	1	0
0	1	1	0	0
0	1	1	1	0
1	0	0	0	0
1	0	0	1	0
1	0	1	0	0
1	0	1	1	0
1	1	0	0	0
1	1	0	1	0
1	1	1	0	0
1	1	1	1	1

$$Y = ABCD$$

图 1-21　四输入 AND 门

图 1-22　四输入 AND 门的真值表

1.6　数字抽象之下

数字系统采用离散取值的变量。然而这些变量需要由连续的物理量来表示，例如电线上的电压、齿轮的位置或者桶中的水位高度。所以，设计者必须找到一种方法将连续变量和离散变量联系在一起。

例如，考虑采用电线上的电压来表示二进制信号 A。当电压为 0V 时，表示 $A=0$ ；为 5V 时，表示 $A=1$。任何实际系统都必须能容忍一定的噪声，因此 4.97V 可能也可以解释为 $A=1$。但是对于 4.3V 呢？对于 2.8V 或 2.500 000V 呢？

1.6.1　电源电压

假设系统中最低的电压为 0V，称为地（ground，GND）。系统中最高的电压来自电源，常称为 V_{DD}。在 20 世纪 70 年代和 80 年代的技术下，V_{DD} 一般为 5V。当芯片采用了更小的晶体管，V_{DD} 降到了 3.3V、2.5V、1.8V、1.5V、1.2V，甚至更低以减少功耗和避免晶体管过载。

1.6.2　逻辑电平

通过定义逻辑电平（logic level），可以将连续变量映射到离散的二进制变量，如图 1-23 所示。第一个门称为驱动源（driver），第二个门称为接收端（receiver）。驱动源的输出连接到接收端的输入上。驱动源产生 LOW（0）输出，其电压处于 $0 \sim V_{OL}$ 之间；或者产生

22

HIGH（1）输出，其电压处于 $V_{OH}\sim V_{DD}$ 之间。如果，接收端的输入电压处于 $0\sim V_{IL}$ 之间，则接收端认为其输入为 LOW。如果接收端的输入电压处于 $V_{IH}\sim V_{DD}$ 之间，则接收端认为其输入为 HIGH。如果由于噪声或部件错误原因，接收端输入电压处于 $V_{IL}\sim V_{IH}$ 之间的禁止区域（forbidden zone），则输入门的行为不可预测。V_{OH} 和 V_{OL} 称为输出高和输出低逻辑电平，V_{IH} 和 V_{IL} 称为输入高和输入低逻辑电平。

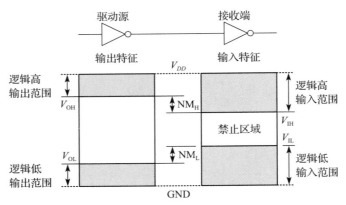

图 1-23　逻辑电平和噪声容限

1.6.3　噪声容限

如果驱动源的输出能够被接收端的输入正确解释，我们必须选择 $V_{OL}<V_{IL}$，$V_{OH}>V_{IH}$。因此，如果驱动源的输出被一些噪声干扰，接收端的输入依然能够检测到正确的逻辑电平。可以加在最坏情况输出上但依然能正确解释为有效输入的噪声值，称为噪声容限（noise margin）。如图 1-23 可以看出，低电平和高电平的噪声容限分别为：

$$NM_L=V_{IL}-V_{OL} \tag{1.2}$$

$$NM_H=V_{OH}-V_{IH} \tag{1.3}$$

例 1.18　**计算噪声容限**。考虑图 1-24 中的反相器。V_{O1} 是反相器 I1 的输出电压，V_{I2} 是反相器 I2 的输入电压。两个反向器遵循同样的逻辑电平特征：V_{DD}=5V，V_{IL}=1.35V，V_{IH}=3.15V，V_{OL}=0.33V，V_{OH}=3.84V。反相器的低电平和高电平噪声容限分别为多少？这个电路可否承受 V_{O1} 和 V_{I2} 之间 1V 的噪声？

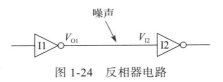

图 1-24　反相器电路

解：反相器的噪声容限为：$NM_L=V_{IL}-V_{OL}$=(1.35V-0.33V)=1.02V，$NM_H=V_{OH}-V_{IH}$=(3.84V-3.15V)=0.69V。电路在输出为 LOW 时，可以承受 1V 的噪声电压（NM_L=1.02V）；但是在输出为 HIGH 时，不能承受此噪声电压（NM_H=0.69V）。例如，在驱动源 I1 输出的 HIGH 值处于最坏情况，即 $V_{O1}=V_{OH}$=3.84V。如果噪声导致电压在到达接收端输入前降低了 1V，V_{I2}=(3.84V-1V)=2.84V。这已经小于可接受的 HIGH 逻辑电平 V_{IH}=3.15V，因此接收端将无法检测到正确的 HIGH 输入。　◼

1.6.4　直流电压传输特性

为了理解数字抽象的局限性，我们必须深入考察门的模拟特征。门的直流电压传输特性（DC transfer characteristic）描述了当输入电压变化足够慢而保证输出能跟上输入的变化时，输出电压随输入电压变化的函数关系。这个函数之所以称为传输特性，是因为它描述了输入和输出电压之间的关系。

理想的反相器应在输入电压达到门限 $V_{DD}/2$ 时产生一个跳变，如图 1-25a 所示。对于 $V(A) < V_{DD}/2$，$V(Y) = V_{DD}$。对于 $V(A) > V_{DD}/2$，$V(Y) = 0$。此时，$V_{IH} = V_{IL} = V_{DD}/2$，$V_{OH} = V_{DD}$ 且 $V_{OL} = 0$。

真实的反相器在两个极端之间变化得更缓慢一些，如图 1-25b 所示。当输入电压 $V(A)$ 等于 0 时，输出电压 $V(Y) = V_{DD}$。当 $V(A) = V_{DD}$ 时，$V(Y) = 0$。然而，在这两个端点之间的变化是平滑的，而且可能并不会恰恰在中点 $V_{DD}/2$ 突变。这就产生了如何定义逻辑电平的问题。

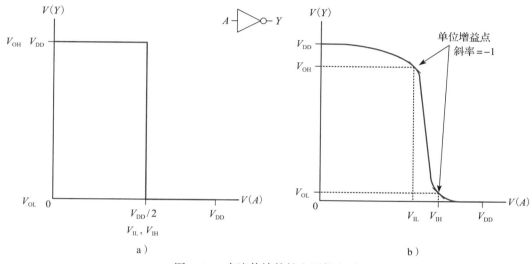

图 1-25　直流传输特性和逻辑电平

一种选择逻辑电平的合理方法是选择在传输特征曲线斜率 $dV(Y)/dV(A)$ 为 −1 的位置。这两个位置称为单位增益点（unity gain point）。在单位增益点选择逻辑电平可以最大化噪声容限。如果 V_{IL} 减少，V_{OH} 将仅仅增加一点。如果 V_{IL} 增加，V_{OH} 则将显著降低。

1.6.5　静态约束

为了避免输入落到禁止区域，数字逻辑门的设计需要遵循静态约束（static discipline）。静态约束要求对于给定的有效逻辑输入，每个电路元件应该能产生有效的逻辑输出。

为了满足静态约束，数字电路设计师需要牺牲使用任意模拟器件的自由，但是换回了数字电路的简单性和健壮性。通过从模拟到数字之间抽象层次的提高，可以隐藏无须了解的细节来提高设计生产率。　[24]

V_{DD} 和逻辑电平可以任意选择，但是所有相互通信的逻辑门必须保持兼容的逻辑电平。因此，逻辑门可以按照逻辑系列（logic family）来区分，其中同一逻辑系列的所有门都遵循相同的静态约束。同一逻辑系列中的逻辑门像积木一样组合在一起，使用相同的电源电压和逻辑电平。

20 世纪 70 年代到 90 年代有 4 种主流的逻辑系列：TTL（Transistor-Transistor Logic，晶体管 – 晶体管逻辑），CMOS（Complementary Metal-Oxide-Semiconductor Logic，互补性金属 – 氧化物 – 半导体逻辑），LVTTL（Low Voltage TTL，低电压 TTL），LVCMOS（Low Voltage CMOS，低电压 CMOS）。表 1-4 比较了它们的逻辑电平。随着电源电压的不断降低，不断分化出新的逻辑系列。附录 A.6 更加详细地讨论了常见的逻辑系列。　[25]

表 1-4   5V 和 3.3V 逻辑系列的逻辑电平

逻辑系列	V_{DD}	V_{IL}	V_{IH}	V_{OL}	V_{OH}
TTL	5(4.75~5.25)	0.8	2.0	0.4	2.4
CMOS	5(4.5~6)	1.35	3.15	0.33	3.84
LVTTL	3.3(3~3.6)	0.8	2.0	0.4	2.4
LVCMOS	3.3(3~3.6)	0.9	1.8	0.36	2.7

例 1.19 逻辑系列兼容性。表 1-4 中的哪些逻辑系列可以可靠地和其他逻辑系列通信?

解:表 1-5 列举了逻辑系列之间的兼容性。注意 5V 的 TTL 或 CMOS 逻辑系列可能产生的 HIGH 信号输出电压为 5V。如果 5V 信号驱动 3.3V 的 LVTTL 或 LVCMOS 逻辑系列输入,可能会损坏接收端,除非接收端特殊设计为 "5V 兼容"。   ■

表 1-5   逻辑系列之间的兼容性

		接收端			
		TTL	CMOS	LVTTL	LVCMOS
驱动源	TTL	兼容	不兼容: $V_{OH} < V_{IH}$	可能兼容[1]	可能兼容[1]
	CMOS	兼容	兼容	可能兼容[1]	可能兼容[1]
	LVTTL	兼容	不兼容: $V_{OH} < V_{IH}$	兼容	兼容
	LVCMOS	兼容	不兼容: $V_{OH} < V_{IH}$	兼容	兼容

[1]只要 5V 高电平不会损害接收端输入。

*1.7   CMOS 晶体管

本节和后续带 * 的章节是可选的。它们对理解本书的核心内容并不重要。

Babbage 的分析机由齿轮构造,早期的电子计算机由继电器和真空管构成。现代计算机则由廉价、微型和可靠的晶体管构成。晶体管(transistor)是一个电子的可控开关:当由电压或者电流施加到控制端时,它将在 ON 和 OFF 之间转换。晶体管有两大类:双极晶体管(bipolar junction transistor)和金属 – 氧化物 – 半导体场效应晶体管(Metal-Oxide-Semiconductor field effect transistor,MOSFET 或 MOS)。

1958 年,德州仪器(Texas Instrument)的 Jack Kilby 制造了第一个具有两个晶体管的集成电路。1959 年,仙童半导体(Fairchild Semiconductor)申请了在一个硅芯片上连接多个晶体管的专利。在那个年代,每个晶体管的造价是 10 美元。

半导体制造技术经过 40 多年的空前进步,人们已经可以在一个 1 平方厘米的芯片上集成 30 亿个 MOS 晶体管,而每个晶体管的造价已经低于 1^{-6} 美分。集成度和价格每 8 年左右改进一个数量级。MOS 晶体管现在已经用于构造几乎所有的数字电路系统。本节中,我们将进入电路抽象层以下,来看看如何使用 MOS 晶体管构造逻辑门。

1.7.1   半导体

MOS 晶体管由岩石和沙子中最主要的元素——硅构成。硅(Silicon, Si)是第 Ⅳ 族元素,因此其化合价外层有 4 个电子,并与 4 个相邻元素紧密连接,形成晶格(lattice)。图 1-26a

中简化显示了二维网格，但网格实际上形成三维晶格结构。图中的每条线表示一个共价键。在此结构下，因为硅的电子都被束缚在共价键中，其导电性很弱。但是如果在其中加入少量杂质（掺杂元素，dopant atom），硅的导电性就会大大提高。如果加入第 V 族元素（例如砷，As），掺杂元素就会有额外的一个电子不受共价键的束缚。这个电子可以在晶格中自由移动，而留下一个带正电的掺杂元素（As$^+$），如图 1-26b 所示。由于电子带有负电荷，所以我们称砷为 *n* 类掺杂元素。另一方面，如果掺入第 Ⅲ 族元素（例如，硼（B）），掺杂元素就将失去一个电子，如图 1-26c 所示。失去的电子称为空穴（hole）。掺杂元素临近的硅原子可以移动一个电子过来以填充共价键，而产生一个带负电荷的掺杂元素（B$^-$），并在临近硅原子中产生空穴。类似地，空穴可以在晶格中迁移。空穴缺少一个负电荷，像一个具有正电的粒子。因此，我们称硼为 *p* 类掺杂元素。当掺杂浓度发生变化时，硅的导电性可以相差好几个数量级，硅就被称为半导体（semiconductor）。

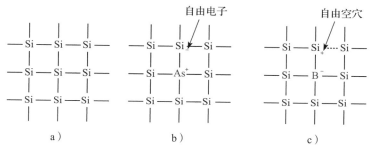

图 1-26　硅晶格和掺杂元素

1.7.2　二极管

　　p 类硅和 n 类硅之间的连接点称为二极管（diode）。p 类区域为阳极（anode），n 类区域为阴极（cathode），如图 1-27 所示。当阳极的电压高于阴极时，二极管处于正向偏压，电流从阳极流向阴极。当阳极的电压低于阴极时，二极管处于反向偏压，没有电流流动。二极管符号表示了电流仅能沿一个方向流动。

图 1-27　基于 p-n 结的二极管
结构和电路符号

27

1.7.3　电容

　　电容（capacitor）由夹着绝缘体的两片导体构成。当电压 *V* 加到电容一端的导体时，这个导体将积累电荷 *Q*，而另一端导体将积累电荷 –*Q*。电容 *C* 的电容量 *C*（capacitance）是充电电荷和电压之比：$C=Q/V$。电容量正比于导体的尺寸，反比于导体之间的距离，电路符号如图 1-28 所示。

図 1-28　电容符号

　　电容之所以重要是因为导体的充电或放电需要时间和能量。大电容意味着电路比较慢，而且需要更多的能量。速度和能量问题将在本书中进一步讨论。

1.7.4　nMOS 和 pMOS 晶体管

　　MOS 晶体管由多层导体和绝缘体构成。MOS 晶体管在直径 15～30 厘米的硅片（wafer）上制造。制造过程从一个原始硅片开始，包括了掺杂元素的注入，氧化硅膜的生长和金属的淀积等多个步骤。在每个步骤之间，晶片上将形成特定图形使得需要的部分才暴露在外部。由于晶体管的尺寸仅有微米（$1\mu m=10^{-6}m$）级别，而一次可以处理整个晶片，所以一次制作几十亿个晶体管的成本并不高。一旦处理结束，晶片将被切割成很多长方形的部分，每个部分包含了成千上万，甚至十亿个晶体管，称为芯片（chip 或 dice）。这些芯片经过测试后，放置在塑料或陶瓷封装中，并通过金属引脚连接到电路板上。

MOS 晶体管中最底层是硅晶片衬底（substrate），最顶上是导电的栅极（gate），中间是由 SiO_2 构成的绝缘层。过去栅极是由金属构造，因此被称为金属 – 氧化物 – 半导体。现在的制造工艺采用多晶硅制造栅极，以避免金属在后续的处理工艺中融化。二氧化硅常用于制造玻璃，在半导体工业中简称为 oxide。MOS 结构中，金属和半导体衬底之间的极薄二氧化硅电介质（dielectric）形成一个电容。

现有两类 MOS 晶体管：nMOS 和 pMOS（读作 "n-moss" 和 "p-moss"）。图 1-29 给出了从侧面观察它们的截面图。nMOS 晶体管在 p 型衬底上由两个与栅极相连的 n 类型掺杂区域，分别称为源极（source）和漏极（drain）。pMOS 晶体管刚刚相反，在 n 型衬底上构造 p 型源极和漏极。

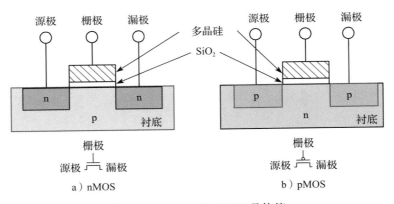

图 1-29　nMOS 和 pMOS 晶体管

MOS 晶体管特性是一个由电压控制的开关：栅极电压将产生一个电场使得源极和漏极之间的连接处于导通或截止状态。场效应晶体管正是来源于这个操作原理。下面让我们继续研究 nMOS 晶体管的操作过程。

nMOS 晶体管的衬底一般都连接到地（系统中最低的电压）。首先考虑当栅极电压为 0V 的情况，如图 1-30a 中所示。由于源极或漏极的电压大于 0，所以它们和衬底之间的二极管处于反向偏压状态，因此此时源极和漏极之间没有电流，晶体管处于截止状态。接着考虑当栅极电压为 V_{DD} 的情况，如图 1-30b 所示。当正电压加在电容的上表面时，将建立一个电场并在上表面吸收正电荷，在下表面吸收负电荷。当电压足够大时，大量的负电荷积聚在栅极下层，使得此区域从 p 型反转为 n 型。这个反转区域称为沟道（channel）。此时就有了一个从 n 型源极经 n 型沟道到 n 型漏极之间的通路，电流就可以从源极流到漏极，晶体管就处于导通状态。导通晶体管的栅极电压称为门限电压（threshold voltage，V_T），一般为 0.3～0.7V。

pMOS 晶体管的工作方式刚刚相反，也可以从图 1-31 的电路符号上看出。pMOS 晶体管的衬底电压为 V_{DD}，当栅极电压为 V_{DD} 时，处于截止状态。当栅极接地时，沟道反转为 p 类型，处于导通状态。

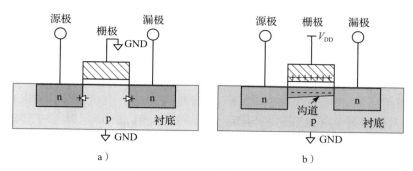

图 1-30 nMOS 晶体管操作过程

MOS 晶体管并不是完美的开关。对于 nMOS 晶体管能很好地导通低电平，但导通高电平的能力比较弱：当栅极电压为 V_{DD} 时，漏极电压在 0V 到 $V_{DD}-V_T$ 之间。同样，pMOS 晶体管导通高电平的能力很好，但是导通低电平的能力较弱。但是，我们仍然可以仅仅利用晶体管较好的模式来构造逻辑门。

nMOS 晶体管需要 p 型衬底，而 pMOS 晶体管需要 n 型衬底。为了在同一个晶片上同时构造这两种类型晶体管，制造过程采用 p 类型晶片，然后在需要 pMOS 晶体管的地方扩散 n 类型区域构成阱（well）。这种同时提供两种类型晶体管的工艺称为互补型 MOS（Complementary MOS，CMOS）。CMOS 工艺已经成为当前集成电路制造的主要方法。

总而言之，CMOS 工艺提供了两种类型的电控制开关，如图 1-31 所示。栅极（g）的电压控制了源极（s）和漏极（d）之间的电流流动。nMOS 晶体管在栅极为低电平时截止，为高电平时导通。pMOS 晶体管刚刚相反，在栅极为低电平时导通，为高电平时截止。

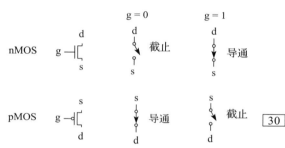

图 1-31 MOS 晶体管的开关模式

30

1.7.5 CMOS 非门

图 1-32 给出了用 CMOS 构成非门的电路原理图，其中三角形表示地，横线表示电源 V_{DD}（这些标号在后续电路原理图中不再标出）。nMOS 晶体管 N1 连接了地和输出 Y，pMOS 晶体管 P1 连接了电源和输出 Y。两个晶体管的栅极都由输入 A 控制。

如果 $A=0$，则 N1 截止，P1 导通，因此 Y 相当于连接到电源 V_{DD}，而与地断开。由于 P1 可以很好地导通高电平，Y 可以被拉升到逻辑 1（高电平）。如果 $A=1$，则 N1 导通，P1 截止，由于 N1 可以很好导通低电平，Y 被拉至逻辑 0。与图 1-12 中的真值表对比，可以看到这个电路实现了一个非门。

图 1-32 非门电路原理图

1.7.6 其他 CMOS 逻辑门

图 1-33 给出了两输入与非门的 CMOS 电路原理图。在电路原理图中，线总是在三路相交的节点上连接，只有在有点的情况下才是四路连接。nMOS 晶体管 N1 和 N2 串联：只有两个 nMOS 晶体管都导通，输出才被拉低到地。pMOS 晶体管 P1 和 P2 并联：只要有一个

pMOS 晶体管导通就可以将输出拉升到 V_{DD}。表 1-6 给出了上拉网络和下拉网络的操作与输出的状态，显示出该电路完成与非功能。例如，当 $A=1$，$B=0$ 时，N1 导通，但 N2 截止，阻塞了从输出 Y 到地之间的通道；同时，P1 截止，但 P2 导通，建立了从电源到输出 Y 的通道。因此，输出 Y 被上拉到高电平。

图 1-34 显示了构造任意反向逻辑门（例如非门、与非门、或非门等）的通用结构。nMOS 晶体管可以很好地导通低电平，因此下拉网络采用 nMOS 晶体管连接输出和地，以将输出完整地下拉到低电平。pMOS 晶体管可以很好地导通高电平，因此上拉网络采用 pMOS 连接输出和电源，以将输出完整地上拉到高电平。当晶体管并联时，只要有一个晶体管导通整个网络就导通。当晶体管串联时，只有所有的晶体管导通网络才能导通。输入上的斜线表示逻辑门可以有多个输入。

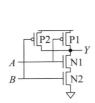

图 1-33　两输入与非门电路原理图

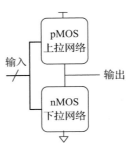

图 1-34　反向逻辑门通用结构

表 1-6　与非门操作

A	B	下拉网络	上拉网络	Y
0	0	OFF	ON	1
0	1	OFF	ON	1
1	0	OFF	ON	1
1	1	ON	OFF	0

如果上拉网络和下拉网络同时导通，则会在电源和地址之间产生短路（short circuit）。门的输出电压可能处于禁止区域，而晶体管将消耗大量能量，很可能会使其烧毁。另一方面，如果上拉网络和下拉网络同时截止，输出将既不连接到电源，也不连接到地，处于浮空状态（float）。浮空状态的电压是不确定的。通常不希望有浮空输出，但是在 2.6 节中可以看到，浮空也可以偶尔使用。

在具有正常功能的逻辑门中，上拉或下拉网络必然有一个导通，另一个截止，这样输出就可以被上拉至高电平或低电平，而不会产生短路或浮空。我们利用传导互补规则来保证这一点，即 nMOS 采用串联时，pMOS 必须使用并联；nMOS 使用并联时，pMOS 必须使用串联。

例 1.20　**三输入与非门原理图**。使用 CMOS 晶体管画一个三输入与非门的原理图。

解：与非门只有在所有的输入都为 1 时，输出才为 0。因此，下拉网络必须是三个串联的 nMOS 晶体管。根据传导互补规则，pMOS 晶体管必须采用并联。电路原理图如图 1-35 所示，读者可以自行验证其功能是否和真值表吻合。■

例 1.21　**两输入或非门原理图**。使用 CMOS 晶体管画一个两输入或非门。

解：或非门只要有一个输入为 1，输出就为 0。因此，下拉网络应该由两个并联的 nMOS

晶体管构成。根据传导互补规则，pMOS 晶体管应该使用串联方式。电路原理图如图 1-36 所示。

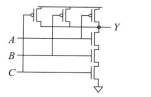 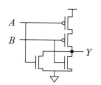

图 1-35　三输入与非门原理图　　　　图 1-36　两输入或非门原理图

例 1.22　**两输入与门原理图**。画一个两输入与门的原理图。

解：不能用一个单独的 CMOS 门构成一个与门。但是与非门和非门却很容易构造。因此，使用 CMOS 构造与门的最佳方法是将与非门的输出连接到非门的输入上，如图 1-37 所示。

32

1.7.7　传输门

有时，设计者需要一个理想的开关能同时很好地通过 0 或 1。注意到 nMOS 可以很好地导通 0，pMOS 可以很好地导通 1，两者的并联就可以很好地导通两种电平。图 1-38 给出了传输门（transmission gate 或 pass gate）的电路符号。由于开关是双向的，所以两边 A 和 B 不区分输入或输出。控制信号称为使能（Enable），EN 和 $\overline{\text{EN}}$。当 EN=0 且 $\overline{\text{EN}}$=1 时，两个晶体管都截止。因此，传输门是关闭（禁用），所以 A 和 B 未连接。当 EN=1 且 $\overline{\text{EN}}$=0 时，传输门导通（使能），任意逻辑值可以在 A 和 B 之间传递。

图 1-37　两输入与门原理图　　　　　　图 1-38　传输门

1.7.8　类 nMOS 逻辑

在一个 N 输入或非门中需要 N 个 nMOS 晶体管并联和 N 个 pMOS 晶体管串联。正如多个电阻串联阻值要大于并联，多个串联的晶体管速度也较慢。此外，由于 pMOS 晶体管的空穴在晶格中的移动速度要低于电子速度，所以 pMOS 晶体管的速度要慢于 nMOS 晶体管。因此，并联的多个 nMOS 晶体管速度要快于串联的多个 pMOS 晶体管，尤其当串联的晶体管数目较多时，速度差异更大。

类 nMOS 逻辑（pseudo-nMOS logic）将上拉网络中的 pMOS 晶体管替换为单个始终导通的 pMOS 晶体管，如图 1-39 所示。这个 pMOS 晶体管经常称为弱上拉（weak pull-up），其物理尺寸被设计成满足当所有 nMOS 晶体管都不导通时，这个弱上拉 pMOS 晶体管可以维持输出高电平；只要有一个 nMOS 晶体管导通就能超过这个弱上拉 pMOS 晶体管，将输出 Y 下拉到地，而产生逻辑 0。

可以利用类 nMOS 逻辑的特点构造多输入快速或非门。图 1-40 中给出了一个 4 输入或非门的类 nMOS 示例。类 nMOS 门很适合构造存储器和逻辑阵列（第 5 章中介绍）。其缺点在于当输出为低电平时，弱 pMOS 晶体管和所有的 nMOS 晶体管都导通，在电源和地之间

[33] 有短路。短路将持续消耗能量，因此类 nMOS 逻辑必须谨慎使用。

类 nMOS 门在 20 世纪 70 年代得名，当时的制造工艺仅能生产 nMOS 晶体管，还不能制造 pMOS 晶体管，因此使用一个弱 nMOS 晶体管来实现上拉。

图 1-39   通用的类 nMOS 门   图 1-40   类 nMOS4 输入门或非门

*1.8   功耗

功耗（power consumption）是单位时间内所消耗的能量，在数字系统中非常重要。在手机、笔记本电脑等移动系统中，电池的使用时间取决于功耗。功耗对固定电源供电的系统也很重要，因为电力消耗需要花钱，而且如果功耗过高将导致系统过热。

数字系统包含动态功耗（dynamic power）和静态功耗（static power）。动态功耗是信号在 0 和 1 变化过程中电容充电所耗费的能量。静态功耗是信号不发生变化，系统处于空闲状态下的功耗。

逻辑门和连接它们的线都具有电容。将电容 C 充电到电压 V_{DD} 所需的能量为 CV_{DD}^2。如果电容电压变换的频率为 f（即每秒变化 f 次），即在 1 秒内要将电容充电 $f/2$ 次，放电 $f/2$ 次。由于放电过程不需要从电源中获取能量，所以动态功耗为：

$$P_{\text{dynamic}} = \frac{1}{2}CV_{DD}^2 f \tag{1.4}$$

电子系统在空闲的时候也需要一些电流。当晶体管处于截止状态时，仍会有少量漏电流。有一些电路，例如 1.7.8 节中讨论的类 nMOS 电路，在电源和地之间始终有通路。这个静态电流 I_{DD} 也称为电源和地之间的漏电流（leakage current）或静态电源电流。静态功耗正比于静态电流。

$$P_{\text{static}} = I_{DD}V_{DD} \tag{1.5}$$

例 1.23   **功耗**。某手机的电池容量为 6Wh，电源电压为 1.2V。假设手机通话时的工作频率为 300MHZ，芯片中平均电容为 10nF，天线需要 3W 功率。手机不通话时因为所有的信号处理过程停止，所以动态功耗降低到 0。但是手机无论是否工作仍然具有 40mA 的漏电 [34] 流。请确定不通话情况和连续通话情况下电池的使用时间。

解：静态功耗 P_{static}=(0.040A)(1.2V)=48mW。如果手机不通话，仅有静态功耗，因此其电池使用时间为 (6Wh)/(0.048W)=125 小时（约 5 天）。如果手机通话，其动态功耗为 P_{dynamic}=(0.5)(10⁻⁸F)(1.2V)²(3×10⁸Hz)=2.16W。加上静态功耗和天线功耗，总的通话功耗为 2.16W+3W+0.048W=5.2W。因此电池使用时间为 6Wh/5.2W=1.15 小时。这个例子对手机的实际操作进行了简化，但是可以说明功耗的关键性问题。 ■

1.9   总结和展望

世界上有"10"种类型的人：可以用二进制计数的人和不能用二进制计数的人。

本章介绍了理解和设计复杂系统的基本原则。虽然真实世界是模拟世界，但是数字电路设计师将这些模拟值约束起来，仅仅使用可能信号中的离散子集。特别地，二进制变量只有两个状态：0 和 1，也称为 FALSE 和 TRUE，或者 LOW 和 HIGH。逻辑门根据一个或多个二进制输入计算一位二进制输出。一些常见的逻辑门包括：

- NOT：输入为 FLASE 时，输出 TRUE；
- AND：所有输入都为 TRUE 时，输出 TRUE；
- OR：只要有一个输入为 TRUE 时，输出 TRUE；
- XOR：奇数个输入为 TRUE 时，输出 TRUE。

逻辑门常用 CMOS 晶体管构成。CMOS 的行为类似于电子控制开关：nMOS 在栅极为 1 时导通，pMOS 在栅极为 0 时导通。

第 2～5 章中，我们将继续研究数字逻辑。第 2 章中着重研究输出仅仅依赖于当前输入的组合逻辑（combinational logic）。前面介绍的逻辑门都是组合逻辑的实例。在此章中将学习使用多个门来设计电路，以实现通过真值表或逻辑表达式描述的输入和输出之间的关系。第 3 章将着重研究时序逻辑（sequential logic），其输出依赖于当前输入和过去的输入。作为基本的时序器件，寄存器（register）可以记住它们以前的输入。基于寄存器和组合逻辑构成的有限状态机（finite state machine）提供了一种强有力的系统化方法来构造复杂系统。我们还将研究数字系统的时序，从而分析系统最快的运行速度。第 4 章介绍了硬件描述语言（HDL）。硬件描述语言和传统的程序设计语言相关，但是它们用于模拟和构造硬件系统而非软件。现代的大多数数字系统都使用硬件描述语言设计。System Verilog 和 VHDL 是两种流行的硬件描述语言。它们在本书中并列介绍。第 5 章中将研究其他组合逻辑和时序逻辑模块，例如加法器、乘法器和存储器等。 |35|

第 6 章将转移到计算机体系结构。此章介绍了信息产业常用的 ARM 处理器。该处理器用于几乎所有的智能手机和平板电脑等诸多设备中，从弹球机到汽车和服务器。ARM 体系结构由寄存器和汇编语言指令集定义。此章中将学习如何用汇编语言为 ARM 处理器书写程序，这样就可以用处理器自身的语言和它们通信了。

第 7 章和第 8 章填补了数字逻辑和计算机体系结构之间的空隙。第 7 章将研究微结构，即如何将加法器、寄存器等数字模块组合在一起来构成微处理器。此章中，可以学习如何构造自己的 ARM 处理器。而且，可以学习到三种不同的微结构，来说明在性能和成本之间的不同折中。处理器性能按照指数方式增长需要更复杂的存储器系统以提供处理器不断提出的数据需求。第 8 章深入介绍存储器系统体系结构。第 9 章（作为网络补充内容，参见前言）描述了计算机和显示器、蓝牙无线电以及电机等外部设备进行通信的方法。 |36|

习题

1.1 用一段话解释以下领域中出现的至少三个层次的抽象：

（a）生物学家研究细胞的操作；

（b）化学家研究物质的构成。

1.2 用一段话解释以下领域中使用的层次化、模块化和规整化技术：

（a）汽车设计工程师；

（b）管理业务的商人。

1.3 Ben 正在盖房子。解释他如何应用层次化、模块化和规整化原则在建房过程中节省时间和金钱。

1.4 一个模拟信号的范围为 0～5V。如果测量的精度为 ±50mV，此模拟信号最多可以传递多少位的信息？

1.5 教室中的旧钟的分针已经折断。

    (a) 如果你可以读取的时针接近于 15 分钟，时钟传递了多少位的时间信息？

    (b) 如果你知道现在是否临近中午，则可以再多获得多少位关于时间的附加信息？

1.6 巴比伦人在 4000 年前提出了六十进制（sexagesimal）的数制系统。一个六十进制的数字可以传递多少位信息？你应该如何用六十进制方式写 4000_{10} 这个数字？

1.7 16 位可以表示多少个不同的数？

1.8 最大的无符号 32 位二进制数是多少？

1.9 对于以下三种数制系统，最大的 16 位二进制数是多少？

37
    (a) 无符号数   (b) 二进制补码数   (c) 符号 / 数值数

1.10 对于以下三种数制系统，最大的 32 位二进制数是多少？

    (a) 无符号数   (b) 二进制补码数   (c) 符号 / 数值数

1.11 对于以下三种数制系统，最小的 16 位二进制数是多少？

    (a) 无符号数   (b) 二进制补码数   (c) 符号 / 数值数

1.12 对于以下三种数制系统，最小的 32 位二进制数是多少？

    (a) 无符号数   (b) 二进制补码数   (c) 符号 / 数值数

1.13 将下列无符号二进制数转化为十进制。

    (a) 1010_2 (b) 110110_2 (c) 11110000_2 (d) 000100010100111_2

1.14 将下列无符号二进制数转化为十进制。

    (a) 1110_2 (b) 100100_2 (c) 11010111_2 (d) 011101010100100_2

1.15 重复习题 1.13，但要转换为十六进制。

38
1.16 重复习题 1.14，但要转换为十六进制。

1.17 将下列十六进制数转换为十进制。

    (a) $A5_{16}$ (b) $3B_{16}$ (c) $FFFF_{16}$ (d) $D0000000_{16}$

1.18 将下列十六进制数转换为十进制。

    (a) $4E_{16}$ (b) $7C_{16}$ (c) $ED3A_{16}$ (d) $403FB001_{16}$

1.19 重复习题 1.17，但要转换为无符号二进制数。

1.20 重复习题 1.18，但要转换为无符号二进制数。

1.21 将下列二进制补码数转换为十进制。

    (a) 1010_2 (b) 110110_2 (c) 01110000_2 (d) 10011111_2

1.22 将下列二进制补码数转换为十进制。

    (a) 1110_2 (b) 100011_2 (c) 01001110_2 (d) 10110101_2

1.23 重复习题 1.21，但是这些二进制数采用的符号 / 数值方式。

39
1.24 重复习题 1.22，但是这些二进制数采用的符号 / 数值方式。

1.25 将下列十进制数转换为无符号二进制数。

    (a) 42_{10} (b) 63_{10} (c) 229_{10} (d) 845_{10}

1.26 将下列十进制数转换为无符号二进制数。

    (a) 14_{10} (b) 52_{10} (c) 339_{10} (d) 711_{10}

1.27 重复习题 1.25，但是要转换为十六进制。

1.28 重复习题 1.26，但是要转换为十六进制。

1.29 将下述十进制数转为 8 位二进制补码，并指出哪些十进制数超出了相应的表示范围。

(a) 42_{10} (b) -63_{10} (c) 124_{10} (d) -128_{10} (e) 133_{10}

1.30 将下述十进制数转为 8 位二进制补码，并指出哪些十进制数超出了相应的表示范围。

(a) 24_{10} (b) -59_{10} (c) 128_{10} (d) -150_{10} (e) 127_{10} 40

1.31 重复习题 1.29，但是转换为 8 位符号 / 数值表示。

1.32 重复习题 1.30，但是转换为 8 位符号 / 数值表示。

1.33 将下列 4 位二进制补码数转换为 8 位二进制补码。

(a) 0101_2 (b) 1010_2

1.34 将下列 4 位二进制补码数转换为 8 位二进制补码。

(a) 0111_2 (b) 1001_2

1.35 重复习题 1.33，但二进制数为无符号二进制数。

1.36 重复习题 1.34，但二进制数为无符号二进制数。

1.37 基为 8 的数制系统称为八进制数（octal）。将习题 1.25 中的数转换为八进制数。

1.38 基为 8 的数制系统称为八进制数（octal）。将习题 1.26 中的数转换为八进制数。

1.39 将下述八进制数转换为二进制、十六进制和十进制。

(a) 42_8 (b) 63_8 (c) 255_8 (d) 3047_8

1.40 将下述八进制数转换为二进制、十六进制和十进制。

(a) 23_8 (b) 45_8 (c) 371_8 (d) 2560_8 41

1.41 有多少个 5 位二进制补码数大于 0？有多少小于 0 呢？这个结果和符号 / 数值数的结果有区别吗？

1.42 有多少个 7 位二进制补码数大于 0？有多少小于 0 呢？这个结果和符号 / 数值数的结果有区别吗？

1.43 在一个 32 位字中有多少字节？多少半字节？

1.44 在一个 64 位字中有多少字节？

1.45 某 DSL modem 的数据传输率为 768Kbps。它一分钟内可以接收多少字节？

1.46 USB 3.0 的数据传输率为 5Gbps。它一分钟可以发送多少字节？

1.47 硬盘制造商使用 MB 字节表示 10^6 字节，使用 GB 表示 10^9 字节。在一个 50GB 的硬盘上真正能用于存储音乐的空间有多大？

1.48 不用计算器估计 2^{31} 有多大？

1.49 Pentium II 计算机上的存储器按照位阵列的方式组织。其中有 28 个行和 29 个列。不用计算器估计存储容量有多少位？

1.50 针对 3 位无符号数、二进制补码和符号 / 数值数画出类似于图 1-11 的图。

1.51 针对 2 位无符号数、二进制补码和符号 / 数值数画出类似于图 1-11 的图。

1.52 对下列无符号二进制数进行加法。指出在结果为 4 位的情况下，和是否会溢出。

(a) $1001_2 + 0100_2$ (b) $1101_2 + 1011_2$ 42

1.53 对下列无符号二进制数进行加法。指出在结果为 8 位的情况下，和是否会溢出。

(a) $10011001_2 + 01000100_2$ (b) $11010010_2 + 10110110_2$

1.54 重复习题 1.52，并假设二进制数采用二进制补码表示。

1.55 重复习题 1.53，并假设二进制数采用二进制补码表示。

1.56 将下列十进制数转换为 6 位二进制补码表示，并完成加法操作。指出对于 6 位结果是否产生溢出。

(a) $16_{10}+9_{10}$ (b) $27_{10}+31_{10}$ (c) $-4_{10}+19_{10}$

(d) $3_{10}+-32_{10}$ (e) $-16_{10}+-9_{10}$ (f) $-2710+-31_{10}$

1.57 对下列数字重复习题 1.56。

(a) $7_{10}+13_{10}$ (b) $17_{10}+25_{10}$ (c) $-26_{10}+8_{10}$

(d) $31_{10}+-14_{10}$ (e) $-19_{10}+-22_{10}$ (f) $-2_{10}+-29_{10}$

1.58 对下列无符号十六进制数进行加法操作。指出对于 8 位结果是否产生溢出。

43

(a) $7_{16}+9_{16}$ (b) $13_{16}+28_{16}$ (c) $AB_{16}+3E_{16}$ (d) $8F_{16}+AD_{16}$

1.59 对下列无符号十六进制数进行加法操作。指出对于 8 位结果是否产生溢出。

(a) $22_{16}+8_{16}$ (b) $73_{16}+2C_{16}$ (c) $7F_{16}+7F_{16}$ (d) $C2_{16}+A4_{16}$

1.60 将下列十进制数转换为 5 位二进制补码，并进行相减。指出对于 5 位结果是否产生溢出。

(a) $9_{10}-7_{10}$ (b) $12_{10}-15_{10}$ (c) $-6_{10}-11_{10}$ (d) $4_{10}--8_{10}$

1.61 将下列十进制数转换为 6 位二进制补码，并进行相减。指出对于 6 位结果是否产生溢出。

(a) $18_{10}-12_{10}$ (b) $30_{10}-9_{10}$ (c) $-28_{10}-3_{10}$ (d) $-16_{10}-21_{10}$

1.62 在 N 位二进制偏置（biased）数制系统中，对于偏置量 B，正数或负数的表示为其值加上 B。例如，在偏置量为 15 的 5 位数制系统中，0 表示为 01111，1 表示为 10000，等等。偏置数制系统可以用于浮点算术中，详细内容在第 5 章中讨论。考虑一个偏置量为 127_{10} 的 8 位二进制偏置数制系统。

(a) 二进制数 10000010_2 对应的十进制数为多少？

(b) 表示 0 的二进制数是多少？

(c) 最小负数的值是多少？二进制表示是怎样？

(d) 最大正数的值是多少？二进制表示是怎样？

1.63 针对偏置量为 3 的 3 位偏置数制系统，画出类似图 1-11 的数图。（参见习题 1.62 中对偏置数制系统的定义）。

44

1.64 在 BCD（binary coded decimal）系统中，用 4 位二进制数表示 0~9 的十进制数字。例如，37_{10} 表示为 00110111_{BCD}。

(a) 写出 289_{10} 的 BCD 码表示。

(b) 将 100101010001_{BCD} 转换为十进制数。

(c) 将 01101001_{BCD} 转换为二进制数。

(d) 解释为什么 BCD 码也是一种常用的数字表示方法。

1.65 回答下列与 BCD 系统相关的问题（BCD 系统的定义请看习题 1.64）。

(a) 写出 371_{10} 的 BCD 码表示。

(b) 将 000110000111_{BCD} 转换为十进制数。

(c) 将 10010101_{BCD} 转换为二进制数。

(d) 说明 BCD 码与二进制数字表示方法相比较的劣势。

1.66 一艘飞碟坠毁在 Nebraska 的庄稼地里。联邦调查局检查了飞碟残骸，并在一个工程手册中发现了按照 Martin 数制系统写的等式：325+42=411。如果等式是正确的，Martin 数制系统的基数是多少？

1.67 Ben 和 Alyssa 在争论一个问题。Ben 说："所有大于 0 且能被 6 整除的正数的二进制表示中必然只有两个 1"。Alyssa 不同意。她说："不是这样，所有这些数的二进制表示中有偶数个 1"。你同意 Ben 还是 Alyssa，或者都不同意？解释你的理由。

1.68 Ben 和 Alyssa 又争论另外一个问题。Ben 说："我可以通过将一个数减 1，然后将结果各位取反来得到这个数的二进制补码"。Alyssa 说："不，我可以从一个数的最低位开始检查每一位，从发现的第一个 1 开始，将后续的所有位取反来获得这个数的二进制补码"。你同意 Ben 还是 Alyssa，或都同意或都不同意？解释你的理由。

1.69　以你喜欢的语言（C、Java、Perl）写一个程序将二进制转换为十进制。用户应输入无符号二进制数，程序打印出十进制值。 `45`

1.70　重复习题 1.69，但是将任意基 b_1 的数转换为另一基 b_2 的表示。支持的最大基为 16，使用字母表示大于 9 的数。用户输入 b_1 和 b_2，然后输入基为 b_1 的数。程序打印出基为 b_2 的等价数。

1.71　针对下述逻辑门，给出其电路符号、布尔表达式和真值表。

　　(a) 三输入或门　　　　　　(b) 三输入异或门　　　　　(c) 四输入异或非门

1.72　针对下述逻辑门，给出其电路符号、布尔表达式和真值表。

　　(a) 四输入或门　　　　　　(b) 三输入异或非门　　　　(c) 五输入与非门

1.73　表决器电路在多于一半的输入为 TRUE 时输出 TRUE。请给出图 1-41 所示的三输入表决器真值表。

1.74　如图 1-42 所示的三输入 AND-OR(AO) 门将在 A 和 B 都为 TRUE，或者 C 为 TRUE 时输出 TRUE。请给出其真值表。 `46`

1.75　如图 1-43 所示的三输入 OR-AND-INVERT(OAI) 门将在 C 为 TRUE，且 A 或 B 为 TRUE 时输出 FALSE。其余情况将产生 TRUE。请给出其真值表。

　　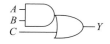　　

图 1-41　三输入表决器　　　图 1-42　三输入 AND-OR 门　　　图 1-43　三输入 OR-AND-INVERT 门

1.76　对于两个输入变量，请列出所有 16 种不同的真值表。对于每种真值表，请给一个简短的名字（例如 OR、NAND 等）。

1.77　对于 N 个输入变量，有多少种不同的真值表？

1.78　如果某器件的直流传输特性如图 1-44 所示，该器件可否作为反相器使用？如果可以，其输入和输出的高低电平（V_{IL}、V_{OL}、V_{IH} 和 V_{OH}），以及噪声容限（NM_L 和 NM_H）分别是多少？如果不能用作反相器，请说明理由。

1.79　对图 1-45 所述部件重复习题 1.78。 `47`

1.80　如果某器件的直流传输特性如图 1-46 所示，该器件可否作为缓冲器使用？如果可以，其输入和输出的高低电平（V_{IL}、V_{OL}、V_{IH} 和 V_{OH}），以及噪声容限（NM_L 和 NM_H）分别是多少？如果不能用作缓冲器，请说明理由。

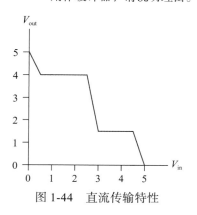　　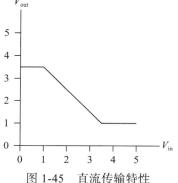　　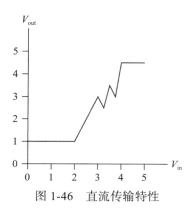

图 1-44　直流传输特性　　　　图 1-45　直流传输特性　　　　图 1-46　直流传输特性

1.81 Ben 发明了一个缓冲器电路，其直流传输特性如图 1-47 所示，这个缓冲器能正常工作吗？请解释原因。Ben 希望宣称这个电路和 LVCMOS 和 LVTTL 逻辑兼容。Ben 的这个缓冲器可否正确接收这些逻辑系列的输入？其输出可否正确驱动这些逻辑系列？请解释原因。

1.82 Ben 在黑暗的小巷中碰到了一个两输入门，其转换功能如图 1-48 所示。其中 A、B 为输入，Y 为输出。

（a）他发现的逻辑门是哪种类型？

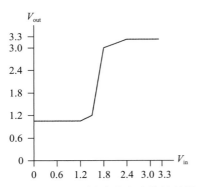

（b）其大约的高低逻辑电平是多少？

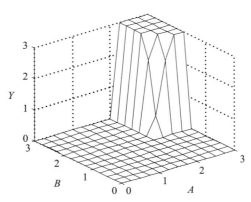

图 1-47 Ben 的缓冲器直流传输特性

图 1-48 两输入直流传输特性

1.83 对图 1-49 重复习题 1.82。

1.84 用最少的晶体管画出下述 CMOS 逻辑门的晶体管级电路。

（a）四输入 NAND 门

（b）三输入 OR-AND-INVERT 门（参见习题 1.75）

（c）三输入 AND-OR 门（参见习题 1.74）

1.85 用最少的晶体管画出下述 CMOS 逻辑门的晶体管级电路。

（a）三输入 NOR 门

（b）三输入 AND 门

（c）二输入 OR 门

1.86 "少数"电路在少于一半的输入为 TRUE 时输出 TRUE，否则输出为 FALSE。请用最少的晶体管画出三输入 CMOS "少数"电路的晶体管级电路。

1.87 请给出图 1-50 所示逻辑门的真值表。真值表的输入为 A 和 B。请说明此逻辑功能的名称。

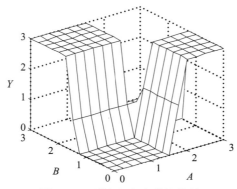

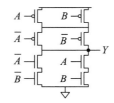

图 1-49 两输入直流传输特性

图 1-50 待求解电路原理图

1.88 请给出图 1-51 所示逻辑门的真值表。真值表的输入为 A、B 和 C。

1.89 仅使用类 nMOS 逻辑门实现下述三输入逻辑门。该逻辑门的输入为 A、B 和 C。使用最少的晶体管。

（a）三输入 NOR 门

（b）三输入 NAND 门

（c）三输入 AND 门

1.90 电阻晶体管逻辑（Resistor-Transistor Logic，RTL）使用 nMOS 晶体管将输出下拉到 LOW，在没有回路连接到地时使用弱电阻将输出上拉到 HIGH。使用 RTL 构成的一个非门如图 1-52 所示。画出用 RTL 构成的三输入 NOR 门。使用最少数目的晶体管。

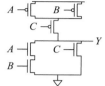

图 1-51 待求解电路原理图 　　图 1-52 RTL 构成的非门

50 ～ 51

面试问题

1.1 请画出 CMOS 四输入 NOR 门的晶体管级电路。

1.2 国王收到了 64 个金币，但是其中有一个是假的。他命令你找出这个假币。如果你有一个天平，请问需要多少次才能找到哪个比较轻的假币？

1.3 一个教授、一个助教、一个数字设计专业的学生和一个新生需要在黑夜里经过一座摇摇晃晃的桥。这座桥很不稳固，每次只能有两个人通过。他们只有一把火炬，而且桥的跨度太大无法把火炬扔回来，因此必须有人要把火炬拿回来。新生过桥需要 1 分钟，数字设计专业的学生过桥需要 2 分钟，助教过桥需要 5 分钟，教授过桥需要 10 分钟。所有人都通过此桥的最短时间是多少？

52

第2章

Digital Design and Computer Architecture, ARM Edition

组合逻辑设计

2.1 引言

在数字电路中，电路是一个可以处理离散变量的网络。一个电路可以被看成一个黑盒子。如图 2-1 所示，其中包括：

- 一个或者多个离散变量输入端（input terminal）；
- 一个或者多个离散变量输出端（output terminal）；
- 描述输入和输出的关系的功能规范（function specification）；
- 描述输入改变时输出响应的延迟的时序规范（timing specification）。

窥视黑盒子的内部，电路由一些节点和元件组成。元件（element）本身又是一个带有输入、输出、功能规范和时序规范的电路。节点（node）是一段导线，它通过电压传递离散变量。节点可分为输入节点、输出节点或内部节点。输入节点接收外部世界的值，输出节点输出值到外部世界。既不是输入节点也不是输出节点的线称为内部节点。如图 2-2 所示一个带有 3 个元件和 6 个节点的电路，E1、E2 和 E3 是三个元件，A、B、C 是输入节点，Y 和 Z 是输出节点，n1 是 E1 和 E3 之间的内部节点。

数字电路可以分为组合（combinational）电路和时序（sequential）电路。组合电路的输出仅仅取决于输入的值，换句话说，它组合当前输入值来确定输出的值。举个例子，一个逻辑门是一个组合电路。时序电路的输出取决于当前输入值和之前的输入值，换句话说，它取决于输入的序列。组合电路是没有记忆的，但是时序电路是有记忆的。这一章重点放在组合电路上，第 3 章考察时序电路。

图 2-1 将电路看成具有输入、输出和
规范的黑盒子

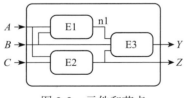

图 2-2 元件和节点

组合电路的功能规范表示当前各种输入值情况下所得到的输出值。组合电路的时序规范包括从输入到输出延迟的最大值和最小值。在这一章中，我们首先将集中介绍功能规范，后面部分再回过来学习时序规范。

如图 2-3 所示，一个组合电路有 2 个输入和 1 个输出。在图的左边是输入节点 A 和 B，在图的右边是输出节点 Y。盒子里面的 Ⅽ 符号表示它只能使用组合逻辑实现。在这个例子中，逻辑功能 F 被指定为或逻辑：$Y=F(A, B)=A+B$。简单地说，输出 Y 是 2 个输入 A 和 B 的函数，即 $Y=A$ OR B。

图 2-4 给出了图 2-3 中组合逻辑电路的两种可能实现（implementation）。在这本书中，我们将多次看到，一个函数通常存在许多种实现。可以根据配置和设计约束选择给定的模块来实现组合电路。这些约束通常包括面积、速度、功率和设计时间。

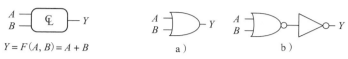

图 2-3　组合逻辑电路　　　　图 2-4　或逻辑的两种实现

图 2-5 是一个有多个输出的组合电路。这个特殊的组合电路称为全加器（full adder），我们在 5.2.1 节中会再次遇到。图中的两个式子根据输入 A、B 和 C_{in} 来确定输出 S 和 C_{out} 的函数。

为了简化画图，我们经常用一根信号线表示由多个信号构成的总线（bus），总线上有一根斜线，并在旁边标注一个数字，数字表示总线上的信号数量。例如，图 2-6a 中的组合逻辑块有 3 个输入和 2 个输出。如果总线的位数不重要或者在上下文中很明显，斜线旁可以不标识数字。图 2-6b 中，两个组合逻辑块有任意数量的输出，一个逻辑块的输出作为下一个逻辑块的输入。

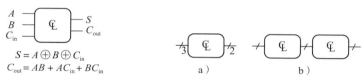

图 2-5　多输出组合逻辑电路　　　　图 2-6　通过斜线表示多个信号

组合电路的构成规则告诉我们如何通过较小的组合电路元件构造一个大的组合电路。如 〔56〕 果一个电路由互相连接的电路元件构成，在满足以下条件时，它就是组合电路。

- 每一个电路元件本身都是组合电路；
- 每一个电路节点或者是一个电路的输入，或者是连接外部电路的一个输出端；
- 电路不能包含回路：经过电路的每条路径最多只能经过每个电路节点一次。

例 2.1　**组合电路**。根据组合电路的构成规则，图 2-7 所示电路中哪些是组合电路？

解：图 2-7a 是组合电路。它由 2 个组合电路元件构成（反向器 I1 和 I2）。它有 3 个节点：n1、n2 和 n3。n1 是整个电路和 I1 的输入；n2 是内部节点，是 I1 的输出和 I2 的输入；n3 是电路和 I2 的输出。图 2-7b 不是组合电路，因为它存在回路：异或门的输出反馈到一个输入端。因此，从 n4 开始通过异或门到 n5 再返回到 n4 是一个回路。图 2-7c 是组合电路。图 2-7d 不是组合电路，因为节点 n6 同时连接 I3 和 I4 的输出端。图 2-7e 是组合电路，表示了两个组合电路连接而构成一个大的组合电路。图 2-7f 不遵循组合电路的构成规则，因为它有一个回路通过 2 个元件。它是否为组合电路需要视元件的功能而定。　■

像微处理器这样的大规模电路非常复杂，我们可以用第 1 章介绍的原理来管理复杂性。可以应用抽象和模块化原则将电路视为一个明确定义了接口和功能的黑匣子。可以应用层次 〔57〕 化原则由较小的电路构建复杂电路。组合电路的构成规则应用了约束原理。

一个组合电路的功能规范通常描述为真值表或者布尔表达式。在后续章节中，我们将介绍如何通过真值表得到布尔表达式，如何使用布尔代数和卡诺图来化简表达式，并将说明如何通过逻辑门实现逻辑表达式，以及如何分析这些电路的速度。

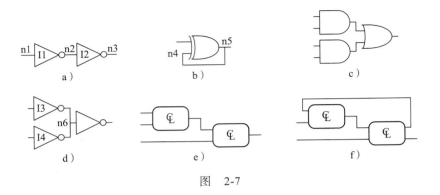

图   2-7

2.2 布尔表达式

布尔表达式处理的变量是真或假，所以它很适合描述数字逻辑。本节中定义一些布尔表达式中常用的术语，然后介绍如何为给定真值表的逻辑功能写出布尔表达式。

2.2.1 术语

一个变量 A 的非（complement），是它的取反，记为 $\bar{A}$。一个变量或它的取反被称为项（literal）。比如，A、$\bar{A}$、B 和 $\bar{B}$ 是项。我们称 A 为变量的真值形式（true form，也称为真形式），$\bar{A}$ 为取反形式（comp-lementary form，也称为假形式）。"真值形式"不表示 A 为真，仅仅是 A 的上面没有线。

一个或者多个项的"与"被称为乘积项（product）或者蕴涵项（implicant）。$\bar{A}B$、$A\bar{B}\bar{C}$ 和 B 都是 3 变量函数的蕴涵项。最小项（minterm）是包含全部输入变量的乘积项。$AB\bar{C}$ 是输入为 A、B、C 的 3 变量函数的一个最小项，但是 $\bar{A}B$ 不是最小项，因为它不包含 C。同样，一个或者多个项的"或"被称为求和项（sum）。最大项（maxterm）是包含全部输入项的和。$A+\bar{B}+C$ 是输入为 A、B、C 的 3 变量函数的一个最大项。

在解释布尔表达式时，其顺序很重要。布尔表达式 $Y=A+BC$ 表示 $Y=(A\ OR\ B)\ AND\ C$，还是表示 $Y=A\ OR\ (B\ AND\ C)$？在布尔表达式中，"非"的优先级最高，接着是"与"，最后是"或"。对于一个普通的等式，乘积在求和之前执行。所以，等式被读为 $Y=A\ OR\ (B\ AND\ C)$。式（2.1）给出了解释顺序的另外一个例子。

$$\bar{A}B+BC\bar{D}=((\bar{A})B)+(BC(\bar{D}))\tag{2.1}$$

2.2.2 与或式

有 N 个输入的真值表包含 2^N 行，每一行对应了输入变量的一种可能取值。真值表中的每一行都与一个为真的最小项相关联。如图 2-8 所示为一个有 2 个输入 A 和 B 的真值表，给出了每一行对应的最小项。比如，第一行的最小项是 $\bar{A}\bar{B}$，这是因为当 $A=0$，$B=0$ 时，$\bar{A}\bar{B}$ 取值为真。最小项从 0 开始标号，第一行对应最小项 0（m_0），紧接着下面一行对应最小项 1（m_1），依此类推。

可以用输出 Y 为真的所有最小项之和的形式写出任意一个真值表的布尔表达式。比如，在图 2-8 圈起来的区域中仅仅存在一行（一个最小项）Y 的输出为真，即 $Y=\bar{A}\bar{B}$。图 2-9 的真值表中有多行 Y 的输出为真。取每一个被圈起来的最小项之和，可以得出：$Y=\bar{A}B+AB$。

因为这种形式是由若干积（"与"构成了最小项）的和（"或"）构成，所以被称为一个函数的与或式（sum-of-products）范式。虽然有多种形式表示同一个函数，比如图 2-9 的真

值表可以写为 $Y=B\bar{A}+BA$，但可以将它们按照在真值表中出现的顺序进行排序，因此同一个真值表总是能写出唯一的布尔表达式。

A	B	Y	最小项	最小项名称
0	0	0	$\bar{A}\ \bar{B}$	m_0
0	1	1	$\bar{A}\ B$	m_1
1	0	0	$A\ \bar{B}$	m_2
1	1	0	$A\ B$	m_3

图 2-8　真值表和最小项

A	B	Y	最小项	最小项名称
0	0	0	$\bar{A}\ \bar{B}$	m_0
0	1	1	$\bar{A}\ B$	m_1
1	0	0	$A\ \bar{B}$	m_2
1	1	1	$A\ B$	m_3

图 2-9　包含了多个为真的最小项的真值表

与或式范式也可以使用求和符号 $\sum$ 写成连续相加的形式。应用这种表示法，图 2-9 表达的函数可以写成如下形式：

$$F(A, B)=\sum(m_1, m_3) \tag{2.2}$$

或

$$F(A, B)=\sum(1, 3)$$

例2.2　**与或式**。Ben 正在野炊，如果天气下雨或者那儿有蚂蚁，Ben 将不能享受到野炊的快乐。设计一个电路，当其输出为真时表示 Ben 可以享受野炊。

解：首先定义输入和输出。输入为 A 和 R，它们分别表示有蚂蚁和下雨，有蚂蚁时 A 是真，没有蚂蚁时 A 为假。同样，下雨时 R 为真，不下雨时 R 为假。输出为 E，表示 Ben 可以享受野炊。如果 Ben 享受野炊，E 为真，如果 Ben 没能去野炊，E 为假。图 2-10 表示 Ben 野炊经历的真值表。

使用与或式，我们写出的等式如下：$E=\bar{A}\bar{R}$ 或 $E=\sum(0)$。可以用 2 个反向器和 2 个与门来实现等式，如图 2-11a 所示。读者可能发现这个真值表是 1.5.5 节中出现的或非函数：$E=A$ NOR $R =\overline{A+R}$。图 2-11b 表示或非操作。在 2.3 节中，我们将介绍 $\bar{A}\bar{R}$ 和 $\overline{A+R}$ 这两个等式是等价的。

A	R	E
0	0	1
0	1	0
1	0	0
1	1	0

图 2-10　Ben 的真值表

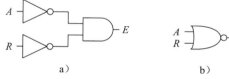

图 2-11　Ben 的电路

对具有任何多变量的真值表可以用与或式写出唯一的布尔表达式。图 2-12 表示一个 3 输入真值表。它的逻辑函数的与或式如下：

$$Y=\bar{A}\bar{B}\bar{C}+A\bar{B}\bar{C}+A\bar{B}C \tag{2.3}$$

或

$$Y=\sum(0, 4, 5)$$

59

但是，与或式并不一定能产生最简等式。在 2.3 节中，我们将介绍如何用较少的项写出同样的函数。

2.2.3　或与式

布尔函数的第二种表达式是或与式（product-of-sums）范式。真值表的每一行对应了为假的一个最大项。比如，2 输入真值表的第一行的最大项为 $(A+B)$，这是因为当

A	B	C	Y	A	B	C	Y
0	0	0	1	1	0	0	1
0	0	1	0	1	0	1	1
0	1	0	0	1	1	0	0
0	1	1	0	1	1	1	0

图 2-12　一个三输入真值表

$A=0$，$B=0$ 时，$(A+B)$ 为假。我们可以直接通过真值表中每一个输出为假的最大项相与而得到电路的布尔表达式。或与式范式也可以使用求积符号 $\prod$ 写成连续相乘的形式。

例 2.3 **或与式**。为图 2-13 中的真值表写出一个或与式的表达式。

解：真值表中有 2 个行输出为假，所以函数可以写成或与式：$Y=(A+B)(\bar{A}+B)$，或者使用 $\prod$ 符号表示，$Y=\prod(M_0, M_2)$ 或 $Y=\prod(0, 2)$。第一个最大项为 $(A+B)$，在 $A=0$ 且 $B=0$ 时，任何值与 0 相与都等于 0，这保证了 $Y=0$。同样，第二个最大项为 $(\bar{A}+B)$，在 $A=1$ 且 $B=0$ 时，保证了 $Y=0$。图 2-13 和图 2-9 是相同的真值表，表明可以用多种方法写出同一个函数。

A	B	Y	最大项	最大项名称
0	0	0	$A+B$	M_0
0	1	1	$A+\bar{B}$	M_1
1	0	0	$\bar{A}+B$	M_2
1	1	1	$\bar{A}+\bar{B}$	M_3

图 2-13　包含了多个假值最大项的真值表

同样，图 2-10 表示 Ben 野炊的布尔表达式，可以将圈起来的三个为 0 的行写成或与式，得到 $E=(A+\bar{R})(\bar{A}+R)(\bar{A}+\bar{R})$ 或 $E=\prod(1, 2, 3)$。它比与或式的 $E=\bar{A}R$ 要复杂，但这两个等式在逻辑上是等价的。

当真值表中只有少数行输出为真时，与或式可以产生较短的等式。当真值表中只有少数行输出为假时，或与式比较简单。

2.3　布尔代数

前面的章节中学习了如何通过给定的真值表写出布尔表达式。但是，表达式不一定能导出一组最简逻辑门。就像用代数来化简数学等式一样，也可以用布尔代数来化简布尔表达式。布尔代数的法则很类似于普通的代数，而且在某些情形下更加简单，这是因为变量只有 0 和 1 这两种可能的值。

布尔代数以一组事先假定正确的公理为基础。公理是不用证明的，在某种意义上说，就像定义不能被证明一样。通过这些公理，我们可以证明布尔代数的所有定理。这些定理有较大的实用意义，因为它们指导我们如何去化简逻辑来生成较小而且成本更低的电路。

布尔代数的公理和定理都服从对偶原理。如果符号 0 和 1 互换，运算符 ·（AND）和 +（OR）互换，表达式将依然正确。我们用上标（′）来表示对偶式。

2.3.1　公理

表 2-1 给出了布尔代数的公理。这 5 个公理和它们的对偶式定义了布尔变量，以及非、或、与的含义。公理 A1 表示布尔变量 B 要么是 1，要么是 0。公理对偶式 A1′ 表示变量要么是 0，要么是 1。A1 和 A1′ 告诉我们只能对布尔量（二进制量）0 和 1 进行操作。公理 A2 和 A2′ 定义了非操作。公理 A3 到 A5 定义了与操作，它们的对偶式 A3′ 到 A5′ 定义了或操作。

表 2-1　布尔代数的公理

	公　理		对偶公理	名　称
A1	$B=0$，如果 $B\neq 1$	A1′	$B=1$，如果 $B\neq 0$	二进制字段
A2	$\bar{0}=1$	A2′	$\bar{1}=0$	NOT
A3	$0\cdot 0=0$	A3′	$1+1=1$	AND/OR
A4	$1\cdot 1=1$	A4′	$0+0=0$	AND/OR
A5	$0\cdot 1=1\cdot 0=0$	A5′	$1+0=0+1=1$	AND/OR

2.3.2　单变量定理

表 2-2 中的定理 T1 到 T5 描述了如何化简包含一个变量的等式。

表 2-2　单变量的布尔代数定理

	定　　理		对　偶　公　理	名　　称
T1	$B \cdot 1 = B$	T1′	$B + 0 = B$	同一性定理
T2	$B \cdot 0 = 0$	T2′	$B + 1 = 1$	零元定理
T3	$B \cdot B = B$	T3′	$B + B = B$	重叠定理
T4			$\bar{\bar{B}} = B$	回旋定理
T5	$B \cdot \bar{B} = 0$	T5′	$B + \bar{B} = 1$	互补定理

同一性定理 T1 表示对于任何布尔变量 B，B AND $1 = B$，它的对偶式表示 B OR $0 = B$。如图 2-14 所示的硬件中，T1 的意思是在 2 输入与门中如果有一个输入总是为 1，可以删除与门，用连接输入变量 B 的一条导线代替与门。同样，T1′ 的意思是在 2 输入或门中如果有一个输入总是为 0，可以用连接输入变量 B 的一条导线代替或门。一般说来，逻辑门要花费成本、功耗和延迟，用导线来代替门电路是有利的。

零元定理 T2 表示 B 和 0 相与总是等于 0。所以，0 被称为与操作的零元，因为它使任何其他输入的影响无效。对偶式表明，B 和 1 相或总是等于 1。所以，1 是或操作的零元。在硬件电路中，如图 2-15 所示，如果一个与门的输入是 0，我们可以用连接低电平（0）的一条导线代替与门。同样，如果一个或门的输入是 1，我们可以用连接高电平（1）的一条导线代替或门。 61

重叠定理 T3 表示变量和它自身相与就等于它的本身值。同样，一个变量和它自身相或等于它的本身值。从拉丁语语源给出了定理的名字：同一的和强有力的。这个操作返回和输入相同的值。如图 2-16 所示，重叠定理也允许用一根导线来代替门。

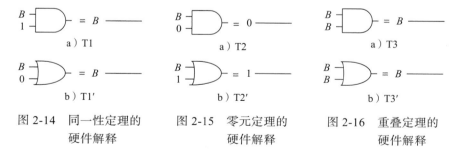

图 2-14　同一性定理的　　图 2-15　零元定理的　　图 2-16　重叠定理的
　　　　　硬件解释　　　　　　　　　硬件解释　　　　　　　　硬件解释

回旋定理 T4 说明对一个变量进行两次求补可以得到原来的变量。在数字电子学中，两次错误将产生一个正确结果。串联的两个反相器在逻辑上等效于一条导线，如图 2-17 所示。T4 的对偶式是它自身。

互补定理 T5（图 2-18）表示一个变量和它自己的补相与的结果是 0（因为它们中必然有一个值为 0）。同时，对偶式表明一个变量与它自己的补相或的结果是 1（因为它们中必然有一个值为 1）。

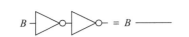

图 2-17　回旋定理的硬件解释：T4

a）T5　　b）T5′

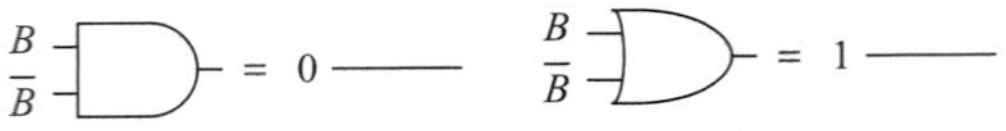

图 2-18　互补定理的硬件解释

2.3.3　多变量定理

表 2-3 中的定理 T6～T12 描述了如何化简包含多个变量的布尔表达式。

表 2-3　多变量的布尔代数定理

	定　理		对偶公理	名　称
T6	$B \cdot C = C \cdot B$	T6′	$B + C = C + B$	交换律
T7	$(B \cdot C) \cdot D = B \cdot (C \cdot D)$	T7′	$(B+C)+D = B+(C+D)$	结合律
T8	$(B \cdot C)+(B \cdot D) = B \cdot (C+D)$	T8′	$(B+C) \cdot (B+D) = B+(C \cdot D)$	分配律
T9	$B \cdot (B+C) = B$	T9′	$B+(B \cdot C) = B$	吸收律
T10	$(B \cdot C)+(B \cdot \bar{C}) = B$	T10′	$(B+C) \cdot (B+\bar{C}) = B$	合并律
T11	$(B \cdot C)+(\bar{B} \cdot D)+(C \cdot D) = B \cdot C+\bar{B} \cdot D$	T11′	$(B+C) \cdot (\bar{B}+D) \cdot (C+D) = (B+C) \cdot (\bar{B}+D)$	一致律
T12	$\overline{B_0 \cdot B_1 \cdot B_2 \cdots} = (\bar{B}_0+\bar{B}_1+\bar{B}_2 \cdots)$	T12′	$\overline{B_0+B_1+B_2 \cdots} = (\bar{B}_0 \cdot +\bar{B}_1 \cdot \bar{B}_2 \cdots)$	德·摩根定理

交换律 T6 和结合律 T7 与传统代数相同。交换律表明“与”或者“或”函数的输入顺序不影响输出的值。结合律表明特定输入的分组不影响输出结果的值。

分配律 T8 与传统代数相同。但是它的对偶式 T8′不同。在 T8 中“与”的分配高于“或”，在 T8′中“或”的分配高于“与”。在传统代数中，乘法分配高于加法但是加法分配不高于乘法。于是 $(B+C) \times (B+D) \neq B+(C \times D)$。

吸收律 T9、合并律 T10 和一致律 T11 允许消除冗余
62 变量。读者应能通过思考自己证明这些定理的正确性。

德·摩根定理 T12 是数字设计中非常有力的工具。该定理说明，所有项的乘积的补等于每个项各自取补后相或。同样，所有项求或的补等于每个项各自取补后相与。

根据德·摩根定理，一个与非门等效于一个带反相输入的或门。同样，一个或非门等效于一个带反相输入的与门。图 2-19 显示了与非门和或非门的德·摩根等效门。每个函数的这两种表达式称为对偶式。它们是逻辑等效的，可以相互替换。

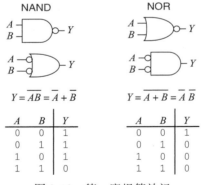

$Y = \overline{AB} = \bar{A} + \bar{B}$

A	B	Y
0	0	1
0	1	1
1	0	1
1	1	0

$Y = \overline{A+B} = \bar{A}\,\bar{B}$

A	B	Y
0	0	1
0	1	0
1	0	0
1	1	0

图 2-19　德·摩根等效门

63 反相圆圈也可称为气泡（bubble）。你可以直观地设想，推一个气泡通过一个门使它从门一边输入，在另一边输出，可以将与门替换成或门，反之亦然。例如，图 2-19 中的与非门是在输出端包含气泡的与门。推一个气泡到左边会导致一个输入端带有气泡，并将与门变成或门。下面是推气泡的规则：

- 向后推输出端的气泡或者向前推输入端的气泡，需要将与门换成或门，反之亦然；
- 从输出端推气泡返回到输入端，把气泡放置在门的输入端；
- 在所有门的输入端向前推气泡，把气泡放置在门的输出端。

2.5.2 节中将使用推气泡的方法分析电路。

例 2.4 **推导或与式**。图 2-20 给出布尔函数 Y 的真值表，以及它的反 $\overline{Y}$。使用德·摩根定理，通过 $\overline{Y}$ 的与或式，推导出 Y 的或与式。

　解：图 2-21 圈起来的部分表示了 $\overline{Y}$ 中的最小项，$\overline{Y}$ 的与或式为：

$$\overline{Y}=\overline{A}B+A\overline{B} \qquad (2.4)$$

等式两边同时取反，并应用德·摩根定理两次，我们可以得到

$$\overline{\overline{Y}}=Y=\overline{\overline{A}B+A\overline{B}}=(\overline{\overline{A}B})(\overline{A\overline{B}})=(A+B)(A+\overline{B}) \qquad ■ (2.5)$$

A	B	Y	$\overline{Y}$
0	0	0	1
0	1	0	1
1	0	1	0
1	1	1	0

图 2-20　包含 Y 和 $\overline{Y}$ 的真值表

A	B	Y	$\overline{Y}$	最小项
0	0	0	1	$\overline{A}\,\overline{B}$
0	1	0	1	$\overline{A}\,B$
1	0	1	0	$A\,\overline{B}$
1	1	1	0	$A\,B$

图 2-21　包含了 $\overline{Y}$ 最小项的真值表

2.3.4　定理的统一证明方法

　　好奇的读者可能想知道如何证明定理的正确性。在布尔代数中，证明有限变量定理的方法很简单：只需要证明针对变量的所有可能取值定理都保持正确。这个方法叫作完全归纳法，可以通过一个真值表完成证明。

　　例 2.5 **使用完全归纳法证明一致性定理**。证明表 2-3 中的一致性定理 T11。

　　解：核对等式两边的 B、C 和 D 的 8 种组合。图 2-22 中的真值表列出了它们的组合。由于在所有可能中均有 $BC+\overline{B}D+CD=BC+\overline{B}D$，定理得证。　　■

B	C	D	$BC+\overline{B}D+CD$	$BC+\overline{B}D$
0	0	0	0	0
0	0	1	1	1
0	1	0	0	0
0	1	1	1	1
1	0	0	0	0
1	0	1	0	0
1	1	0	1	1
1	1	1	1	1

图 2-22　证明 T11 的真值表

2.3.5　等式化简

　　布尔代数定理有助于化简布尔表达式。例如，考虑图 2-9 中的真值表的与或式：$Y=\overline{A}B+AB$。应用定理 T10，等式可以化简为 $Y=B$。这在真值表中是显而易见的。通常情况下，针对较复杂的式子需要多个步骤分步化简。

　　化简与或式的基本原则是使用关系 $PA+P\overline{A}=P$ 来合并项，其中 P 可以是任意蕴涵项。一个等式可以化简到什么地步呢？我们称使用了最少蕴涵项的等式为最小的与或式。对于蕴涵项数量一样的多个等式，含有最少项的为最小与或式。

　　如果蕴涵项不能和其他任意的蕴涵项合并生成一个含有更少变量的形式，那么此蕴涵项称为主蕴涵项。最小等式中的蕴涵项必须都是主蕴涵项。否则，就可以合并来减少项的数量。

　　例 2.6 **化简等式**。化简表达式（2.3）：$\overline{A}B\overline{C}+A\overline{B}\,\overline{C}+AB\overline{C}$。

　　解：我们从原等式开始，如表 2-4 所示一步一步地运用布尔定理。

表 2-4　等式化简

步　骤	等　　式	应用的定理	步　骤	等　　式	应用的定理
	$\overline{A}B\overline{C}+A\overline{B}\,\overline{C}+AB\overline{C}$		2	$\overline{B}\overline{C}(1)+AB\overline{C}$	T5：互补定理
1	$\overline{B}\overline{C}(\overline{A}+A)+AB\overline{C}$	T8：分配律	3	$\overline{B}\overline{C}+AB\overline{C}$	T1：同一性定理

　　在这个起点上我们完全化简等式了吗？让我们进一步仔细分析。通过原等式，最小项

$\overline{AB}\overline{C}$ 和 $A\overline{B}\overline{C}$ 仅仅在变量 A 上不同，于是我们可以合并最小项为 $\overline{B}\overline{C}$。继续观察原等式，我们注意到最后两个最小项 $A\overline{B}\overline{C}$ 和 $A\overline{B}C$ 同样只有一个项不同（C 和 $\overline{C}$）。因此，应用相同的方法可以合并这两个最小项为 $A\overline{B}$。我们称蕴涵项 $\overline{B}\overline{C}$ 和 $A\overline{B}$ 共同分享了最小项 $A\overline{B}\overline{C}$。

于是，我们是仅仅化简这两个最小项对中的一个，还是都进行化简？应用重叠定理，可以复制我们想要的项：$B=B+B+B+B\cdots$。运用这个原理，我们可以完全化简等式为两个主蕴涵项 $\overline{B}\overline{C}+A\overline{B}$，如表 2-5 所示。

表 2-5 进一步等式化简

步骤	等式	应用的定理	步骤	等式	应用的定理
	$\overline{A}\overline{B}\overline{C}+A\overline{B}\overline{C}+A\overline{B}C$		3	$\overline{B}\overline{C}(1)+A\overline{B}(1)$	T5：互补定理
1	$\overline{A}\overline{B}\overline{C}+A\overline{B}\overline{C}+A\overline{B}\overline{C}+A\overline{B}C$	T3：重叠定理	4	$\overline{B}\overline{C}+A\overline{B}$	T1：同一性定理
2	$\overline{B}\overline{C}(\overline{A}+A)+A\overline{B}(\overline{C}+C)$	T8：分配律			

展开一个蕴涵项（比如，将 AB 变成 $ABC+AB\overline{C}$）是化简表达式的常用技巧（虽然它有一点违反直觉）。通过展开一个蕴涵项，可以重复一个展开的最小项和其他的最小项合并。

读者可能注意到，完全使用布尔代数定理来化简布尔表达式可能带来很多错误。2.7 节介绍的称为卡诺图的化简技术会使处理简单一些。

为什么要花费精力化简逻辑表达式呢？化简减少了物理实现逻辑功能所需门的数量，从而使得实现电路更小、更便宜，可能还更快。下一节将介绍如何用逻辑门实现布尔表达式。

2.4 从逻辑到门

电路原理图（schematic）描述了数字电路的内部元件及其相互连接。例如，图 2-23 中的原理图表示了前面所讨论过的逻辑函数（式（2.3））的一种可能硬件实现。

$$Y=\overline{A}\overline{B}\overline{C}+A\overline{B}\overline{C}+A\overline{B}C$$

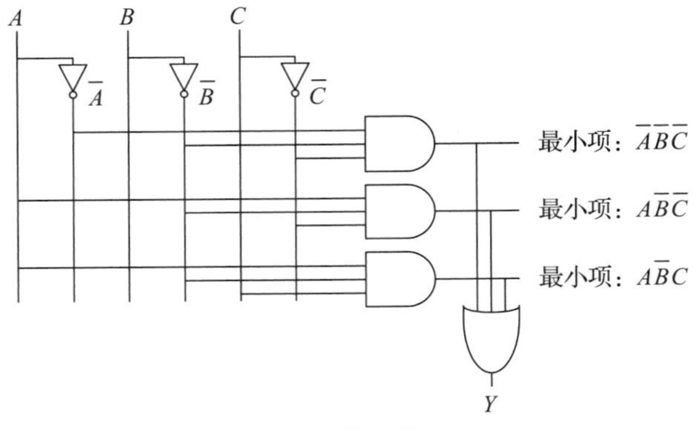

图 2-23 $Y=\overline{A}\overline{B}\overline{C}+A\overline{B}\overline{C}+A\overline{B}C$ 的电路原理图

原理图需要遵循一致的风格，使得它们更加易于阅读和检查错误，通常遵循以下准则：

- 输入在原理图的左边或者顶部；
- 输出在原理图的右边或者底部；
- 无论何时，门必须从左至右流；
- 最好使用直线而不是有很多拐角的线（交错的线需要浪费精力考虑如何走线）；
- 走线总是在 T 交叉点连接；

- 在两条线交叉的地方有一个点，表示它们之间有连接；
- 在两条线交叉的地方没有点，表示它们没有连接。

图 2-24 图示了后三条准则。

任何布尔表达式的与或式可以用系统的方法画成与图 2-23 相似的原理图。按列画出输入，如果有需要，在相邻列之间放置反相器提供输入信号的补。画一行与门实现每个最小项。为每一个输出画一个或门来连接和输出有关的最小项。因为反相器、与门和或门按照系统的风格排列，这种设计称为可编程逻辑阵列（Programmable Logic Array，PLA），将在 5.6 节讨论。

图 2-25 给出了例 2.6 中布尔代数化简后的实现。与图 2-23 相比，简化后的电路所需硬件明显减少。而且因其逻辑门的输入更少，简化电路的速度可能会更快。

可以通过利用反相门替代单独反相器的方法进一步减少门的数量。注意到 $\overline{B}C$ 是一个带反相输入的与门。图 2-26 给出了消除 C 上反相器的优化实现原理图。利用德·摩根定理，带反相输入的与门等效于一个或非门。基于不同的实现技术，使用更少的门或者某几种适合特定工艺的门会更加便宜。例如，在 CMOS 实现中与非门和或非门优先于与门和或门。

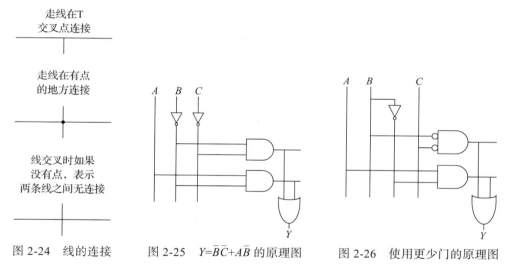

图 2-24　线的连接　　　　图 2-25　$Y=\overline{B}C+A\overline{B}$ 的原理图　　　图 2-26　使用更少门的原理图

许多电路有多个输出。针对每一个输出分别计算输入的布尔函数。我们可以分别写出每个输出的真值表。但更方便的方法是在一个真值表中写出所有输出，并画出带所有输出的原理图。

例 2.7　**多输出电路**。院长、系主任、助教和寝室室长有时都会使用礼堂。遗憾的是，他们偶尔会发生冲突。比如系主任和一些理事正在礼堂召开一个会议，同一时间，寝室室长正在举行狂欢会。Alyssa 要设计一个会议室的预定系统。

这个系统有 4 个输入量 A_3，$\cdots$，A_0 以及 4 个输出量 Y_3，$\cdots$，Y_0。这些信号也可以写成 $A_{3:0}$ 和 $Y_{3:0}$。当用户要求预定明天的礼堂时将其对应输入设置为真。系统给出的输出中最多有一个为真，从而将礼堂的使用权给优先级别最高的用户。院长在系统中的优先级别最高（3），系主任、助教和室长的优先级别递减。

为系统写出真值表和布尔表达式，画电路来实现这个功能。

解：这个功能称为 4 输入优先级电路。它的电路符号和真值表如图 2-27 所示。

可以写出每个输出的与或式，并使用布尔代数来化简等式。根据函数表达式（和真值表）可以很清楚地检查化简后的等式：当 A_3 有效时，Y_3 是真，于是 $Y_3=A_3$。当 A_2 有效且 A_3 无效时，Y_2 是真，所以，$Y_2=\overline{A}_3 A_2$。如果 A_1 有效且没有更高优先级的信号有效，Y_1 为真：$Y_1=\overline{A}_3 \overline{A}_2 A_1$。当 A_0 有效且没有其他信号有效的时候，Y_0 为真，所以 $Y_0=\overline{A}_3 \overline{A}_2 \overline{A}_1 A_0$。图 2-28 给出了原理图。一个有经验的设计师经常通过观察来实现逻辑电路。对于给定的设计规范，简单地把文字变成布尔表达式，再把表达式变成门电路。

68

注意到优先级电路中如果 A_3 为真，输出不用考虑其他输入量。我们用符号 X 表示不需要考虑输出的输入。图 2-29 中带无关项的 4 输入优先级电路真值表变得更小了。这个真值表通过无关项 X 可以很容易地读出布尔表达式的与或式。无关项也能出现在真值表的输出项中，这将在 2.7.3 节中讨论。

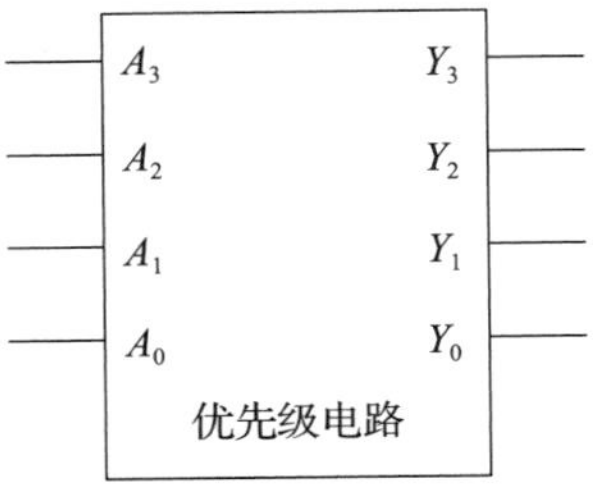

A_3	A_2	A_1	A_0	Y_3	Y_2	Y_1	Y_0	A_3	A_2	A_1	A_0	Y_3	Y_2	Y_1	Y_0
0	0	0	0	0	0	0	0	1	0	0	0	1	0	0	0
0	0	0	1	0	0	0	1	1	0	0	1	1	0	0	0
0	0	1	0	0	0	1	0	1	0	1	0	1	0	0	0
0	0	1	1	0	0	1	0	1	0	1	1	1	0	0	0
0	1	0	0	0	1	0	0	1	1	0	0	1	0	0	0
0	1	0	1	0	1	0	0	1	1	0	1	1	0	0	0
0	1	1	0	0	1	0	0	1	1	1	0	1	0	0	0
0	1	1	1	0	1	0	0	1	1	1	1	1	0	0	0

图 2-27　优先级电路

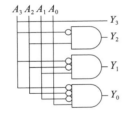

图 2-28　优先级电路原理图

A_3	A_2	A_1	A_0	Y_3	Y_2	Y_1	Y_0
0	0	0	0	0	0	0	0
0	0	0	1	0	0	0	1
0	0	1	X	0	0	1	0
0	1	X	X	0	1	0	0
1	X	X	X	1	0	0	0

图 2-29　带有无关项（X）的优先级电路真值表

2.5　多级组合逻辑

69

与或式称为二级逻辑，因为它在一级与门中连接所有的输入信号，然后再连接到一级或门。设计师经常用多于两个级别的逻辑门建立电路。这些多级组合电路使用的硬件比两级组合电路更少。推气泡方法在分析和设计多级电路中尤其有帮助。

2.5.1　减少硬件

当使用两级逻辑时，一些逻辑函数要求数量巨大的硬件。一个典型的例子是多输入的异或门函数。例如，采用我们所学的方法用两级逻辑建立一个 3 输入的异或门电路。

注意到对于一个 N 输入异或门，当有奇数个输入为真时输出为真。图 2-30 表示一个 3 输入异或门真值表，其中圈起来的行输出为真。通过真值表，可以读出布尔表达式的与或式形式，如等式（2.6）所示。遗憾的是，没有办法来化简这个等式为较小的蕴涵项。

$$Y=\overline{A}BC+\overline{A}B\overline{C}+A\overline{B}\overline{C}+ABC \qquad (2.6)$$

另一方面，$A \oplus B \oplus C=(A \oplus B) \oplus C$（如果有疑问，可以通过归纳法证明）。因此，3 输入异或门可以通过串联两个 2 输入异或门构造，如图 2-31 所示。

$Y = A \oplus B \oplus C$

A	B	C	Y
0	0	0	0
0	0	1	1
0	1	0	1
0	1	1	0
1	0	0	1
1	0	1	0
1	1	0	0
1	1	1	1

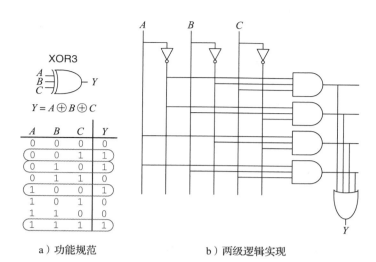

a）功能规范

b）两级逻辑实现

图 2-30　3 输入异或门

同样，一个 8 输入异或门的两级与或式逻辑实现需要 128 个 8 位输入的与门和一个 128 位输入的或门。一个更好的选择是使用 2 输入异或门树，如图 2-32 所示。 70

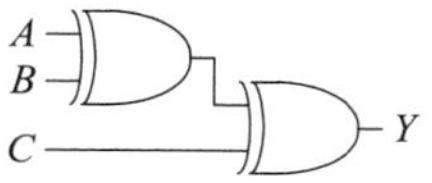

图 2-31　使用两个 2 输入异或门构造一个 3 输入异或门

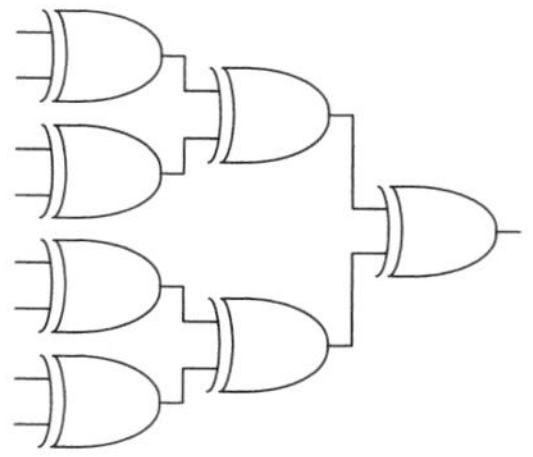

图 2-32　用 7 个 2 输入异或门构造一个 8 输入异或门

选择最好的多级结构来实现特定逻辑功能不是一个简单的过程。而且，最好的标准有多重含义：门的数量最少、速度最快、设计时间最短、花费最少或功耗最低等。第 5 章中将看到，在某种工艺中最好的电路在另一种工艺中并不是最好的。比如，我们经常使用的与门和或门，但是在 CMOS 电路中与非门和或非门更加高效。通过积累一些设计经验，读者对大多数的电路可以通过观察的方法来设计一个好的多级方案。通过学习本书后续部分的电路实例，读者可以获得一些经验。在学习过程中，将探讨各种不同的设计策略并且权衡选择。计算机辅助设计（CAD）工具通常也可以有效地发现更多可能的多级设计，并且按照给定的限制条件寻找一个最好的设计。

2.5.2　推气泡

图 2-33　使用 NAND 和 NOR 的多级电路

回忆 1.7.6 节中介绍的 CMOS 电路，其与非门和或非门的实现优于与门和或门。但是从带有与非门和或非门的多级电路读出布尔表达式，可能会相当头疼。难以立刻通过观察方法得到图 2-33 中多级电路的布尔表达式。推气泡可以帮助重画这些电路，

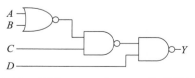

消除气泡，并比较容易地确定逻辑功能。根据 2.3.3 节中的原则，推气泡方法如下：

- 从电路的输出端开始向输入方向推；
- 将气泡从最后的输出端向输入端推，这样读出输出（Y）的布尔表达式，而非输出的补（$\bar{Y}$）的表达式。
- 继续向后推，以消除每个门的气泡。如果当前的门有一个输入的气泡，则前面门的输出加上气泡。如果当前的门不带输入气泡，前面的门也不带输出气泡。

图 2-34 显示了如何根据推气泡的规则重画图 2-33。从输出 Y 开始，与非门的输出带有气泡，我们希望去除它。将输出气泡向后推，而产生一个带反相输入的或门，如图 2-34a 所示。继续向左看，最右边的门有一个输入的气泡，从而可以删除中间与非门的输出气泡，因此这个与非门就不需要变化，如图 2-34b 所示。中间的门没有带输入气泡，于是可将最左边的门转变成不带输出气泡的，如图 2-34c 所示。现在电路中除了输入以外的所有气泡都删除了，于是可以通过观察产生基于输入原值或互补值并采用 AND 或 OR 方式构成表项。其表达式为：

$Y=\bar{A}\bar{B}C+\bar{D}$。

为了强调最后一点，图 2-35 显示了和图 2-34 电路等效的逻辑电路。内部节点的函数用灰色表示。气泡是串联删除的，可以忽略中间门的输出气泡和最右边门的输入气泡，而产生一个逻辑等效电路图，如图 2-35 所示。

例 2.8 为 CMOS 逻辑推气泡。很多设计师按照与门和或门来思考，但是假设你需要用 CMOS 来实现如图 2-36 所示的逻辑电路，而 CMOS 逻辑电路偏向于使用与非门和或非门。使用推气泡将电路转变为使用与非门、或非门和非门实现。

解：一个解决方案是用与非门和非门代替每一个与门，用或非门和非门代替每一个或门，如图 2-37 所示。这种方法需要 8 个门。注意到这里非门的气泡被画在前面而不是后面，以重点讨论如何删除这些非门。

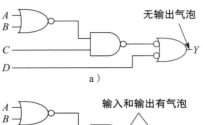

无输出气泡

a）

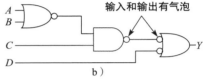

输入和输出有气泡

b）

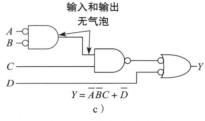

输入和输出无气泡

$Y=\overline{\bar{A}\bar{B}C+\bar{D}}$

c）

图 2-34 推气泡式电路

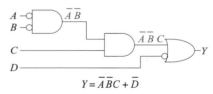

$Y=\bar{A}\bar{B}C+\bar{D}$

图 2-35 采用推气泡法产生的逻辑等价电路

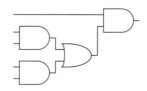

图 2-36 使用 AND 和 OR 的电路

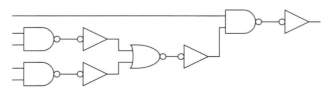

图 2-37 使用 NAND 和 NOR 实现的较差电路

一个较好的解决方案是：注意到气泡可以添加到门的输出和下一个门的输入而不改变逻辑功能，如图 2-38a 所示。最后一个与门被改变成一个与非门和一个非门，如图 2-38b 所示。这个解决方案仅仅需要 5 个门。

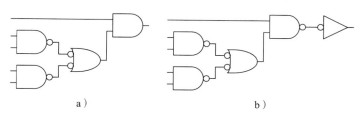

图 2-38　使用 NAND 和 NOR 实现的较好电路

2.6　X 和 Z

布尔代数被限制为 0 和 1。然而，真实的电路中会出现非法值和浮空现象，分别用 X 和
Z 来表示。

2.6.1　非法值 X

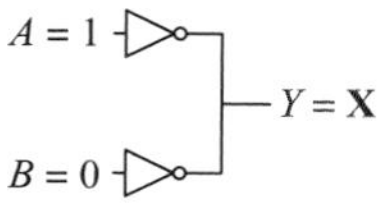

符号 X 表示电路节点的值未知（unknown）或非法（illegal），通
常发生在此节点同时被 0 和 1 驱动的情况下。图 2-39 显示了这种情
况，节点 Y 同时被高电平和低电平驱动，称为竞争（contention），是
必须避免的错误。在竞争节点上的真实电压可能处于 0 和 V_{DD} 之间，
取决于驱动高电平和低电平两个门的相对强度。它经常但也不总是处于禁止区域。竞争也能
导致大电流在两个竞争的门之间流动，使得电路发热并可能损坏器件。

图 2-39　有竞争的电路

X 值有时也被电路模拟器用来表示一个没有初始化的值。比如，忘了明确说明一个输入
的值，模拟器将假定它的值是 X 而发出警告。

回忆 2.4 节的内容，数字设计师经常使用符号 X 来表示在真值表中不用关心的值。一定
不要混淆这两种意义。当 X 出现在真值表中时，它表示不重要的值。当 X 出现在电路中时，
它的意思是电路节点有未知或者非法的值。

2.6.2　浮空 Z

符号 Z 表示节点既没有被高电平驱动也没有被低电平驱动。这个节点被称为浮空（floa-
ting）、高阻态（high impedance）或者高 Z 态。一个典型的误解是将浮空或未被驱动的节点和
逻辑 0 等同。事实上，这个浮空的节点可能是 0 也可能是 1，也有可能是在 0 和 1 之间的电
压。这取决于系统先前的状态。一个浮空节点并不意味着电路出错，一旦有其他电路元件将
这个节点驱动到有效电平，这个节点上的值就可以参与电路操作。

产生浮空节点的常见原因是忘记将电压值连接到输入端，或者假定这个没有连接的输
入为 0。当浮空输入在 0 和 1 之间随机变化时，这种错误可能导致电路的行为不确定。实际
上，人接触电路时，体内的静电可能足够触发改变。我们就曾经发现只有在学生把一个手指
压在芯片上时，电路才能正确运行。

图 2-40 所示的三态缓冲器（tristate buffer）有 3 种可能输出：高电平（1）、低电平（0）
和浮空（Z）。三态缓冲器有输入端 A、输出端 Y 和使能端 E。当使能端为真时，三态缓冲
器作为一个简单的缓冲器，传送输入值到输出端。当使能端为假的时候，输出被置为高阻
态（Z）。

图 2-40 中三态缓冲器的使能端是高电平有效：使能端为高电平（1）时缓冲器使能。
图 2-41 给出了低电平有效使能端的三态缓冲器：使能端为低电平（0）时缓冲器使能。为表

示信号在低电平时有效，通常在输入上放置一个气泡，也经常在它的名字上面画一条横线（$\overline{E}$），或者在它的名字之后添加字母"b"或者单词"bar"（Eb 或者 Ebar）。

三态缓冲器经常在连接多个芯片的总线中使用。例如，微处理器、视频芯片和以太网芯片都可能需要和个人计算机的存储器通信，每个芯片可以通过三态缓冲器连接共享的存储总线，如图 2-42 所示。在某个时刻只允许有一个芯片的使能信号有效，并向总线驱动数据。而其他芯片的输出必须为浮空，以防止它们和正与存储器通信的芯片产生竞争。任何芯片在任何时刻都可以通过共享总线来读取信息。这样的三态总线曾经非常普遍。但是，在现代计算机中需要点到点连接（point-to-point link）以获得更高的速度。此时芯片之间就是直接互连而不再通过共享的总线了。

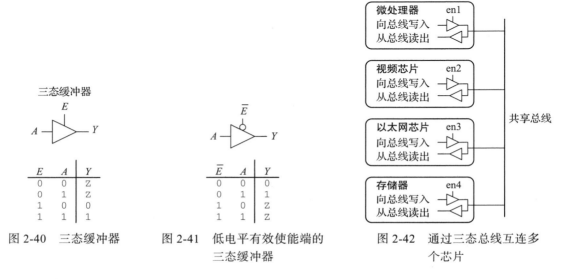

图 2-40　三态缓冲器　　图 2-41　低电平有效使能端的　　图 2-42　通过三态总线互连多
　　　　　　　　　　　　　　　　　　三态缓冲器　　　　　　　　　　个芯片

2.7　卡诺图

通过使用布尔代数对几个布尔表达式进行化简，我们发现：如果不小心，有时会得到完全不同的表达式结果，而非最简的表达式。卡诺图（Karnaugh map，K-map）是一个图形化的化简布尔表达式的方法，由贝尔实验室的电信工程师 Maurice Karnaugh 在 1953 年发明。卡诺图对处理最多 4 个变量的问题非常好。更重要的是，它给出了布尔表达式操作的可视化方法。

回忆逻辑化简过程中需要组合不同的项。如果两个项包含同一个蕴涵项 P，并包含其他变量 A 的真和假形式，这两项就可以合并并消去 A：$PA+P\overline{A}=P$。卡诺图将这些可以合并的项放在相邻的方格中，使得它们很容易被看到。

图 2-43 显示一个 3 输入函数的真值表和卡诺图。卡诺图的最上一行给出了输入值 A、B 的 4 种可能值。最左边列给出了输入值 C 的 2 种可能值。卡诺图中的每一个方格与真值表一行中的输出值 Y 相对应。比如，最高最左的方格与真值表中的第一行对应，表示当 $ABC=000$ 时，输出 $Y=1$。就像真值表的每一行一样，卡诺图中的每一个方格代表了一个最小项。图 2-43c 显示了和卡诺图中每一个方格相对应的最小项。

每一个方格（最小项）和相邻的方格中有一个变量的值不同。这意味着相邻的方格除了一个变量不同以外其他的变量相同，这个变量在一个方格中为真，而在另一个方格中为假。

比如，相邻的两个方格代表了最小项 $\overline{AB}C$ 和 $\overline{ABC}$，它们仅仅是变量 C 不同。读者可能已经注意到在最高行中，A 和 B 按照特殊的顺序组合：00、01、11、10。这种顺序称为**格雷码**。它与普通的二进制顺序（00、01、10、11）不同，在相邻的项中只有一个变量不同。比如，在格雷码中 01 到 11 仅仅是 A 从 0 变化成 1，在普通的二进制顺序中 01 到 10 则是 A 从 0 变化成 1 和 B 从 1 变化成 0。所以，按照普通二进制的顺序写出组合项不具有相邻方格中只有一个变量不同的性质。

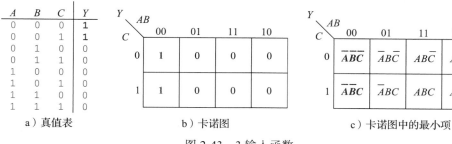

a）真值表　　　　　　　b）卡诺图　　　　　　　c）卡诺图中的最小项

图 2-43　3 输入函数

卡诺图也是环绕的。最右边的方格可以和最左边的方格按照只有一个变量 A 不同的方式进行有效的连接。换句话说，可以拿起图将其卷成一个圆柱体，连接圆柱体的末端成一个圆环，仍然保证了相邻的方格只有一个变量不同。

2.7.1　画圈的原理

图 2-43 的卡诺图中，仅仅在左边出现了两个为 1 的最小项 $\overline{AB}C$ 和 $\overline{ABC}$。从卡诺图中读取最小项的方法与直接从真值表读与或式的方法完全相同。 ⌐76⌐

之前，我们用布尔代数将等式化简成与或式。

$$Y=\overline{AB}C+\overline{ABC}=\overline{AB}(\overline{C}+C)=\overline{AB} \tag{2.7}$$

卡诺图中可用如图 2-44 所示的图解法化简：将值为 1 的相邻方格圈起来。对于每一个圈可以写出相应的蕴涵项。2.2 节指出，蕴涵项是一个或者多个项的乘积。在同一个圈中同时包含了某个变量的真和假时，该变量可以从蕴涵项中删除。在这种情况下，在圈中变量 C 的真形式（1）和假形式（0）都在圈中，因此它不包含在蕴涵项中。换句话说，当 $A=B=0$ 时 Y 为真，与 C 的值无关。于是蕴涵项为 $\overline{AB}$。卡诺图给出了利用布尔代数获得的相同结果。

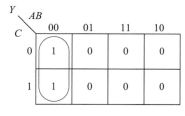

图 2-44　卡诺图化简

2.7.2　卡诺图化简逻辑

卡诺图提供了一种简单直观的方式化简逻辑。用尽可能少的圈来圈住卡诺图中所有为 1 的方格。每一个圈应该尽可能大，然后读取每个圈的蕴涵项。

更加正式地说，布尔表达式写成最少数量的主蕴涵项相或时，布尔表达式得到最终化简。卡诺图中的每一个圈代表一个蕴涵项。最大的圈是主蕴涵项。 ⌐77⌐

例如，图 2-44 所示的卡诺图中 $\overline{AB}C$ 和 $\overline{ABC}$ 是蕴涵项，但不是主蕴涵项，只有 $\overline{AB}$ 是主蕴涵项。从卡诺图中得到最简化等式的规则如下：

- 用最少的圈来圈住所有的 1；
- 圈中的所有方格必须都为 1；
- 每一个圈必须是矩形，其每边长必须是 2 的整数次幂（即 1、2 或者 4）；
- 每一个圈必须尽可能大；
- 圈可以环绕卡诺图的边界；
- 如果可以使用更少数量的圈，卡诺图中一个为 1 的方格可以被多次圈住。

例 2.9　用卡诺图化简 3 变量函数。假设有一个函数 $Y=F(A，B，C)$，其卡诺图如图 2-45 所示。用卡诺图化简等式。

解： 用尽可能少的圈来圈住卡诺图中为 1 的值，如图 2-46 所示。卡诺图中的每个圈代表了一个主蕴涵项，每一个圈的边长都是 2 的整数次幂（2×1 和 2×2）。可以通过写出包含在圈中仅仅出现真或假形式的变量来确定每一个圈的主蕴涵项。　　　　　　　　■

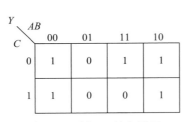

图 2-45　例 2.9 的卡诺图

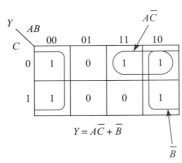

$$Y = A\overline{C} + \overline{B}$$

图 2-46　例 2.9 的解

例如，在 2×1 的圈中，B 为真和为假的形式包含于圈中，于是主蕴涵项中不包含 B。仅仅 A 的真（A）和 C 的假（$\overline{C}$）在这个圈中，可以得出这些变量的主蕴涵项为 $A\overline{C}$。同样，在 2×2 的圈中圈住了 $B=0$ 的全部方格。于是主蕴涵项为 $\overline{B}$。

注意，为了使主蕴涵项最大，右上角的方格（最小项）被覆盖了两次。这等效于布尔代数中共享最小项来减少蕴涵项大小的化简技术。同样需要注意的是卡诺图边上 4 个方格的圈。

例 2.10　7 段数码管显示译码器。7 段数码管显示译码器（seven-segment display decoder）通过 4 位数据的输入 $D_{3:0}$，产生 7 位输出以控制发光二极管来显示数字 0～9。这 7 位输出一般称为段 a 到段 g，或者 $S_a \sim S_g$，如图 2-47 所定义。这些数字的显示由图 2-48 给出。写出针对输出 S_a 和 S_b 的 4 输入真值表，并用卡诺图化简布尔表达式。假设非法的输入值（10～15）不产生任何显示。

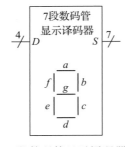

图 2-47　7 段数码管显示译码器电路符号

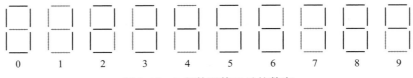

图 2-48　7 段数码管显示的数字

解：表 2-6 给出了真值表。例如，输入为 0000 将点亮除 S_g 以外所有的数码管。

表 2-6　7 段数码管显示译码器真值表

$D_{3:0}$	S_a	S_b	S_c	S_d	S_e	S_f	S_g
0000	1	1	1	1	1	1	0
0001	0	1	1	0	0	0	0
0010	1	1	0	1	1	0	1
0011	1	1	1	1	0	0	1
0100	0	1	1	0	0	1	1
0101	1	0	1	1	0	1	1
0110	1	0	1	1	1	1	1
0111	1	1	1	0	0	0	0
1000	1	1	1	1	1	1	1
1001	1	1	1	0	0	1	1
其他	0	0	0	0	0	0	0

这 7 个输出分别是关于 4 个变量的独立函数。输出 S_a 和 S_b 的卡诺图如图 2-49 所示。注意行和列都按照格雷码顺序排列：00、01、11、10，因此相邻方格中只有一个变量不同。在方格中写输出量时，也必须记住这个顺序。

S_a $D_{1:0}$ \ $D_{3:2}$	00	01	11	10
00	1	0	0	1
01	0	1	0	1
11	1	1	0	0
10	1	1	0	0

S_b $D_{1:0}$ \ $D_{3:2}$	00	01	11	10
00	1	1	0	1
01	1	0	0	1
11	1	1	0	0
10	1	0	0	0

图 2-49　S_a 和 S_b 的卡诺图

接着，圈住主蕴涵项。用最少数量的圈来圈住所有的 1。一个圈可以圈住边缘（水平方向和垂直方向），一个 1 可以被圈住多次。图 2-50 显示了主蕴涵项和化简的布尔表达式。

注意包含最少变量的主蕴涵项不是唯一的。比如，在 S_a 的卡诺图中 0000 项可以沿着 1000 项圈起来，以产生最小项 $\bar{D}_2\bar{D}_1\bar{D}_0$。这个圈也可以用 0010 代替，产生最小项 $\bar{D}_3\bar{D}_2\bar{D}_0$，如图 2-51 中的虚线所示。

图 2-52 描述了一个产生非主蕴涵项的常见错误：用一个单独的圈来圈住左上角的 1。这个最小项是 $\bar{D}_3\bar{D}_2\bar{D}_1\bar{D}_0$，它给出的与或式不是最小的。这个最小项应该和相邻的较大圈组合，如之前的图 2-50 和图 2-51 所示。■

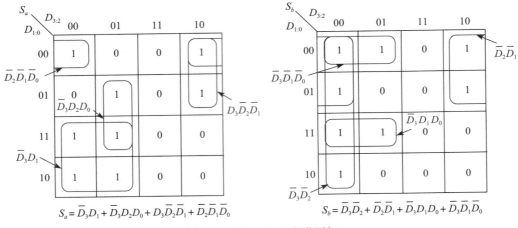

$$S_a = \overline{D_3}D_1 + \overline{D_3}D_2D_0 + D_3\overline{D_2}\,\overline{D_1} + \overline{D_2}\,\overline{D_1}\,\overline{D_0}$$

$$S_b = \overline{D_3}\,\overline{D_2} + \overline{D_2}\,\overline{D_1} + \overline{D_3}D_1D_0 + \overline{D_3}D_1\overline{D_0}$$

图 2-50　例 2.10 的卡诺图解

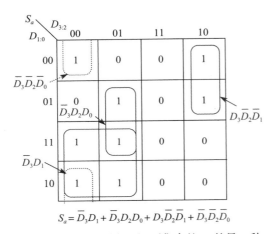

$$S_a = \overline{D_3}D_1 + \overline{D_3}D_2D_0 + D_3\overline{D_2}\,\overline{D_1} + \overline{D_3}\overline{D_2}\,\overline{D_0}$$

图 2-51　产生不同主蕴涵项集合的 S_a 的另一种
　　　　 卡诺图

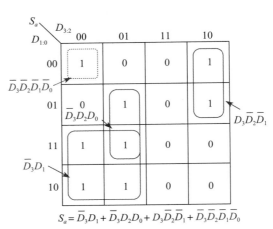

$$S_a = \overline{D_3}D_1 + \overline{D_3}D_2D_0 + D_3\overline{D_2}\,\overline{D_1} + \overline{D_3}\overline{D_2}\,\overline{D_1}\,\overline{D_0}$$

图 2-52　产生不正确非主蕴涵项的 S_a 的另一种
　　　　 卡诺图

2.7.3　无关项

2.4 节中介绍了真值表无关项。当一些变量对输出没有影响时可以减少表中行的数量。无关项表示成符号 X，它的意思是输入可能是 0 或者 1。

　　当输出的值不重要或者相对应的输入组合从不出现时，无关项也会出现在真值表的输出中。由设计师决定这些输出是 0 还是 1。

在卡诺图中，无关项可以进一步帮助化简逻辑。如果可以用较少或较大的圈覆盖 1，这些无关项也可以被圈起来。但如果它们没有用，也可以不被圈起来。

例 2.11 **带有无关项的 7 段数码管显示译码器**。不考虑非法输入值 10～15 产生的输出，重复例 2.10。

解： 卡诺图如图 2-53 所示，X 表示无关项。因为无关，所以可以为 0 或者 1，如果它允许用较少或较大的圈来覆盖住 1，我们就圈住这些无关项。被圈起来的无关项被认为是 1，反之，没有被圈起来的无关项为 0。观察 S_a 中环绕四个角的 2×2 方格是如何圈起来的，利用无关项可以很好地来化简逻辑式。

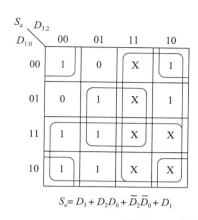 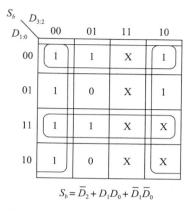

$$S_a = D_3 + D_2 D_0 + \bar{D}_2 \bar{D}_0 + D_1$$

$$S_b = \bar{D}_2 + D_1 D_0 + \bar{D}_1 \bar{D}_0$$

图 2-53　带有无关项的卡诺图

2.7.4　小结

布尔代数和卡诺图是两种逻辑化简方法。最终的目标都是找出开销最低的特定逻辑函数实现方法。

在现代的数字设计实践中，逻辑综合（logic synthesis）软件通过逻辑函数的描述来产生化简电路，这将在第 4 章中介绍。对于大的问题，逻辑综合比人工方法更高效。对于小问题，有经验的设计者可以通过观察的方法来找出好的解决方案。作者在现实工作中没有使用卡诺图来解决实际问题。但是通过卡诺图获得的洞察力很有价值，并且卡诺图也经常出现在工作面试中。

2.8　组合逻辑模块

组合逻辑电路经常被组成一个更大的模块以实现更复杂的系统。这是抽象原理的一个应用：隐藏不重要的门级细节，把重点放在模块的功能上。我们已经学习了三种组合逻辑模块：全加器（2.1 节）、优先电路（2.4 节）和 7 段显示译码器（2.7 节）。在这一节，我们将介绍两种更常用的组合逻辑模块：多路选择器和译码器。第 5 章中将介绍其他的组合逻辑模块。

2.8.1　多路选择器

多路选择器（multiplexer）是一种最常用的组合逻辑电路。它根据选择（select）信号的值从几个可能的输入中选择一个作为输出。多路选择器有时简称为 mux。

1. 2:1 多路选择器

图 2-54 中给出了 2:1 多路选择器的原理图和真值表。它有两个输入 D_0 和 D_1、一个选择输入 S 和一个输出 Y。多路选择器根据选择信号的值在两个输入数据中选择一个作为输出：如果 $S=0$，$Y=D_0$；如果 $S=1$，$Y=D_1$。S 也称为控制信号（control signal），因为它控制多路选择器如何操作。

一个 2:1 多路选择器可以由与或逻辑实现，如图 2-55 所示。多路选择器的布尔表达式可以通过卡诺图或者通过分析得到（如果 $S=1$ AND $D_1=1$ 或者 $S=0$ AND $D_0=1$，则 $Y=1$）。

多路选择器也可以由三态缓冲构建，如图 2-56 所示。安排三态门使能信号使得在任何时刻仅有一个三态缓冲有效。当 $S=0$ 时，三态门 T0 有效，允许 D_0 输出到 Y；当 $S=1$ 时，三态门 T1 有效，允许 D_1 输出到 Y。

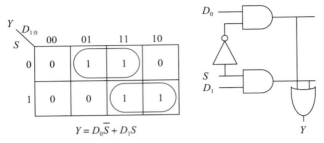

S	D_1	D_0	Y	S	D_1	D_0	Y
0	0	0	0	1	0	0	0
0	0	1	1	1	0	1	0
0	1	0	0	1	1	0	1
0	1	1	1	1	1	1	1

图 2-54 2:1 多路选择器电路符号和真值表

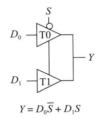

$$Y = D_0\overline{S} + D_1 S$$

图 2-55 使用两级逻辑实现 2:1 多路选择器

2. 更宽的多路选择器

一个 4:1 多路选择器有 4 个数据输入和 1 个输出，如图 2-57 所示。需要 2 位选择信号以在 4 个输入数据中进行选择。4:1 多路选择器可以使用与或逻辑构建，也可以使用三态门或多个 2:1 多路选择器构建，如图 2-58 所示。

$$Y = D_0\overline{S} + D_1 S$$

图 2-56 使用三态缓冲实现多路选择器 　　　图 2-57 4:1 多路选择器

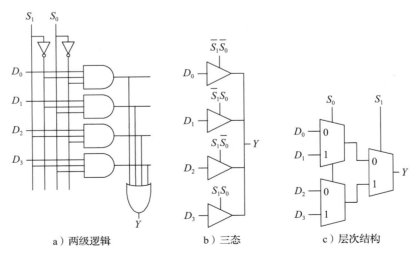

a）两级逻辑　　　　　　b）三态　　　　　　c）层次结构

图 2-58 4:1 多路选择器的实现

三态门的使能项可以用与门和非门组成，也可以用 2.8.2 节中介绍的译码器组成。

8:1 和 16:1 等更宽的多路选择器可以由如图 2-58 所示的扩展方法构造。总之，$N{:}1$ 多路选择器需要 $\log_2 N$ 位选择线。好的实现选择还是取决于具体的实现技术。

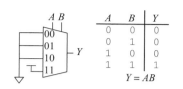

图 2-59　用一个 4:1 多路选择器实现 2 输入的与门

84

3. 用多路选择器实现逻辑

多路选择器可以用查找表（lookup table）的方式实现逻辑功能。图 2-59 中用一个 4:1 多路选择器实现 2 输入的与门。输入 A 和 B 作为选择信号。多路选择器的数据输入根据真值表中相应行的值（0 或者 1）相连。总之，一个 2^N 个输入的多路选择器可以通过将合适的输入连接到 0 或者 1 的方法实现任何的 N 输入逻辑函数。此外，通过改变数据的输入，多路选择器可以被重新编程来实现其他的函数。

稍微考虑一下，我们能够将多路选择器的大小减少一半：仅仅使用一个 2^{N-1} 个输入的多路选择器来实现任何 N 输入逻辑函数。方法是将一个变量像 0 或 1 一样作为多路选择器的输入。

图 2-60 进一步说明了这个原理。该图用 2:1 多路选择器分别实现了 2 输入与函数和异或函数。我们从一个普通的真值表开始，然后合并成对的行，通过用变量表示输出来消除最右边的输入变量。比如，与门的情况，当 $A{=}0$ 时，不管 B 取何值，$Y{=}0$；当 $A{=}1$ 时，如果 $B{=}0$，则 $Y{=}0$，如果 $B{=}1$，则 $Y{=}1$，于是可以得到 $Y{=}B$。按照这个更小的新真值表，我们可以将多路选择器作为一个查找表来使用。

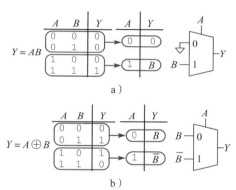

图 2-60　使用可变输入的多路选择器逻辑

例 2.12　**用多路选择器实现逻辑。** Alyssa 需要实现函数 $Y{=}A\bar{B}{+}\bar{B}\bar{C}{+}\bar{A}BC$ 完成她的毕业设计。但是，当她查看实验工具箱时，发现只剩下一个 8:1 多路选择器。她如何实现这个函数？

解：如图 2-61 所示，Alyssa 使用一个 8:1 多路选择器来实现这个函数。多路选择器充当了一个查找表，真值表中的每一行和多路选择器的一个输入相对应。　■

例 2.13　**再次用多路选择器实现逻辑。** 在期末报告前，Alyssa 打开电路的电源，结果将 8:1 多路选择器烧坏了（由于前一天整晚没有休息，她意外地用 20V 电压代替 5V 电压供电）。她请求她的朋友将余下的元器件给她。他们给了她一个 4:1 多路选择器和一个非门。她如何只用这些部件构造新电路？

A	B	C	Y
0	0	0	1
0	0	1	0
0	1	0	0
0	1	1	1
1	0	0	1
1	0	1	1
1	1	0	0
1	1	1	0

$Y = A\bar{B} + \bar{B}\bar{C} + \bar{A}BC$

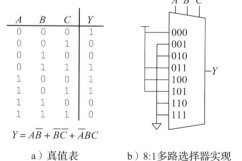

a）真值表　　　b）8:1 多路选择器实现

图 2-61　Alyssa 的电路　■

85

解：通过让输出取决于 C 的值，Alyssa 将真值表减少到 4 行。（她也尝试过重新排列真值表的列，使输出取决于 A 或 B 的取值。）图 2-62 给出了新的设计。　■

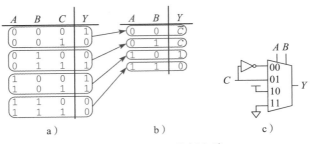

图 2-62　Alyssa 的新电路

2.8.2　译码器

译码器有 N 个输入和 2^N 个输出。它的每一个输出都取决于输入的组合。图 2-63 给出了一个 2:4 译码器。当 $A_{1:0}=00$ 时 $Y_0=1$，当 $A_{1:0}=01$ 时 $Y_1=1$，等等。输出称为独热（one-hot）状态，因为在给定的条件下恰好只有一个输出为高电平。

[86]

（例 2.14）　**译码器的实现**。用与门、或门和非门实现一个 2:4 译码器。

解：使用 4 个与门来实现一个 2:4 译码器的电路如图 2-64 所示。每一个门输出依赖于所有输入的真或假形式。总之，一个 $N:2^N$ 的译码器可以由 $2N$ 个 N 输入的与门通过接收所有输入的真或者假形式的各种组合值构成。译码器的每一个输出代表了一个最小项。比如，Y_0 代表最小项 $\overline{A_1}\,\overline{A_0}$。这在和其他数字模块一起使用时会很方便。　■

用译码器实现逻辑

译码器可以和或门组合在一起来实现逻辑函数。图 2-65 显示了用一个 2:4 译码器和一个或门来实现一个 2 输入 XNOR 函数。由于译码器的每一个输出都代表一个最小项，函数将以所有最小项的或形式来实现。在图 2-65 中，$Y=\overline{A}\,\overline{B}+AB=\overline{A\oplus B}$。

[87]

当使用译码器来构造逻辑电路时，很容易将函数表示成真值表的形式或者标准与或式。一个包含了 M 个输出为 1 的 N 输入函数，可以通过一个 $N:2^N$ 译码器和 M 输入或门实现。在 5.5.6 节中，这个概念将应用到只读存储器中。

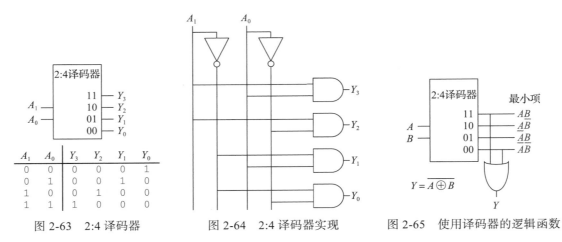

图 2-63　2:4 译码器　　　　图 2-64　2:4 译码器实现　　　　图 2-65　使用译码器的逻辑函数

2.9　时序

本章前面我们主要关心在使用最少数量门的理想状态下电路是否工作。但是，任何经验丰富的电路设计师都认为电路设计中最具有挑战性的问题是时序（timing）：如何使电路运行得最快。

　　一个输出响应输入的改变而改变需要一定时间。图 2-66 显示了缓冲器的一个输入改变和随后输出的改变之间的延迟。这个图称为时序图（timing diagram），描绘了输入改变时缓冲器电路的瞬间响应（transient response）。从低电平到高电平的转变称为上升沿。同样，从高电平到低电平的转变称为下降沿（在图中没有显示）。灰色的箭头表示 Y 的上升沿由 A 的上升沿所引起。在输入信号 A 的 50% 点到输出信号 Y 的 50% 点之间测量延迟。50% 点是信号在转变过程中电压处于高电平和低电平之间中间点的位置。

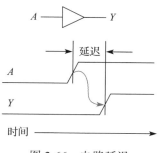

图 2-66　电路延迟

2.9.1　传输延迟和最小延迟

　　组合逻辑电路的时序特征包括传输延迟（propagation delay）和最小延迟（contamination delay）。传输延迟 t_{pd} 是输入改变直到对应的一个或多个输出达到最终的值所经历的最长时间。最小延迟 t_{cd} 是一个输入发生变化到任何一个输出开始改变的最短时间。

　　图 2-67 用深灰色和浅灰色分别显示了一个缓冲器的传输延迟和最小延迟。图中显示在特定时间内 A 的初值是高电平或者低电平，并开始变化为另一状态。我们只对值的改变过程感兴趣，而不关心值是多少。Y 在稍后时间将对 A 的变化做出响应，并产生变化。弧形表示在 A 发生转变 t_{cd} 时间后 Y 开始改变，在 t_{pd} 时间后 Y 的新值稳定下来。

　　电路产生延迟的深层次原因包括：电路中电容充电所需要的时间和电信号以光速传播。为此，t_{pd} 和 t_{cd} 的值可能不同，包括：

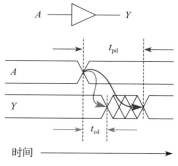

图 2-67　传输延迟和最小延迟

* 不同的上升和下降延迟。
* 多个输入和输出之间的延迟可能有所不同。
* 当电路较热时速度会变慢，较冷时会变快。

　　计算 t_{pd} 和 t_{cd} 需要更低抽象级的知识，超出了本书的范围。但是芯片制造商通常提供数据手册以说明每个门的延迟。

　　根据已经列举出的各种因素，传输延迟和最小延迟也可以由一个信号从输入到输出的路径来确定。图 2-68 给出了一个 4 输入逻辑电路。关键路径（critical path）是从 A 或者 B 到输出 Y。因为输入通过了 3 个门才传输到输出，所以它是最长的一条路径，也是最慢的路径。这个路径成为关键路径，是因为它限制了电路运行的速度。最短路径（short path）是从输入 D 到输出 Y。因为从输入通过 1 个门就到输出，所以此路径是最短的路径，也是通过电路的最快路径。

　　组合电路的传输延迟是关键路径上每一个元件的传输延迟之和。最小延迟是最短路径上每个元件的最小延迟

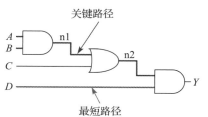

图 2-68　最短路径和关键路径

之和。这些延迟如图 2-69 所示，也可由下列等式描述：

$$t_{pd} = 2\ t_{pd\_AND} + t_{pd\_OR} \tag{2.8}$$

$$t_{cd} = t_{cd\_AND} \tag{2.9}$$

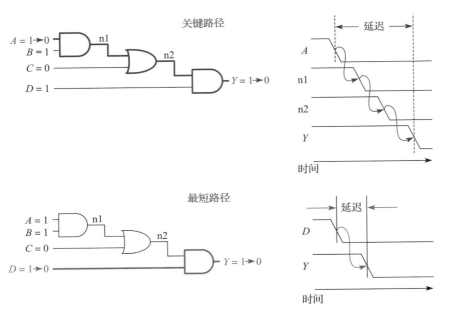

图 2-69　关键路径和最短路径上的信号传输

例 2.15　**延迟计算**。Ben 需要计算图 2-70 中的传输延迟和最小延迟。根据数据手册，每个门的传输延迟和最小延迟分别为 100ps 和 60ps。

解：Ben 首先确定电路中的关键路径和最短路径。关键路径是从输入 A 或者 B 通过 3 个门到输出 Y，在图 2-71 中用灰色（粗线）标出。所以，t_{pd} 是单个门传输延迟的 3 倍，即 300ps。

最短路径是从输入 C、D 或者 E 通过 2 个门到达输出 Y，在图 2-72 中用灰色（粗线）标出。在最短路径上有 2 个门，所以 t_{cd} 是 120ps。　■

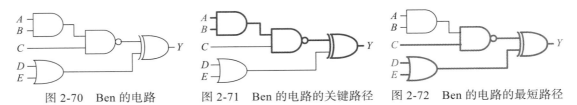

图 2-70　Ben 的电路　　　图 2-71　Ben 的电路的关键路径　　　图 2-72　Ben 的电路的最短路径

例 2.16　**多路选择器的时序：比较控制关键路径和数据关键路径**。比较 2.8.1 节中图 2-58 所示 3 种 4 输入多路选择器的最坏情况时序。表 2-7 列出了元件的传输延迟。每一种设计的关键路径是什么？选择一个你认为好的设计，并且给出时序分析。

解：如图 2-73 和图 2-74 所示，3 种设计方法的关键路径都用灰色标出。t_{pd_sy} 表示从输入 S

表 2-7　多路选择器电路元件的时序规范

门	t_{pd}(ps)
NOT	30
2 输入 AND	60
3 输入 AND	80
4 输入 OR	90
三态门（输入端（A）到输出端（Y））	50
三态门（使能端到输出端（Y））	35

到输出 Y 的传输延迟；t_{pd_dy} 表示从输入 D 到输出 Y 的传输延迟；t_{pd} 是这两个延迟的最坏情况，即 $\max(t_{pd\_sy}, t_{pd\_dy})$。

图 2-73 中的两个设计都用两级逻辑电路和三态门实现。关键路径都是从控制信号 S 到输出信号 Y：$t_{pd}=t_{pd\_sy}$。因为关键路径是从控制信号到输出的，所以它是**控制关键**（control critical）电路。任何对控制信号的附加延迟都将直接增加最坏情况下的延迟。图 2-73b 中从 D 到 Y 的延迟只有 50ps，对比从 S 到 Y 的延迟有 125ps。

图 2-74 显示了用两级 2:1 多路选择器分层实现一个 4:1 的多路选择器。关键路径是任意一个 D 输入到输出 Y。其关键路径是从数据输入到输出（$t_{pd}=t_{pd\_dy}$），所以它是**数据关键**（data critical）电路。

如果数据输入在控制输入之前到达，我们将倾向于具有最短控制 - 输出延迟的设计（图 2-74 中分层的设计）。同样，如果控制信号在数据信号之前到达，我们将选择具有最短数据 - 输出延迟的设计（如图 2-73b 中的三态设计）。

最好的设计选择不仅取决于通过电路的关键路径和输入到达的时间，而且取决于功耗、成本、可用性等诸多因素。■

91

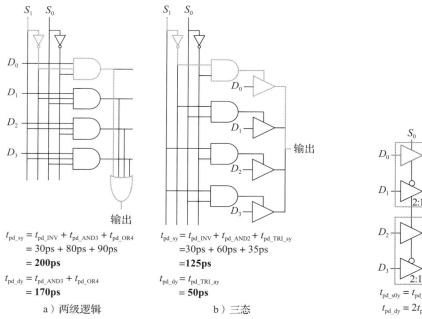

$$t_{pd\_sy} = t_{pd\_INV} + t_{pd\_AND3} + t_{pd\_OR4}$$
$$= 30ps + 80ps + 90ps$$
$$= \mathbf{200ps}$$

$$t_{pd\_dy} = t_{pd\_AND3} + t_{pd\_OR4}$$
$$= \mathbf{170ps}$$

a）两级逻辑

$$t_{pd\_sy} = t_{pd\_INV} + t_{pd\_AND2} + t_{pd\_TRI\_sy}$$
$$= 30ps + 60ps + 35ps$$
$$= \mathbf{125ps}$$

$$t_{pd\_dy} = t_{pd\_TRI\_ay}$$
$$= \mathbf{50ps}$$

b）三态

图 2-73　4:1 多路选择器传输延迟

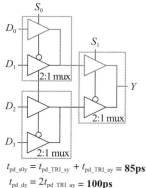

$$t_{pd\_s0y} = t_{pd\_TRI\_sy} + t_{pd\_TRI\_ay} = \mathbf{85ps}$$
$$t_{pd\_dy} = 2t_{pd\_TRI\_ay} = \mathbf{100ps}$$

图 2-74　使用 2:1 多路选择器层次实现的 4:1 多路选择器的传输延迟

2.9.2　毛刺

到目前为止，我们已经讨论了一个输入信号的改变导致一个输出信号的改变。但是，一个输入信号的改变可能会导致多个输出信号的改变。这被称为**毛刺**（glitch）或者**冒险**（hazard）。虽然毛刺通常不会导致什么问题，但是了解它们的存在和在时序图中识别它们也是很重要的。图 2-75 显示了一个会产生毛刺的电路和其卡诺图。

布尔表达式的最小化是正确的，考察图 2-76 中当 $A=0$，$C=1$，B 从 1 变成 0 时会发生什么情况。最短的路径（用浅灰色显示）通过与门和或门两个门。关键路径（用深灰色显示）通过一个反相器以及与门和或门两个门。

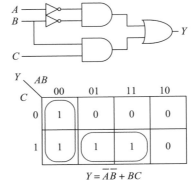

当 B 从 1 变成 0，n2（在最短路径上）在 n1（在关键路径上）上升之前下降。直到 n1 上升前，两个输入到或门都是 0，输出 Y 下降到 0。当 n1 最后上升后，Y 的值回到 1。时序图如图 2-76 所示，Y 的值从 1 开始，结束时也为 1，但是存在暂时为 0 的毛刺。

92
~
93

只要读取输出之前的等待时间和传输延迟一样长，出现毛刺就不会有问题，这是因为输出最终将稳定在正确的值。

$$Y = \overline{AB} + BC$$

图 2-75　产生毛刺的电路

可以在已有实现中增加门电路来避免毛刺。这从卡诺图中最容易理解。图 2-77 显示了从 $ABC=011$ 变成 $ABC=001$ 时 B 上输入的改变使得从一个主蕴涵项圈移到另外一个。这个变化穿过了卡诺图中两个主蕴涵项的边界，从而可能会产生毛刺。

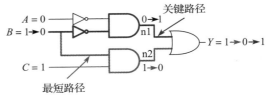

从时序图 2-76 中可以看出，在一个主蕴涵项的电路开启之前，如果另一个主蕴涵项的电路关闭，就会产生毛刺。为了去除毛刺，可以增加一个新的覆盖主蕴涵项边缘的圈，如图 2-78 所示。根据一致性定理，新增加的项 $\overline{A}C$ 是一致的或者多余的。

94

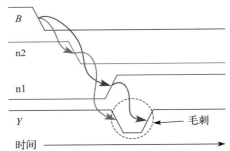

图 2-76　产生毛刺的时序

图 2-79 是一个防止毛刺出现的电路，其中增加了一个灰色的与门。现在当 $A=0$ 和 $C=1$ 时，即使 B 变化也不会输出毛刺，这是因为在整个变化过程中这个与门始终输出为 1。

总之，一个信号的变化在卡诺图中穿越两个主蕴涵项的边缘时会导致毛刺。我们能够通过在卡诺图中增加多余的蕴涵项盖住这些边缘以避免毛刺。这当然以增加额外的硬件成本为代价。

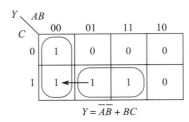

$$Y = \overline{AB} + BC$$

图 2-77　输入的改变穿越了蕴涵项的边界

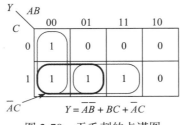

$$Y = \overline{AB} + BC + \overline{A}C$$

图 2-78　无毛刺的卡诺图

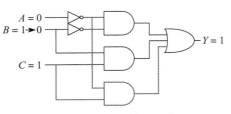

图 2-79　无毛刺的电路

　　然而，多个变量同时发生变化也会导致毛刺。这些毛刺不能通过增加硬件来避免。由于多数系统都会有多个输入同时发生（或者几乎同时发生）变化，毛刺在大多数电路中都存在。我们虽然已经介绍了一种避免毛刺的方法，但讨论毛刺的关键不在于如何去除它们，而是要意识到毛刺的存在。这一点在示波器和模拟器上看时序图时非常重要。

2.10　总结

　　数字电路是一个带离散电压值输入和输出的模块。它的规范描述了模块实现的功能和时序。这一章我们将重点放在组合电路上，其输出仅仅取决于当前的输入量。

　　组合电路的功能可以通过真值表或者布尔表达式确定。每个真值表的布尔表达式可以通过系统地使用与或式或者或与式获得。与或式中，布尔表达式写成一个或者多个蕴涵项的或（OR）。蕴涵项是各个项的与（AND）。项是输入变量的真值或取反形式。

　　布尔表达式可以使用布尔代数中的规则化简。特别是，组合包含了某个变量的真值和取反形式的两个蕴涵项可以化简成最简的与或式：$PA + \overline{PA} = P$。卡诺图是化简最多含 4 个变量函数的图形化方法。通过训练，设计师总是能够将布尔表达式化简成只含最少变量的形式。计算机辅助设计工具也常用于处理更加复杂的函数，我们将在第 4 章中介绍更多的这类方法和工具。

　　连接逻辑门来构造组合电路，实现所希望的功能。任何表达式的与或式可以通过两级逻辑实现：非门实现输入的取反，与门实现变量的与，或门实现变量的或。根据不同的功能和可用的模块，以各种类型的门为基础的多级逻辑实现会更加高效。例如，CMOS 电路更加有利于与非门和或非门，因为这些门可以直接用 CMOS 晶体管来实现而不需要额外的非门。当使用与非门和或非门时，推气泡有助于跟踪取反的过程。

　　逻辑门可以组合在一起构造更大规模的电路，例如多路选择器、译码器和优先级电路等。多路选择器根据选择信号来选择输出一个输入数据。译码器根据输入将多个输出中的一个设置为高电平。优先级电路产生表示最高优先级输入的输出。这些电路都是组合电路模块的例子。第 5 章将介绍更多的组合逻辑模块，包括多种算术电路。这些模块将在第 7 章微结构中得到广泛的运用。

　　组合电路的时序包含了电路的传输延迟和最小延迟，它们说明了输入改变和随后的输出改变之间的最长和最短时间。计算电路的传输延迟需要首先确定电路中的关键路径，然后将路径上每一个元件的传输延迟相加。实现复杂的组合逻辑电路有很多方式，这些方式在速度和成本上各有侧重。

　　下一章将介绍时序电路，它的输出取决于先前的输入和当前的输入。换句话说，时序电路对过去的状态有记忆能力。

习题

2.1　写出图 2-80 中每个真值表的与或式形式的布尔表达式。

2.2　写出图 2-81 中每个真值表的与或式形式的布尔表达式。

2.3　写出图 2-80 中每个真值表的或与式形式的布尔表达式。

2.4　写出图 2-81 中每个真值表的或与式形式的布尔表达式。

2.5　最小化习题 2.1 中的布尔表达式。

2.6　最小化习题 2.2 中的布尔表达式。

A	B	Y
0	0	1
0	1	0
1	0	1
1	1	1

A	B	C	Y
0	0	0	1
0	0	1	0
0	1	0	0
0	1	1	1
1	0	0	0
1	0	1	1
1	1	0	0
1	1	1	1

A	B	C	Y
0	0	0	0
0	0	1	0
0	1	0	1
0	1	1	1
1	0	0	1
1	0	1	0
1	1	0	1
1	1	1	1

A	B	C	D	Y
0	0	0	0	1
0	0	0	1	1
0	0	1	0	1
0	0	1	1	1
0	1	0	0	0
0	1	0	1	0
0	1	1	0	0
0	1	1	1	0
1	0	0	0	1
1	0	0	1	0
1	0	1	0	0
1	0	1	1	0
1	1	0	0	1
1	1	0	1	0
1	1	1	0	0
1	1	1	1	0

A	B	C	D	Y
0	0	0	0	1
0	0	0	1	0
0	0	1	0	0
0	0	1	1	1
0	1	0	0	0
0	1	0	1	1
0	1	1	0	1
0	1	1	1	0
1	0	0	0	0
1	0	0	1	1
1	0	1	0	1
1	0	1	1	0
1	1	0	0	0
1	1	0	1	0
1	1	1	0	1
1	1	1	1	1

a)   b)   c)   d)   e)

图 2-80   习题 2.1 和习题 2.3 的真值表

A	B	Y
0	0	0
0	1	1
1	0	1
1	1	1

A	B	C	Y
0	0	0	0
0	0	1	1
0	1	0	1
0	1	1	1
1	0	0	1
1	0	1	0
1	1	0	1
1	1	1	0

A	B	C	Y
0	0	0	0
0	0	1	1
0	1	0	0
0	1	1	1
1	0	0	0
1	0	1	1
1	1	0	0
1	1	1	1

A	B	C	D	Y
0	0	0	0	1
0	0	0	1	0
0	0	1	0	1
0	0	1	1	1
0	1	0	0	0
0	1	0	1	0
0	1	1	0	1
0	1	1	1	0
1	0	0	0	1
1	0	0	1	0
1	0	1	0	0
1	0	1	1	0
1	1	0	0	0
1	1	0	1	0
1	1	1	0	1
1	1	1	1	0

A	B	C	D	Y
0	0	0	0	0
0	0	0	1	0
0	0	1	0	1
0	0	1	1	1
0	1	0	0	0
0	1	0	1	1
0	1	1	0	1
0	1	1	1	0
1	0	0	0	0
1	0	0	1	1
1	0	1	0	1
1	0	1	1	0
1	1	0	0	0
1	1	0	1	0
1	1	1	0	1
1	1	1	1	0

a)   b)   c)   d)   e)

图 2-81   习题 2.2 和习题 2.4 的真值表

2.7   画一个相对简单的组合电路实现习题 2.5 中的每一个函数。相对简单表示不浪费逻辑门，但也不要浪费大量的时间来检验每一种可能的实现电路。

2.8   画一个相对简单的组合电路实现习题 2.6 中的每一个函数。

2.9   只使用非门、与门和或门来重做习题 2.7。

2.10   只使用非门、与门和或门来重做习题 2.8。

2.11   只使用非门、与非门和或非门来重做习题 2.7。

2.12   只使用非门、与非门和或非门来重做习题 2.8。

2.13   使用布尔代数方法化简下列布尔表达式。用真值表或者卡诺图检验其正确性。

（a）$Y=AC+\bar{A}BC$

（b）$Y=\bar{A}B+\bar{A}BC+(\overline{A+\bar{C}})$

（c）$Y=\bar{A}\bar{B}C\bar{D}+A\bar{B}C+\bar{A}BCD+ABD+\bar{A}BC\bar{D}+B\bar{C}D+\bar{A}$

2.14   使用布尔代数方法化简下列布尔表达式。用真值表或者卡诺图检验其正确性。

（a）$Y=\bar{A}BC+\bar{A}B\bar{C}$

（b）$Y=\overline{ABC}+A\bar{B}$

（c）$Y=ABC\bar{D}+A\bar{B}CD+(\overline{A+B+C+D})$

$\boxed{98}$

2.15　画一个相对合理的组合电路实现习题 2.13 中的每一个函数。

2.16　画一个相对合理的组合电路实现习题 2.14 中的每一个函数。

2.17　化简下列布尔表达式，画一个相对简单的组合电路来实现化简后的等式。

（a）$Y=BC+\bar{A}B\bar{C}+B\bar{C}$

（b）$Y=\overline{\bar{A}+\bar{A}B+\bar{A}\bar{B}+A\bar{B}}$

（c）$Y=ABC+ABD+ABE+ACD+ACE+(\overline{A+D+E})+\bar{B}CD+\bar{B}CE+\bar{B}DE+C\bar{D}E$

2.18　化简下列布尔表达式，画一个相对简单的组合电路来实现化简后的等式。

（a）$Y=\bar{A}BC+\overline{\bar{B}\bar{C}}+BC$

（b）$Y=(\overline{A+B+C})D+AD+B$

（c）$Y=ABCD+\bar{A}B\bar{C}D+(\overline{\bar{B}+D})E$

2.19　给出一个行数在 30 亿和 50 亿之间的真值表，而此真值表可以用少于 40 个（至少 1 个）的 2 输入门来实现。

2.20　给出一个带有环路但仍然是组合电路的例子。

2.21　Alyssa 说任何布尔函数都可以写成最小与或式作为函数的所有主蕴涵项的或。Ben 说存在一些函数，它们的最小等式不含有所有的主蕴涵项。解释为什么 Alyssa 是正确的或者提供一个反例来证明 Ben 的观点。

2.22　使用完全归纳法证明下列定律。不需要证明它们的对偶式。

（a）重叠定理（T3）　　　　（b）分配律（T8）　　　　（c）合并律（T10）

$\boxed{99}$

2.23　用完全归纳法证明 3 个变量 B_2、B_1、B_0 的德·摩根定理（T12）。

2.24　写出图 2-82 电路中的布尔表达式。不必最小化表达式。

2.25　最小化习题 2.24 中的布尔表达式，画出一个具有相同功能的改进电路。

2.26　使用德·摩根定理等效门和推气泡方法，重画图 2-83 中的电路，从而可以通过观察来写出布尔表达式。写出布尔表达式。

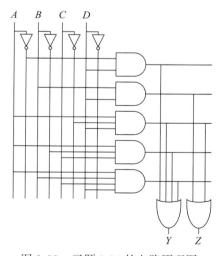

图 2-82　习题 2.24 的电路原理图

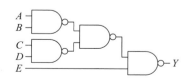

图 2-83　习题 2.26 的电路原理图

$\boxed{100}$

2.27　对图 2-84 中的电路，重做习题 2.26。

2.28　写出图 2-85 中函数的最小布尔表达式，记得要利用无关项。

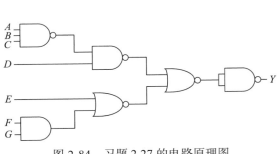

图 2-84　习题 2.27 的电路原理图

A	B	C	D	Y
0	0	0	0	X
0	0	0	1	X
0	0	1	0	X
0	0	1	1	X
0	1	0	0	0
0	1	0	1	X
0	1	1	0	0
0	1	1	1	X
1	0	0	0	1
1	0	0	1	0
1	0	1	0	X
1	0	1	1	1
1	1	0	0	1
1	1	0	1	1
1	1	1	0	X
1	1	1	1	1

图 2-85　习题 2.28 的真值表

2.29　画出习题 2.28 中函数对应的电路图。

2.30　当有一个输入改变的时候，习题 2.29 中的电路有潜在的毛刺吗？如果没有，解释为什么没有。如果有，写出如何修改电路来消除这些毛刺。

[101] 2.31　写出图 2-86 中函数的最小布尔表达式，记得要利用无关项。

2.32　画出习题 2.31 中函数对应的电路图。

2.33　Ben 将在没有蚂蚁的晴天去野炊。如果他看到蜂鸟，即使野炊的地方有蚂蚁和瓢虫，他也会去野炊。根据太阳（S）、蚂蚁（A）、蜂鸟（H）和瓢虫（L）写出他去野炊（E）的布尔表达式。

2.34　完成 7 段译码器段 S_c 到 S_g 的设计（参考例 2.10）：

（a）假设输入大于 9 时输出均为 0，写出输出 S_c 到 S_g 的布尔表达式。

（b）假设输入大于 9 时输出是无关项，写出输出 S_c 到 S_g 的布尔表达式。

（c）对（b）画出合理而简单的门级实现。多重输出在合适的地方可以共享门电路。

2.35　一个电路有 4 个输入、2 个输出。输入是 $A_{3:0}$，代表从 0～15 的一个数。如果输入的数是素数（0 和 1 不是素数，但是 2、3、5 等都是素数），则输出 P 为真。如果输入的数可以被 3 整除，则输出 D 为真。给出并化简每个输出的布尔表达式，画出电路图。

A	B	C	D	Y
0	0	0	0	0
0	0	0	1	1
0	0	1	0	X
0	0	1	1	X
0	1	0	0	0
0	1	0	1	X
0	1	1	0	X
0	1	1	1	X
1	0	0	0	1
1	0	0	1	0
1	0	1	0	0
1	0	1	1	1
1	1	0	0	1
1	1	0	1	1
1	1	1	0	X
1	1	1	1	1

图 2-86　习题 2.31 的真值表

2.36　一个优先级编码器有 2^N 个输入。它将产生 N 位二进制输出表示输入为真的最高位，或者在没有任何输入为真时输出 0。它还将产生一个输出 NONE，在没有输入为真时，该输出为真。设计一个 8 输入的优先级编码器，输入为 $A_{7:0}$，输出为 $Y_{2:0}$ 和 NONE。

[102] 例如，输入为 00100000 时，输出 Y 将为 101，NONE 为 0。写出并化简每个输出的布尔表达式，画出电路图。

2.37　设计一个新的优先级编码器（参见习题 2.36）。它有 8 位输入 $A_{7:0}$，产生 2 个 3 位输出 $Y_{2:0}$ 和 $Z_{2:0}$。Y 指示输入为真的最高位。Z 指示输入为真的第二高位。如果没有一个输入为真，则 Y 为 0；如果不多于一个输入为真，则 Z 为 0。给出每一个输出的布尔化简等式，并且画出原理图。

2.38 一个 M 位温度计码（thermometer code）在最低 k 位上为 1，在最高 $M-k$ 位上为 0。二进制 – 温度计码转换器（binary-to-thermometer code converter）有 N 个输入和 2^N-1 个输出。它为输入的二进制数产生一个 2^N-1 位的温度计码。例如，如果输入是 110，则输出是 0111111。设计一个 3:7 二进制 – 温度计码转换器。写出并化简每一个输出的布尔表达式，画出原理图。

2.39 写出图 2-87 中电路对应函数的最小布尔表达式。

2.40 写出图 2-88 中电路对应函数的最小布尔表达式。

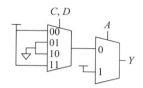

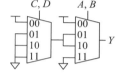

图 2-87 习题 2.39 的多路选择器电路　　　　图 2-88 习题 2.40 的多路选择器电路　　103

2.41 请使用下列器件实现图 2-80b 中的函数：
（a）一个 8:1 多路选择器
（b）一个 4:1 多路选择器和一个非门
（c）一个 2:1 多路选择器和两个其他的逻辑门

2.42 请使用下列器件实现习题 2.17（a）中的函数：
（a）一个 8:1 多路选择器
（b）一个 4:1 多路选择器和不用任何其他的逻辑门
（c）一个 2:1 多路选择器、一个或门和一个非门

2.43 确定图 2-83 中电路的传输延迟和最小延迟。在表 2-8 中给出了所使用门的延迟。

表 2-8　针对习题 2.43～习题 2.47 的门延迟

门	$t_{pd}(ps)$	$t_{cd}(ps)$	门	$t_{pd}(ps)$	$t_{cd}(ps)$
NOT	15	10	2 输入 AND	30	25
2 输入 NAND	20	15	3 输入 AND	40	30
3 输入 NAND	30	25	2 输入 OR	40	30
2 输入 NOR	30	25	3 输入 OR	55	45
3 输入 NOR	45	35	2 输入 XOR	60	40

2.44 确定图 2-84 中电路的传输延迟和最小延迟。在表 2-8 中给出了所使用门的延迟。

2.45 画一个快速 3:8 译码器的原理图。假定门的延迟在表 2-8 中给出（并且只能使用表 2-8 中的逻辑门）。设计一个具有最短关键路径的译码器，并指出这些路径是什么。电路的传输延迟和最小延迟是多少？

2.46 设计一个从数据输入到数据输出延迟尽可能小的 8:1 多路选择器。可以使用表 2-7 中的任何门。画出电路原理图。基于表 2-7 中给出的门的延迟，确定电路的延迟。

2.47 重新为习题 2.35 设计一个尽可能快的电路。只能使用表 2-8 中的逻辑门。画出新的电路并且说明关键路径。电路的传输延迟和最小延迟是多少？

2.48 重新为习题 2.36 设计一个尽可能快的优先级编码器。可以使用表 2-8 中的任何门。画出新的电路并且说明关键路径。电路的传输延迟和最小延迟是多少？　　104 ～ 105

面试问题

2.1 只使用与非门画出 2 输入或非门函数的原理图，最少需要使用几个门？

2.2 设计一个电路，它将得出一个输入的月份是否有 31 天。月份用 4 位输入 $A_{3:0}$ 指定。比如，输入 0001 表示 1 月，输入 1100 表示 12 月。当输入的月份有 31 天时，电路输出 Y 将为高电平。写出最简等式，使用最少数量的门画出电路图。（提示：记住利用无关项。）

2.3 什么是三态缓冲器？如何使用它？为什么使用它？

2.4 如果一个或者一组门可以构造出任何布尔函数，那么这些门就是通用门。比如，{ 与门，或门，非门 } 是一组通用门。

（a）与门是通用门吗？为什么？

（b）{ 或门，非门 } 是一组通用门吗？为什么？

（c）与非门是通用门吗？为什么？

2.5 解释为什么电路的最小延迟可能小于（而不是等于）它的传输延迟。

106

时序逻辑设计

3.1 引言

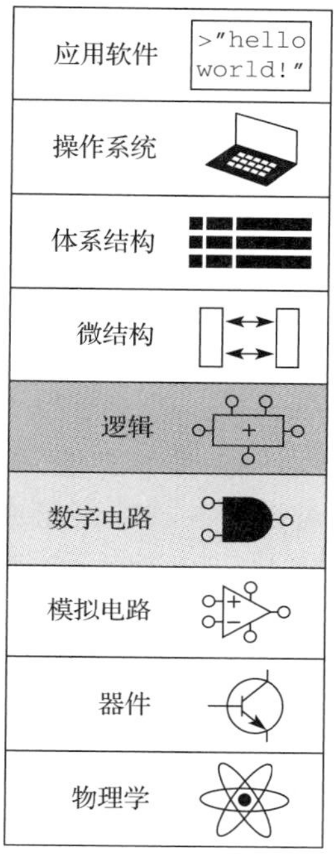

上一章中，我们介绍了如何分析和设计组合逻辑。组合逻辑的输出仅仅取决于当前的输入值。如果给定一个真值表或者布尔等式的形式，就可以得出一个优化的电路表达式。

本章中，我们将分析和设计时序（sequential）逻辑。时序逻辑输出取决于当前的输入值和之前的输入值，所以说时序逻辑具有记忆功能。时序逻辑可能明确地记住某些先前的输入量，也可能从先前的输入量中提取更小一部分信息，称为系统的状态（state）。时序逻辑电路的状态由一组称为状态变量（state variable）的位构成，包含了用于解释未来电路行为的所有过去信息。

这一章中，我们将首先学习锁存器和触发器，它们是能够存储一位状态的简单时序逻辑电路。通常，时序逻辑电路的分析很复杂。为了简化设计，我们将只涉及同步时序逻辑电路，其由组合逻辑和一组表示电路状态的触发器组成。此章中还将介绍有限状态机，它是设计时序电路的一种简单方法。最后，我们将分析时序电路的速度，讨论提高时钟速度的并行方法。

（图右侧图示：应用软件 >"hello world!" / 操作系统 / 体系结构 / 微结构 / 逻辑 / 数字电路 / 模拟电路 / 器件 / 物理学）

3.2 锁存器和触发器

存储器件的基本模块是一个双稳态（bistable）元件。这个元件有两种稳定的状态。如图 3-1a 所示，一对反相器组成的环路构成了一个简单的双稳态元件。图 3-1b 重画了相同的电路，以突出其对称性。这两个反相器交叉耦合（cross-coupled），即 I1 的输入是 I2 的输出，反之亦然。这个电路没有输入，但是它有两个输出，Q 和 $\bar{Q}$。这个电路的分析与组合电路不同，因为它是循环的：Q 取决于 $\bar{Q}$，$\bar{Q}$ 反过来又取决于 Q。

考虑两种情况，$Q=0$ 或者 $Q=1$。针对每一种情况的结果，我们可以得到：

- 情况 I：$Q=0$。

  如图 3-2a 所示，I2 输入 $Q=0$，则在 $\bar{Q}$ 上的输出为 1。I1 输入为 $\bar{Q}=1$，则在 Q 上的输出为 0。这和原来假设的 $Q=0$ 是一致的，于是这种情况被称为稳态。

- 情况 II：$Q=1$。

  如图 3-2b 所示，I2 输入为 1，则在 $\bar{Q}$ 上输出为 0。

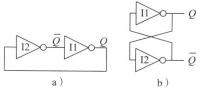

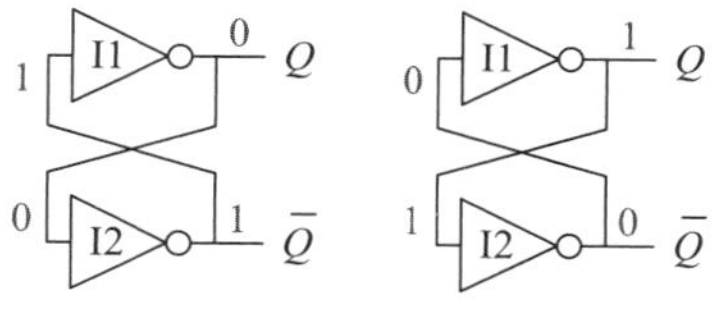

图 3-1 交叉耦合的反相器对

图 3-2 交叉耦合反相器的双稳态操作

I1 输入为 0, 在 Q 上输出为 1, 这也是一种稳态。

因为交叉耦合的反相器有两种稳定状态: Q=0 和 Q=1, 所以电路被称为双稳态。隐含的一点是电路可能存在第三种状态, 其两个输出均处于 0 和 1 之间的一半。这种状态称为亚稳态 (metastable), 我们将在 3.5.4 节中再进行讨论。

具有 N 种稳态的元件可以表示 $\log_2 N$ 位的信息, 所以双稳态元件可以存储一位信息。耦合反相器状态包含在二进制状态变量 Q 中。Q 的值保持了用以解释电路未来行为的过去信息。在此例子中, 如果 Q=0, 它将永远保持 0 值, 如果 Q=1, 它将永远保持 1 值。如果 Q 已知, 则 $\bar{Q}$ 也已知, 所以电路的另外一个节点 $\bar{Q}$ 不包含其他任何信息。另一方面, $\bar{Q}$ 也可以作为一个有效的状态变量值。

当第一次加电到此时序电路时, 它的初始状态往往未知和不可预料。电路每一次启动的初始状态都有可能不同。

虽然交叉耦合反相器可以存储一位信息, 但因为没有用于控制状态的输入, 它并没有什么实用价值。其他的双稳态元件, 比如锁存器和触发器, 提供了可以控制状态变量值的输入, 本节下面部分将介绍这些电路。

3.2.1 SR 锁存器

SR 锁存器是一个最简单的时序电路。如图 3-3 所示, 它由一对耦合的或非门组成。SR 锁存器有两个输入 S 和 R, 两个输出 Q 和 $\bar{Q}$。SR 锁存器与耦合的反相器相似, 但是它的状态可以通过输入量 S 和 R 来控制, 可以置位 (set) 或复位 (reset) Q 的输出。

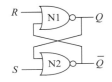

图 3-3　SR 锁存器原理图

通过真值表可以理解陌生的电路。或非门中只要有一个输入为 1, 则输出为 0。考虑 S 和 R 的 4 种可能组合。

- 情况 I: R=1, S=0。
  N1 至少有一个 R=1 的输入, 则输出 Q=0, N2 的输入 Q=0 和 S=0, 则输出 $\bar{Q}$=1。
- 情况 II: R=0, S=1。
  N1 输入 0 和 $\bar{Q}$, 因为我们还不知道 $\bar{Q}$ 的值, 所以我们不能确定输出的 Q 值。N2 至少有一个 S=1 的输入, 则输出 $\bar{Q}$=0。再次研究 N1, 可以知道它的两个输入都为 0, 所以输出 Q=1。
- 情况 III: R=1, S=1。
  N1 和 N2 至少有一个的输入 (R 或者 S) 为 1, 于是分别产生一个为 0 的输出。所以 Q 和 $\bar{Q}$ 同时为 0。
- 情况 IV: R=0, S=0。
  N1 的输入为 0 和 $\bar{Q}$。因为还不知道 $\bar{Q}$ 的值, 所以不能确定输出的值。N2 的输入为 0 和 Q。因为不知道 Q 的值, 所以也不能确定输出的值。我们在这里被卡住了。这很像耦合的反相器。但是我们知道 Q 必须为 0 或者为 1。于是, 可以通过考察每一种子情况的方法来解决这个问题。
- 情况 IV a: Q=0。
  因为 S=0, Q=0, 则 N2 在 $\bar{Q}$ 上的输出为 1, 如图 3-4a 所示, 现在 N1 的输入 $\bar{Q}$ 为 1, 于是它的输出 Q=0, 这和原来假设是一致的。
- 情况 IV b: Q=1。

因为 $Q=1$，则 N2 在 $\bar{Q}$ 上的输出为 0，如图 3-4b 所示，现在 N1 的两个输入 $R=0$，$\bar{Q}=0$，于是它的输出 $Q=1$，这和原来假设是一致的。

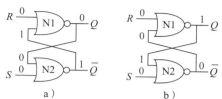

图 3-4　SR 锁存器的双稳态

综上所述，假设 Q 的初值已知，记为 Q_{prev}。在我们进入情况 IV 之前，Q_{prev} 为 1 或者为 0 表示系统状态。当 $R=S=0$ 时，Q 将保持初值 Q_{prev} 不变，$\bar{Q}$ 将取 Q 初值的反值（$\bar{Q}_{prev}$）。这个电路有记忆功能。

图 3-5 中的真值表总结了 4 种情况。输入 S 和 R 表示置位和复位。置位表示将一个位设为 1，复位表示将一个位设为 0。输出 Q 和 $\bar{Q}$ 通常为互相取反的值。当 R 有效时，Q 被复位为 0，$\bar{Q}=1$。当输入均为无效时，Q 将保持初值 Q_{prev} 不变，R 和 S 同时有效是没有意义的，因为锁存器不可能同时被置位或者复位，这样会产生两个输出为 0 的混乱电路响应。

Case	S	R	Q	$\bar{Q}$
IV	0	0	Q_{prev}	$\bar{Q}_{prev}$
I	0	1	0	1
II	1	0	1	0
III	1	1	0	0

图 3-5　SR 锁存器的真值表

SR 锁存器的符号表达式如图 3-6 所示。使用符号表示 SR 锁存器是抽象化和模块化的一个运用。有很多方法可以构造 SR 锁存器，包括使用不同的逻辑门或者晶体管。满足图 3-5 的真值表给定关系的电路元件都被称为 SR 锁存器，并采用图 3-6 中的符号表示。

图 3-6　SR 锁存器的电路符号

和耦合的反相器一样，SR 锁存器是一个在 Q 上存储一位状态的双稳态元件。但是 Q 的状态可以通过输入 S 和 R 控制。R 有效时状态被复位为 0，S 有效时状态被置位为 1。当 S 和 R 都无效时，状态保持初值不变。注意，输入的全部历史可以由状态变量 Q 解释。无论过去置位或复位是如何发生的，都需要通过最近一次置位或复位操作来预测 SR 锁存器未来行为。

[112]

3.2.2　D 锁存器

当 SR 锁存器中 S 和 R 同时取真值时，其输出不确定，使用起来很不方便。而且，输入 S 和 R 混淆了时间和内容。输入有效时不仅需要确定是什么内容，而且需要确定将在何时改变。将内容和时间分开考虑会使电路设计变得简单。如图 3-7a 所示的 D 锁存器解决了这些问题。它有 2 个输入：数据输入 D 用以控制下一个状态的值；时钟输入 CLK 用以控制状态发生改变的时间。

我们同样通过图 3-7b 中的真值表分析 D 锁存器。为了方便，我们先考虑外部的节点 $\bar{D}$、S 和 R。如果 CLK=0，则 $S=R=0$，D 的值无任何意义。如果 CLK=1，根据 D 的不同取值，一个与门输出为 1，而另外一个与门输出为 0。给定 S 和 R，Q 和 $\bar{Q}$ 的值可以根据图 3-5 确定。注意到 CLK=0 时，Q 将保持原来的值 Q_{prev} 不变；当 CLK=1 时，$Q=D$。在所有的情况中，$\bar{Q}$ 的值始终是 Q 的取反，符合逻辑。D 锁存器避免了 S 和 R 同时有效而造成的奇怪情况。

综上所述，时钟可以控制数据通过锁存器。当 CLK=1 时，D 锁存器是透明的（transparent）：数据 D 通过 D 锁存器流向 Q，D 锁存器就像是一个缓冲器。当 CLK=0 时，D 锁存器是阻塞的（opaque）：它阻止了新的数据 D 通过 D 锁存器流向 Q，Q 保持原来的值不变。所以 D 锁存器有时被称为透明锁存器或者电平敏感锁存器。D 锁存器的电路符号如图 3-7c 所示。

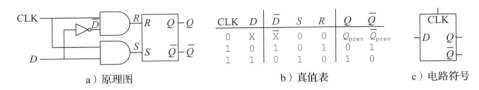

a）原理图　　　　　　　　　　b）真值表　　　　　　　　c）电路符号

图 3-7　D 锁存器

当 CLK=1 时，D 锁存器不断更新它的状态。在本节的后面部分将看到，如何在特定的时刻更新状态。下一节将介绍 D 触发器。

3.2.3　D 触发器

一个 D 触发器可以由两个反相时钟控制的背靠背的 D 锁存器构成，如图 3-8a 所示。锁存器 L1 称为主锁存器。第二个锁存器 L2 称为从锁存器。它们之间的节点为 N1。图 3-8b 给出了 D 触发器的电路符号。当不需要输出 $\overline{Q}$ 时，D 触发器的符号可以简化成图 3-8c 所示。

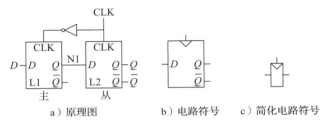

a）原理图　　　　　b）电路符号　　　c）简化电路符号

图 3-8　D 触发器

当 CLK=0 时主锁存器是透明的，从锁存器是阻塞的。所以 D 的值将无条件传送到 N1。当 CLK=1 时，主锁存器变成阻塞的，从锁存器变成透明的。N1 的值将传送到 Q，但是 N1 和 D 之间被切断。所以，在时钟从 0 上升到 1 之前并且在时钟开始上升之后，D 值立即被复制到 Q。在其他任何时刻，因为总有一个阻塞的锁存器来阻断 D 到 Q 的通路，Q 将保持原来的值不变。

换句话说，D 触发器在时钟上升沿时将 D 值复制到 Q，在其他时间 D 触发器保持原有的状态。一定要记住这个定义，一个刚入门的数字设计师经常忘掉了某个触发器的功能。时钟的上升沿也经常简称为时钟沿（clock edge）。输入 D 确定了新的状态，时钟沿确定了状态发生改变的时间。

D 触发器也常称为主从触发器（master-slave flip-flop）、边沿触发器（edge-triggered flip-flop）或者正边沿触发器（positive edge-triggered flip-flop）。电路符号中的三角表示触发器使用时钟边沿触发。当不需要输出 $\overline{Q}$ 时，经常被省略。

例 3.1　**计算触发器的晶体管数量。**构成一个本节介绍的 D 触发器需要多少个晶体管？

解： 构成一个与非门或者一个或非门需要用 4 个晶体管。一个非门需要用 2 个晶体管。一个与门可以由一个与非门和一个非门组成，所以它将用 6 个晶体管。一个 SR 锁存器需要用 2 个或非门或 8 个晶体管。一个 D 锁存器需要用一个 SR 锁存器、2 个与门和一个非门或 22 个晶体管。一个 D 触发器需要用两个 D 锁存器和一个非门或 46 个晶体管。3.2.7 节中介绍了一种使用传输门的更高效的 CMOS 实现方法。　■

3.2.4　寄存器

一个 N 位的寄存器由共享同一时钟的一排 N 个触发器组成，所以寄存器的所有位同时被更新。寄存器是组成时序电路的关键结构。图 3-9 中给出了其原理图和一个 4 位输入寄存器的电路符号，其输入是 $D_{3:0}$，输出是 $Q_{3:0}$，均为 4 位总线。

3.2.5　带使能端的触发器

带使能端的触发器增加了另外一个输入 EN（ENABLE），用于确定在时钟沿是否载入数据。当 EN=1 时，带使能端的触发器和普通的 D 触发器一样。当 EN=0 时，带使能端的触发器忽略时钟，保持原来的状态不变。当我们希望在某些时间（而不是在每一个时钟沿时）载入一个新值到触发器中时，带使能端的触发器非常有用。

图 3-10 给出了用一个 D 触发器和一个额外的门组成一个带使能端触发器的两种方法。在图 3-10a 中，如果 EN=1，一个输入多路器选择是否传递 D 的值。如果 EN=0，再次循环 Q 原来的状态。在图 3-10b 中，时钟被门控（gated）。如果 EN=1，CLK 像通常一样作为开关来控制触发器。如果 EN=0，CLK=0，则触发器保持原来的值不变。注意，当 CLK=1 时，EN 不能改变，以免触发器出现一个时钟毛刺（在不正确的时间进行切换）。一般而言，在时钟上设置逻辑不是一个好的主意。时钟门控可能使时钟延迟而导致时序错误，我们将在 3.5.3 节中进一步介绍。只有当你确实知道要做什么时，才能这样做。带使能端的触发器电路符号如图 3-10c 所示。

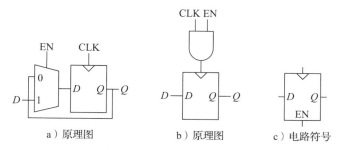

图 3-10　带使能端的触发器

3.2.6　带复位功能的触发器

带复位功能的触发器增加了一个输入 RESET。当 RESET=0 时，带复位功能的触发器和普通的 D 触发器一样。当 RESET=1 时，带复位功能的触发器忽略 D 并且将输出 Q 复位为 0。当系统加电需要将触发器设置为已知状态（即 0）时，带复位功能的触发器十分有用。

触发器可能是异步（asynchronously）复位或者同步（synchronously）复位。同步复位功能的触发器仅仅在时钟上升沿时进行复位。异步复位的触发器只要 RESET=1 就可以对它进行复位操作，而与 CLK 无关。

图 3-11a 显示了如何用 D 触发器和与门构造一个同步复位触发器。当 $\overline{\text{RESET}}$=0 时，与

门将 0 输入到触发器。当 $\overline{RESET}=1$ 时，与门将 D 输入到触发器。在这个例子中，$\overline{RESET}$ 是一个低电平有效（active low）信号，即复位信号为 0 时执行对应操作功能。通过增加一个反相器，电路中的 $\overline{RESET}$ 可以用高电平有效的复位信号 RESET 代替。图 3-11b 和图 3-11c 是高电平有效复位触发器的符号。

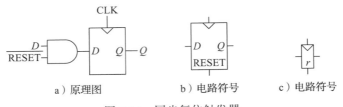

a）原理图   b）电路符号   c）电路符号

图 3-11   同步复位触发器

异步复位的触发器需要调整触发器的内部结构，留在习题 3.13 中。它们也是设计师们经常要用到的基本元件。

带置位功能的触发器也偶尔被使用。置位时，触发器被置为 1。它们以同步或异步的方式完成置位操作。带置位和复位功能的触发器可以带有使能输入端，也可以组成 N 位寄存器。

*3.2.7   晶体管级的锁存器和触发器的设计

例 3.1 说明通过逻辑门构造锁存器和触发器需要大量的晶体管。但是锁存器的基本作用是穿透或者阻塞，类似一个开关。回忆 1.7.7 节内容，传输门是构成 CMOS 开关的高效方法，可以利用传输门的优点来减少晶体管的数量。

一个简洁的 D 锁存器可以用一个传输门构成，如图 3-12a 所示。当 CLK=1 和 $\overline{CLK}=0$ 时，传输门是开放的，于是 D 传输到 Q，D 锁存器是透明的。当 CLK=0 和 $\overline{CLK}=1$ 时，传输门是关闭的，于是 D 和 Q 之间隔离，D 锁存器是阻塞的。这种锁存器有两个主要缺点：

- 输出节点浮空：当锁存器被阻塞，Q 的值没有被任何一个门钳住。所以 Q 被称为浮空（floating）节点或者动态（dynamic）节点。经过一段时间后，噪声和电荷泄漏将扰乱 Q 的值。
- 没有缓冲：缺少缓冲将在众多商业的芯片中导致故障。即使在 CLK=0 时，如果噪声尖峰将 D 值拉成一个负电压，也可以打开 nMOS 晶体管，而使得锁存器导通。同样，当 D 的噪声尖峰超过 V_{DD} 时也可以使得 pMOS 晶体管导通。由于传输门是对称的，所以这使得在 Q 上的噪声可能反向驱动而影响输入 D。一般的规则是传输门的输入或时序电路的状态节点都不应暴露在有噪声的外部世界中。

图 3-12b 是在现代商业芯片中由 12 个晶体管构成的一个 D 锁存器。它也可以用时钟控制的传输门来构成，但是它增加了反相器 I1 和 I2 作为对输入和输出的缓冲。锁存器的状态被钳在节点 N1 上。反相器 I3 和三态缓冲 T1，给 N1 提供反馈，使 N1 的值固定。当 CLK=0 时，如果在 N1 上产生一个小的噪声，T1 将驱动 N1 回到有效的逻辑值。

图 3-13 中 D 触发器可以通过两个由 CLK 和 $\overline{CLK}$ 控制的静态锁存器构成，同时去除了多余的内部反相器，所以这个触发器仅需要 20 个晶体管。

3.2.8   小结

锁存器和触发器是构成时序电路的基本模块。记住，D 锁存器是电平敏感的，D 触发器是边沿触发的。当 CLK=1 时，D 锁存器可以是透明的，允许输入 D 传输到输出 Q。D 触发器在时钟边沿时刻将 D 值复制到 Q。在其他时候，锁存器和触发器保持原来的状态不变。寄存器由排成一排的几个 D 触发器共享同一个 CLK 信号构成。

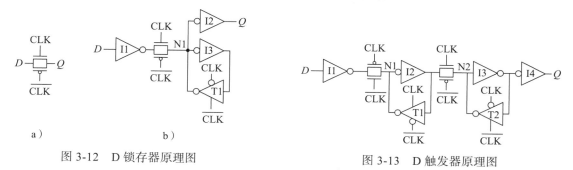

图 3-12   D 锁存器原理图   图 3-13   D 触发器原理图

例 3.2   **触发器和锁存器比较**。如图 3-14 所示，Ben 在一个 D 锁存器和一个 D 触发器上给定 D 和 CLK 输入。帮助 Ben 确定每一种设计下 Q 的输出值。

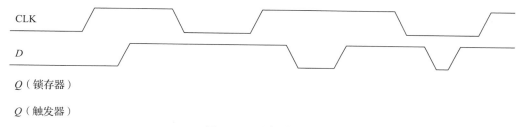

图 3-14   示例波形图

解：图 3-15 给出了输出波形。假设在相应输入值变化时，输出 Q 上有一个小的延迟。箭头表示导致输出的改变的原因。Q 的起始值未知，可能是 0 或者 1，用一对水平线表示。首先考虑 D 锁存器。在第一个 CLK 的上升沿，$D=0$，所以 Q 值肯定变成 0。当 CLK=1 时，每一次 D 值的改变都会导致 Q 值的改变。当 CLK=0 时，D 值改变，Q 值不变。接着考虑 D 触发器。在每一个 CLK 时钟上升沿到来时，D 的值被复制到 Q。在其他时间，Q 值保持原来的状态不变。

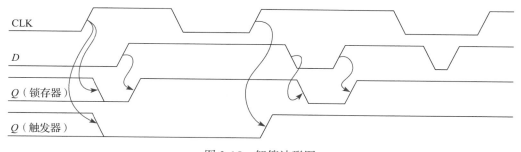

图 3-15   解答波形图

3.3   同步逻辑设计

一般而言，所有不是组合电路的电路都可以称为时序电路，因为这些电路的输出不能简单地通过观察当前输入的值来确定。一些时序电路比较奇特。这一节将考察这些电路，然后介绍同步时序电路的概念和动态约束。我们将注意力集中在同步时序电路方面，这将使我们找到一种简易而系统的时序电路系统设计和分析方法。

3.3.1 一些有问题的电路

例 3.3 **非稳态电路**。Alyssa 遇到了三个设计很拙劣的反相器，它们以环状连接在一起，如图 3-16 所示。第三个反相器的输出反馈到第一个反相器的输入。每一个反相器都有 1ns 的传输延迟。确定电路的功能。

解： 假设节点 X 的起始值是 0。这使得 $Y=1$，$Z=0$，所以 $X=1$，这和我们刚开始的假设不一致。这个电路没有稳定的状态，称为不稳定态（unstable）或者非稳态（astable）。电路的行为如图 3-17 所示。如果 X 在 0 时刻上升，Y 将在 1ns 时刻下降，Z 将在 2ns 时刻上升，X 将在 3ns 时刻下降。接着，Y 在 4ns 时刻上升，Z 将在 5ns 时刻下降，X 将在 6ns 时刻再次上升，这个模式将一直重复下去。每一个节点以 6ns 为周期在 0 和 1 之间摆动。这个电路称为环形振荡器（ring oscillator）。

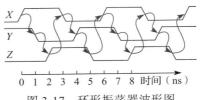

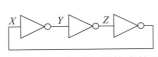

图 3-16　三个反相器构成的环　　　　图 3-17　环形振荡器波形图

环形振荡器的周期取决于反相器的传输延迟。这个延迟时间又取决于反相器的制造工艺、电源电压，甚至工作温度等诸多因素。所以环形振荡器的周期很难准确预测。简而言之，环形振荡器是无输入和一个周期性改变输出的时序电路。■

例 3.4 **竞争情况**。Ben 设计了一个新的 D 锁存器，并宣布这个设计比图 3-17 中的 D 锁存器要好。因为在这个电路中门的数量更少。他写出了真值表以确定输出 Q 的值，其中包括 D 和 CLK 两个输入以及锁存器的原始状态 Q_{prev}。根据这个真值表，Ben 得出了布尔等式。他通过输出 Q 反馈得到了 Q_{prev}，设计如图 3-18 所示。不考虑每一个门的延迟，他的锁存器工作是否正确？

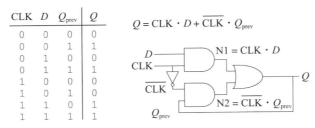

图 3-18　一个看似改进的 D 锁存器

解： 如图 3-19 所示，当某些门比其他的门速度慢时，电路有一个竞争情况将导致电路错误。假设 CLK$=D=1$。锁存器可以是透明的，将 D 传送到 Q，$Q=1$。现在 CLK 下降。锁存器将保持原来的状态，$Q=1$。但是，假设从 CLK 到 $\overline{\text{CLK}}$ 通过反相器的延迟比与门和或门的延迟要长。所以在 $\overline{\text{CLK}}$ 上升之前，N1 和 Q 将同时下降。在这种情况下，N2 将不能上升，Q 值将被钳为 0。

这是一个输出直接反馈到输入的异步电路设计例子。异步电路中经常会出现竞争情况而难以掌握。之所以出现竞争情况，是因为其电路的行为取决于两条通过逻辑门的路径中哪条最快。这样的电路可能可以工作，但是对于从表面上看是相同的电路，如果用几个延迟稍微不同的门替换，可能就无法正常工作。或者，这样的电路只能在一定的温度和电压下正常工作，只有在这个特定的条件下其逻辑门的延迟才刚好正确。这种错误是极其难以被查出的。

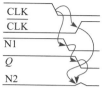

图 3-19　描述竞争情况的锁存器波形图

3.3.2　同步时序电路

前面的两个例子包含了环，也称为环路（cyclic path），其输出直接反馈到输入。它们是时序电路而不是组合电路。组合逻辑没有环路和竞争。特定值输入组合逻辑中，输出将在传输延迟内稳定为一个正确的值。但是，包含环路的时序电路存在不良的竞争和不稳定的动作。分析这样的电路十分耗时，很多聪明的人都会犯错误。

为了避免这些问题，设计师们在环路中插入寄存器以断开环路。这将电路转变成了组合逻辑电路和寄存器的组合。寄存器包含系统的状态，这些状态仅仅在时钟沿到达时发生改变，所以状态同步（synchronized）于时钟信号。如果时钟足够慢，在下一个时钟沿到达之前输入寄存器的信号都可以稳定下来，所有的竞争都被消除。根据在反馈环路上总是使用寄存器的原则，可以得到同步时序电路的一个规范定义。

通过电路的输入端、输出端、功能和时序说明可以定义一个电路。一个时序电路有一组有限的离散状态 $\{S_0, S_1, \cdots, S^{k-1}\}$。同步时序电路（synchronous sequential circuit）有一个时钟输入，它的上升沿表示时序电路状态发生转变的时间。我们经常使用当前状态（current state）和下一个状态（next state）这两个术语来区别目前系统的状态和下一个时钟沿系统将进入的状态。功能说明详细说明了在当前状态和输入值的各种组合下，此电路的下一个状态和输出值。时序说明包括了上界时间 t_{pcq} 和下界时间 t_{ccq}，即从时钟的上升沿直到输出发生改变的时间；建立时间 t_{setup} 和保持时间 t_{hold}，即输入相对于时钟上升沿的稳定时间。

同步时序电路的组成规则告诉我们，如果一个电路是同步时序电路，它必须由相互连接的电路元件构成，且需要满足以下条件：

- 每一个电路元件要么是寄存器要么是组合电路；
- 至少有一个电路元件是寄存器；
- 所有寄存器接收同一个时钟信号；
- 每一个环路至少包含一个寄存器。

非同步时序电路称为异步（asynchronous）电路。

单个触发器是一个最简单的同步时序电路。它包含了一个输入 D、一个时钟 CLK、一个输出 Q 和 $\{0, 1\}$ 两种状态。一个触发器的功能规范是：下一个状态是 D，输出 Q 是当前的状态，如图 3-20 所示。

我们经常称当前状态为变量 S，称下一个状态为变量 S'。在这种情况下，S 之后的撇号表示下一个状态，而不是取反的值。3.5 节中将分析时序电路的时序关系。

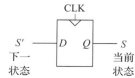

图 3-20　触发器当前状态和下一状态

[121]   两种常见的同步时序电路称为有限状态机和流水线。这将在后面的章节中介绍。

例 3.5 **同步时序电路**。图 3-21 中哪些电路是同步时序电路?

解:图 3-21a 的电路是组合逻辑电路,不是时序逻辑电路,因为它没有一个寄存器。图 3-21b 的电路是一个不带反馈回路的简单时序电路。图 3-21c 的电路既不是组合电路也不是时序电路,因为它有一个锁存器,这个锁存器既不是寄存器也不是组合逻辑电路。图 3-21d 和图 3-21e 的电路是同步时序逻辑电路;它们是有限状态机的两种形式,将在 3.4 节中讨论。图 3-21f 的电路既不是组合电路也不是时序电路,因为它有一个从组合逻辑电路的输出端电路反馈到同一逻辑电路输入端的回路,但是在回路上没有寄存器。图 3-21g 的电路是同步时序逻辑电路的流水线形式,将在 3.6 节中讨论。图 3-21h 的电路严格地说不是一个同步时序电路,因为两个寄存器的时钟信号不同,它们有两个反相器的延迟。 ■

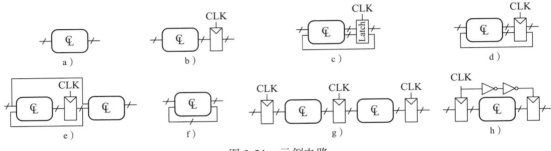

图 3-21   示例电路

3.3.3 同步和异步电路

从理论上讲,异步电路设计要比同步电路设计更为通用,因为系统时序不由时钟控制的寄存器所约束。正如能使用任意电压的模拟电路比数字电路更为通用,能够使用各种反馈的异步电路似乎比同步电路具有更强的通用性。然而,同步电路比异步电路更加容易设计,就类似于数字电路比模拟电路更加容易。尽管异步电路进行了数十年的研究,但实际上几乎所有的系统本质上都是同步的。

[122]   当然,在两个不同时钟的系统之间进行通信时,或者在任意的时刻接收输入时,异步电路偶尔也很重要。类似地,模拟电路在连续电压的真实世界中通信很重要。此外,异步电路的研究继续产生一些有趣的知识,其中的一些也将有利于改进同步电路。

3.4 有限状态机

同步时序电路可以描绘成图 3-22 的形式,称为有限状态机(Finite State Machine,FSM)。这个名字源于具有 k 位寄存器的电路可以处于 2^k 种状态中的某一种唯一状态。一个有限状态机有 M 位输入、N 位输出和 k 位状态,同时还具有一个时钟信号和一个可选的复位信号。有限状态机包含两个组合逻辑块:下一状态的逻辑(next state logic)和输出逻辑(output logic),以及一组用于存储状态的寄存器。在每一个时钟沿,有限状态机进入下一状态。这个下一状态是根据当前的状态和输入值计算出来的。根据有限状态机的特点和功能,通常被分为两类有限状态机。在 Moore 型有限状态机中,输出仅仅取决于当前的状态。在 Mealy 型有限状态机中,输出取决于当前的状态和输入值。有限状态机提供了系统的方法来设计给定功能说明的同步时序逻辑电路。这一章的后续部分将由一个实例开始介绍这种方法。

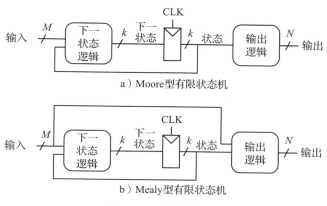

a）Moore型有限状态机

b）Mealy型有限状态机

图 3-22　有限状态机

3.4.1　有限状态机设计实例

　　为了解释有限状态机的设计，我们考虑在校园中繁忙的十字路口建立一个交通灯控制器。工程系学生在宿舍和实验室之间的 Academic 大道上漫步。他们正在阅读关于有限状态机的教科书，而没有看前面的路。足球运动员们正喧嚷地拥挤在运动场和食堂间的 Bravado 大道上。他们正在向前和向后投球，也没有看他们前面的路。在两条大道上的十字路口发生了一些严重的事故。为了防止事故再次发生，系主任要求 Ben 安装一个交通灯。 [123]

　　Ben 决定用有限状态机来解决这个问题。他分别在 Academic 大道和 Bravado 大道上安装了两个交通传感器 T_A 和 T_B。传感器上输出 1 时，表示此大道上有学生出现；输出 0 时，表示大道上没有人。Ben 又安装了两个交通灯 L_A 和 L_B 来控制交通。每一个灯接收数字信号输入，以确定显示绿色、黄色或红色。所以，有限状态机有 T_A 和 T_B 两个输入，L_A 和 L_B 两个输出。十字路口的灯和传感器如图 3-23 所示。Ben 采用了一个周期为 5 秒的时钟。在每一个时钟上升沿，灯将根据传感器改变。同时，Ben 还设计了一个复位按键以便技术员在打开交通灯时将控制器设置为一个已知的起始状态。状态机的黑盒视图如图 3-24 所示。

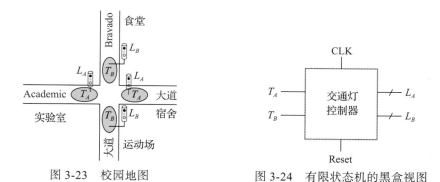

图 3-23　校园地图　　　　　　图 3-24　有限状态机的黑盒视图

　　Ben 的第二步是画出状态转换图（state transition diagram），如图 3-25 所示。此图说明了系统中每一种可能的状态和两种状态之间的转换。当系统复位时，Academic 大道上的灯是绿色，Bravado 大道上的灯是红色。每 5 秒，控制器检查交通模式并决定下一步该如何处理。此时，若在 Academic 大道有交通，灯就不再改变。当 Academic 大道上没有交通时，此大道上的灯变成黄色并保持 5 秒，然后再变成红色，同时 Bravado 大道上的灯变成绿色。同样， [124]

在 Bravado 大道上有交通的时候，此大道上的灯保持绿色，然后变成黄色，最后变成红色。

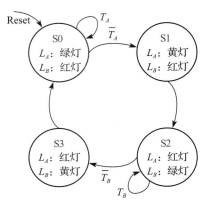

图 3-25　状态转换图

在状态转换图中，圆圈代表状态，圆弧代表两种状态之间的转换。转换发生在时钟上升沿。时钟总是出现在同步时序逻辑电路中，而且仅仅根据状态转换图中发生状态转换的位置来控制何时发生状态转换，所以为简化起见，在状态转换图中不画出时钟。标有 Reset 的圆弧从外部进入 S_0 状态，这说明不管当前是什么状态，系统复位时都应该进入的状态。如果一个状态有多个离开它的圆弧，这些圆弧标有触发每个状态转换的输入条件。例如，在 S_0 状态，如果 T_A 为真，系统将保持当前状态；如果 T_A 为假，将转换成 S_1 状态。如果状态只有一个离开它的圆弧，不管输入是什么，转换都会发生。例如，在 S_1 状态，系统将总是转换到 S_2 状态。在特定状态下的输出值也在状态中给出。例如，在 S_2 状态，L_A 是红色，L_B 是绿色。

Ben 将状态转换图重写为状态转换表（state transition table），如表 3-1 所示。它说明了每一种状态和输入值所产生的下一个状态 S'。表中使用了无关项（X），这表示下一个状态并不依赖于特定的输入。同时，在表中忽略了复位。实际上，可以使用带复位功能的触发器使得复位后总是进入 S_0 状态，而不用考虑输入。

状态转换图中使用了抽象的状态标记 $\{S_0, S_1, S_2, S_3\}$ 和输出标记 {红灯，黄灯，绿灯 }。为建立一个真实的电路，状态和输出必须按照二进制编码。Ben 选择了简单的编码方式，如表 3-2 和表 3-3 所示。每种状态和每种输出都被编码成 2 位：$S_{1:0}$、$L_{A1:0}$ 和 $L_{B1:0}$。

表 3-1　状态转换表

当前状态	输入		下一状态
S	T_A	T_B	S'
S0	0	X	S1
S0	1	X	S0
S1	X	X	S2
S2	X	0	S3
S2	X	1	S2
S3	X	X	S0

表 3-2　状态编码

状态	$S_{1:0}$ 的编码
S0	00
S1	01
S2	10
S3	11

表 3-3　输出编码

输出	$L_{1:0}$ 的编码
绿灯	00
黄灯	01
红灯	10

Ben 接着用二进制编码更新状态转换表，如表 3-4 所示。这个改进的状态转换表是一个可以确定下一个状态的逻辑真值表，定义了根据当前状态 S 和输入确定下一个状态 S' 的逻辑函数。

通过这些表，可以直接读出下一个状态的与或式布尔表达式。

$$S'_1 = \overline{S_1} S_0 + S_1 \overline{S_0}\ \overline{T_B} + S_1 \overline{S_0}\ T_B$$
$$S'_0 = \overline{S_1}\ \overline{S_0}\ \overline{T_A} + S_1 \overline{S_0}\ \overline{T_B} \tag{3.1}$$

这些式子可以用卡诺图化简，但是使用观察方法化简更容易。例如，在 S'_1 的等式中的 T_B 和 $\overline{T_B}$ 项明显是多余的。所以 S'_1 可以简化成一个异或操作。式（3.2）给出了下一个状态的逻辑表达式。

$$S'_1 = S_1 \oplus S_0$$
$$S'_0 = \overline{S_1}\, \overline{S_0}\, \overline{T_A} + S_1\, \overline{S_0}\, \overline{T_B} \tag{3.2}$$

表 3-4 二进制编码后的状态转换表

当前状态		输 入		下一状态		当前状态		输 入		下一状态	
S_1	S_0	T_A	T_B	S'_1	S'_0	S_1	S_0	T_A	T_B	S'_1	S'_0
0	0	0	X	0	1	1	0	X	0	1	1
0	0	1	X	0	0	1	0	X	1	1	0
0	1	X	X	1	0	1	1	X	X	0	0

|126|

同样，Ben 针对每一个状态指出的输出写出了输出表，如表 3-5 所示。也可以直接读出这些输出的化简布尔表达式。例如，观察到仅仅在 S_1 的行为真时，L_{A1} 为真。

$$L_{A1} = S_1$$
$$L_{A0} = \overline{S_1}\, S_0$$
$$L_{B1} = \overline{S_1} \tag{3.3}$$
$$L_{B0} = S_1\, S_0$$

表 3-5 输出表

当前状态		输 出			
S_1	S_0	L_{A1}	L_{A0}	L_{B1}	L_{B0}
0	0	0	0	1	0
0	1	0	1	1	0
1	0	1	0	0	0
1	1	1	0	0	1

最后，Ben 以图 3-22a 的形式绘制了 Moore 型有限状态机的电路图。首先，画了一个 2 位的状态寄存器，如图 3-26a 所示。在每一个时钟沿，这个状态寄存器复制下一个状态 $S'_{1:0}$ 到状态 $S_{1:0}$。这个状态寄存器在启动时收到一个同步或异步复位信号，初始化有限状态机。然后，根据等式（3.2）画出了下一个状态逻辑的电路图，这部分逻辑根据当前的状态和输入值计算出下一个状态的值，如图 3-26b 所示。最后，根据等式（3.3）画出了输出逻辑的电路图，这部分逻辑根据当前的状态计算输出值，如图 3-26c 所示。

图 3-27 给出了一个用于解释交通灯控制器经过一系列状态运行的时序图。图中显示了 CLK、Reset、输入 T_A 和 T_B、下一个状态 S'、当前状态 S、输出 L_A 和 L_B。箭头表明了因果关系，例如，当前状态的改变导致输出的改变，输入的改变导致下一个状态的改变。虚线表示在 CLK 的上升沿状态改变。

时钟的周期是 5 秒，所以交通灯最多每 5 秒改变一次。当这个有限状态机第一次启动时，它的状态是未知的，如图中的问号所示。所以系统应被复位到一个已知的状态。在这个时序图中，S 被立即复位成 S0，说明使用了带复位功能的异步触发器。在状态 S0，L_A 是绿灯，L_B 是红灯。

|127|

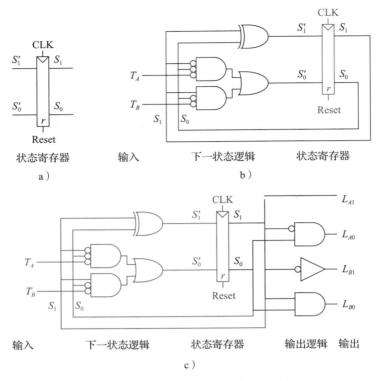

图 3-26   交通灯控制器的状态机电路图

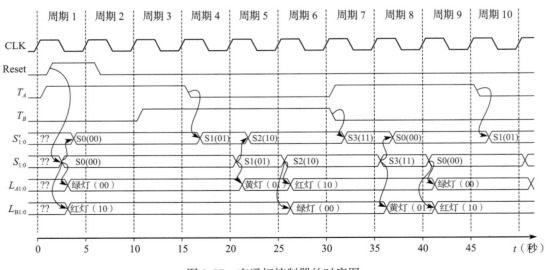

图 3-27   交通灯控制器的时序图

此例中，复位后 Academic 大道上已经有交通。所以，控制器保持在 S0 状态，并保持 L_A 是绿灯。此时 Bravado 大道上尽管有交通到达，也将开始等待。15 秒之后，在 Academic 大道上的通行都通过了，T_A 开始下降。在随后的时钟沿，控制器将进入 S1 状态，L_A 变成黄灯。在下一个 5 秒之后，控制器进入 S2 状态，L_A 变成红灯，L_B 变成绿灯。控制器在状态

S2 上等待，直到在 Bravado 大道上的通行都通过了。它将进入状态 S3，L_B 变成黄灯。5 秒之后，控制器将进入状态 S0，L_B 变成红灯，L_A 变成绿灯，这个过程重复进行。

3.4.2 状态编码

在先前的例子中，状态和输出的编码的选择是任意的。不同的选择将产生不同的电路。一个自然而然的问题是，如何确定一种编码，使之能够产生一个逻辑门数量最少或传输延迟最短的电路。遗憾的是，没有一种简单的方法可以找出最好的编码。现有的方法是尝试所有的可能情况，但当状态的数量很大时这也是不可行的。往往，可以通过观察的方法使得相关的状态或输出共享某些位从而来选择一种好的编码方式。计算机辅助设计工具也可以寻找可能的编码集合，并选择一种合理的编码。

在状态编码中，一种重要的决策是选择二进制编码还是选择独热编码。交通灯控制器的例子中使用了二进制编码（binary encoding），其中一个二进制数代表一种状态。因为 $\log_2 K$ 位可以表示 K 个不同的二进制数，所以一个有 K 种状态的系统只需要 $\log_2 K$ 位状态。

在独热编码（one-hot encoding）中，状态编码中的每位表示一种状态。它被称为独热编码，是因为在任何时候只有一个位是"热"或真。例如，一个有三个状态有限状态机的独热编码为 001、010 和 100。状态的每一位要储存在一个触发器中，所以独热编码比二进制编码需要更多的触发器。但使用独热编码时，下一个状态和输出逻辑通常会更简化，需要的门电路也更少。最佳的编码方式取决于具体的有限状态机。

例 3.6 **有限状态机状态编码**。一个 N 分频计数器有一个输出，没有输入。每循环 N 个时钟后，输出 Y 产生一个周期的高电平信号。换句话说，输出是时钟的 N 分频。3 分频计数器的波形和状态转换图如图 3-28 所示。使用二进制编码和独热编码画出这个计数器的草图。

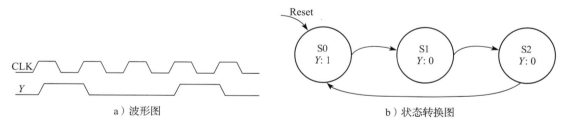

a) 波形图   b) 状态转换图

图 3-28　3 分频计数器

解：表 3-6 和表 3-7 给出了编码前的抽象状态转换表和输出表。

表 3-6　3 分频计数器状态转换表

当前状态	下一状态
S0	S1
S1	S2
S2	S0

表 3-7　3 分频计数器输出表

当前状态	输　　出
S0	1
S1	0
S2	0

表 3-8 比较了三种状态的二进制编码和独热编码。

表 3-8   3 分频计数器的二进制编码和独热编码

状态	独热编码			二进制编码	
	S_2	S_1	S_0	S_1	S_0
S0	0	0	1	0	0
S1	0	1	0	0	1
S2	1	0	0	1	0

二进制编码使用 2 位状态。使用这种编码的状态转换表如表 3-9 所示。注意，这里没有输入；下一个状态只取决于当前的状态。输出表作为练习留给读者完成。下一个状态和输出的等式如下：

$$S_1'=\overline{S_1}\,S_0 \tag{3.4}$$
$$S_0'=\overline{S_1}\,\overline{S_0}$$
$$Y=\overline{S_1}\,\overline{S_0} \tag{3.5}$$

表 3-9   二进制编码的状态转换表

当前状态		下一状态	
S_1	S_0	S_1'	S_0'
0	0	0	1
0	1	1	0
1	0	0	0

独热编码使用 3 位状态。这种编码的状态转换表如表 3-10 所示，输出表作为练习留给读者完成。下一个状态和输出的等式如下：

$$S_2'=S_1$$
$$S_1'=S_0 \tag{3.6}$$
$$S_0'=S_2$$
$$Y=S_0 \tag{3.7}$$

表 3-10   独热编码的状态转换表

当前状态			下一状态		
S_2	S_1	S_0	S_2'	S_1'	S_0'
0	0	1	0	1	0
0	1	0	1	0	0
1	0	0	0	0	1

图 3-29 给出了每一种设计的原理图。二进制编码设计的硬件可以通过使 Y 和 S_0' 共享相同的门电路进行优化。同样，独热编码设计需要可置位（s）和可复位（r）的触发器来在复位时对状态机的 S0 进行初始化。最好的实现选择取决于门电路和触发器的相对成本，独热编码设计在这个特定的例子中更加可取。 ■

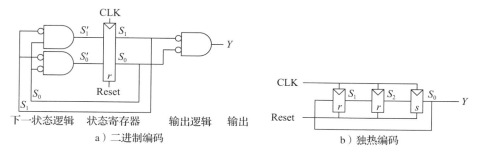

图 3-29　3 分频计数器电路

130
~
131

一种相关的编码方式是独冷编码，K 个状态通过 K 位表示，其中的一位恰好为 FALSE。

3.4.3　Moore 型状态机和 Mealy 型状态机

迄今为止，我们已经介绍了 Moore 型状态机的例子，它的输出只取决于系统的状态。所以在 Moore 型状态机的状态转换图中，输出被标在圆圈内。Mealy 型状态机和 Moore 型状态机很相似，但是输出取决于输入和当前的状态，所以在 Mealy 型状态机的状态转换表中，输出被标在圆弧上面而不是圆圈内。一个组合逻辑模块可以用输入和当前状态计算出输出，如图 3-22b 所示。

例 3.7 Moore 型状态机和 Mealy 型状态机的对比。Alyssa 有一个带有限状态机大脑的机器宠物蜗牛。蜗牛沿着纸带从左向右爬行。这个纸带包含 1 和 0 的序列。在每一个时钟周期，蜗牛爬行到下一位。蜗牛爬行在纸带上，如果最后经过的 2 位是 01 时，蜗牛会高兴得笑起来。设计一个有限状态机计算蜗牛何时会发笑。蜗牛触角下面的位是输入 A。当蜗牛发笑时，输出的 Y 为 TRUE。比较 Moore 型状态机和 Mealy 型状态机设计。画出包含输入、状态和输出的每种设计时序草图。蜗牛爬行的序列是 0100110111。

解：Moore 型状态机需要 3 个状态，如图 3-30a 所示，确信你自己的状态转换图是正确的。特别是，当输入为 0 时为什么从 S2 到 S1 要画一个圆弧？

与 Moore 型状态机相比，Mealy 型状态机只需要 2 个状态，如图 3-30b 所示。每一个圆弧被标注成 A/Y。A 是引起转换的输入值，Y 是输出值。

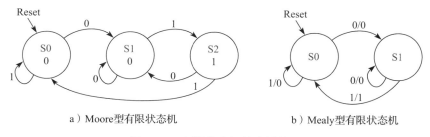

a）Moore 型有限状态机　　　　b）Mealy 型有限状态机

图 3-30　有限状态机状态转换图

表 3-11 和表 3-12 给出了 Moore 型状态机的状态转换图和输出表。Moore 型状态机至少需要 2 位的状态。考虑使用以下二进制状态编码：S0=00，S1=01，S2=10。表 3-13 和表 3-14 重新写出了二进制状态编码的状态转换图和输出表。

表 3-11　Moore 型有限状态机状态转换表

当前状态 S	输入 A	下一状态 S'
S0	0	S1
S0	1	S0
S1	0	S1
S1	1	S2
S2	0	S1
S2	1	S0

表 3-12　Moore 型有限状态机输出表

当前状态 S	输出 Y
S0	0
S1	0
S2	1

表 3-13　Moore 型有限状态机的二进制编码状态转换表

当前状态		输入	下一状态	
S_1	S_0	A	S'_1	S'_0
0	0	0	0	1
0	0	1	0	0
0	1	0	0	1
0	1	1	1	0
1	0	0	0	1
1	0	1	0	0

表 3-14　Moore 型有限状态机的二进制编码输出表

当前状态		输出
S_1	S_0	Y
0	0	0
0	1	0
1	0	1

通过这些表，可以找出下个状态和输出的表达式。注意，因为此状态机中不存在 11 这个状态，所以可以进一步化简这些表达式。这些不存在的状态对应的状态和输出可以不用考虑（在表中没有显示）。我们使用无关项来最小化等式。

$$S'_1 = S_0 A$$
$$S'_0 = \bar{A}$$

（3.8）

$$Y=S_1 \tag{3.9}$$

表 3-15 给出了 Mealy 型状态机的状态转换和输出表。Mealy 型状态机只需要 1 位状态。考虑使用二进制编码：S0=0，S1=1。表 3-16 重新写出了二进制状态编码的状态转换图和输出表。

表 3-15　Mealy 型状态机的状态转换和输出表

当前状态 S	输入 A	下一状态 S'	输出 Y
S0	0	S1	0
S0	1	S0	0
S1	0	S1	0
S1	1	S0	1

表 3-16　Mealy 型状态机的二进制编码状态转换和输出表

当前状态 S_0	输入 A	下一状态 S'_0	输出 Y
0	0	1	0
0	1	0	0
1	0	1	0
1	1	0	1

对于这些表，可以通过观察得到下个状态和输出的表达式。

$$S'_0=\bar{A} \tag{3.10}$$
$$Y=S_0\,A \tag{3.11}$$

Moore 型状态机和 Mealy 型状态机的电路原理图如图 3-31 所示。每种状态机的时序图如图 3-32 所示。两种状态机的状态序列有所不同。然而，Mealy 型状态机的输出上升要早一个周期。这是因为其输出直接响应输入，而不需要等待状态的变化。如果 Mealy 型状态机的输出通过触发器产生延迟，它的输出将和 Moore 型状态机一样。在选择有限状态机设计类型时，需要考虑何时需要到输出响应。 ■

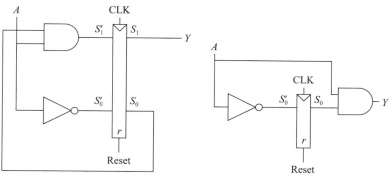

a）Moore型状态机　　　　　b）Mealy型状态机

图 3-31　有限状态机电路原理图

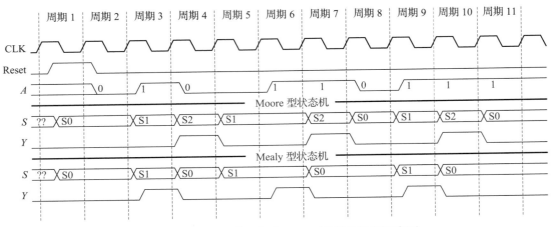

图 3-32 Moore 型状态机和 Mealy 型状态机的时序图

3.4.4 状态机的分解

简化复杂有限状态机设计的一个方法是将一个复杂的有限状态机分解成多个互相作用的简单状态机，其中一些状态机的输出是另外一些状态机的输入。这种应用层次结构和模块化的方法称为状态机的分解（factoring）。

例 3.8 **不分解的状态机和分解后的状态机**。修改 3.4.1 节中的交通灯控制器，以增加一个游行模式。当观众和乐队以分散的队形漫步到足球比赛时进入游行模式，此时保持 Bravado 大道上的灯是绿色。控制器需要增加两个新的输入：P 和 R。P 保持至少一个周期有效以进入游行模式，R 保持至少一个周期以退出游行模式。游行模式下，控制器按照平常时序运行直到 L_B 变成绿色，然后保持 L_B 为绿色这种状态直到游行模式结束。

首先，画出单个有限状态机的状态转换图，如图 3-33a 所示。然后，画出 2 个相互作用有限状态机的状态转换图，如图 3-33b 所示。在进入游行模式时，模式有限状态机的输出 M 为有效。灯控制有限状态机根据 M 的值、交通传感器 T_A 和 T_B 控制灯的颜色。

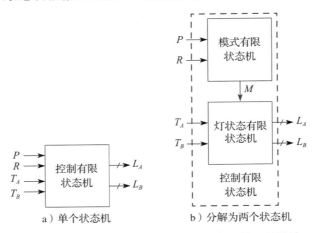

图 3-33 修改后交通灯控制器有限状态机的两种设计

解：图 3-34a 给出了单个有限状态机的设计。状态 S0 到状态 S3 处于普通模式。状态 S4 到状态 S7 处于游行模式。这两个部分基本上相同，但是在游行模式下，有限状态机保持在状态 S6，此时 Bravado 大道上的灯为绿色。输入 P 和 R 控制了在两个部分之间的转移。其有限状态机设计很杂乱。图 3-34b 显示了分解设计的有限状态机。模式有限状态机有 2 种状态，以跟踪处于正常模式或游行模式。当 M 为真，灯控制有限状态机将修改成保持在 S2 状态。

135

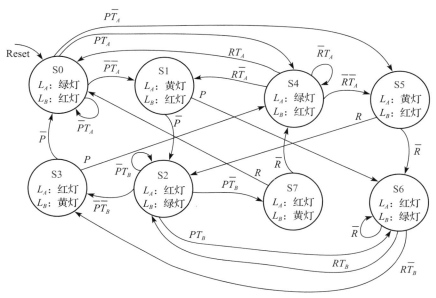

a）未分解的

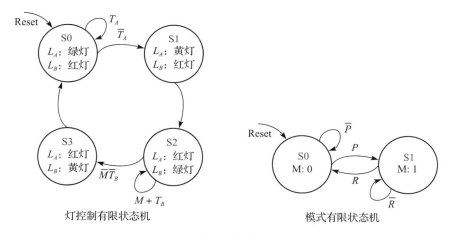

灯控制有限状态机　　　　　　　　　　模式有限状态机

b）分解后的

图 3-34　状态转换图

136

3.4.5　由电路图导出状态机

由电路图推导出状态转换图采用几乎与有限状态机设计相反的过程。这个过程是有必要的，比如承担一个没有完整文档的项目或者开展基于他人系统的逆向工程。

- 检查电路，标明输入、输出和状态位；
- 写出下一状态和输出布尔表达式；

- 构造下一状态和输出真值表；
- 删除不可能到达的状态以简化下一状态真值表；
- 给每个有效的状态位组合指定状态名称；
- 结合状态名称重写下一状态和输出真值表；
- 画出状态转换图；
- 使用文字阐述该有限状态机的功能。

在最后一步里，注意简洁地描述该有限状态机的主要工作目标和功能，而不是简单地重述状态转换图的每个转换。

例 3.9 **由电路导出有限状态机**。Alyssa 家门的键盘锁已经重装，因此她的旧密码不再有效。新键盘锁的电路图如图 3-35 所示。Alyssa 认为这个电路可能是一个有限状态机，因此她决定由该电路图推导出状态转换图，从而打开门锁。

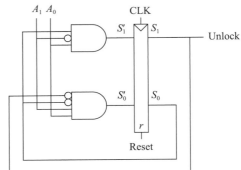

图 3-35　例 3.9 中找到的有限状态机电路

解：Alyssa 首先检查电路，确定了电路的输入是 $A_{1:0}$，输出是 Unlock。图 3-35 已经表明了状态位。由于电路的输出只取决于状态位，因此这是一个 Moore 型状态机。Alyssa 写出该电路对应的下一状态和输出布尔表达式如下：

$$S_1' = S_0 \overline{A_1} A_0$$
$$S_0' = \overline{S_1}\ \overline{S_0}\ A_1\ A_0 \tag{3.12}$$
$$\text{Unlock} = S_1$$

接下来，她写出下一状态和输出真值表，如表 3-17 和表 3-18 所示。她先根据式（3.12）标注真值表中取值为 1 的位置，其余位置标注为 0。

表 3-17　由图 3-35 导出的下一状态真值表

当前状态		输入		下一状态	
S_1	S_0	A_1	A_0	S_1'	S_0'
0	0	0	0	0	0
0	0	0	1	0	0
0	0	1	0	0	0
0	0	1	1	0	1
0	1	0	0	0	0
0	1	0	1	1	0
0	1	1	0	0	0
0	1	1	1	0	0
1	0	0	0	0	0
1	0	0	1	0	0
1	0	1	0	0	0
1	0	1	1	0	0
1	1	0	0	0	0
1	1	0	1	1	0
1	1	1	0	0	0
1	1	1	1	0	0

表 3-18   由图 3-35 导出的输出真值表

当前状态		输出	当前状态		输出
S_1	S_0	Unlock	S_1	S_0	Unlock
0	0	0	1	0	1
0	1	0	1	1	1

然后，Alyssa 通过去除未使用状态和利用无关项合并等方法简化真值表。$S_{1:0}=11$ 这个状态从未在表 3-17 中被列为可能的下一状态，因此以这个状态作为当前状态的行都可以去除。对于当前状态 $S_{1:0}=10$，下一状态总是 $S_{1:0}=00$，这结果与输入无关，因此在真值表对应的输入栏填上无关项。简化真值表如表 3-19 和表 3-20 所示。

表 3-19   简化的下一状态真值表

当前状态		输入		下一状态	
S_1	S_0	A_1	A_0	S'_1	S'_0
0	0	0	0	0	0
0	0	0	1	0	0
0	0	1	0	0	0
0	0	1	1	0	1
0	1	0	0	0	0
0	1	0	1	1	0
0	1	1	0	0	0
0	1	1	1	0	0
1	0	X	X	0	0

表 3-20   简化的输出真值表

当前状态		输出
S_1	S_0	Unlock
0	0	0
0	1	0
1	0	1

Alyssa 为每个状态位组合取名：S0 是 $S_{1:0}=00$，S1 是 $S_{1:0}=01$，S2 是 $S_{1:0}=10$。表 3-21 和表 3-22 展示了使用状态名称的下一状态和输出真值表。

表 3-21   符号化的下一状态真值表

当前状态 S	输入 A	下一状态 S'	当前状态 S	输入 A	下一状态 S'
S0	0	S0	S1	1	S2
S0	1	S0	S1	2	S0
S0	2	S0	S1	3	S0
S0	3	S1	S2	X	S0
S1	0	S0			

Alyssa 通过表 3-21 和表 3-22 画出如图 3-36 所示的状态转换图。通过审视状态转换图，她得知该有限状态机的工作原理：该状态机在检测到 $A_{1:0}$ 的输入值是一个 3 跟着一个 1 时就会将门解锁，然后门会再次关闭。Alyssa 尝试在门锁键盘上输入该数字串，成功将门打开。   ■

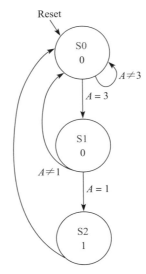

表 3-22   符号化的输出真值表

当前状态 S	输出 Unlock
S0	0
S1	0
S2	1

图 3-36   从例 3.9 中发现的有限状态机的状态转换图

3.4.6   小结

有限状态机是根据给定规范设计同步时序电路的强有力的系统化方法。设计有限状态机的步骤如下：

- 确定输入和输出；
- 画状态转换图；
- 对于 Moore 型状态机：
  - 写出状态转换表；
  - 写出输出表；
- 对于 Mealy 型状态机：
  - 写出组合的状态转换和输出表；
- 选择状态编码——这个选择将影响硬件设计；
- 为下一个状态和输出写出布尔表达式；
- 画出电路草图；

本书将反复使用有限状态机来设计复杂的数字系统。

3.5   时序逻辑电路的时序

我们知道，一个触发器在时钟上升沿到达时将 D 复制到输出 Q。这个过程称为在时钟沿对 D 进行采样（sampling）。当时钟上升沿时，如果 D 是 0 或 1 的稳定状态，这个动作定义很清晰。但是，如果 D 在时钟上升时发生了变化，将会发生什么情况？

这个问题类似于面对一个正在捕捉图片的照相机。设想这样一幅图片，一只青蛙正在从一个睡莲上跳入湖水里。如果你在青蛙跳之前拍照，你将看到一只在睡莲上的青蛙。如果你在青蛙跳过之后拍照，你将看到水面上的波纹。如果你刚好在青蛙跳的时候拍照，你将看到一只伸展的青蛙从睡莲跳入湖水的模糊影像。照相机的特征由孔径时间（aperture time）刻画，在此时间内一个物体必须保持不动，照相机才能获得清晰的图像。同样，一个时序元器件在时钟沿附近也有孔径时间。在孔径时间内输入必须稳定，触发器才能产生明确定义的输出。

时序元件的孔径时间分别用时钟沿前的建立时间（setup time）和时钟沿后的保持时间（hold time）定义。正如静态约束限制我们使用在禁区外的逻辑电平，动态约束限制我们在外部孔径时间中使用改变信号。利用动态约束，我们可以认为时间是基于时钟周期的离散单元，正如我们将信号的电平认为是离散的 1 和 0。一个信号可以有毛刺，也可以在有限时间内反复振荡。在动态约束下，我们仅关心一个时钟周期最后时的最终值，这是一个稳定下来的值。所以，我们可以简单地用 $A[n]$ 表示在第 n 个时钟周期结束时信号 A 的值，其中 n 是一个整数，而不再考虑 t 时刻 A 的值 $A(t)$，其中 t 是一个实数。

时钟周期应该足够长使所有的信号都稳定下来。这限制了系统的速度。在真实的系统中，时钟不能准确地同时到达所有的触发器。这个时间变量称为时钟偏移（clock skew），从而进一步增加必要的时钟周期。

在面对真实的世界时，动态约束往往是不可能满足的。比如考虑一个通过按键输入的电路。一只猴子可能在时钟上升时按下了按键。此时触发器捕获了一个在 0 和 1 之间的值，这个值不可能稳定到一个正确的逻辑值，这称为亚稳态现象。解决这种异步输入的方法是使用同步器，这个同步器产生非法逻辑值的概率非常小（但是不为 0）。

我们将在下面的章节里展开讨论这些问题。

141

3.5.1　动态约束

到目前为止，我们将重点放在时序电路的功能规范上。触发器和有限状态机等同步时序电路也有时序规范，如图 3-37 所示。当时钟上升时，输出在时钟到 Q 的最小延迟 t_{ccq} 之后开始改变，并在时钟到 Q 的传播延迟 t_{pcq} 之后达到稳定值。它们分别代表了通过电路的最快和最慢的延迟。为了电路对输入量正确采样，在时钟上升沿到来之前，输入必须在建立时间 t_{setup} 内保持稳定，在时钟上升沿之后，输入必须保持至少保持时间 t_{hold} 内保持稳定。建立

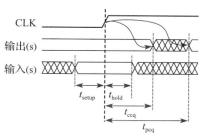

图 3-37　同步时序电路的时间规范

时间和保持时间合在一起称为电路的孔径时间，为输入保持稳定状态的时间总和。

动态约束（dynamic discipline）是指同步时序电路的输入在时钟沿附近的建立和维持孔径时间内必须保持稳定。为了满足这个要求，要保证触发器在对信号进行采样时，信号不能变化。因为在采样时仅关心最终的输入值，从而可以将信号认为是在时间和逻辑电平上都是离散的量。

3.5.2　系统时序

时钟周期或者时钟时间 T_c 是重复的时钟信号中上升沿之间的时间间隔。它的倒数 $f_c = 1/T_c$ 是时钟频率。在其他情况一样时，提高时钟的频率可以增加数字系统在单位时间内完成的工作量。频率的单位是 Hz，或者是每秒的周期数：$1MHz = 10^6 Hz$，$1GHz = 10^9 Hz$。

图 3-38a 给出了同步时序电路中一条普通路径，我们所希望计算其时钟周期。在时钟的上升沿，寄存器 R1 产生输出 Q1。这些信号进入一个组合逻辑电路产生 D2，并作为寄存器 R2 的输入。时序图如图 3-38b 所示，每一个输出信号在输入信号发生改变的最小延迟后开始改变，在输入信号稳定之后的传输延迟时间内输出信号稳定到最终的值。灰色箭头表示通过 R1 和组合逻辑块的最小延迟，灰色的箭头代表通过 R1 和组合逻辑块的传输延迟。我们对第二个寄存器 R2 的建立时间和保持时间来分析时序约束。

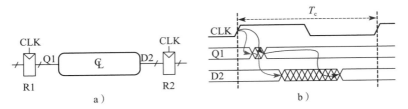

图 3-38 寄存器中间的路径及时序图

1. 建立时间约束

图 3-39 只显示了路径的最大延迟时序图，用灰色的箭头指示。为了满足 R2 的建立时间，D2 应在不迟于下一个时钟沿之前的建立时间前稳定。所以我们得出了最小时钟周期的等式：

$$T_c \geqslant t_{pcq} + t_{pd} + t_{setup} \tag{3.13}$$

在商业设计中，时钟周期经常由研发总监和市场部提出（以确保产品的竞争性）。而且，制造工艺确定了触发器时钟到 Q 的传输延迟 t_{pcq} 和建立时间 t_{setup}。可以重写式（3.13）以确定通过组合逻辑的最大传输延迟，这是设计师经常只能控制的一个变量。

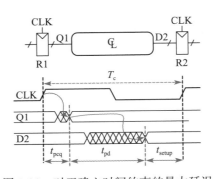

图 3-39 对于建立时间约束的最大延迟

$$t_{pd} \leqslant T_c - (t_{pcq} + t_{setup}) \tag{3.14}$$

在圆括号内的项 $t_{pcd} + t_{setup}$ 称为时序开销（sequencing overhead）。理想状态下，整个周期时间 T_c 都应用于有用的组合逻辑计算，其传播延迟为 t_{pd}。但是触发器的时序开销占用了周期时间。式（3.14）称为建立时间约束（setup time constraint）或最大延迟约束（max-delay constraint），因为它取决于建立时间，并限制了组合逻辑的最大延迟时间。

如果组合逻辑的传输延迟太大，D2 有可能在 R2 对其采样时稳定不到它的最终值。所以，R2 可能采样到一个不正确的结果或者一个处于禁止区域的非法电平。在这种情况下，电路将出现故障。解决这个问题的方法有两个：增加时钟周期或重新设计组合逻辑以缩短传输延迟。

2. 保持时间约束

图 3-38a 中的寄存器 R2 也有保持时间约束。在时钟上升沿之后的保持时间（t_{hold}）内，它的输入 D2 必须保持不变。根据图 3-40，D2 在时钟上升沿之后 $t_{ccq} + t_{cd}$ 内可能会变化。所以，我们可以得到

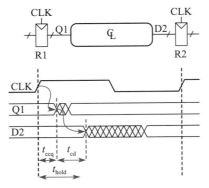

图 3-40 对于保持时间约束的最小延迟

$$t_{ccq}+t_{cd} \geqslant t_{hold} \qquad (3.15)$$

t_{ccq} 和 t_{hold} 是触发器的属性，不能被设计者控制。重新排列等式，可以得到组合逻辑的最小延迟：

$$t_{cd} \geqslant t_{hold}-t_{ccq} \qquad (3.16)$$

式（3.16）也称为最小延迟约束（min-delay constraint），它限制了组合逻辑的最小延迟。

我们假定任何逻辑元件都可以互连而不会导致时序问题。尤其是希望如图 3-41 所示的 2 个触发器可以直接级连，而不导致保持时间问题。

图 3-41　背靠背相连的触发器

在此情况中，因为在触发器之间没有组合逻辑，所以 t_{cd}=0。带入式（3.16）得出下列等式：

$$t_{hold} \leqslant t_{ccq} \qquad (3.17)$$

换句话说，一个可靠触发器的保持时间要比它的最小延迟短。触发器经常被设计成 t_{hold}=0，于是式（3.17）总是可以满足。除非特别注明，本书中经常假定和忽略保持时间约束。

然而，保持时间约束又非常重要。如果它们不能满足，唯一的解决办法是需要重新设计电路以增加组合逻辑的最小延迟。与建立约束不同，它们不能通过调整时钟周期来改正。以目前的技术水平，重新设计和制造一个集成电路需要花费数月的时间和上千万美元，所以违反保持时间约束将产生非常严重的后果。

3. 小结

时序电路中的建立时间和保持时间约束了触发器之间组合逻辑的最大延迟和最小延迟。现代的触发器经常设计为可以使得组合逻辑的最小延迟是 0，即触发器可以背靠背地放置。因为高速电路中高时钟频率意味着短的时间周期，最大延迟约束限制了其关键路径上串联门的个数。

例 3.10　**时序分析**。Ben 设计了图 3-42 所示的电路。根据组件的数据手册，触发器的时钟到 Q 最小延迟和传输延迟分别为 30ps 和 80ps。它们的建立时间和保持时间分别为 50ps 和 60ps。每一个逻辑门的传输延迟和最小延迟分别为 40ps 和 25ps。帮助 Ben 确定最大的时钟周期，是否能满足保持时间约束。这个过程被称为时序分析（timing analysis）。

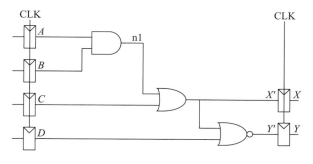

图 3-42　用于时序分析的实例电路

解：如图 3-43a 所示为信号变化时的波形图。输入 A 到 D 被寄存，所以它们只在 CLK 上升后立刻改变。

关键路径发生在 B=1，C=0，D=0，且 A 从 0 上升为 1，触发 n1 上升，X' 上升，Y' 下降，如图 3-43b 所示。这条路径含有 3 个门的延迟。对于关键路径，我们假定对于每一个

门都需要它全部的传输延迟。Y' 必须在下一个时钟上升沿到来之前建立。所以最小的周期是

$$T_c \geqslant t_{pcq} + 3t_{pd} + t_{setup} = 80 + 3 \times 40 + 50 = 250\text{ps} \quad (3.18)$$

最大的时钟频率是 $f_c = 1/T_c = 4\text{GHz}$。

在最短路径上，当 $A=0$，C 上升，导致 X' 上升，如图 3-43c 所示。对于最短路径，我们假定每个逻辑门仅在最小延迟之后翻转。这条路径只包含一个门的延迟，所以它将在 $t_{ccq} + t_{cd} = 30 + 25 = 55\text{ps}$ 之后发生。但是这个触发器需要 60ps 的保持时间，意味着 X' 必须在时钟上升沿到来之后的 60ps 内保持稳定，X' 触发器才可以可靠地对它的值进行采样。在这种情况下，在第一个时钟上升沿的时候，$X'=0$，所以我们希望触发器捕获 $X=0$。因为 X' 不能保持稳定的状态足够长的时间，所以 X 的实际值不可预测。这个电路违反了保持时间约束，在任何时钟频率下其动作都可能不正确。 ■

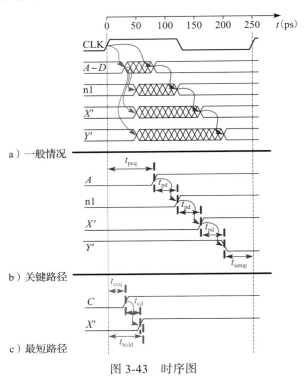

图 3-43 时序图

例 3.11 解决保持时间约束违反问题。Alyssa 打算通过增加缓冲器降低最短路径速度以修复 Ben 的电路，如图 3-44 所示。缓冲器和其他的门有相同延迟。确定电路最大的时钟频率，是否会发生保持时间问题。

解：图 3-45 显示了信号变化的波形图。从 A 到 Y 的关键路径不受影响，因为它没有通过任何缓冲器。所以最大的时钟频率依然是 4GHz。但是，最短路径被缓冲器的最小延迟变慢了。X' 在 $t_{ccq} + 2t_{cd} = 30 + 2 \times 25 = 80\text{ps}$ 之前都保持不变。这是在保持时间 60ps 之后，所以电路运行正常。

这个例子用了一个不常见的长保持时间来说明保持时间问题。很多触发器被设计成 $t_{hold} < t_{ccq}$ 来避免这类问题。但是，一些高性能的微处理器（包括奔腾 4）在触发器中使用了称为脉冲锁存器（pulsed latch）的组件。脉冲触发器的行为类似于触发器，但是它的时钟到 Q 延迟很短，而保持时间很长。总之，增加缓冲器通常（但并不总是）能在不降低关键路径速度的

同时解决保持时间问题。

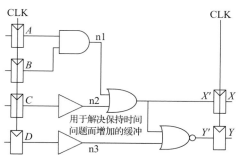

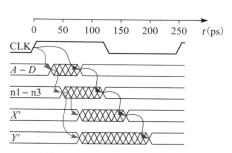

图 3-44　解决保持时间问题的电路　　　　图 3-45　增加缓冲解决保持时间问题后的时序图

*3.5.3　时钟偏移

　　在之前的分析中，我们假设时钟总是在同一时刻到达各个寄存器。在现实中，每个寄存器的时钟到达时间总是有所不同的。这个时钟沿到达时间的变化称为时钟偏移（clock skew）。例如，从时钟源到不同的寄存器之间的连线长度不同，导致了延迟的微小差异，如图 3-46 所示。噪声同样也可以导致不同的延迟。3.2.5 节中介绍的时钟门控也可以进一步延迟时钟。如果一些时钟经过门控，而另外一些没有，则门控时钟和非门控时钟之间就一定会存在偏移。图 3-46 中的 CLK2 相对于 CLK1 要早，因为在两个寄存器之间的时钟线上有一条通路。如果时钟的布线不同，CLK1 也可能会早一些。在进行时序分析时，需要考虑最坏的情况，以保证电路在所有的环境下都可以工作。

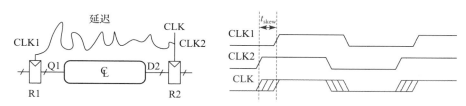

图 3-46　由线延迟引起的时钟偏移

　　图 3-47 是在图 3-38 上增加了时钟偏移后的时序分析。粗时钟线表示时钟信号到达每个寄存器的最迟时间，虚线表示时钟可能提前 t_{skew} 时间到达。

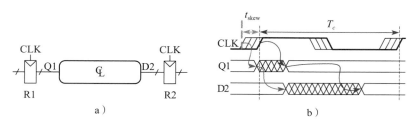

图 3-47　带时钟偏移的时序图

　　首先考虑在图 3-48 中的建立时间约束。在最坏的情况下，R1 收到最迟偏移时钟，R2 收到最早偏移时钟，而留下一点时间在两个寄存器之间进行数据传输。

　　数据通过寄存器和组合逻辑传输，并必须在 R2 采样之前建立。所以可以得到：

148

$$T_c \geqslant t_{pcq}+t_{pd}+t_{setup}+t_{skew} \tag{3.19}$$

$$t_{pd} \leqslant T_c-(t_{pcq}+t_{setup}+t_{skew}) \tag{3.20}$$

下一步考虑图 3-49 的保持时间约束。在最坏的情况下，R1 接收最早偏移时钟 CLK1，R2 接收最迟偏移时钟 CLK2。数据通过寄存器和组合逻辑传输，且必须在经过慢时钟的保持时间后到达，所以可以得到：

$$t_{ccq}+t_{cd} \geqslant t_{hold}+t_{skew} \tag{3.21}$$

$$t_{cd} \geqslant t_{hold}+t_{skew}-t_{ccq} \tag{3.22}$$

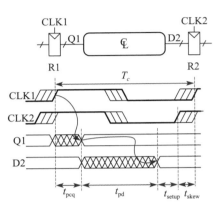

图 3-48　带时钟偏移的建立时间约束　　　图 3-49　带时钟偏移的保持时间约束

总之，时钟偏移显著增加了建立时间和保持时间。它将加到时序总开销上，减少了组合逻辑的有效工作时间。它也增加了通过组合逻辑所需的最小延迟。如果 $t_{hold}=0$，且 $t_{skew} >$ t_{ccq}，一对背靠背的触发器将不满足式（3.22）。为了防止严重的保持时间错误，设计者绝对不能允许太多的时钟偏移。当时钟偏移存在时，触发器有时被故意地设计成特别慢（即增大 t_{ccq}），以防止保持时间问题。

例 3.12　**时钟偏移的时序分析**。重新考虑例 3.10，假定系统的时钟偏移为 50ps。

解：关键路径保持一样，但因时钟偏移关系，建立时间显著增加了。所以，最小的周期时间是

$$T_c \geqslant t_{pcq}+3t_{pd}+t_{setup}+t_{skew}=80+3 \times 40+50+50=300ps \tag{3.23}$$

最大的时钟频率是 $f_c=1/T_c=3.33GHz$。

最短的路径也保持不变，即 55ps。因为时钟偏移，保持时间显著增加，60+50=110ps，它比 55ps 要大很多。所以，电路将违反保持时间约束，在任何频率都会发生故障。即使没有时钟偏移时，电路也违反保持时间约束。系统的时钟偏移会造成更严重的违反情况。　■

例 3.13　**调整电路以满足保持时间约束**。重新考虑例 3.11，假设系统的时钟偏移是 50ps。

解：关键路径不受影响，所以最大的时钟频率仍然为 3.33GHz。

最短路径增加到 80ps。这仍然比 $t_{hold}+t_{skew}$ 的 110ps 小，所以电路仍然违反保持时间约束。

为了修复这个问题，需要插入更多的缓冲器。在关键路径上同样也需要增加缓冲器，从而降低时钟频率。作为选择，也可以选用其他保持时间更短的触发器。　■

3.5.4　亚稳态

如前所示，当输入来自外界时，到达时间可能在孔径时间内，而不能保证时序电路的输

入总是稳定的。考虑一个按键连接到触发器的输入端，如图 3-50 所示。按键没有被按下时，$D=0$；按下时，$D=1$。一只猴子相对于时钟的上升沿随机地按按键。我们希望知道时钟上升沿后输出 Q 的值：

- 情况 I，当按键在 CLK 之前按下，$Q=1$。
- 情况 II，按键在 CLK 之后很久都没有按下，$Q=0$。
- 情况 III，当按键在 CLK 之前的 t_{setup} 和 CLK 之后的 t_{hold} 之间的某个时间按下，输入破坏了动态规则，输出将无法确定。

1. 亚稳定状态

当触发器对在孔径时间内发生变化的输入进行采样时，输出 Q 可能随时地取在禁区内的 0 和 V_{DD} 之间的一个电压。这被称为亚稳定状态。触发器最终将确定输出到 0 或者 1 的稳定状态。但是，到达稳定状态的分辨时间（resolution time）是无界的。

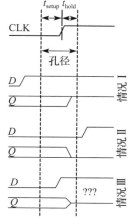

图 3-50　输入在孔径时间之前、之后和之内改变

触发器的亚稳定状态类似于一个放在两个山谷间山峰顶点的球，如图 3-51 所示。处于山谷中的球为稳定状态，因为它们在不受干扰的情况下可以一直保持它的状态。在山峰顶上的球为亚稳定状态，因为如果保持绝对的平衡，这个球将保持在山顶。但是没有绝对的平衡，球将最终滚落到一边或者另一边。发生这种改变所需时间取决于球在最初位置上的平衡程度。每一个双稳态的设备在两个稳定状态之间都存在一个亚稳定状态。

图 3-51　稳定和亚稳定状态

2. 分辨时间

如果触发器在时钟周期内的任意时间发生改变，分辨时间 t_{res} 为达到一个稳定状态所需要的时间，这也是一个随机的变量。如果输入在孔径时间外改变，则 $t_{res}=t_{pcq}$。但是如果输入在孔径时间内发生改变，t_{res} 一定比较长。理论和实践上的分析（见 3.5.6 节）指出：分辨时间 t_{res} 超过任意时间 t 的概率按 t 的指数方式减少：

$$P(t_{res}>t)=\frac{T_0}{T_c}e^{\frac{-t}{\tau}} \qquad (3.24)$$

其中，T_c 为时钟周期，T_0 和 τ 由触发器的属性决定。此式仅在 t 比 t_{pcq} 长的条件下有效。

直观地，T_0/T_c 表示了输入在最坏时间（即孔径时间）内发生改变的概率。这个概率随周期 T_c 而减少。τ 是一个时间常量，说明了触发器从亚稳态移开的速度，这与触发器中耦合门的延迟有关。

总之，如果触发器等双稳态设备的输入在孔径时间内发生改变，输出在稳定到 0 或者 1 之前是一个亚稳态的值。到达稳定状态的时间是无界的，因为对于任何的有限时间 t，触发器仍处于亚稳态的概率都不会是 0。但这个概率将随着 t 的增加按指数方式减少。所以，如果等待超过 t_{pcq} 的足够长时间，触发器到达一个有效逻辑电平的概率将很高。

3.5.5　同步器

对于数字系统而言，来自真实世界的异步输入是不可能避免的。比如，人的输入就是异步的。如果处理不当，系统中这些异步输入将导致亚稳态电压，从而产生很难发现和改正的不稳定系统错误。数字系统设计师的目标是：对于给定的异步输入，确保遇到的亚稳态电压的概率足够小。"足够"取决于应用环境。对于数字移动电话，在 10 年间有一次失效是可以接受的。因为即使它锁定了，用户也可以关机，然后再打过去。对于医疗设备，在预期的宇宙生命（10^{10} 年）中才产生一次失效将是一个更好的指标。为了确保产生正确的逻辑电平，所有的异步输入必须经过同步器（synchronizer）。

图 3-52 给出了一个同步器。它接收异步输入信号 D 和时钟 CLK。在有限的时间内，它产生一个输出 Q；输出为一个有效逻辑电压的概率很高。如果在孔径时间内 D 是稳定的，Q 将取和 D 一样的值。如果在孔径时间内 D 发生变化，Q 可能取 HIGH 或者 LOW。但是一定不会是亚稳定状态。

图 3-53 显示了用 2 个触发器建立同步器的简单方法。F1 在 CLK 的上升沿对 D 进行采样。如果 D 在这个时刻发生改变，则输出 D2 将出现暂时的亚稳态。如果时钟周期足够长，D2 在周期结束前成为一个有效逻辑电平的概率很高。F2 接着对 D2 进行采样，它现在是稳定的，将产生一个好的输出 Q。

图 3-52 同步器电路符号

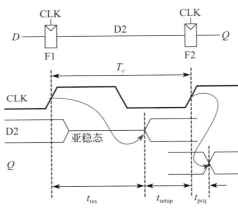

图 3-53 一个简单的同步器

如果同步器的输出 Q 为亚稳态，那么这个同步器将失效。产生这种情况的原因是 D2 在 F2 上所必须的建立时间之前没有变成有效的电平，即如果 $t_{res} > T_c - t_{setup}$，由式（3.24），在随机时间内输出信号改变而导致同步器错误的失效概率是：

$$P(\text{failure}) = \frac{T_0}{T_c} e^{-\frac{T_c - t_{setup}}{\tau}} \tag{3.25}$$

失效概率 $P(\text{failure})$ 是信号 D 改变时，输出 Q 为亚稳态的概率。如果 D 每秒钟改变一次，每秒钟失效的概率就是 $P(\text{failure})$。如果 D 每秒钟改变 N 次，则失效的概率就需要乘以 N 倍：

$$\frac{P(\text{failure})}{\text{sec}} = N \frac{T_0}{T_c} e^{-\frac{T_c - t_{setup}}{\tau}} \tag{3.26}$$

系统的可靠性通常由失效平均间隔时间（Mean time between failures，MTBF）衡量。根据定义可以看出，MTBF 是系统失效之间的平均时间。它是系统失效概率的倒数：

$$\text{MTBF} = \frac{1}{P(\text{failure})/\text{sec}} = \frac{T_c e^{-\frac{T_c - t_{setup}}{\tau}}}{N T_0} \tag{3.27}$$

式（3.27）指出 MTBF 按同步器延迟 T_c 的指数方式增加。对于多数系统，同步器等待一 153
个时钟周期将提供给一个安全的 MTBF。但在高速的系统中则不行，必须等待更多的周期。

例 3.14 有限状态机输入的同步器。3.4.1 节中的有限状态机交通灯控制器接收交通传
感器的异步输入。假定同步器用于保证控制器得到稳定的输入信号。交通到达的次数是平均
每秒钟 0.2 次。同步器中触发器的特性为：$\tau=200ps$，$T_0=150ps$，$t_{setup}=500ps$。这个同步器的
时钟周期是多少才能使 MTBF 超过 1 年？

解：1 年 $=\tau\times10^7$ 秒。解等式（3.27）

$$\pi\times10^7=\frac{T_c\,e^{\frac{T_c-500\times10^{-12}}{200\times10^{-12}}}}{(0.2)(150\times10^{-12})} \tag{3.28}$$

这个等式没有封闭解，但是，通过猜想和检验很容易解答。在数据表中，尝试将一些 T_c
的值带入计算 MTBF，直到 T_c 的值可以保证 MTBF 为 1 年：$T_c=3.036ns$。

*3.5.6 分辨时间的推导

式（3.24）可以使用电路理论、差分方程和概率论等基础知识得到。如果读者对推导不
感兴趣或对相关数学知识不了解，可以跳过此节。

一个触发器在给定时间 t 后处于亚稳态，即如果触发器对正在变化的输入（将产生亚稳
态条件）进行采样，而且输出在时钟沿后的这段时间内没有达到稳定的电平。这个过程可以
用数学方式描述为：

$$P(t_{res}>t)=P（采样了正在改变的输入）\times P（没有达到一个稳定的电平）\tag{3.29}$$

我们认为每个概率项都是独立的。异步输入信号在 0 和 1 之间切换，t_{switch} 如图 3-54 所
示。在时钟沿附近的孔径时间内输入发生改变的概率是

$$P（采样了正在改变的输入）=(t_{switch}+t_{setup}+t_{hold})/T_c\tag{3.30}$$

如果触发器以 P（采样了正在改变的输入）的概率进入了亚稳态，从亚稳态到成为有效
电平的时间取决于电路的内部工作原理。这个分辨时间确定了 P（没有达到一个稳定的电平），
即触发器在时间 t 之后没有成为有效电平的概率。本节后续部分将分析一个简单的双稳态装 154
置模型来估计这个概率。

一个双稳态装置以正反馈方式存储。图 3-55a 给出了用一对反相器实现的正反馈；这个电
路的行为代表了典型的双稳态元件。一对反相器的行为就像缓冲器。让我们以对称直流转换特
征为之建模，如图 3-55b 所示，其斜率为 G。缓冲器只能提供有限的输出电流；可以将其建模
为一个输出电阻 R。所有真实的电路都有必须被充电的电容 C。通过电阻对电容充电形成 RC
延迟，阻止了缓冲器在瞬间进行切换。所以，完整的电路模型如图 3-55c 所示，其中 $v_{out}(t)$ 为
双稳态装置传输状态的电压。

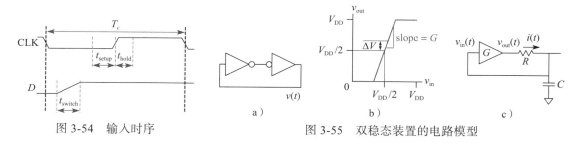

图 3-54 输入时序   图 3-55 双稳态装置的电路模型

电路的亚稳态点是 $v_{out}(t)=v_{in}(t)=V_{DD}/2$；如果电路刚好在这一点开始工作，它将在没有噪声的情况下永远保持在这里。因为电压是连续变量，电路刚好在亚稳态这一点开始工作的机会非常小。但是，电路在 0 时刻可能处于亚稳态附近的开始位置，$v_{out}(0)=V_{DD}/2+\Delta V$，其中 ΔV 是小偏移量。在这种情况下，如果 $\Delta V>0$，正反馈最终将驱动 $v_{out}(t)$ 到 V_{DD}，如果 $\Delta V<0$，将驱动 $v_{out}(t)$ 到 0。到达 V_{DD} 或 0 所需要的时间正是双稳态装置的分辨时间。

直流转换特征是非线性的，但它在我们感兴趣的亚稳态点附近表现出线性。特别是，如果 $v_{in}(t)=V_{DD}/2+\Delta V/G$，当 ΔV 很小时，则 $v_{out}(t)=V_{DD}/2+\Delta V$。通过电阻的电流是 $i(t)=(v_{out}(t)-v_{in}(t))/R$。电容充电的速率是 $dv_{in}(t)/dt=i(t)/C$。将这些综合到一起，我们可以得出输出电压的产生方程。

$$d\,v_{out}(t)/dt=\frac{(G-1)}{RC}[v_{out}(t)-V_{DD}/2] \qquad (3.31)$$

这是一个一阶线性微分方程。根据它们的初值 $v_{out}(0)=V_{DD}/2+\Delta V$ 求解。

$$v_{out}(t)=V_{DD}/2+\Delta V e^{\frac{(G-1)t}{RC}} \qquad (3.32)$$

图 3-56 描绘了在不同给定起始点上电压 $v_{out}(t)$ 的轨迹。$v_{out}(t)$ 按照指数方式远离亚稳态点 $V_{DD}/2$，直到它饱和为 V_{DD} 或者 0。输出电压最终将成为 1 或者 0。所花费的时间取决于从亚稳态点 $V_{DD}/2$ 到最初电压的偏移量（ΔV）。

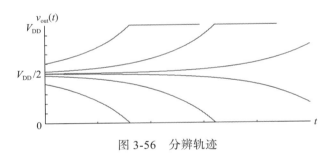

图 3-56　分辨轨迹

解式（3.32），以求 $v_{out}(t_{res})=V_{DD}$ 或者 0 时的分辨时间 t_{res}：

$$|\Delta V|e^{\frac{(G-1)t_{res}}{RC}} V_{DD}/2 \qquad (3.33)$$

$$t_{res}=\frac{RC}{G-1} \qquad \ln\frac{V_{DD}}{2|\Delta V|} \qquad (3.34)$$

总之，如果双稳态装置有很大的电阻和电容将导致它的输出改变很慢，分辨时间会增加。如果双稳态装置有很大的增益 G，分辨时间会缩短。当电路在紧挨着亚稳态的点开始（$\Delta V\rightarrow 0$），分辨时间也会成对数方式增加。

定义 τ 为 $\frac{RC}{G-1}$。解式（3.34），求给定分辨时间 t_{res} 下的 ΔV，以确定最初偏移量 V_{res}：

$$\Delta V_{res}=\frac{V_{DD}}{2}e^{-\frac{t_{res}}{\tau}} \qquad (3.35)$$

假设双稳态装置在输入变化时进行采样。其输入电压 $v_{in}(0)$ 为在电压 V_{DD} 和 0 之间。在时间 t_{res} 之后输出没有成为合法值的概率取决于最初偏移量足够小的概率。尤其在 v_{out} 上的最初偏移量小于 ΔV_{res}，所以在 v_{in} 上的最初偏移量必须小于 $\Delta V_{res}/G$。双稳态装置对输入进行采样时得到足够小的最初偏移量的概率为：

$$P \text{（没有达到一个稳定的电平）} = P\left(\left|v_{in}(0) - \frac{V_{DD}}{2}\right| < \frac{\Delta V_{res}}{G}\right) = \frac{2\Delta V_{res}}{G V_{DD}} \quad (3.36)$$

综上所述，分辨时间超过时间 t 的概率，下式给出

$$P(t_{res} > t) = \frac{t_{switch} + t_{setup} + t_{hold}}{G T_c} e^{\frac{-t}{\tau}} \quad (3.37)$$

观察式（3.37），并按式（3.24）形式重写，$T_0 = (t_{switch} + t_{setup} + t_{hold})/G$，$\tau = RC/(G-1)$。总之，我们已经得出式（3.24），并证明 T_0 和 τ 取决于双稳态装置的物理属性。

3.6 并行

系统的速度可以用延迟和通过系统的任务吞吐量来衡量。任务（token）定义为经过处理后能产生一组输出的一组输入。可以采用可视化的方法理解，即在电路图中输入这些任务，并通过电路得到结果。延迟（latency）是从开始到结束需要的时间。吞吐量（throughput）是系统单位时间内产生任务的数量。

例 3.15 **饼干的延迟和吞吐量**。Ben 决定举行一个牛奶和饼干晚宴来庆祝交通灯控制器成功安装。做好饼干并放入盘中需要花费 5 分钟。将饼干放入烤箱烤好需要花费 15 分钟。烤好一次饼干后，他开始做下一盘饼干。Ben 做好一盘饼干的吞吐量和延迟是多少？

解：在这个例子中，一盘饼干是一个任务。每盘的延迟是 1/3 小时，吞吐量是 3 盘/小时。

读者可能会想到在同一时间内处理多个任务可以提高吞吐量。并行性（parallelism）有两种形式：空间和时间。空间并行（spatial parallelism）是提供多个相同的硬件，这样多个任务就可以在同一时间一起处理。时间并行（temporal parallelism）是一个任务被分成多个阶段，类似于流水装配线。多个任务可以分布到所有的阶段。虽然每一个任务必须通过全部的阶段，但在给定的时间内每段都有一个不同的任务，从而使得多个任务可以重叠起来。时间并行通常称为流水线（pipelining）。空间并行有时也称为并行，但是我们避免这种容易产生误解的命名约定。

157

例 3.16 **饼干并行**。Ben 有上百个朋友来参加他的晚宴，所以他要加快做饼干的速度。他考虑使用空间并行和时间并行。

空间并行：Ben 请 Alyssa 提供帮助。Alyssa 有她自己的饼干盘和烤箱。

时间并行：Ben 拿来第二个饼干盘。他一旦把饼干盘放入烤箱，就开始卷饼干并放入另外的一个盘子里，而不是等着第一盘烤好。

使用空间并行和时间并行后的吞吐量和延迟是多少？两种方法同时使用后的吞吐量和延迟是多少？

解：延迟是完成一个任务从开始到结束所需的时间。在所有情况下，延迟都是 1/3 小时。如果 Ben 开始时没有饼干，延迟是他完成第一盘饼干所需的时间。

吞吐量是每小时烤好的饼干盘数量。使用空间并行的方法，Ben 和 Alyssa 每 20 分钟完成一盘饼干。所以吞吐量是以前的 2 倍，即 6 盘/小时。使用时间并行的方法，Ben 每 15 分钟就把一个新盘放入烤箱，吞吐量是 4 盘/小时。如图 3-57 所示。

如果 Ben 和 Alyssa 同时使用这两种并行技术，吞吐量是 8 盘/小时。

考虑一个延迟为 L 的任务。没有并行的系统中，吞吐量为 $1/L$。在空间并行系统中有 N 个相同的硬件，则吞吐量为 N/L。在时间并行系统中，任务可以理想地分成等长的 N 个步骤

或阶段。在这种情况下，吞吐量也是 N/L，且只需要一套硬件。但是饼干的例子显示：将任务分解为 N 个等长的阶段是不切实际的。如果最长的延迟为 L_1，则流水线的吞吐量为 $1/L_1$。■

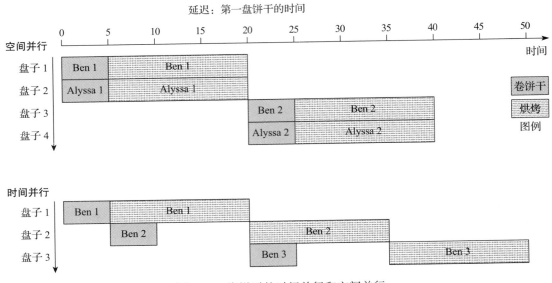

图 3-57　烤饼干的时间并行和空间并行

|158| 　流水线（时间并行）特别有吸引力，因为它没有增加硬件就可以加速电路运行。方法是将寄存器放置在组合逻辑块之间将逻辑分成较短的阶段，使之可以以较快的时钟频率运行。寄存器用于防止流水线中某一级的任务赶上和破坏下一级的任务。

　图 3-58 给出了一个没有流水线的电路的例子。它在寄存器间包含 4 个逻辑块。关键路径通过第 2、3、4 块。假设寄存器时钟到 Q 的传输延迟为 0.3ns，建立时间为 0.2ns。则周期是 $T_c = 0.3+3+2+4+0.2 = 9.5\text{ns}$。电路的延迟为 9.5ns，吞吐量为 1/9.5ns=105MHz。

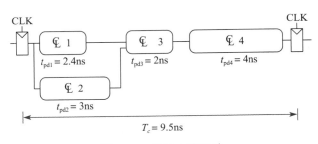

图 3-58　无流水线电路

　图 3-59 给出了一个相同功能的电路，但在第 3 块和第 4 块之间加入一个寄存器，从而将电路分割成两阶段流水线。第一个阶段的最小延迟周期是 0.3+3+2+0.2=5.5ns。第二阶段的最小周期是 0.3+4+0.2=4.5ns。时钟必须足够慢，使得所有的阶段都能正确工作。所以，
|159| T_c=5.5ns。延迟为 2 个时钟周期，即 11ns。吞吐量是 1/5.5ns=182MHz。这个例子显示在真实的电路中，两级流水线通常可以得到几乎是双倍的吞吐量和稍微增加的延迟。相比之下，理想状态流水线的吞吐量可以提高一倍，而延迟不变。产生差别的原因在于电路不可能分割成完全相等的两半，而且寄存器引入了额外的时序开销。

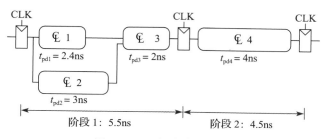

图 3-59　两级流水线电路

图 3-60 给出来分割成 3 级流水线的相同电路。注意：需要 2 个以上的寄存器来存储在第一流水线结束后块 1 和块 2 的结果。周期被第三阶段限制为 4.5ns。延迟为 3 个周期，即 13.5ns。吞吐量为 1/4.5ns=222MHz。再增加一个流水阶段提高了吞吐量，也增加了一些延迟。

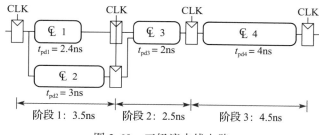

图 3-60　三级流水线电路

虽然这些技术都很强大，但它们并不能运用到所有的情况。并行的克星是依赖关系（dependency）。如果当前的任务依赖于前一个任务的结果，而不是在当前任务中的前一步结果，此时只有前一个任务完成后，后一个任务才能开始。例如，Ben 想在开始准备第二盘之前检查第一盘饼干的味道是否好。这就是一个阻止流水线或并行操作的依赖关系。并行性是设计高性能微处理器的重要技术。第 7 章中将进一步讨论流水线，并用例子说明如何处理依赖关系。

160

3.7　总结

本章介绍了时序逻辑电路的分析和设计。和输出只取决于当前输入的组合逻辑电路相比，时序逻辑电路的输出取决于当前和先前的输入。换句话说，时序逻辑电路记忆了先前的输入信息。这种记忆称为逻辑的状态。

时序逻辑电路很难分析，并容易产生设计错误，所以我们只关心小部分成熟的模块。需要掌握的最重要元件是触发器，它的输入为时钟和 D，产生一个输出 Q。触发器在时钟上升沿将 D 值复制到 Q，其他时候保持原来的状态 Q 不变。共享同一个时钟的触发器称为寄存器。触发器还可以接收复位和使能信号。

虽然有很多种形式的时序逻辑，我们只考虑最容易设计的同步时序逻辑电路。同步时序逻辑电路包含了由时钟驱动寄存器隔开的组合逻辑块。电路的状态存储在寄存器中，仅在时钟沿到达时进行更新。

有限状态机是设计时序电路强有力的技术。为设计一个有限状态机，首先要识别状态机的输入和输出，画出状态转换图，说明状态和两个状态之间的转换。为状态选择一个编码，然后将状态转换图重写为状态转换表和输出表，指出给定当前状态和输入的下一个状态和输出。通过这些表，设计组合逻辑来计算下一个状态和输出，画出电路图。

同步时序逻辑电路的时序说明包括时钟到 Q 的传输延迟 t_{pcq} 和最小延迟 t_{ccq}，建立时间 t_{setup} 和保持时间 t_{hold}。为了操作正确，在孔径时间内它们的输入必须稳定。建立时间在时钟上升沿之前开始，保持时间在时钟上升沿之后结束。系统的最小延迟周期 T_c，等于通过组合逻辑块的传输延迟 t_{pd}，加上寄存器的 $t_{pcq}+t_{setup}$。为了操作正确，通过寄存器和组合逻辑的最小延迟必须大于 t_{hold}。与常见的误解相反，保持时间不影响时间周期。

整个系统的性能可以用延迟和吞吐量来衡量。延迟是从任务开始到结束需要的时间。吞吐量是系统单位时间内处理任务的数量。并行可以提高系统的吞吐量。

161

习题

3.1 输入波形如图 3-61 所示，画出 SR 锁存器的输出 Q。

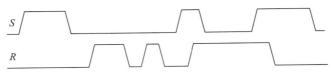

图 3-61 习题 3.1 的 SR 锁存器输入波形

3.2 输入波形如图 3-62 所示，画出 SR 锁存器的输出 Q。

图 3-62 习题 3.2 的 SR 锁存器输入波形

3.3 输入波形如图 3-63 所示，画出 D 锁存器的输出 Q。

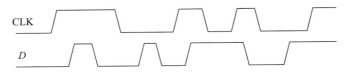

图 3-63 习题 3.3 和习题 3.5 的 D 锁存器或 D 触发器输入波形

3.4 输入波形如图 3-64 所示，画出 D 锁存器的输出 Q。

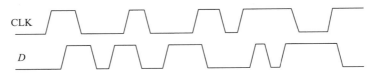

162

图 3-64 习题 3.4 和习题 3.6 的 D 锁存器或 D 触发器输入波形

3.5 输入波形如图 3-63 所示，画出 D 触发器的输出 Q。

3.6 输入波形如图 3-64 所示，画出 D 触发器的输出 Q。

3.7 图 3-65 中的电路是组合逻辑电路还是时序逻辑电路？说明输入和输出之间的关系。如何称呼这个电路？

3.8　图 3-66 中的电路是组合逻辑电路还是时序逻辑电路？说明输入和输出之间的关系。如何称呼这个电路？

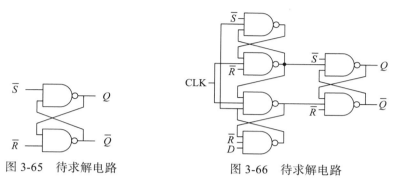

图 3-65　待求解电路　　　　　　　图 3-66　待求解电路

3.9　T 触发器（toggle flip-flop）有一个输入 CLK，一个输出 Q。在每一个 CLK 上升沿，Q 的值就变成它的前一个值取反。使用 D 触发器和反相器画出 T 触发器的原理图。

3.10　JK 触发器（JK flip-flop）接收一个时钟，两个输入 J 和 K。时钟上升沿时，输出值 Q 被更新。如果 J、K 同时为 0，Q 将保持原来的值不变。如果只有 $J=1$，则 $Q=1$。如果只有 $K=1$，则 $Q=0$。如果 $J=K=1$，Q 的值就切换成它的前一个值的取反。

（a）使用 D 触发器和一些组合逻辑构造 JK 触发器。

（b）使用 JK 触发器和一些组合逻辑构造 D 触发器。

（c）使用 JK 触发器构造 T 触发器（习题 3.9）。

3.11　图 3-67 中的电路称为 Muller C 元件。请简要说明输入和输出之间的关系。

3.12　使用逻辑门设计一个带异步复位功能的 D 锁存器。

3.13　使用逻辑门设计一个带异步复位功能的 D 触发器。

3.14　使用逻辑门设计一个带同步置位功能的 D 触发器。

3.15　使用逻辑门设计一个带异步置位功能的 D 触发器。

3.16　假设由 N 个反相器以环连接而构成的一个环形振荡器。每一个反相器的最小延迟为 t_{cd}，最大延迟为 t_{pd}。如果 N 是奇数，确定这个振荡器的频率范围。

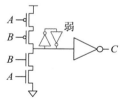

图 3-67　Muller C 元件

3.17　习题 3.16 中为什么 N 必须为奇数？

3.18　图 3-68 中的哪些电路是同步时序电路？为什么？

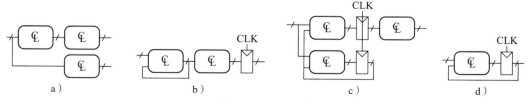

a）　　　　　　b）　　　　　　c）　　　　　　d）

图 3-68　一些电路

3.19　为一栋 25 层的建筑物设计一个电梯控制器。这个控制器有两个输入：UP 和 DOWN，以及指明当前电梯所在楼层的输出。没有 13 这个楼层。控制器的状态最少需要几位？

3.20　设计一个有限状态机来跟踪数字设计实验室里 4 个学生的心情。学生的心情有 HAPPY（开心，

163

164

电路正常工作)、SAD(忧愁，电路烧坏)、BUSY(忙碌，正在设计电路)、CLUELESS(愚笨，被电路所困扰)、ASLEEP(睡觉，趴在电路板上睡着)。这个有限状态机需要多少个状态？至少需要多少位来代表这些状态？

3.21 习题 3.20 中的有限状态机可以分解成多少个简单的状态机？每一个简单状态机需要多少个状态？分解后的设计总共需要多少最少位数？

3.22 说明图 3-69 状态机的功能。使用二进制编码，完成这个有限状态机的状态转换表和输出表。写出下一个状态和输出的布尔等式，并且画出这个有限状态机的原理图。

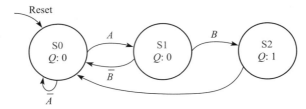

图 3-69 状态转换图

3.23 说明图 3-70 状态机的功能。使用二进制编码，完成这个状态机的状态转换表和输出表。写出下一个状态和输出的布尔等式，并且画出这个状态机的原理图。

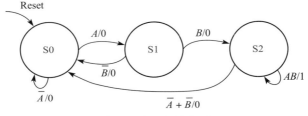

图 3-70 状态转换图

3.24 在 Academic 大道和 Bravado 大道的十字路口上，交通事故还是时有发生。当灯 B 变成绿色的时候，足球队冲进十字路口。在灯 A 变成红色之前，他们和蹒跚在十字路口缺乏睡眠的 CS 硕士撞到了一起。扩展 3.4.1 节的交通灯控制器，在灯变成绿色之前，让两个灯保持红色 5 秒钟。画出改进的 Moore 型状态机状态转换图、状态编码、状态转换表、输出表，写出下一个状态和输出的布尔等式，并且画出这个有限状态机的原理图。

3.25 3.4.3 节中 Alyssa 的蜗牛有一个女儿，它有一个 Mealy 型状态机的有限状态机大脑。当蜗牛女儿爬过 1101 或者 1110 时就会微笑。为这只快乐的蜗牛用尽可能少的状态画出状态转换图。选择状态的编码，使用你的编码画出组合的状态转换和输出表。写出下一个状态和输出等式，画出有限状态机原理图。

3.26 你将参与为部门休息室设计一个苏打汽水自动售货机。IEEE 的学生会将给予不菲的奖学金，价格仅为 25 美分。机器接收 5 美分、一角硬币和二角五分硬币。当投入足够的硬币，苏打汽水自动售货机就会分配汽水和找零钱。为这个苏打汽水自动售货机设计一个有限状态机控制器。有限状态机的输入是 Nickel(5 美分)、Dime(一角)和 Quarter(两角五分)，表示硬币已经投入机器。假设在一个周期投一个硬币。输出是 Dispense ReturnNickel、ReturnDime、ReturnTwoDime。当有限状态机到达 25 美分时，它将给出 Dispense 和相应的 Return 输出，需要传递合适的找零。接着它将准备开始接收硬币以售卖下一瓶苏打汽水。

165

3.27 格雷码有一个很有用的特点，在连续的数字中只有一个信号位位置不同。表 3-23 列出了 3 位的格雷码表示 0～7 的数字。设计一个没有输入，有 3 位输出的 8 取模格雷码计数器有限状态机。（N 取模计数器指从 0 到 $N-1$ 计数，并不断重复。例如，手表的分和秒是以 60 为模的计数器，从 0～59 计数。）当重启的时候，输出为 000。在每一个时钟沿，输出进入下一个格雷码。当到达 100 后，它将从 000 开始重复。

166

表 3-23　3 位格雷码

数值	格雷码			数值	格雷码		
0	0	0	0	4	1	1	0
1	0	0	1	5	1	1	1
2	0	1	1	6	1	0	1
3	0	1	0	7	1	0	0

3.28 扩展习题 3.27 中的 8 取模格雷码计数器，增加 UP 输入变成 UP/DOWN 计数器。当 UP=1 时，计数器进入下一个格雷码。当 UP=0 时，计数器退回到上一个格雷码。

3.29 设计一个有限状态机，它有 2 个输入 A 和 B，产生 1 个输出 Z。在周期 n 内的输出 Z_n 是输入 A_n 和前一个输入 A_{n-1} 的"与"或者"或"，其运算取决于另外一个输入 B_n：

$$Z_n=A_n A_{n-1} \quad 如果\ B_n=0$$
$$Z_n=A_n+A_{n-1} \quad 如果\ B_n=1$$

（a）根据图 3-71 给出的输入画出 Z 的波形图。

（b）它是 Moore 型状态机还是 Mealy 型状态机？

（c）设计这个有限状态机。画出状态转换图和编码状态转换表、下一个状态和输出等式，以及原理图。

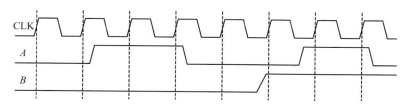

图 3-71　有限状态机输入波形

3.30 设计一个有限状态机，它有 1 个输入 A，2 个输出 X 和 Y。如果 A 有 3 个周期为 1，则 X 为 1（没有必要连续）。如果 A 在至少 2 个连续的周期内为 1，则 Y 为 1。画出你的状态转换图和编码状态转换表、下一个状态和输出等式，以及原理图。

3.31 分析如图 3-72 所示的有限状态机。写出状态转换和输出表，画出状态转换图。简短地介绍有限状态机的功能。

167

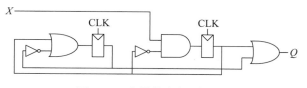

图 3-72　有限状态机原理图

3.32　重复习题 3.31，有限状态机如图 3-73 所示。注意寄存器的 r 和 s 输入分别表明复位和设置。

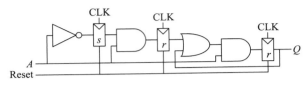

图 3-73　有限状态机原理图

3.33　Ben 设计了一个如图 3-74 的电路来计算 4 个寄存器输入的异或函数。每一个 2 输入异或门的传输延迟为 100ps，最小延迟为 55ps。每一个触发器的建立时间为 60ps，保持时间为 20ps，时钟到 Q 的最大延迟是 70ps，时钟到 Q 的最小延迟是 50ps。

（a）如果不存在时钟偏移，电路的最大运行频率是多少？

（b）如果电路必须工作在 2GHz 下，电路能够承受多大的时钟偏移？

（c）在电路满足保持时间约束的条件下，电路能够承受多大的时钟偏移？

（d）Alyssa 说她能够重新设计在输入 / 输出寄存器间的组合逻辑，使其他更快，且能够承受更大的时钟偏移。她的改进电路也使用 3 个 2 输入的异或门，但是它们的排列不同。她的电路是什么？如果不存在时钟偏移，它的最大频率是多少？在满足保持时间约束条件下，电路能够承受多大的时钟偏移？

168

3.34　为 RePentium 处理器设计一个二位加法器。这个加法器由两个全加器构成，第一个加器的进位输出连接到第二个加法器的进位输入，如图 3-75 所示。加法器有输入和输出寄存器，必须在一个周期内完成加法运算。每一个全加器中，从 C_{in} 到 C_{out} 或者到 Sum(S) 的传输延迟为 20ps，从 A 或者 B 到 C_{out} 的传输延迟为 25ps，从 A 或者 B 到 S 传输延迟为 30ps。加法器中，从 C_{in} 到其他输出的最小延迟为 15ps，从 A 或者 B 到其他输出的最小延迟为 22ps。每一个触发器的建立时间是 30ps，保持时间是 10ps，时钟到 Q 的传输延迟是 35ps，时钟到 Q 的最小延迟是 21ps。

（a）如果不存在时钟偏移，电路的最大运行频率是多少？

（b）如果电路必须工作在 8GHz 下，电路能够承受多大的时钟偏移？

（c）在满足保持时间约束的条件下，电路能够承受多大的时钟偏移？

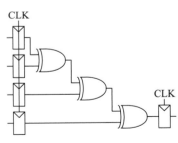

图 3-74　4 个寄存器输入的异或电路

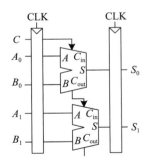

图 3-75　2 位加法器电路图

3.35　现场可编程门阵列（FPGA）使用可配置的逻辑块（CLB）而不是逻辑门来实现组合逻辑。Xilinx 公司的 Spartan 3 FPGA 的每一个 CLB 的传输延迟和最小延迟分别是 0.61ns 和 0.30ns。它包含的触发器的传输延迟和最小延迟分别是 0.72ns 和 0.50ns。建立时间和保持时间分别是 0.53ns 和 0ns。

（a）如果你设计一个系统需要运行在 40MHz，在 2 个触发器之间需要使用多少个连续的 CLB？假设在 CLB 之间没有时钟偏移，没有连线延迟。

（b）假设在触发器之间的所有路径上至少通过一个 CLB。FPGA 有多少时钟偏移而不破坏保持时间约束。

3.36　一对触发器建立的同步器，$t_{setup}=50ps$，$T_0=20ps$，$\tau=30ps$。它对一个异步输入进行采样，每秒钟改变 10^8 次。为了达到在失效之间的间隔时间是（MTBF）是 100 年，这个同步器的最小时钟周期是多少？

3.37　设计一个接收异步输入的同步器，其 MTBF 为 50 年。系统运行主频为 1GHz，采用 $T_0=110ps$，$\tau=100ps$，$t_{setup}=70ps$ 的触发器进行采样。同步器每秒收到 0.5 次的异步输入（即每 2 秒钟 1 次）。满足这个 MTBF 的失效概率是多少？在读出采样的输入信号之前你将等待多少周期以满足这个失效概率？

3.38　当你正在走廊下走路时遇见你的实验室伙伴正在朝另一个方向走。你们两个先朝一个方向走一步，仍然在彼此的道路上。然后你们两个朝另一个方向走一步，仍然在彼此的道路上。然后你们两个都等一下，希望对方走到一边。你可以用亚稳态的观点为这种情景建模，并将相同的理论应用到同步器和触发器中去。假设你为你和你的实验室伙伴建立了一个数学模型。你们在亚稳态状态中相遇。在时间 t 秒后，你保持这种状态的概率是 $e^{\frac{-t}{\tau}}$，τ 表示你的反应速度；今天你的大脑因为缺乏睡眠很模糊，$\tau=20$ 秒。

（a）需要多长时间，在有 99% 的可能性下你将从亚稳态中出来（即指出如何穿过对方）？

（b）你不仅没有休息而且很饿。实际上，如果在 3 分钟内没到咖啡屋，你将饿死。你的实验室伙伴不得不把你推进太平间的概率是多少？

3.39　你使用 $T_0=20ps$，$\tau=30ps$ 的触发器建立了一个同步器。你的老板需要将 MTBF 增加 10 倍，你需要将时钟周期增加多少？

3.40　Ben 发明了一个改进的同步器，如图 3-76 所示。他宣布在一个周期内消除亚稳态。他解释在盒子 M 中的电路是一个逻辑亚稳态的检测器。如果输入电压在禁区 V_{IL} 和 V_{IH} 之间，产生一个为高电平的输出。通过检测，亚稳态检测器可以确定第一个触发器是否产生了一个亚稳态的输出 D2。如果是，则它异步复位触发器使 D2=0。第二个触发器对 D2 进行采样，在 Q 上总是可以产生一个有效的逻辑电平。Alyssa 告诉 Ben，电路中存在一个错误，因为消除亚稳态就像制造永动机一样不可能。谁是正确的？解释并说明 Ben 或 Alyssa 为什么错误。

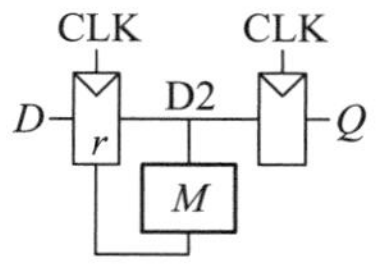

图 3-76　新型改进的同步器

面试问题

3.1　画一个状态机用于检测接收到的序列 01010。

3.2　设计一个串行（每次一位）二进制补码有限状态机。它有两个输入 Start 和 A，一个输出 Q。输入 A 是一个从最低位开始的任意长度的二进制数。在同一周期内，Q 输出相同的位。在最小的有效位输入之前，Start 保持一个周期有效以初始化有限状态机。

3.3　锁存器和触发器有什么不同？它们各自在哪种环境中更加可取？

3.4　设计一个 5 位计数器有限状态机。

3.5　设计一个边沿检测电路。在输入从 0 转变成 1 后，在一个周期内输出为高电平。

3.6 描述流水线的概念，为什么使用流水线？

3.7 描述触发器中负的保持时间是什么意思？

3.8 如图 3-77 所示，给出了信号 A 的波形，设计一个电路，使它产生信号 B。

图 3-77 信号波形

3.9 考虑在两个寄存器之间的组合逻辑块。解释时序约束。如果你在接收器方（第二个触发器）的时钟输入加入一个缓冲器，建立时间约束是变好了还是变坏了？

硬件描述语言

4.1 引言

到现在为止，我们在原理图层面集中讨论了组合电路和时序电路的设计。需通过手工简化真值表和布尔表达式的方法来寻找一套有效的逻辑门电路来实现给定功能。同时还需要手工将有限状态机转换成逻辑门。这个过程非常麻烦，而且还容易出错。在 20 世纪 90 年代，设计者们发现如果他们工作在更高的抽象层，只说明逻辑的功能，同时引入计算机辅助设计（Computer-Aided Design，CAD）工具去生成优化的门电路，那么可以获得更高的设计效率。这些对硬件的说明主要就在硬件描述语言（Hardware Description Language，HDL）中给出。现在有两种主要的硬件描述语言，分别是 SystemVerilog 语言和 VHDL 语言。

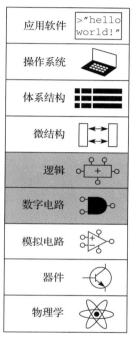

SystemVerilog 和 VHDL 的基本原则相似。但是两者的语法却有所不同。在本章中，当讨论这两种语言时，我们会把 SystemVerilog 放在左边，VHDL 放在右边，分为两栏作比较。当读者第一次阅读本章时，只需要关注其中一种语言。掌握一种语言后，在需要的时候也可以很快掌握另外一种。

后续章节的硬件会以电路图和 HDL 等两种形式表示。如果读者选择跳过这个章节，不学习硬件描述语言，仍然可以在电路图中掌握计算机组成的基本原理。然而，现在大部分的商业系统都是使用 HDL 语言设计，而非原理图。如果读者希望在专业生涯中从事电子设计工作，我们希望可以学习一门硬件描述语言。

4.1.1 模块

一个包括输入和输出的硬件块称为模块（module）。与门、多路转换器和优先级电路都是硬件模块的例子。描述模块功能的主要形式有两种：行为（behavioral）模型和结构（structural）模型。行为模型描述一个模块做什么。结构模型应用层次化方法描述一个模块怎样由更简单的部件构造。例 4.1 中的 SystemVerilog 和 VHDL 代码给出了描述例 2.6 中布尔函数 $y=\overline{abc}+a\overline{bc}+a\overline{b}c$ 的模块。在两种语言中，模块都被命名为 sillyfunction，具有三个输入 a、b、c 和一个输出 y。

HDL例4.1　组合逻辑

SystemVerilog

```
module sillyfunction(input  logic a, b, c,
                     output logic y);

  assign y = ~a & ~b & ~c |
             a & ~b & ~c |
             a & ~b &  c;
```

VHDL

```
library IEEE; use IEEE.STD_LOGIC_1164.all;

entity sillyfunction is
  port(a, b, c: in  STD_LOGIC;
       y:       out STD_LOGIC);
end;
```

```
endmodule
```

　　SystemVerilog 模块以模块名开始，包括输入和输出的列表。assign 声明用于描述组合逻辑。～表示非，& 表示与，| 表示或。

　　诸如输入、输出等 logic 信号是布尔变量（0 和 1）。它们也有浮点值和未定义值，这些将会在 4.2.8 节讨论。

　　logic 变量类型首次在 SystemVerilog 中引入，它取代 reg 变量类型这个在 Verilog 语言中长期导致概念混淆的来源。logic 变量类型可以用于任何地方，除了由多个数据源驱动的信号。由多个数据源驱动的信号称为 net，这将会在 4.7 节阐述。

```
architecture synth of sillyfunction is
begin
    y <= (not a and not b and not c) or
         (a and not b and not c) or
         (a and not b and c);
end;
```

　　VHDL 代码有三个部分：库（library）调用子句，实体（entity）声明和结构（architecture）体。库（library）调用子句是必需的，这将在 4.7.2 讨论。实体（entity）声明列出了模块的名字、输入和输出。结构（architecture）体定义模块做什么。

　　VHDL 信号（如输入或输出）必须声明类型。数字信号必须被声明为 STD_LOGIC 类型。STD_LOGIC 信号可以为 0、1、浮点值或未定义值，将在 4.2.8 节讨论。STD_LOGIC 在库 IEEE.STD_LOGIC_1164 中定义，所以必须调用这个库。

　　VHDL在与（AND）和或（OR）运算之间没有默认的操作顺序，所以布尔等式必须添加括号。

　　正如读者所预期的，模块是模块化的一个好的应用。它定义了输入、输出组成的良好接口，而且完成了特定功能。更进一步，其编码内容对于其他调用它的部分来说并不重要，只要它实现了自己的功能。

4.1.2　硬件描述语言的起源

　　在这两种硬件描述语言的选择上，大学一般比较平均地选择一种在课堂上讲授。而工业界则倾向于使用 SystemVerilog，但是很多公司仍然使用 VHDL，并且很多设计工程师需要对两种语言都熟练。作为一个由委员会发展起来的语言，VHDL 比 SystemVerilog 语句冗长且不灵活。

　　两种语言都足以描述任何的硬件系统，也都各自有自己的特点。一门最好的语言就是在你的环境里已经使用的语言，或者是客户要求使用的语言。当前的大部分计算机辅助设计工具都允许两个语言混合使用，不同的模块可以用不同的语言描述。

SystemVerilog

　　Verilog 由 Gateway Design Automation 于 1984 年作为一个逻辑模拟的专利语言开发。Gateway 公司于 1989 年被 Cadence 公司收购，在 Open Verilog International 组织的控制下，Verilog 于 1990 年成为一个公开的标准，1995 年成为 IEEE 标准⊖。Verilog 语言于 2005 年进行扩展使其特征简化，并能更好地支持模块化设计与系统验证。这些扩展融合进一个语言标准里，这就是 SystemVerilog（IEEE STD 1800-2009）。SystemVerilog 文件名通常以 .sv 结束。

VHDL

　　VHDL 是 VHSIC Hardware Description Language 的开头字母组成的简写。VHSIC 是美国国防部程序 Very High Speed Integrated Circuits 的开头字母缩写。

　　VHDL 最初是于 1981 年由美国国防部开发，目的在于描述硬件的结构和功能。它由 Ada 编程语言发展过来。VHDL 最初预想是用作文档化，但是很快就改为用作模拟和综合。IEEE 于 1987 将其标准化，之后又更新了几次这个标准。这一章的相关内容是基于 2008 年修订的 VHDL 标准（IEEE STD 1076-2008），该修订版用多种方式简化 VHDL 语言。在写这本书的时候，并不是所有的 VHDL 2008 的功能都有 CAD 工具的支持；因此这一章的内容只使用那些能被 Synplicity、Altera Quartus 和 ModelSim 支持的功能。VHDL 文件名通常以 .vhd 结束。

　　要在 ModelSim 中使用 VHDL 2008，可能需要在 modelsim.ini 配置文件中设置 VHDL93 = 2008。

⊖　电气电子工程师学会（IEEE）是一个专业协会，负责很多计算标准，包括 Wi-Fi（802.11）、以太网（802.3）和浮点数（754）。

4.1.3 模拟和综合

两种硬件描述语言的主要目的是逻辑的模拟（simulation）和综合（synthesis）。在模拟阶段，在模块上加入输入，并检查输出以验证模块的操作是否正确。在综合阶段，将模块的文字描述转换成逻辑门。

1. 模拟

人类周而复始地制造错误。这些错误在硬件设计里称作漏洞（bug）。显然，去除数字系统中这些漏洞十分重要，特别是当用户正在进行金钱交易或者正在进行性命攸关的操作时。在实验室测试一个系统是很花费时间的。而实验室发现引起错误的原因可以非常困难，因为只有在芯片引脚发送的信号才能被观察到。而没有方法直接观察在芯片里面发生了什么。在系统完成后才改正错误付出的代价极大。例如，改正一个尖端集成电路里的错误，会花费百万美金以上的金钱并耽误数月的时间。英特尔公司的奔腾处理器中，曾经出现过一个浮点除法（floating point division）漏洞，迫使公司在交货之后又重新召回芯片，总共花费了4.75亿美元。可见在系统建立之前进行逻辑模拟是很必要的。 |175|

图4-1显示了之前 `sillyfunction` 模块的模拟⊖波形，说明了模块工作正常。正如布尔表达式表示的，当a、b、c为000、100和101时，y的值是TRUE。

2. 综合

逻辑综合将HDL代码转换成网表（netlist）描述硬件（例如，逻辑门和连接它们的线）。逻辑综合可能进行优化以减少硬件的数量。网表可能是一个文本文件，也可以以原理图的形式绘制出来，使电路可视化。图4-2显示了 `sillyfunction` 模块综合的结果⊜。注意：3个3输入与门是怎样被简化成2个2输入与门的，正如例2.6中使用布尔代数化简一样。

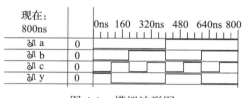

图4-1 模拟波形图

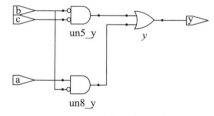

图4-2 综合后的电路

HDL中的电路描述与编程语言的代码很相像。然而，你必须记住这里的代码是用作代表硬件的。SystemVerilog和VHDL有丰富的命令。并不是所有的命令都可以被综合成硬件。 |176|
例如，一个在模拟时用于在屏幕上打印结果的命令，就不会被转换成硬件。因为我们的主要兴趣是构造硬件，所以会强调语言中可综合的子集。其中，我们会把HDL代码分成可综合（synthesizable）模块和测试程序（testbench）。其中可综合模块描述了硬件，测试程序包含了为模块提供输入的代码，以检测输出结果是不是正确，并打印出期待结果和实际结果的差别。测试程序代码只用以模拟，而不能用于综合。

对于初学者来说，一个最常见的错误就是认为HDL是计算机程序而不是描述电子硬件

⊖ 模拟仿真是使用ModelSim PE学生版本10.3c来运行的。选择使用ModelSim是因为尽管它是商业软件，但一个学生版本仍然可容纳10 000行免费代码。

⊜ 综合是使用Synplicity的Synplify Premier来执行的。选择这个工具是因为它是行业领先的用于综合HDL到现场可编程逻辑门阵列（参见5.6.2节）的商业软件，也因为它对高校使用的收费不贵。

的快速方法。如果不能大致了解 HDL 要综合成的硬件，那也很可能不会得到满意的结果。可能会做出了多余的硬件，也可能会写出了一个模拟正确但却不能在硬件上实现的代码。因此，应该以组合逻辑块、寄存器、有限状态机的形式考虑一下系统。在你开始编写代码之前，首先在纸上描绘这些模块，并看看它们是怎样连接的。

以我们的经验，初学者学习 HDL 的最好方法就是在例子中学习。HDL 有一些特定的方法描述各种的逻辑；这些方法被称为风格（idiom）。这个章节将讲述如何针对每一类模块采用合适的风格书写 HDL 代码，然后如何把各个块聚集起来以成为一个可以工作的系统。当需要描述一个特别类型硬件时，首先需要查看相似的例子，然后修改例子使之适合特定需要。我们不会严格地定义所有的 HDL 语法，因为那十分的无聊，而且这样会使大家把 HDL 看作是一个编程语言，而不是一个对硬件的描述。IEEE SystemVerilog、VHDL 规范和大量干涩但详尽的书籍包括了所有的细节，可以帮助读者在特别的主题上获得更多的信息（参见书后的扩展阅读部分）。

4.2 组合逻辑

我们一直在训练组合逻辑和寄存器的同步时序电路设计。组合逻辑的输出只依赖当前的输入。这一节描述如何用 HDL 去编写组合逻辑的行为模型。

4.2.1 位运算符

位（bitwise）运算符对单独位信号和多位总线进行操作。例如，在 HDL 例 4.2 里，inv 模块描述 4 个连接到 4 位总线的反相器。

HDL例4.2　反相器

SystemVerilog	VHDL
| ```
module inv(input  logic [3:0] a,
           output logic [3:0] y);

  assign y = ~a;
endmodule
``` | ```
library IEEE; use IEEE.STD_LOGIC_1164.all;

entity inv is
  port(a: in STD_LOGIC_VECTOR(3 downto 0);
       y: out STD_LOGIC_VECTOR(3 downto 0));
end;

architecture synth of inv is
begin
  y <= not a;
end;
``` |

a[3:0] 代表了一个 4 位的总线。这些位从最高端到最低端分别是 a[3]、a[2]、a[1]、a[0]。因为这里最低位的位号最小，称为小端（little-endian）顺序。也可以把总线命名为 a[4:1]。这样，a[4] 就会在最高位。或者，可以用 a[0:3]，这样，位从最高位到最低位就分别为 a[0]、a[1]、a[2]、a[3]。这被称作大端（big-endian）顺序。

VHDL 使用 STD_LOGIC_VECTOR 代表 STD_LOGIC 总线。STD_LOGIC_VECTOR(3 downto 0) 代表一个 4 位总线。从最高位到最低位的位分别是 a(3)、a(2)、a(1)、a(0)。因为最低位的位号最小，称为小端（little-endian）顺序。也可以声明总线为 STD_LOGIC_VECTOR（4 downto 1）。这样，第 4 位就成为最高位。还可以写为 STD_LOGIC_VECTOR(0 to 3)。这样，从最高位到最低位就是 a(0)、a(1)、a(2)、a(3)，称为大端（big-endian）顺序。

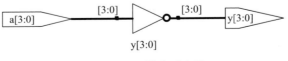

图 4-3　inv 综合后电路

　　总线大端或小端的选择是任意的。实际上，在上面的例子中，位顺序并不重要，因为这一组反相器并不关心位顺序。位顺序与运算符有关，例如加法操作中要把前一列的进位输出到下一列中。只要保持一致，可以采用任意一种位顺序。我们将一直沿用小端顺序，对于 N 位的总线，在 SystemVerilog 中是 [N-1:0]，在 VHDL 中是 (N-1 downto 0)。

　　在本章及以后的代码例子都采用了 Synplify Premier 综合工具根据 SystemVerilog 代码生成的原理图。图 4-3 显示 inv 模块综合为 4 个反相器，用反相器符号 y[3:0] 标识。反相器连接 4 位的输入和输出总线。相似的硬件也可从可综合的 VHDL 代码中产生。

[178]

　　HDL 例 4.3 中的 gates 模块表示了在 4 位总线上的按位运算实现其他基本逻辑功能。

HDL例4.3　逻辑门

SystemVerilog

```
module gates(input  logic [3:0] a, b,
             output logic [3:0] y1, y2,
                                y3, y4, y5);

  /* five different two-input logic
     gates acting on 4-bit busses */
  assign y1 = a & b;      // AND
  assign y2 = a | b;      // OR
  assign y3 = a ^ b;      // XOR
  assign y4 = ~(a & b);   // NAND
  assign y5 = ~(a | b);   // NOR
endmodule
```

~、^ 和 | 都是 Verilog 运算符（operator），而 a、b 和 y1 是操作数（operand）。一个运算符和操作数的组合，如 a&b，或 ~(a|b)，称为表达式（expression）。一个完整的命令，如 assign y4 =~(a&b); 称为语句（statement）。

　　assign out = in1 op in2; 称为连续赋值语句（continuous assignment statement）。连续赋值语句以一个分号结束。连续赋值语句中，等号右边的输入值一改变，等号左边的输出就随之重新计算。因此，连续赋值语句用于描述组合逻辑。

VHDL

```
library IEEE; use IEEE.STD_LOGIC_1164.all;

entity gates is
port(a, b: in  STD_LOGIC_VECTOR(3 downto 0);
     y1, y2, y3, y4,
     y5:   out STD_LOGIC_VECTOR(3 downto 0));
end;

architecture synth of gates is
begin
  -- five different two-input logic gates
  -- acting on 4-bit busses
  y1 <= a and b;
  y2 <= a or b;
  y3 <= a xor b;
  y4 <= a nand b;
  y5 <= a nor b;
end;
```

　　not、xor 和 or 都是 VHDL 运算符（operator），a、b 和 y1 是操作数（operand）。一个操作数和运算符的组合，如 a and b，或 a nor b，称为表达式（expression）。一个完整的命令，如 y4 <= a nand b; 称为语句（statement）。

　　out <= in1 op in2; 称为并发信号赋值语句（concurrent signal assignment statement）。VHDL 赋值语句以一个分号结束。并发信号赋值语句中，等号右边的输入值一改变，在等号左边的输出值就随之重新计算。因此，并发信号赋值语句用于描述组合逻辑。

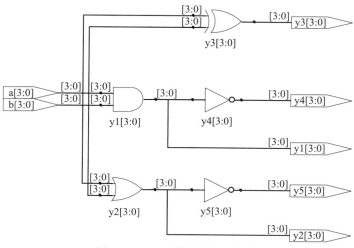

图 4-4　gates 模块综合后电路

[179]

4.2.2　注释和空格

上面 gates 例子展示了如何注释。SystemVerilog 和 VHDL 对空格并不敏感（即空格、tab 键、换行）。然而，合理使用缩进排版和换行可以增加复杂设计的可读性。注意信号和模块命名时的大写字母和下划线的一致性。本文全部使用小写字母。模块名和信号名不能以数字开头。

SystemVerilog	VHDL
SystemVerilog 的注释与 C 和 Java 的一样。注释以 /* 开始，之后的可以延续多行，以下一个 */ 结束。以 // 开始的注释则一直延续到本行的末尾。 SystemVerilog 是大小写敏感的。y1 和 Y1 在 SystemVerilog 中被认为是不同的信号。然而，只通过大小写的不同来区分不同的信号是容易造成混乱的。	注释以 /* 开始，之后的可以延续多行，以下一个 */ 结束。以 -- 开始的注释则一直延续到本行的末尾。 VHDL 是大小写不敏感的，y1 和 Y1 在 VHDL 语言中是一致的。然而，其他读取文件的工具可能是大小写敏感的，轻易混用大小写的习惯就可能带来一些繁琐的错误。

4.2.3　缩减运算符

缩减运算符表示一个总线上操作的多输入门。HDL 例 4.4 描述了一个 8 输入的与门，其输入分别是 a7, a6, …, a0。或门、异或门、与非门、或非门和同或门也有类似的缩减运算符。回顾一下多输入异或门进行奇偶校验时，如果奇数个输入为 TRUE 则返回 TRUE 的输出。

HDL例4.4　8输入与门

SystemVerilog	VHDL
```\nmodule and8(input logic [7:0] a,\n output logic y);\n\n assign y = &a;\n\n // &a is much easier to write than\n // assign y = a[7] & a[6] & a[5] & a[4] &\n // a[3] & a[2] & a[1] & a[0];\nendmodule\n```	```\nlibrary IEEE; use IEEE.STD_LOGIC_1164.all;\n\nentity and8 is\n port(a: in STD_LOGIC_VECTOR(7 downto 0);\n y: out STD_LOGIC);\nend;\n\narchitecture synth of and8 is\nbegin\n y <= and a;\n -- and a is much easier to write than\n -- y <= a(7) and a(6) and a(5) and a(4) and\n -- a(3) and a(2) and a(1) and a(0);\nend;\n```

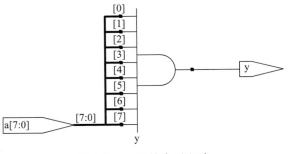

图 4-5　and8 综合后电路

4.2.4　条件赋值

条件赋值（conditional assignment）根据条件在所有可选的输入中选择一个输出。HDL 例 4.5 说明了一个使用条件赋值的 2:1 多路转换器。

HDL例4.5 2:1多路选择器

SystemVerilog

条件运算符?：基于第一表达式在第二和第三表达式之间选择。第一个表达式称为条件。如果条件判断值为1，那么操作就选择第二个表达式。如果条件是0，那么操作就选择第三个表达式。

?：对于描述多路选择器特别有用，因为它根据第一个输入，在之后的两个表达式中选择。以下的代码说明了用条件赋值实现4位的2:1多路转换器的风格。

```
module mux2(input  logic [3:0]d0, d1,
            input  logic       s,
            output logic [3:0] y);

  assign y = s ? d1 : d0;
endmodule
```

如果s为1，那么y=d1。如果s为0，那么y=d0。

?：称为三元运算符，因为它有三个输入。在C和java编程语言中，它也有着相同的用途。

VHDL

条件信号赋值会基于不同的条件有不同的操作。它们在描述一个多路选择器时特别有用。例如，2:1多路选择器可以使用条件信号赋值从4位输入中选择一个。

```
library IEEE; use IEEE.STD_LOGIC_1164.all;

entity mux2 is
  port(d0, d1: in  STD_LOGIC_VECTOR(3 downto 0);
       s:      in  STD_LOGIC;
       y:      out STD_LOGIC_VECTOR(3 downto 0));
end;

architecture synth of mux2 is
begin
  y <= d1 when s else d0;
end;
```

如果s为1，条件信号赋值把d1赋给y。否则，把d0赋给y。注意在VHDL 2008修订版之前，在代码里必须写上when s='1'，而不是when s。

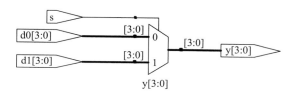

图 4-6   mux2 综合后电路

181

基于 HDL 例 4.5 中 2:1 多路选择器的原则，HDL 例 4.6 给出了一个 4:1 多路选择器。图 4-7 表示了一个用 Synplify Premier 产生的 4:1 多路选择器图。这个软件使用的多路选择器符号与本文目前使用的不同。多路选择器有多路数据（d）和独热使能（e）输入。当一个使能信号有效时，对应的数据就被传送到输出。例如，当 s[1]=s[0]=0，底部的与门 un1_s_5 产生信号 1，使能多路选择器的底部输入，使它选择 d0[3:0]。

HDL例4.6 4:1多路选择器

SystemVerilog

一个 4:1 多路选择器可以用嵌套的条件运算，实现从 4 个输入中选择 1 个。

```
module mux4(input  logic [3:0] d0, d1, d2, d3,
            input  logic [1:0] s,
            output logic [3:0] y);

  assign y = s[1] ? (s[0] ? d3 : d2)
                  : (s[0] ? d1 : d0);
endmodule
```

如果 s[1] 为 1，那么多路选择器选择第一个表达式（s[0]?d3:d2）。紧接着，表达式会基于 s[0] 选择 d3 或者 d2（如果 s[0] 为 1，y=d3，如果 s[0] 为 0，y=d2）。如果 s[1] 为 0，多路选择器会选择第二个表达式，这时会基于 s[0] 的值选择 d1 或者 d0。

VHDL

一个 4:1 多路选择器使用多重 else 子句实现从 4 个输入中选择 1 个。

```
library IEEE; use IEEE.STD_LOGIC_1164.all;

entity mux4 is
  port(d0, d1,
       d2, d3: in  STD_LOGIC_VECTOR(3 downto 0);
       s:      in  STD_LOGIC_VECTOR(1 downto 0);
       y:      out STD_LOGIC_VECTOR(3 downto 0));
end;

architecture synth1 of mux4 is
begin
  y <= d0 when s = "00" else
       d1 when s = "01" else
       d2 when s = "10" else
       d3;
end;
```

VHDL 也支持选择信号赋值语句（selected signal assignment statement）以提供从多个可能值中选择一个的简便方法。这与在一些编程语言中使用 switch/case 语句代替多个 if/else 语句相似。4:1 多路选择器可以重新用选择信号赋值语句写出如下：

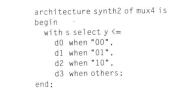

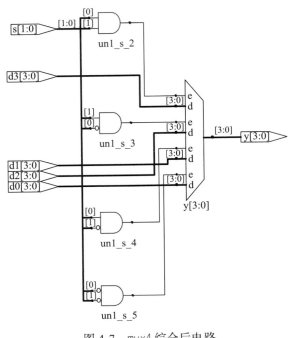

图 4-7 mux4 综合后电路

4.2.5 内部变量

|182| 通常来说，把一个复杂功能分为几个中间过程来完成会更方便。例如，5.2.1 节描述的全加器是一个有 3 个输入和 2 个输出的电路。它由以下等式定义：

$$S=A \oplus B \oplus C_{in}$$
$$C_{out}=AB+AC_{in}+BC_{in}$$

(4.1)

如果我们定义中间信号 P 和 G，

$$P=A \oplus B$$
$$G=AB$$

(4.2)

可以重写全加器，如下所示：

$$S=P \oplus C_{in}$$
$$C_{out}=G+PC_{in}$$

(4.3)

P 和 G 称为内部变量（internal variable），因为它们既不是输入也不是输出，只在模块内部使用，与编程语言中的局部变量相似。HDL 例 4.7 表示了在 HDL 中如何使用内部变量。

|183| HDL 赋值语句（在 SystemVerilog 中的 assign 和 VHDL 的 <=）是并行执行的。这与常见的编程语言（如 C 和 java）不同，其语句执行顺序按书写顺序决定。在常见的编程语言中由于语句是顺序执行的，$S=P \oplus C_{in}$ 必须放在 $P=A \oplus B$ 之后。在 HDL 中，顺序并不重要。就像硬件一样，赋值语句在右侧的输入信号改变时就会被计算，而不考虑赋值语句在模块里的出现顺序。

HDL例4.7　全加器

SystemVerilog

　　在 SystemVerilog 中，内部变量通常用 logic 变量类型声明。

```
module fulladder(input  logic a, b, cin,
                 output logic s, cout);

  logic p, g;

  assign p = a ^ b;
  assign g = a & b;

  assign s = p ^ cin;
  assign cout = g | (p & cin);
endmodule
```

VHDL

　　在 VHDL 中，signal 用来代表内部变量。它们的值用并行信号赋值语句中定义，如 p<=a xor b;

```
library IEEE; use IEEE.STD_LOGIC_1164.all;

entity fulladder is
  port(a, b, cin: in  STD_LOGIC;
       s, cout:   out STD_LOGIC);
end;

architecture synth of fulladder is
  signal p, g: STD_LOGIC;
begin
  p <= a xor b;
  g <= a and b;

  s <= p xor cin;
  cout <= g or (p and cin);
end;
```

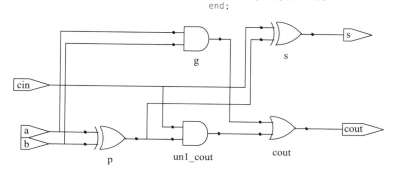

图 4-8　fulladder 综合后电路

4.2.6　优先级

　　注意到在 HDL 例 4.7 中为 cout 的计算添加了括号，以把计算定义为 $C_{out}=G+(P \cdot C_{in})$，而不是 $C_{out}=(G+P) \cdot C_{in}$。如果没有使用括号，就采用编程语言定义的默认计算顺序。HDL 例 4.8 从高到低说明了两种语言的运算符优先级。这个表包括了第 5 章定义的算术运算符、移位运算符和比较运算符。 |184|

HDL例4.8　运算符优先级

SystemVerilog

表 4-1　Systemverilog 运算符优先级

	运算符	含　义
	~	NOT
	*, /, %	MUL, DIV, MOD
	+, -	PLUS, MINUS
Highest	<<, >>	逻辑左 / 右移
	<<<, >>>	算术左 / 右移
	<, <=, >, >=	相对比较
	==, !=	相等比较

VHDL

表 4-2　VHDL 运算符优先级

	运算符	含　义
	not	NOT
Highest	*, /, mod, rem	MUL, DIV, MOD, REM
	+, -	PLUS, MINUS
	rol, ror, srl, sll	旋转，逻辑移位
	<, <=, >, >=	相对比较
Lowest	=, /=	相等比较
	and, or, nand, nor, xor, xnor	逻辑操作

（续）

	运算符	含　义
	&, ~&	AND, NAND
Lowest	^, ~^	XOR, XNOR
	|, ~|	OR, NOR
	?:	条件判断

如你所想象的，在 Systemverilog 中的运算符优先级跟其他的编程语言很相似。特别要说明的是，"与"的优先级比 "或" 的优先级高。我们可以利用这个优先级去消除括号。

```
assign cout=g | p & cin;
```

如你想象，VHDL 中乘法比加法有更高的优先级。和 system Verilog 不同的是，VHDL 中所有的逻辑运算符（and, or 等）有相同的优先级，这与布尔代数不同。因此，括号的使用就很必要，否则，cout<= g or p and cin 就会被从左到右解释为 cout <= (g or p) and cin。

4.2.7　数字

数字可以采用二进制、八进制、十进制或者十六进制来表示（基数分别为 2、8、10 和 16）。此外，可以选择指定数字的大小，即比特位数，那么数字的开头将插入一些 0 以满足数字大小的要求。数字中间出现的下划线会被忽略，但是它可以帮助我们把一些长的数字断成几个部分，从而加强可读性。HDL 例 4.9 说明了在不同的语言中，数字是如何书写的。

[185]

HDL例4.9　数字

SystemVerilog

声明常量的格式是 N'Bvalue。其中 N 是比特位数，B 是指示其基数的字母，value 是其数值。例如，9'h25 说明一个占用 9 位的数字，它的值是 $25_{16}=37_{10}=000100101_2$。SystemVerilog 用 'b 表示二进制（基数为 2），'o 表示八进制（基数为 8），'d 表示十进制（基数为 10），'h 表示十六进制（基数为 16）。如果没有提供基数，那么基数默认为 10。

如果位数没有给出，那么数字就会被赋予当前表达式的位数。零会自动填补在数字的前面以达到满位。例如，如果 w 是 6 位总线，assign w = 'b11 就会赋予 w 000011。而明确地说明位数大小是比较好的。但有个例外，0 和 1 分别是将全 0 和全 1 赋值给一条总线的 SystemVerilog 惯用语法。

VHDL

在 VHDL 中，STD_LOGIC 以二进制书写，并且加上单引号：'0' 和 '1' 代表逻辑的 0 和 1。声明 STD_LOGIC_VECTOR 常量的格式是 NB" 数值 "，其中 N 是比特位数，B 表示基数，数值反映数字的取值。比如说，9X"25" 表示一个 9 位的数字，其数值是 $25_{16}=37_{10}=000100101_2$。VHDL 2008 使用 B 表示二进制，O 表示八进制，D 表示十进制，以及 X 表示十六进制。

如果没有写明基数，那么缺省值是二进制。如果比特位数没有给出，那么该数字的比特位数与其数值所对应的位数一致。直到 2011 年 10 月，Synopsys 的 Synplify Premier 工具尚未支持指定位数大小。

others => '0' 和 others => '1' 分别是将全部比特位赋值为 0 和 1 的 VHDL 惯用语法。

表 4-3　SystemVerilog 的数字

数字	位数	基数	数值	存储
3'b101	3	2	5	101
'b11	?	2	3	000…0011
8'b11	8	2	3	00000011
8'b1010_1011	8	2	171	10101011
3'd6	3	10	6	110
6'o42	6	8	34	100010
8'hAB	8	16	171	10101011
42	?	10	42	00…0101010

表 4-4　VHDL 的数字

数字	位数	基数	数值	存储
3B"101"	3	2	5	101
B"11"	2	2	3	11
8B"11"	8	2	3	00000011
8B"1010_1011"	8	2	171	10101011
3D"6"	3	10	6	110
6O"42"	6	8	34	100010
8X"AB"	8	16	171	10101011
"101"	3	2	5	101
B"101"	3	2	5	101
X"AB"	8	16	171	10101011

4.2.8 Z 和 X

HDL 用 z 表示浮空。z 对于描述三态缓冲器尤其有用。当使能位为 0 时，它的输出为浮空。回想 2.6.2 节，总线可以由多个三态缓冲器驱动，但其中最多只有一个使能。HDL 例 4.10 展示了一个三态缓冲器的风格。如果缓冲器被使能，输入和输出一致。如果缓冲器被禁用，输出就为浮空值（z）。

HDL例4.10   三态缓冲器

SystemVerilog

```
module tristate(input  logic [3:0] a,
                input  logic   en,
                output tri   [3:0] y);

  assign y = en ? a : 4'bz;
endmodule
```

注意 y 声明为 tri 变量类型而不是 logic 变量类型。logic 信号只能由一个信号源驱动。三态总线可以由多个信号源驱动，所以三态总线应声明为 net 变量。在 SystemVerilog 中 net 变量有 tri 和 trireg 两种类型。一般来说，每次只有一个驱动信号源处于激活状态，net 采纳该信号源的数值作为其信号数值。如果没有任何一个驱动信号源处于激活状态，则 tri 类型信号将处于悬空状态（z），而 trireg 类型信号则保持之前的数值。如果输入或输出变量没有指定变量类型，则默认为 tri 类型。此外，一个模块的 tri 输出可以用作另一个模块的 logic 输入。4.7 节将进一步讨论由多个信号源驱动的 net 变量。

VHDL

```
library IEEE; use IEEE.STD_LOGIC_1164.all;

entity tristate is
  port(a:  in   STD_LOGIC_VECTOR(3 downto 0);
       en: in   STD_LOGIC;
       y:  out STD_LOGIC_VECTOR(3 downto 0));
end;

architecture synth of tristate is
begin
  y <= a when en else "ZZZZ";
end;
```

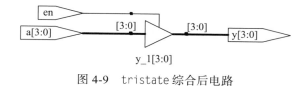

图 4-9 tristate 综合后电路

同样，HDL 使用 x 表示一个无效的逻辑电平。如果一个总线被两个使能的三态缓冲器（或其他的门器件）同时驱动为 0 和 1，则结果将是 X，说明发生了冲突。如果所有的三态缓冲器以 OFF 同时驱动总线，那么总线将会用 z 表示浮空。

开始模拟时，触发器等状态节点的输出会被初始化一个未知的状态（在 SystemVerilog 中是 x，在 VHDL 中是 u）。这对追踪因为在使用输出前忘记复位触发器而引起的错误十分有帮助。

如果一个门接收到一个浮空的输入，它不能确认正确的输出值，将在输出产生一个 x 值。类似地，如果它接收到一个无效或者未初始化的输入，它也会输出一个 x 值。HDL 例 4.11 表示了 SystemVerilog 和 VHDL 逻辑门如何组合这些不同的信号值。

HDL例4.11   未定义和浮空输入的真值表

SystemVerilog

　　SystemVerilog 信号量有 0、1、z 和 x。在需要的时候，以 z 或者 x 开始的 SystemVerilog 常量都会以 z 或者 x（代替 0）填充，并填满位数。

　　表 4-5 列出了使用全部 4 个可能信号量的与门真值表。注意：有些时候即使一些输入值还是未知，门也可以

VHDL

　　VHDL 的 STD_LOGIC 信号有 '0'、'1'、'z'、'x' 和 'u'。

　　表 4-6 列出了一个使用了所有 5 个可能信号量的与门真值表。注意。有些时候即使一些输入值还是未知，门也可以决定输出值。例如，'0' and 'z' 会返回 '0'，

决定输出值。例如 0&z 会返回 0，因为与门只要有一个输入为 0，那么输出就会是 0。另外，浮空或者不可用的输入会导致不可用的输出，在 SystemVerilog 中用 x 表示。

因为与门只要有一个输入为 '0'，那么输出就会是 '0'。另外，浮空或者不可用的输入会导致不可用的输出，在 VHDL 中以 'x' 表示。未初始化的输入会产生未初始化的输出，在 VHDL 中以 'u' 表示。

表 4-5　SystemVerilog 中带 z 和 x 的与门真值表

&		A			
		0	1	z	x
B	0	0	0	0	0
	1	0	1	x	x
	z	0	x	x	x
	x	0	x	x	x

表 4-6　VHDL 中带 z 和 x 的与门真值表

AND		A				
		0	1	z	x	u
B	0	0	0	0	0	0
	1	0	1	x	x	u
	z	0	x	x	x	u
	x	0	x	x	x	u
	u	0	u	u	u	u

　　在模拟时看到 x 或者 z 值，基本已经说明出现了错误或者编码不正确。在综合后的电路中，这表示门输入浮空、状态或内容未初始化。x 或者 u 可能会被电路随机地解释为 0 或者 1，导致不可预测的行为。

4.2.9　位混合

　　常常需要在总线的子集上操作，或者连接信号值以构成总线。这些操作称为位混合（bit swizzling）。HDL 例 4.12 中，y 用位混合操作被赋予 9 位的值 $c_2c_1d_0d_0d_0c_0101$。

HDL 例 4.12　位混合

SystemVerilog

```
assign y = {c[2:1], {3{d[0]}}, c[0], 3'b101};
```

　　{} 运算符用作连接总线。{3{d[0]}} 表示 3 个 d[0] 连接在一起。

　　不要对 3 位 2 进制以 b 命名的常量 3'b101 感到混淆。注意：常量中 3 位长度的说明很重要。否则在 y 的中间就会出现一个以零开头的未知数。

　　如果 y 长度大于 9 位，会在最高位填充 0。

VHDL

```
y <= (c(2 downto 1), d(0), d(0), d(0), c(0), 3B"101");
```

　　() 运算符用于连接总线。y 必须是一个 9 位的 STD_LOGIC_VECTOR。

　　另一个例子展现了 VHDL 连接总线的能力。假设 z 是一个 8 位的 STD_LOGIC_VECTOR，z 被赋值为 10010110，赋值方法是使用如下的连接总线命令。

```
z <= ("10", 4 => '1', 2 downto 1 =>'1', others =>'0')
```

　　"10" 位于 z 开头的两位，z[4]、z[2] 和 z[1] 上的值为 1，其余位的值为 0。

4.2.10　延迟

　　HDL 的语句可以与任意单位的延迟相连。这对于模拟与预测电路工作速度（若指定了有意义的延迟），或者调试时需要知道原因和后果时（模拟结果中所有信号是同时改变的，因此推断一个错误输出的根源就非常棘手），就显得很有用。延迟在综合时会被忽略。综合器产生的门延迟是由 t_{pd} 和 t_{cd} 决定，而不是在 HDL 代码中的数字。

　　在 HDL 例 4.1 $y=\overline{abc}+a\overline{bc}+ab\overline{c}$ 的功能上，HDL 例 4.13 加上了延迟。假定反相器延迟为 1ns，3 输入与门延迟为 2ns，3 输入或门延迟为 4ns。图 4-10 显示了输入后延迟 7ns 的 y 模拟波形。注意 y 在一开始模拟的时候是未知值。

HDL例4.13　带延迟的逻辑门

SystemVerilog

```
'timescale 1ns/1ps

module example(input  logic a, b, c,
               output logic y);

  logic ab, bb, cb, n1, n2, n3;

  assign #1 {ab, bb, cb} = ~{a, b, c};
  assign #2 n1 = ab & bb & cb;
  assign #2 n2 = a & bb & cb;
  assign #2 n3 = a & bb & c;
  assign #4 y = n1 | n2 | n3;
endmodule
```

　　SystemVerilog 文件可以用时间精度指令来说明每一个时间单位的值。语句的格式为 'timescale unit/precision。在这个文件中，时间单位为1ns，模拟精度为1ps。如果在文件中没有给出时间精度指令，会使用默认的单位和精度（一般两者都是1ns）。在System-Verilog 中，# 符用于说明延迟单位的数量。它可以放置于 assign 语句中，就像非阻塞式（<=）和阻塞式（=）语句一样，这两类语句会在 4.5.4 节中讨论。

VHDL

```
library IEEE; use IEEE.STD_LOGIC_1164.all;

entity example is
  port(a, b, c: in  STD_LOGIC;
       y:       out STD_LOGIC);
end;

architecture synth of example is
  signal ab, bb, cb, n1, n2, n3: STD_LOGIC;
begin
  ab <= not a after 1 ns;
  bb <= not b after 1 ns;
  cb <= not c after 1 ns;
  n1 <= ab and bb and cb after 2 ns;
  n2 <= a and bb and cb after 2 ns;
  n3 <= a and bb and c after 2 ns;
  y  <= n1 or n2 or n3 after 4 ns;
end;
```

　　在 VHDL 中，after 子句用于说明延迟。在这个例子中，单元声明了纳秒级的延迟。

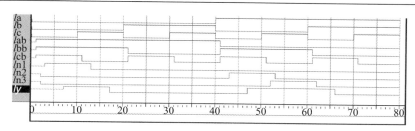

图 4-10　带延迟的模拟波形（来自于 ModelSim 模拟器）

189

4.3　结构建模

　　之前讨论行为（behavioral）建模是通过建立输入和输出之间关系描述模块。本节将介绍结构建模，它描述一个模块怎样由更简单的模块组成。

　　在 HDL 例 4.14 中描述怎样将 3 个 2:1 多路转换器组成一个 4:1 多路转换器。每个 2:1 转换器称为一个实例（instance）。多个同类型模块的实例由唯一的名字区分。如此例子中采用的 lowmux、highmux 和 finalmux。这是一个规整化的范例，此时 2:1 多路转换器重用了多次。

HDL例4.14　4:1多路选择器的结构模型

SystemVerilog

```
module mux4(input  logic [3:0] d0, d1, d2, d3,
            input  logic [1:0] s,
            output logic [3:0] y);

  logic [3:0] low, high;

  mux2 lowmux(d0, d1, s[0], low);
  mux2 highmux(d2, d3, s[0], high);
  mux2 finalmux(low, high, s[1], y);
endmodule
```

　　3 个 mux2 实例分别是 lowmux、highmux 和 finalmux。mux2 模块必须在 SystemVerilog 代码的另外部分定义——参考 HDL 例 4.5、HDL 例 4.15 或 HDL 例 4.34。

VHDL

```
library IEEE; use IEEE.STD_LOGIC_1164.all;

entity mux4 is
  port(d0, d1,
       d2, d3: in  STD_LOGIC_VECTOR(3 downto 0);
       s:      in  STD_LOGIC_VECTOR(1 downto 0);
       y:      out STD_LOGIC_VECTOR(3 downto 0));
end;

architecture struct of mux4 is
  component mux2
    port(d0,
         d1: in  STD_LOGIC_VECTOR(3 downto 0);
         s:  in  STD_LOGIC;
         y:  out STD_LOGIC_VECTOR(3 downto 0));
```

```
  end component;
  signal low, high: STD_LOGIC_VECTOR(3 downto 0);
begin
  lowmux:   mux2  port map(d0, d1, s(0), low);
  highmux:  mux2  port map(d2, d3, s(0), high);
  finalmux: mux2  port map(low, high, s(1), y);
end;
```

在 architecture 部分必须先用 component 声明语句声明 mux2 的端口。这会让 VHDL 工具检查你想使用的组件和在代码其他部分声明的实体具有相同的端口，从而避免改变了实体但是没有改变实例而引起的错误。然而，component 的声明使 VHDL 代码变得冗长。

注意到这个 mux4 的 architecture 被命名为 struct，然而在 4.2 节中，模块中包含行为描述的 architecture 却被命名为 synth。VHDL 允许在实体中有多个 architecture（实现），这些 architecture 以名字区分。名字本身对 CAD 工具意义不大，只是 struct 和 synth 比较常用。可综合的 VHDL 代码一般在一个实体中只有一个 architecture，所以我们不讨论在定义多个 architecture 的时候，VHDL 如何设置的语法。

190

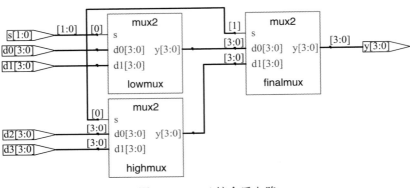

图 4-11　mux4 综合后电路

HDL 例 4.15 使用结构建模基于一对三态缓冲器建立一个 2:1 多路选择器。不过，并不推荐使用三态缓冲器来构建逻辑电路。

HDL例4.15　2:1多路选择器的结构建模

SystemVerilog

```
module mux2(input  logic [3:0] d0, d1,
            input  logic       s,
            output tri   [3:0] y);

  tristate t0(d0, ~s, y);
  tristate t1(d1, s, y);
endmodule
```

在 SystemVerilog 中，允许如 ~s 这种表达式用于实例的端口列表中。随意和复杂的表达式虽然合法，但是并不提倡，因为这会减低代码的可读性。

VHDL

```
library IEEE; use IEEE.STD_LOGIC_1164.all;

entity mux2 is
  port(d0, d1: in  STD_LOGIC_VECTOR(3 downto 0);
       s:      in  STD_LOGIC;
       y:      out STD_LOGIC_VECTOR(3 downto 0));
end;

architecture struct of mux2 is
  component tristate
    port(a: in  STD_LOGIC_VECTOR(3 downto 0);
         en: in  STD_LOGIC;
         y:  out STD_LOGIC_VECTOR(3 downto 0));
  end component;
  signal sbar: STD_LOGIC;
begin
  sbar <= not s;
  t0: tristate port map(d0, sbar, y);
  t1: tristate port map(d1, s, y);
end;
```

VHDL 中，不允许如 not s 这种表达式出现在实例的端口分配图中。因此，sbar 信号应该分开定义。

191

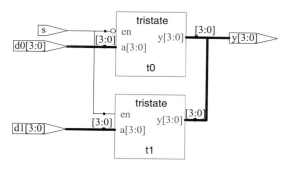

图 4-12   mux2 综合后电路

　　HDL 例 4.16 表示一个模块怎样访问总线的部分内容。一个 8 位宽的 2:1 多路选择器用两个已定义的 4 位 2:1 多路选择器构造，对高位和低位半字节分别进行操作。

　　一般来说，复杂的系统都是分层定义的。以实例化主要组件的方式结构化描述整个系统。而每一个组件也由更小的块构成，然后进一步分解，直到足够简单可以描述行为。避免（至少是减少）在一个单独模块中混合使用结构和行为描述方式是一个好的程序设计风格。

HDL例4.16   访问总线的一个部分

SystemVerilog

```
module mux2_8(input  logic [7:0] d0, d1,
              input  logic       s,
              output logic [7:0] y);

  mux2 lsbmux(d0[3:0], d1[3:0], s, y[3:0]);
  mux2 msbmux(d0[7:4], d1[7:4], s, y[7:4]);
endmodule
```

VHDL

```
library IEEE; use IEEE.STD_LOGIC_1164.all;

entity mux2_8 is
  port(d0, d1: in  STD_LOGIC_VECTOR(7 downto 0);
       s:      in  STD_LOGIC;
       y:      out STD_LOGIC_VECTOR(7 downto 0));
end;

architecture struct of mux2_8 is
  component mux2
    port(d0, d1: in  STD_LOGIC_VECTOR(3 downto 0);
         s:      in  STD_LOGIC;
         y:      out STD_LOGIC_VECTOR(3 downto 0));
  end component;
begin
  lsbmux: mux2
    port map(d0(3 downto 0), d1(3 downto 0),
             s, y(3 downto 0));
  msbmux: mux2
    port map(d0(7 downto 4), d1(7 downto 4),
             s, y(7 downto 4));
end;
```

|192|

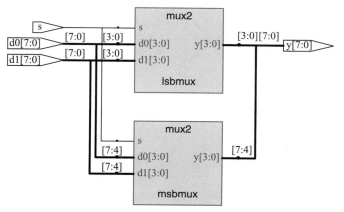

图 4-13   mux2_8 综合后电路

4.4 时序逻辑

HDL 综合器能辨别出特定的风格，然后把它们转换成特定的时序电路。其他风格的编码可能在模拟时正确，但是在综合成电路时会出现明显或不明显的错误。这一节介绍寄存器和锁存器的正确描述方法。

4.4.1 寄存器

现代主要的商业系统都由上升沿触发的 D 触发器寄存器组成。HDL 例 4.17 给出了这些触发器的书写风格。

SystemVerilog 的 always 语句和 VHDL 的 process 语句中，信号保持它们的旧值直到一个敏感信号列表中的事件发生，此时将引起它们的值改变。因此，具有合适敏感信号列表的代码，可以用于描述有记忆能力的时序电路。例如，在触发器的敏感信号列表中只有 clk。这说明 q 在下一个 clk 上升沿来临前都会保持旧值，即使 d 在中途发生过改变。

相反，SystemVerilog 连续赋值语句（assign）和 VHDL 同步赋值语句（<=）在任何一个在右边的输入发生改变时，就会重新计算值。因此，这样的代码用于描述组合电路。

193

HDL例4.17　寄存器

SystemVerilog

```
module flop(input  logic      clk,
            input  logic [3:0] d,
            output logic [3:0] q);
  always_ff @(posedge clk)
    q <= d;
endmodule
```

一般来说，**SystemVerilog** 的 always 语句以这样的形式书写

```
always @(sensitivity list)
    statement;
```

这个 statement 只在 sensitivity list 中说明的事件发生时才执行。在这个例子中，语句是 q<=d(读作 "q gets d"）。因此，触发器在时钟上升沿把 d 复制到 q，否则就保持 q 的旧状态。注意敏感信号列表也可指激励信号列表。

<= 被称为非阻塞式赋值。这时可以认为它是一个普通的 "="。我们将在 4.5.4 节中继续讨论更多的细节。注意，在 **always** 语句中，<= 代替了 assign。

在随后的小节中将会看到，always 语句可以用来表示触发器、锁存器或者组合逻辑，这取决于敏感信号列表和执行语句。正因为这样的灵活性，容易在不经意间制造出错误的硬件电路。SystemVerilog 引入 always_ff、always_latch 和 always_comb 来降低产生这些常见错误的风险。always_ff 跟 always 一样运作，但只用来表示触发器，并且当其用于表示其他器件时允许设计工具生成警告信息。

VHDL

```
library IEEE; use IEEE.STD_LOGIC_1164.all;

entity flop is
  port(clk: in  STD_LOGIC;
       d:   in  STD_LOGIC_VECTOR(3 downto 0);
       q:   out STD_LOGIC_VECTOR(3 downto 0));
end;

architecture synth of flop is
begin
  process(clk) begin
    if rising_edge(clk) then
      q <= d;
    end if;
  end process;
end;
```

VHDL 的 process 语句以这样的形式书写：

```
process(sensitivity list) begin
    statement;
end process;
```

这个 statement 只在 sensitivity list 中的事件发生时才执行。在这个例子中，if 语句在当 clk 改变的时候执行，用 clk'event 表示。如果是一个上升沿改变（在事件发生后，clk='1'），那么 q<=d（读作 "q gets d"）。因此，触发器在时钟上升沿把 d 复制到 q，否则就记录 q 的旧状态。

另一种的触发器 VHDL 句法如下：

```
process(clk) begin
    if clk'event and clk = '1' then
        q <= d;
    end if;
end process;
```

这里 rising_edge (clk) 等同于 clk'event 和 clk=1。

图 4-14　触发器综合后电路

4.4.2　带复位功能的寄存器

　　当开始模拟或者电路首次接通电源时，触发器或者寄存器的输出是未知的。在 System-Verilog 和 VHDL 中分别用 x 和 u 表示。一般来说，应该使用可复位寄存器，因为在上电时可以把系统置于已知的状态。复位可以是同步也可以是异步。异步复位马上就生效，而同步复位在下一个时钟上升沿时才复位输出。HDL 例 4.18 说明了同步复位和异步复位触发器的风格。注意，在原理图中难以分辨同步和异步复位。Synplify Premier 生成的原理图把异步复位置于触发器的底部，同步复位则置于左边。 194

HDL例4.18　可复位寄存器

SystemVerilog

```
module flopr(input  logic      clk,
             input  logic      reset,
             input  logic [3:0] d,
             output logic [3:0] q);

 // asynchronous reset
 always_ff @(posedge clk, posedge reset)
   if (reset) q <= 4'b0;
   else       q <= d;
endmodule

module flopr(input  logic      clk,
             input  logic      reset,
             input  logic [3:0] d,
             output logic [3:0] q);

 // synchronous reset
 always_ff @(posedge clk)
   if (reset)  q <= 4'b0;
   else        q <= d;
endmodule
```

　　在 always 语句的敏感信号列表中，多个信号以逗号或者 or 分隔。注意到 posedge reset 在异步复位触发器的敏感信号列表中，但不在同步复位触发器中。因此，异步复位触发器会马上响应 reset 的上升沿。但是同步复位触发器在时钟上升沿时才响应 reset。

　　因为两个模块的名字都是 flopr，只能在设计中使用其中一个。

VHDL

```
library IEEE; use IEEE.STD_LOGIC_1164.all;

entity flopr is
  port(clk, reset: in  STD_LOGIC;
       d:          in  STD_LOGIC_VECTOR(3 downto 0);
       q:          out STD_LOGIC_VECTOR(3 downto 0));
end;

architecture asynchronous of flopr is
begin
  process(clk, reset) begin
    if reset then
      q <= "0000";
    elsif rising_edge(clk) then
      q <= d;
    end if;
  end process;
end;

library IEEE; use IEEE.STD_LOGIC_1164.all;

entity flopr is
  port(clk, reset: in  STD_LOGIC;
       d:          in  STD_LOGIC_VECTOR(3 downto 0);
       q:          out STD_LOGIC_VECTOR(3 downto 0));
end;

architecture synchronous of flopr is
begin
  process(clk) begin
    if rising_edge(clk) then
      if reset then q <= "0000";
      else q <= d;
      end if;
    end if;
  end process;
end;
```

　　在 process 语句的敏感信号列表中，多个信号以逗号分隔。注意到 reset 在异步复位触发器的敏感信号列表中，但不在同步复位触发器中。因此，异步复位触发器会马上响应 reset 的上升沿。但是同步复位触发器在时钟上升沿时响应 reset。

　　回想到触发器状态在 VHDL 模拟开始时被初始化为 'u'。

　　如之前提及的，architecture 的名字（此例中的 asynchronous 或者 synchronous）会被 VHDL 工具忽略但是对人们阅读代码有帮助。因为两个结构都描述了实体 flopr，只能在设计中使用其中一个。 195

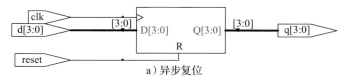

a) 异步复位

图 4-15　flopr 综合后电路

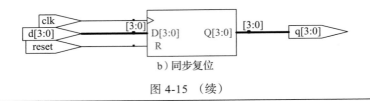

b）同步复位

图 4-15 （续）

4.4.3 带使能端的寄存器

带使能端的寄存器只在使能有效时才会响应时钟。HDL 例 4.19 表示了一个异步复位使能寄存器。如果 reset 和 en 都是 FALSE，它就会保持旧值。

HDL例4.19   可复位和使能的寄存器

SystemVerilog

```
module flopenr(input  logic     clk,
               input  logic     reset,
               input  logic     en,
               input  logic [3:0] d,
               output logic [3:0] q);

 // asynchronous reset
 always_ff @(posedge clk, posedge reset)
   if    (reset) q <= 4'b0;
   else if (en)   q <= d;
endmodule
```

VHDL

```
library IEEE; use IEEE.STD_LOGIC_1164.all;

entity flopenr is
  port(clk,
       reset,
       en: in  STD_LOGIC;
       d:  in  STD_LOGIC_VECTOR(3 downto 0);
       q:  out STD_LOGIC_VECTOR(3 downto 0));
end;

architecture asynchronous of flopenr is
-- asynchronous reset
begin
  process(clk, reset) begin
    if reset then
      q <= "0000";
    elsif rising_edge(clk) then
      if en then
        q <= d;
      end if;
    end if;
  end process;
end;
```

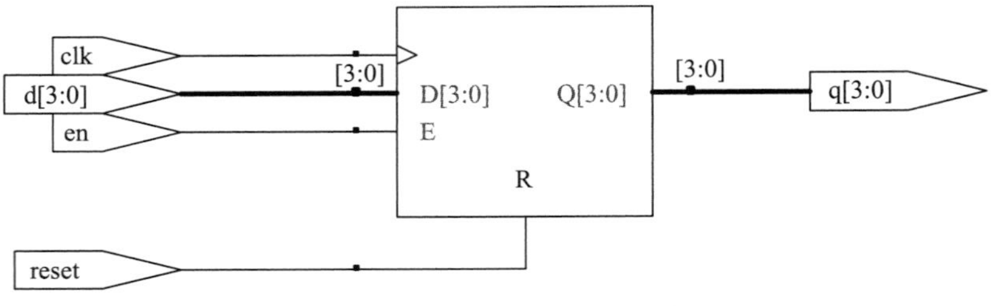

图 4-16   flopnr 综合后电路

4.4.4 多寄存器

一个单独的 always/process 语句可以用于描述多个硬件。例如，3.5.5 节的同步器由两个背靠背连接的触发器组成，如图 4-17 所示。HDL 例 4.20 表述了同步器。在 clk 的上升沿，d 被复制到 n1。同时，n1 被复制到 q。

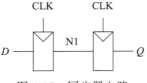

图 4-17   同步器电路

HDL例4.20　同步器

SystemVerilog

```
module sync(input  logic clk,
            input  logic d,
            output logic q);

  logic n1;
  always_ff @(posedge clk)
    begin
      n1 <= d; // nonblocking
      q <= n1; // nonblocking
    end
endmodule
```

注意，begin/end 结构是必要的，因为有多条声明语句出现在 always 语句里。这与 C 或 java 里面的 {} 相似。begin/end 在 flopr 例子中并不是必需的，因为 if/else 是一个单独的语句。

VHDL

```
library IEEE; use IEEE.STD_LOGIC_1164.all;

entity sync is
  port(clk: in  STD_LOGIC;
       d:   in  STD_LOGIC;
       q:   out STD_LOGIC);
end;

architecture good of sync is
  signal n1: STD_LOGIC;
begin
  process(clk) begin
    if rising_edge(clk) then
      n1 <= d;
      q <= n1;
    end if;
  end process;
end;
```

n1 必须被声明为 signal，因为这是一个在模块内部使用的内部信号。

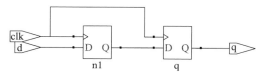

图 4-18　sync 综合后电路

197

4.4.5　锁存器

回想 3.2.2 节，当时钟为 HIGH 时，D 锁存器是透明的，允许数据从输入流向输出。锁存器在时钟为 LOW 时变为阻塞的，保持原有的状态。HDL 例 4.21 表示了 D 锁存器的风格。

不是所有的综合工具都能很好地支持锁存器。除非你知道你的工具支持锁存器，或者你有很强烈的原因需要使用它，不然，最好使用边沿触发器代替。还要注意 HDL 代码不能隐含任何非预期的锁存器，如果不小心，这种器件很容易出现。很多综合工具生成一个锁存器时会发出警告。如果你并不希望它存在，就需要在 HDL 中寻找这个漏洞。如果你不知道你是否意图生成锁存器，那么你很可能是将 HDL 作为一门编程语言来处理，这将为你带来更大的潜伏问题。

HDL例4.21　D锁存器

SystemVerilog

```
module latch(input  logic       clk,
             input  logic [3:0] d,
             output logic [3:0] q);

  always_latch
    if (clk) q <= d;
endmodule
```

always_latch 等同于 always@(clk, d)，它是用来描述锁存器的 **SystemVerilog** 首选惯用语法。它检测每次 clk 和 d 信号的变化。当 clk 为 HIGH 时，d 的值传递到 q 输出，因此这段代码描述了一个正级敏感的锁存器。而其他情况下，输出 q 保持原来的值不变。如果 always_latch 模块没有实现锁存器的功能，**SystemVerilog** 会生成相应警告。

VHDL

```
library IEEE; use IEEE.STD_LOGIC_1164.all;

entity latch is
  port(clk: in  STD_LOGIC;
       d:   in  STD_LOGIC_VECTOR(3 downto 0);
       q:   out STD_LOGIC_VECTOR(3 downto 0));
end;

architecture synth of latch is
begin
  process(clk, d) begin
    if clk = '1' then
      q <= d;
    end if;
  end process;
end;
```

敏感信号列表包括了 clk 和 d，所以 process 语句当 clk 和 d 有改变时就计算值。如果 clk 为 HIGH，那么 d 值就会传递到 q。

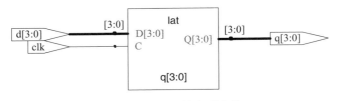

图 4-19　latch 综合后电路

4.5　更多组合逻辑

　　4.2 节中使用赋值语句从行为上去描述组合逻辑。SystemVerilog 的 always 语句和 VHDL 的 process 语句可以用于描述时序电路，因为没有产生新状态时，将保持状态。然而，always/process 语句也可以用于组合逻辑的行为级描述，其中敏感信号列表中包含了所有的输入以对其改变做出响应，同时正文对每一种可能的输入组合都定义了对应的输出。HDL 例 4.22 使用 always/process 语句描述了一组 4 个反相器（参见图 4-3 的综合后电路）。

HDL例4.22　使用always/process语句的反相器

SystemVerilog

```
module inv(input  logic [3:0] a,
           output logic [3:0] y);

  always_comb
    y = ~a;
endmodule
```

　　当 always 语句中"<="或"="右侧的信号发生改变时，always_comb 就重新运算在 always 声明语句中的代码。在这种情况下，always_comb 等同于 always @ (a)，但是比 always @(a) 更好，因为它避免了 always 语句中由于信号改名或添加信号带来的错误。如果 always 模块里的代码不是组合逻辑，SystemVerilog 将产生警告信息。Always_comb 等同于 always @(*)，但在 SystemVerilog 中更常用。

　　"="在 always 语句中称为阻塞式赋值（blocking assignment），与之相对的是"<="为非阻塞式赋值（non-blocking assignmeng）。在 SystemVerilog 中，在组合逻辑中适合使用阻塞式赋值，而在时序逻辑中需要使用非阻塞式赋值。这将在 4.5.4 节中进一步讨论。

VHDL

```
library IEEE; use IEEE.STD_LOGIC_1164.all;

entity inv is
  port(a: in  STD_LOGIC_VECTOR(3 downto 0);
       y: out STD_LOGIC_VECTOR(3 downto 0));
end;

architecture proc of inv is
begin
  process(all) begin
    y <= not a;
  end process;
end;
```

　　当 process 语句中任意信号发生改变时，process (all) 就重新运算在 process 语句中的代码。它等同于 process(a)，但比 process(a) 更好，因为它避免了 process 语句中由于信号改名或添加信号带来的错误。

　　在 VHDL 语句中，begin 和 end process 语句都是需要的，尽管 process 中只有一个赋值语句。

　　HDL 在 always/process 语句中支持阻塞式和非阻塞式赋值。阻塞式赋值语句序列会以其在代码中出现的顺序计算值，这就如一些标准的编程语言一样。一组非阻塞式赋值语句则是并行地计算值。在左侧的信号更新前语句就会计算值。

　　HDL 例 4.23 定义了一个全加器。它使用内部信号 p、g 去计算 s 和 cout。它产生的电路与图 4-8 一致，只是在赋值语句中使用了 always/process 语句。

　　这两个例子中使用 always/process 语句对组合逻辑建模并不很好，它们比 HDL 例 4.2 和 HDL 例 4.7 中使用赋值语句实现同等功能需要更多代码。然而，case 和 if 语句对于对更复杂的组合电路建模更加方便。case 和 if 语句必须出现在 always/process 语句中，我们会在下一节中继续讨论。

SystemVerilog

在 SystemVerilog 的 always 语句中，"＝"表示阻塞式赋值，"<＝"表示非阻塞式赋值（也被称作并行赋值）。

不要把连续赋值的 assign 语句与这里混淆。assign 语句应该在 always 语句外部使用，而且是并行计算值。

VHDL

在 VHDL 的 process 语句中，":＝"表示阻塞式赋值，"<＝"表示非阻塞式赋值（也被称作并行赋值）。这里是第一次介绍":＝"的章节。

非阻塞式赋值用于产生输出和 signal。阻塞式赋值则用于产生在 process 语句中声明的变量（参阅 HDL 例 4.23）。"<＝"也可以在 process 语句外面出现，同时也是并行计算值。

HDL例4.23　使用always/process语句的全加器

SystemVeilog

```
module fulladder(input  logic a, b, cin,
                 output logic s, cout);
  logic p, g;

  always_comb
    begin
      p = a ^ b;              // blocking
      g = a & b;              // blocking
      s = p ^ cin;            // blocking
      cout = g | (p & cin);   // blocking
    end
endmodule
```

在这里，always @(a, b, cin) 与 always_comb 等价。不过 always_comb 更好，因为它避免了在敏感信号列表中漏写信号的常见错误。

基于在 4.5.4 节讨论的原因，在这里最好使用阻塞式赋值实现组合逻辑。此例中首先计算 p 和 g，然后计算 s，最后计算 cout。

VHDL

```
library IEEE; use IEEE.STD_LOGIC_1164.all;
entity fulladder is
  port(a, b, cin: in  STD_LOGIC;
       s, cout:   out STD_LOGIC);
end;
architecture synth of fulladder is
begin
  process(all)
    variable p, g: STD_LOGIC;
  begin
    p := a xor b; -- blocking
    g := a and b; -- blocking
    s <= p xor cin;
    cout <= g or (p and cin);
  end process;
end;
```

在这里，process (a, b, cin) 与 process(all) 等价。不过 process(all) 更好，因为它避免了在敏感信号列表中漏写信号的常见错误。

基于在 4.5.4 节讨论的原因，这里最好使用阻塞赋值方式计算组合逻辑中的内部变量。这个例子中对 p 和 g 使用阻塞式赋值，因此会在计算依赖于它们值的 s 和 cout 之前首先计算它们。

因为 p 和 g 出现在 process 语句中阻塞式赋值":＝"的左侧，所以它们必须声明为 variable 而不是 signal。变量声明出现在使用它的过程的 begin 之前。

200

4.5.1　case 语句

使用 always/process 语句实现组合逻辑的一个较好应用是利用 case 语句实现七段数码管译码器。case 语句必须出现在 always/process 语句的内部。

正如你可能留意到的，例 2.10 中大模块组合逻辑的设计过程冗繁，且容易出错。HDL 做出了巨大改进，它允许用户在更高的抽象层说明功能，然后自动把功能综合成门电路。HDL 例 4.24 基于真值表，使用 case 语句描述七段数码管显示译码器。case 语句基于输入值产生不同的行为。一个 case 语句中，当所有可能的输入组合都被定义时，就表示为组合逻辑。否则，它就表示时序逻辑，因为在未定义情况下输出会保持旧值。

Synplify Premier 把七段数码管译码器综合成一个针对 16 种不同输入而产生 7 位输出的只读存储器（ROM）。ROM 将在 5.5.6 节进一步讨论。

如果 case 语句中漏写了 default 或者 other 子句，那么译码器将在输入数据为 10～15 时，记录它之前的输出。这对于硬件来说是一个奇怪的行为。

普通的译码器一般也用 case 语句表示。HDL 例 4.25 描述了一个 3:8 译码器。

HDL例4.24　七段数码管显示译码器

SystemVerilog

```
module sevenseg(input  logic [3:0] data,
                output logic [6:0] segments);
  always_comb
    case(data)
      //                      abc_defg
      0:       segments = 7'b111_1110;
      1:       segments = 7'b011_0000;
      2:       segments = 7'b110_1101;
      3:       segments = 7'b111_1001;
      4:       segments = 7'b011_0011;
      5:       segments = 7'b101_1011;
      6:       segments = 7'b101_1111;
      7:       segments = 7'b111_0000;
      8:       segments = 7'b111_1111;
      9:       segments = 7'b111_0011;
      default: segments = 7'b000_0000;
    endcase
endmodule
```

case 语句检查 data 的值。当 data 为 0, 语句就会执行冒号后的操作, 设置 segments 为 1111110。相似地, case 语句检查其他 data 的值, 最高是 9（这里使用了缺省的基 10）。

default 语句是一种非常方便的方法来定义没有明确列举情况下的输出, 以确保产生组合逻辑。

在 SystemVerilog 中, case 语句必须出现在 always 语句中。

VHDL

```
library IEEE; use IEEE.STD_LOGIC_1164.all;

entity seven_seg_decoder is
  port(data:    in  STD_LOGIC_VECTOR(3 downto 0);
       segments: out STD_LOGIC_VECTOR(6 downto 0));
end;

architecture synth of seven_seg_decoder is
begin
  process(all) begin
    case data is
      --                       abcdefg
      when X"0" =>   segments <= "1111110";
      when X"1" =>   segments <= "0110000";
      when X"2" =>   segments <= "1101101";
      when X"3" =>   segments <= "1111001";
      when X"4" =>   segments <= "0110011";
      when X"5" =>   segments <= "1011011";
      when X"6" =>   segments <= "1011111";
      when X"7" =>   segments <= "1110000";
      when X"8" =>   segments <= "1111111";
      when X"9" =>   segments <= "1110011";
      when others => segments <= "0000000";
    end case;
  end process;
end;
```

case 语句检查 data 的值。当 data 为 0 时, 语句就会执行 "=>" 后的操作, 设置 segments 为 1111110。case 语句检查其他 data 的值, 最高是 9（注意 x 用于表示十六进制数）。others 子句可以方便地定义其他没有明确列出情况下的输出, 这样可以保证电路为组合逻辑。

和 SystemVerilog 不同, VHDL 支持选择信号赋值语句（参阅 HDL 例 4.6）。它与 case 语句很像, 但可以出现在进程（process）的外部。因此, 这里也不应该使用进程来描述组合逻辑了。

201

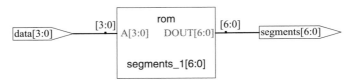

图 4-20　sevenseg 综合后电路

HDL例4.25　3:8 译码器

SystemVerilog

```
module decoder3_8(input  logic [2:0] a,
                  output logic [7:0] y);
  always_comb
    case(a)
      3'b000:  y = 8'b00000001;
      3'b001:  y = 8'b00000010;
      3'b010:  y = 8'b00000100;
      3'b011:  y = 8'b00001000;
      3'b100:  y = 8'b00010000;
      3'b101:  y = 8'b00100000;
      3'b110:  y = 8'b01000000;
      3'b111:  y = 8'b10000000;
      default: y = 8'bxxxxxxxx;
    endcase
endmodule
```

default 语句在这个代码的逻辑综合里不是严格必

VHDL

```
library IEEE; use IEEE.STD_LOGIC_1164.all;

entity decoder3_8 is
  port(a: in  STD_LOGIC_VECTOR(2 downto 0);
       y: out STD_LOGIC_VECTOR(7 downto 0));
end;

architecture synth of decoder3_8 is
begin
  process(all) begin
    case a is
      when "000" =>  y <= "00000001";
      when "001" =>  y <= "00000010";
      when "010" =>  y <= "00000100";
      when "011" =>  y <= "00001000";
      when "100" =>  y <= "00010000";
      when "101" =>  y <= "00100000";
      when "110" =>  y <= "01000000";
```

需，因为所有可能的输入组合都定义了；但是在模拟中需要考虑周全，以防万一出现某个输入为 x 或 z。

```
      when "111" =>   y <= "10000000";
      when others => y <= "XXXXXXXX";
   end case;
  end process;
end;
```

others 语句在这个代码的逻辑综合里不是严格必需，因为所有可能的输入组合都定义了；但是在模拟中需要考虑周全，以防万一出现某个输入为 x、z 或 u。 [202]

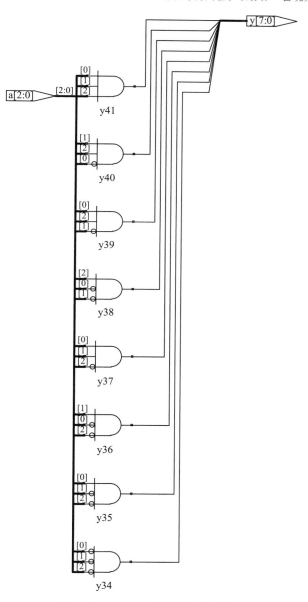

图 4-21　decoder3_8 综合后电路 [203]

4.5.2　if 语句

always/process 中可以包含 if 语句。if 语句后面还可以出现 else 语句。如果所有的输入组合都被处理，那么这个语句就表示组合逻辑；否则，就产生时序逻辑（如 4.4.5 节的锁存器）。

    HDL 例 4.26 使用 if 语句描述 2.4 节中介绍的优先级电路。一个 N 输入的优先级电路在对应最高优先级输入为 TRUE 的位输出 TRUE。

HDL例4.26   优先级电路

SystemVerilog

```
module priorityckt(input  logic [3:0] a,
                   output logic [3:0] y);

  always_comb
    if    (a[3]) y = 4'b1000;
    else if (a[2]) y = 4'b0100;
    else if (a[1]) y = 4'b0010;
    else if (a[0]) y = 4'b0001;
    else           y = 4'b0000;
endmodule
```

    在 SystemVerilog 中，if 语句必须出现在 always 语句中。

VHDL

```
library IEEE; use IEEE.STD_LOGIC_1164.all;

entity priorityckt is
  port(a: in  STD_LOGIC_VECTOR(3 downto 0);
       y: out STD_LOGIC_VECTOR(3 downto 0));
end;

architecture synth of priorityckt is
begin
  process(all) begin
    if    a(3) then y <= "1000";
    elsif a(2) then y <= "0100";
    elsif a(1) then y <= "0010";
    elsif a(0) then y <= "0001";
    else            y <= "0000";
    end if;
  end process;
end;
```

    与 SystemVerilog 不同，VHDL 支持条件信号赋值语句（参看 HDL 例 4.6）。它与 if 语句很像，但是出现在进程（process）外部。因此，这里也不应该使用进程描述组合逻辑了。

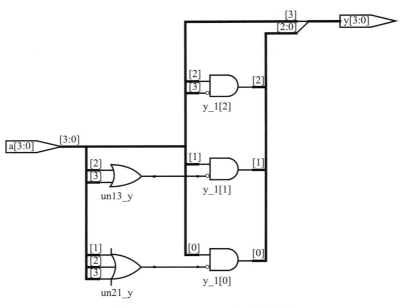

图 4-22   priorityckt 综合后电路

4.5.3   带有无关项的真值表

    正如在 2.7.3 节里讨论的，真值表中可能包含无关项从而提供更多逻辑简化可能。HDL 例 4.27 展示了如何用无关项描述一个优先级电路。

    Synplify Premier 为这个模块综合了电路，与图 4-22 的优先级电路稍微有点不同，如图 4-23 所示。然而，它们是逻辑等价的。

HDL例4.27　使用无关项的优先级电路

SystemVerilog

```
module priority_casez(input  logic [3:0] a,
                      output logic [3:0] y);
  always_comb
    casez(a)
      4'b1???: y = 4'b1000;
      4'b01??: y = 4'b0100;
      4'b001?: y = 4'b0010;
      4'b0001: y = 4'b0001;
      default: y = 4'b0000;
    endcase
endmodule
```

casez 语句执行起来跟 case 语句一样，但它能识别"?"为无关项。

VHDL

```
library IEEE; use IEEE.STD_LOGIC_1164.all;

entity priority_casez is
  port(a: in  STD_LOGIC_VECTOR(3 downto 0);
       y: out STD_LOGIC_VECTOR(3 downto 0));
end;

architecture dontcare of priority_casez is
begin
  process(all) begin
    case? a is
      when "1---" => y <= "1000";
      when "01--" => y <= "0100";
      when "001-" => y <= "0010";
      when "0001" => y <= "0001";
      when others => y <= "0000";
    end case?;
  end process;
end;
```

case? 语句执行起来跟 case 语句一样，但它能识别"-"为无关项。

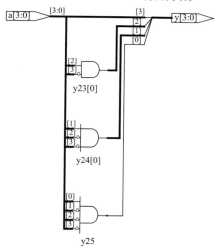

图 4-23　priority_casez 综合后电路

205

4.5.4　阻塞式和非阻塞式赋值

　　下面的内容解释了什么时候和怎样使用不同的赋值类型。如果不遵照这些指导原则，编写的代码就很可能在模拟时正确，但是综合到不正确的硬件。在这个小节的余下可选读部分解释了这些指导原则背后的规则。

阻塞和非阻塞赋值指导

SystemVerilog

　　1）使用 always_ff @(posedge clk) 和非阻塞式赋值描述同步时序逻辑。

```
always_ff @(posedge clk)
  begin
    n1 <= d; // 非阻塞
    q <= n1; // 非阻塞
  end
```

　　2）使用连续赋值去描述简单组合逻辑。

VHDL

　　1）使用 process(clk) 和非阻塞式赋值描述同步时序逻辑。

```
process(clk) begin
  if rising_edge(clk) then
    n1 <= d; -- 非阻塞
    q <= n1; -- 非阻塞
  end if;
end process;
```

　　2）使用 process 语句外的并行赋值描述简单组合逻辑。

```
assign y = s ? d1 : d0;
```

3）使用 always_comb 和阻塞式赋值描述复杂的组合逻辑将很有帮助。

```
always_comb
  begin
    p = a ^ b; // 阻塞
    g = a & b; // 非阻塞
    s = p ^ cin;
    cout = g | (p & cin);
  end
```

4）不要在多个 always 语句或者连续赋值语句中对同一个信号赋值。

```
y <= d0 when s = '0' else d1;
```

3）使用 process(all) 描述复杂的组合逻辑将会有帮助。使用阻塞式赋值对内部变量操作。

```
process(all)
  variable p, g: STD_LOGIC;
begin
  p := a xor b; -- 阻塞
  g := a and b; -- 阻塞
  s <= p xor cin;
  cout <= g or (p and cin);
end process;
```

4）不要在多个 process 语句或者并行赋值语句中对同一个变量赋值。

*1. 组合逻辑

HDL 例 4.23 中的全加器使用阻塞赋值方式可以正确描述。这个小节将探讨它如何操作，以及如果使用非阻塞式赋值会有何不同。

假设 a、b、cin 都初始化为 0。因此，p、g、s 和 cout 也是 0。在某一时刻，a 改变为 1，触发了 always/process 语句。四个阻塞式赋值按顺序计算值（在 VHDL 代码里，s 和 cout 并行赋值）。注意到 p 和 g 是在阻塞式赋值中，所以它们在 s 和 cout 计算之前得到了新值。这很重要，因为我们希望 s 和 cout 使用 p 和 g 的新值进行计算。

1）$p \leftarrow 1 \oplus 0 = 1$

2）$g \leftarrow 1 \cdot 0 = 0$

3）$s \leftarrow 1 \oplus 0 = 1$

4）$cout \leftarrow 0 + 1 \cdot 0 = 0$

对应地，HDL 例 4.28 中说明了非阻塞式赋值的使用。

HDL例4.28　使用非阻塞赋值的全加器

SystemVerilog

```
// nonblocking assignments (not recommended)
module fulladder(input  logic a, b, cin,
                 output logic s, cout);

  logic p, g;

  always_comb
    begin
      p <= a ^ b; // nonblocking
      g <= a & b; // nonblocking

      s <= p ^ cin;
      cout <= g | (p & cin);
    end
endmodule
```

VHDL

```
-- nonblocking assignments (not recommended)
library IEEE; use IEEE.STD_LOGIC_1164.all;

entity fulladder is
  port(a, b, cin: in  STD_LOGIC;
       s, cout:   out STD_LOGIC);
end;

architecture nonblocking of fulladder is
  signal p, g: STD_LOGIC;
begin
  process(all) begin
    p <= a xor b; -- nonblocking
    g <= a and b; -- nonblocking
    s <= p xor cin;
    cout <= g or (p and cin);
  end process;
end;
```

因为 p 和 g 出现在 process 语句中非阻塞式赋值的左侧，所以它们必须被声明为 signal 而不是 variable。信号声明出现在 architecture 里 begin 之前，而不是 process 中。

现在考虑到相同的情形，a 从 0 上升为 1，这时 b 和 cin 都为 0。四个非阻塞式赋值并行地计算值。

$$p \leftarrow 1 \oplus 0 = 1 \quad g \leftarrow 1 \cdot 0 = 0 \quad s \leftarrow 0 \oplus 0 = 0 \quad cout \leftarrow 0 + 0 \cdot 0 = 0$$

注意到 s 并行地与 p 一起计算，因此使用了 p 的旧值，而不是新值。所以，s 保持 0 而不是 1。然而，p 从 0 改变为 1。这个改变触发了 always/process 语句，从而第二次计算值，过程如下：

$$p \leftarrow 1 \oplus 0 = 1 \quad g \leftarrow 1 \cdot 0 = 0 \quad s \leftarrow 1 \oplus 0 = 1 \quad cout \leftarrow 0 + 1 \cdot 0 = 0$$

这一次，p 变为 1，所以 s 正确地改变为 1。非阻塞式赋值最后改变为正确值，但是 always/process 语句必须计算两次。这使模拟变慢，尽管它综合出来同样的硬件。

使用非阻塞式赋值描述组合逻辑的另外一个缺点是，如果你忘记把内部变量包括在敏感信号列表中，HDL 会产生错误的结果。

SystemVerilog	VHDL
如果 HDL 例 4.28 中 always 语句的敏感信号列表写作 always @ (a, b, cin)，而不是 always_comb，那么这个语句就不会在 p 或者 g 改变时重新计算值。在这种情况下，s 会错误保持为 0，而不是 1。	如果 HDL 例 4.28 中 process 语句的敏感信号列表写作 process(a, b, cin)，而不是 process(all)，那么这个语句不会在 p 或 g 改变时重新计算值。在这种情况下，s 会错误地保持为 0，而不是 1。

更糟的是，即使错误的敏感信号列表引起了模拟错误，一些综合工具也会综合得到正确的硬件。这就导致模拟结果和硬件实际操作不匹配。

*2. 时序逻辑

HDL 例 4.20 中可以使用非阻塞式赋值正确地描述同步器。在时钟的上升沿，d 被复制到 n1。同时 n1 被复制到 q，所以代码准确地描述了两个寄存器。例如，假设初始化 d=0，n1=1，q=0。在时钟上升沿，下面两个赋值同时发生，所以时钟脉冲上升沿后，n1=0，q=1。

$$n1 \leftarrow d = 0 \quad q \leftarrow n1 = 1$$

HDL 例 4.29 尝试用阻塞式语句去描述同一个模块。在上升沿 clk，d 被复制到 n1，之后这个 n1 的新值被复制到 q，导致 n1 和 q 中出现不正确的 d。赋值在时钟上升沿后依次进行，q=n1=0。

1）n1←d=0

2）q←n1=0

因为 n1 对于外界来说是透明的，也不对 q 的行为有影响，所以综合器完全把它优化掉了，如图 4-24 所示。

208

HDL例4.29   使用阻塞赋值的错误的同步器

SystemVeilog

```
// Bad implementation of a synchronizer using blocking
// assignments

module syncbad(input  logic clk,
               input  logic d,
               output logic q);

  logic n1;

  always_ff @(posedge clk)
    begin
      n1 = d; // blocking
      q = n1; // blocking
    end
endmodule
```

VHDL

```
-- Bad implementation of a synchronizer using blocking
-- assignment

library IEEE; use IEEE.STD_LOGIC_1164.all;

entity syncbad is
   port(clk: in  STD_LOGIC;
        d:   in  STD_LOGIC;
        q:   out STD_LOGIC);
end;

architecture bad of syncbad is
begin
  process(clk)
    variable n1: STD_LOGIC;
  begin
    if rising_edge(clk) then
      n1 := d; -- blocking
      q <= n1;
    end if;
  end process;
end;
```

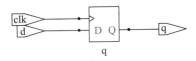

图 4-24   syncbad 综合后电路

在描述时序逻辑时，在 always/process 语句中必须使用非阻塞式赋值。如果读者足够聪明，也可以利用一些方法（例如调换赋值语句的顺序），也可以使阻塞赋值正确工作，但是阻塞赋值并没有优势，反而带来了未知行为的风险。有一些时序电路是无法使用阻塞式赋值描述的。

4.6　有限状态机

有限状态机（FSM）由状态寄存器和两个组合逻辑块组成，其中组合逻辑块用于计算当前状态和输入下的输出和下一状态，如图 3-22 所示。状态机的 HDL 描述对应划分成三个部分以分别描述状态寄存器、下一状态逻辑和输出逻辑。

209

HDL 例 4.30 描述了 3.4.2 节中 3 分频计数器的有限状态机。它提供异步复位以初始化有限状态机。状态寄存器使用了触发器的描述风格。下一状态和输出逻辑块则是组合逻辑。

HDL例4.30　3分频计数器的有限状态机

SystemVeilog

```
module divideby3FSM(input  logic clk,
                    input  logic reset,
                    output logic y);
  typedef enum logic [1:0] {S0, S1, S2} statetype;
  statetype state, nextstate;

  // state register
  always_ff @(posedge clk, posedge reset)
    if (reset) state <= S0;
    else       state <= nextstate;

  // next state logic
  always_comb
    case (state)
      S0:      nextstate = S1;
      S1:      nextstate = S2;
      S2:      nextstate = S0;
      default: nextstate = S0;
    endcase

  // output logic
  assign y = (state == S0);
endmodule
```

VHDL

```
library IEEE; use IEEE.STD_LOGIC_1164.all;

entity divideby3FSM is
  port(clk, reset: in  STD_LOGIC;
       y:          out STD_LOGIC);
end;

architecture synth of divideby3FSM is
  type statetype is (S0, S1, S2);
  signal state, nextstate: statetype;
begin
  -- state register
  process(clk, reset) begin
    if reset then state <= S0;
    elsif rising_edge(clk) then
      state <= nextstate;
    end if;
  end process;
  -- next state logic
  nextstate <= S1 when state = S0 else
               S2 when state = S1 else
               S0;

  -- output logic
  y <= '1' when state = S0 else '0';
end;
```

typedef 语句定义了 statetype 为一个 2 比特位的逻辑数值，它有三个可能取值：S0、S1、S2。state 和 nextstate 都是 statetype 类型信号。

枚举编码缺省值为数字排序：S0=00，S1=01，S2=10。编码可以由用户明确设置；不过，综合工具只是建议而不要求用户必须明确设置编码。比如，下面代码段把状态变量编码为 3 比特位的独热编码：

```
typedef enum logic [2:0] {S0=3'b001, S1=3'b010, S2=3'b100}
statetype;
```

注意 case 语句用于定义状态转换表。因为下一状态逻辑必须是组合逻辑，所以 dafault 不能缺少，尽管这里 2'b11 状态不会出现。

当状态为 s0 时，输出 y 为 1。如果 a 等于 b，相等比较式 a==b 得到值 1，否则为 0。不相等比较式 a!=b 则相反，在 a 不等于 b 时得到值 1。

这一例子中定义了一个新的枚举数据类型 statetype，有 3 个可能值 s0、s1、s2。state 和 nextstate 都是 statetype 类型的信号。使用枚举代替状态编码时，VHDL 综合器可以自由地搜索各种不同的状态编码，以选择一个最好编码。

当状态为 s0 的时候，输出 y 为 1。不相等比较式使用 /= 表示。当把比较改为 state/=S0 时，除了状态为 S0 外，其他状态的输出都为 1。

Synplify Premier 综合工具仅产生状态机的模块图和状态转换图；而且没有表示出逻 210
辑门，以及弧线和状态上的输入与输出。因此，要
注意是否已经在 HDL 代码中正确地说明描述了有限
状态机。图 4-25 的 3 分频计数器有限状态机状态转
换图与图 3-28b 相似。双圆圈表示 S0 是复位状态。
3 分频计数器有限状态机的门级实现如 3.4.2 节
所示。

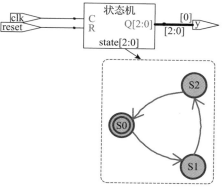

注意状态变量使用枚举数据类型来命名，而不使
用二进制数值来表示。这使得代码可读性更高也更易
修改。

如果因为某些原因，我们需要在状态 S0、S1 中
输出为 HIGH，那么输出逻辑应该按如下修改。

图 4-25　divideby3fsm 综合后电路

SystemVerilog	VHDL
`// 输出逻辑` `assign y = (state == S0 | state == S1);`	`-- 输出逻辑` `y <= '1' when (state = S0 or state = S1) else '0';`

以下两个例子描述了 3.4.3 节中的模式识别器有限状态机。代码展示了如何使用 case
和 if 语句，根据输入和当前状态产生下一状态和输出的逻辑。这里给出了 Moore 型状态机
和 Mealy 型状态机的模块。在 Moore 型状态机（HDL 例 4.31）中，输出只与当前状态有关，
而在 Mealy 状态机（HDL 例 4.32）中，输出逻辑与当前状态和输入都有关。 211

HDL例4.31　模式识别器的Moore型有限状态机

SystemVerilog

```
module patternMoore(input  logic clk,
                    input  logic reset,
                    input  logic a,
                    output logic y);

  typedef enum logic [1:0] {S0, S1, S2} statetype;
  statetype state, nextstate;

  // state register
  always_ff @(posedge clk, posedge reset)
    if (reset) state <= S0;
    else       state <= nextstate;

  // next state logic
  always_comb
    case (state)
      S0: if (a) nextstate = S0;
          else   nextstate = S1;
      S1: if (a) nextstate = S2;
          else   nextstate = S1;
      S2: if (a) nextstate = S0;
          else   nextstate = S1;
      default:   nextstate = S0;
    endcase

  // output logic
  assign y = (state == S2);
endmodule
```

注意，如何使用非阻塞式赋值（<=）在状态寄存器
中描述时序逻辑。同时，如何使用阻塞式赋值（=）在下
一状态逻辑中描述组合逻辑。

VHDL

```
library IEEE; use IEEE.STD_LOGIC_1164.all;

entity patternMoore is
  port(clk, reset: in  STD_LOGIC;
       a:          in  STD_LOGIC;
       y:          out STD_LOGIC);
end;

architecture synth of patternMoore is
  type statetype is (S0, S1, S2);
  signal state, nextstate: statetype;
begin
  -- state register
  process(clk, reset) begin
    if reset then               state <= S0;
    elsif rising_edge(clk) then state <= nextstate;
    end if;
  end process;

  -- next state logic
  process(all) begin
    case state is
      when S0 =>
        if a then nextstate <= S0;
        else      nextstate <= S1;
        end if;
      when S1 =>
        if a then nextstate <= S2;
        else      nextstate <= S1;
        end if;
      when S2 =>
        if a then nextstate <= S0;
        else      nextstate <= S1;
        end if;
```

```
            when others =>
                     nextstate <= S0;
      end case;
   end process;

   --output logic
   y <= '1' when state = S2 else '0';
end;
```

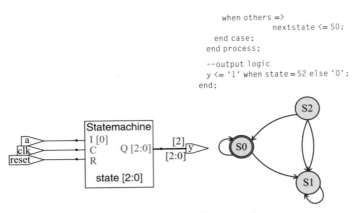

212

图 4-26   patternMoore 综合后电路

HDL例4.32   模式识别器的Mealy型有限状态机

SystemVerilog

```
module patternMealy(input  logic clk,
                    input  logic reset,
                    input  logic a,
                    output logic y);

   typedef enum logic {S0, S1} statetype;
   statetype state, nextstate;

   // state register
   always_ff @(posedge clk, posedge reset)
     if (reset) state <= S0;
     else       state <= nextstate;

   // next state logic
   always_comb
     case (state)
       S0: if (a) nextstate = S0;
           else   nextstate = S1;
       S1: if (a) nextstate = S0;
           else   nextstate = S1;
       default: nextstate = S0;
     endcase

   // output logic
   assign y = (a & state == S1);
endmodule
```

VHDL

```
library IEEE; use IEEE.STD_LOGIC_1164.all;

entity patternMealy is
   port(clk, reset: in  STD_LOGIC;
        a:          in  STD_LOGIC;
        y:          out STD_LOGIC);
end;

architecture synth of patternMealy is
   type statetype is (S0, S1);
   signal state, nextstate: statetype;
begin
   -- state register
   process(clk, reset) begin
      if reset then            state <= S0;
      elsif rising_edge(clk) then state <= nextstate;
      end if;
   end process;

   -- next state logic
   process(all) begin
      case state is
         when S0 =>
           if a then nextstate <= S0;
           else      nextstate <= S1;
           end if;
         when S1 =>
           if a then nextstate <= S0;
           else      nextstate <= S1;
           end if;
         when others =>
                     nextstate <= S0;
      end case;
   end process;

   -- output logic
   y <= '1' when (a = '1' and state = S1) else '0';
end;
```

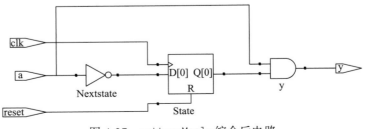

图 4-27   patternMealy 综合后电路

*4.7　数据类型

本节将更深入讲解 SystemVerilog 和 VHDL 类型的微妙差别。

213

4.7.1　SystemVerilog

在 SystemVerilog 出现之前，Verilog 主要使用两种数据类型：reg 和 wire。尽管名字如此，但 reg 信号不一定与寄存器相关联。这对初学者来说是一个巨大的混淆根源。System-Verilog 引入了 logic 数据类型来消除歧义。因此，本书着重强调 logic 数据类型。本小节更详细地讲解 reg 和 wire 数据类型，以利于读者阅读旧 Verilog 代码。

在 Verilog 里，如果一个信号出现在 always 模块中 "<=" 或 "=" 的左边，那么它必须声明为 reg。否则，它应该声明为 wire 型变量。因此，一个 reg 信号可能是一个触发器、锁存器或者组合逻辑的输出，这由敏感信号列表和 always 模块里的语句来决定。

输入和输出端口缺省为 wire 类型，除非它们的类型被明确定义为 reg。下面的例子展示了如何使用传统 Verilog 来描述一个触发器。注意 clk 和 d 缺省为 wire 类型，而 q 则明确定义为 reg 类型，这是因为 q 出现在 always 模块里的 "<=" 左边。

```
module flop(input            clk,
            input    [3:0] d,
            output reg [3:0] q);
   always @(posedge clk)
      q <= d;
endmodule
```

SystemVerilog 引入 logic 数据类型。logic 类型是 reg 类型的代名词，同时它避免了误导用户关于它实际上是否是一个触发器的猜想。而且，SystemVerilog 放宽了 assign 语句和分层端口实例的规则，所以 logic 变量可以在 always 模块外面使用，而传统语法则要求在 always 模块外要使用 wire 变量。因此，几乎所有 SystemVerilog 信号都可以是 logic 类型。但也有例外，如果信号有多个驱动源（例如三态总线）则必须声明为 net 类型，正如 HDL 例 4.10 中所描述。这个规则使得在 logic 信号不小心连接到多驱动源上时，SystemVerilog 生成错误信息而不是生成 x 值。

最常用的 net 类型是 wire 或 tri。这两个类型是同义的，但是传统上 wire 类型用于单信号源驱动，tri 类型用于多信号源驱动。因此，在 SystemVerilog 中，wire 类型已废弃，因为 logic 类型更常用于单驱动源信号。

当 tri 变量由一个或多个信号源驱动为某个数值，那么它就呈现那个数值。当它未被驱动，则它呈现浮空值（z）。当它被多个信号源驱动为不同的值（0、1 或 x），则它呈现为不确定值（x）。

同时存在其他使用不同方法解决未驱动或者多驱动源问题的 net 类型，这些类型很少使用，但是可以在任何使用 tri 类型的地方作为 tri 的替代（例如用于多个驱动源的信号），每个类型都在表 4-7 中描述。

214

表 4-7　net 解决方案

net 类型	无驱动源时	驱动源冲突时	net 类型	无驱动源时	驱动源冲突时
tri	z	x	trior	z	如果任意输入为 1，输出 1
trireg	先前值	x	tri0	0	x
triand	z	如果任意输入为 0，输出 0	tri1	1	x

4.7.2　VHDL

与 SystemVerilog 不同，VHDL 要求一个严格的数据类型系统以保证用户不出现错误，尽管有时这也会显得有些冗繁。

尽管 STD_LOGIC 非常基本和重要，但是却没有直接建立在 VHDL 内。它包含在 IEEE. STD_LOGIC_1164 库之中。因此，在之前例子中的所有文件都必须包含库语句。

而且 IEEE.STD_LOGIC_1164 缺少对于 STD_LOGIC_VECTOR 数据的基本操作，例如整数相加、比较、移位和转换等操作。这些操作最终被添加进 VHDL 2008 标准 IEEE.NUMERIC_STD_UNSIGNED 库里。

VHDL 还有一个 BOOLEAN 类型，包含两个值：true 和 false。BOOLEAN 值由比较操作返回（如等值比较 s='0'）。它也用在条件语句中，如 when 语句和 if 语句。尽管我们可能会认为 BOOLEAN 类型的 true 值应该等于 STD_LOGIC 的 '1'，BOOLEAN 类型的 false 值应该等于 STD_LOGIC 的 '0'，但实际上这两个类型在 VHDL 2008 标准制定之前是不可以互换的。例如，在旧 VHDL 标准代码里，必须这样写：

```
y <= d1 when (s = '1') else d0;
```

而在 VHDL 2008 标准里，when 语句自动将 s 从 STD_LOGIC 转换成 BOOLEAN 类型，因此上述语句可以简化为：

```
y <= d1 when s else d0;
```

然而在 VHDL 2008 标准里，仍然需要这样写代码：

```
q <= '1' when (state = S2) else '0';
```

而不是：

```
q <= (state = S2);
```

这是因为 (state = S2) 返回一个 BOOLEAN 类型的结果，这个结果不能直接赋值给 STD_LOGIC 类型信号 y。

尽管我们没有声明任何信号为 BOOLEAN 类型，但是它们会在比较式中自动产生，并在条件语句中使用。相似地，VHDL 用 INTEGER 类型表示正数和负数。INTEGER 类型的信号数值跨度从 $-(2^{31}-1)$ 到 $2^{31}-1$。整型数用于做总线的标识。例如在语句

```
y <= a(3) and a(2) and a(1) and a(0);
```

中，0、1、2 和 3 就是用于选择 a 信号位的索引整数。我们不能直接用 STD_LOGIC 或者 STD_LOGIC_VECTOR 信号去标识总线。我们必须把信号转换成 INTEGER 类型。这将由下面的例子来说明。这个例子是一个 8:1 多路转换器，用 3 位标识从向量中选择一位。TO_INTEGER 函数在 IEEE.NUMERIC_STD_UNSIGNED 库中定义，作用是把 STD_LOGIC_VECTOR 类型转换成 INTEGER 的正值（无符号）。

```
library IEEE;
use IEEE.STD_LOGIC_1164.all;
use IEEE.NUMERIC_STD_UNSIGNED.all;

entity mux8 is
  port(d: in  STD_LOGIC_VECTOR(7 downto 0);
       s: in  STD_LOGIC_VECTOR(2 downto 0);
       y: out STD_LOGIC);
```

215

```
end;
architecture synth of mux8 is
begin
  y <= d(TO_INTEGER(s));
end;
```

VHDL 严格定义 out 端口只能用于输出。例如，以下关于 2 和 3 输入与门就是非法的 VHDL 代码，因为 v 为输出而它又被用于计算 w。

```
library IEEE; use IEEE.STD_LOGIC_1164.all;
entity and23 is
  port(a, b, c: in STD_LOGIC;
       v, w: out  STD_LOGIC);
end;
architecture synth of and23 is
begin
  v <= a and b;
  w <= v and c;
end;
```

VHDL 定义了一个特别的端口类型 buffer 去解决这个问题。连接到 buffer 端口的信号像输出一样工作，并可以在模块内使用。以下是改正的实体定义（见图 4-28）。Verilog 和 SystemVerilog 没有这个限制，所以也不需要 buffer 端口。VHDL 2008 去除这个限制，允许 out 端口可读，但是这个改变在写这本书的时候尚未被 Synplify 的 CAD 工具支持。 216

```
entity and23 is
  port(a, b, c: in STD_LOGIC;
       v: buffer  STD_LOGIC;
       w: out     STD_LOGIC);
end;
```

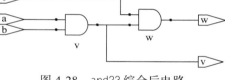

大多数运算操作，例如加法、减法和布尔逻辑计算对于有符号数和无符号数是一样的。然而，数值比较、乘法和算术右移对于有符号补码和无符号二进制数的操作是不一样的。这些运算将在第五章详细讲解。HDL 例 4.33 描述了如何表示有符号数。

图 4-28　　and23 综合后电路

HDL例4.33　　（a）无符号乘法器，（b）有符号乘法器

SystemVerilog

```
// 4.33(a): unsigned multiplier
module multiplier(input  logic [3:0] a, b,
                  output logic [7:0] y);
  assign y = a * b;
endmodule

// 4.33(b): signed multiplier
module multiplier(input  logic signed [3:0] a, b,
                  output logic signed [7:0] y);
  assign y = a * b;
endmodule
```

在 SystemVerilog 中，信号缺省为无符号数。添加了 signed 修饰符后（例如，logic signed [3:0] a），信号 a 则作为有符号数处理。

VHDL

```
-- 4.33(a): unsigned multiplier
library IEEE; use IEEE.STD_LOGIC_1164.all;
use IEEE.NUMERIC_STD_UNSIGNED.all;

entity multiplier is
  port(a, b: in  STD_LOGIC_VECTOR(3 downto 0);
       y:    out STD_LOGIC_VECTOR(7 downto 0));
end;

architecture synth of multiplier is
begin
  y <= a * b;
end;
```

VHDL 使用 NUMERIC_STD_UNSIGNED 库来对 STD_LOGIC_VECTOR 执行算术运算和对比运算。这些向量作为无符号数处理。

```
use IEEE.NUMERIC_STD_UNSIGNED.all;
```

VHDL 也在 IEEE.NUMERIC_STD 库里定义了 UNSIGNED 和 SIGNED 数据类型，但这些数据类型涉及了类型转换，这超出了本章的知识范围。

*4.8 参数化模块

目前为止，所有模块的输入和输出宽度都是固定的。例如，我们必须分别针对 4 位和 8 位宽 2:1 多路器选择器定义不同的模块。在使用参数化模块时，HDL 允许位宽可变。

HDL 例 4.34 描述了一个位宽默认为 8 的参数化 2:1 多路选择器，之后使用它分别生成一个 8 位和一个 12 位的 4:1 多路选择器。

HDL 例 4.35 描述了一个更好的参数化模块——译码器。使用 case 语句描述大型 $N:2^N$ 译码器很麻烦。但使用参数化代码来设置合适的输出位为 1 却很简单。特别需要注意的是，译码器使用阻塞式赋值首先设置所有的位为 0，然后改变合适的位为 1。

HDL例4.34   参数化的N位2:1多路选择器

SystemVerilog

```
module mux2
  #(parameter width=8)
  (input  logic [width-1:0] d0, d1,
   input  logic             s,
   output logic [width-1:0] y);

   assign y = s ? d1 : d0;
endmodule
```

SystemVerilog 允许在定义输入输出信号之前使用 #(parameter…) 语句定义参数。parameter 语句包括参数 width 的默认值（8）。输入和输出信号的位数依赖于这个参数。

```
module mux4_8(input  logic [7:0] d0, d1, d2, d3,
             input  logic [1:0] s,
             output logic [7:0] y);

   logic [7:0] low, hi;

   mux2 lowmux(d0, d1, s[0], low);
   mux2 himux(d2, d3, s[0], hi);
   mux2 outmux(low, hi, s[1], y);
endmodule
```

8 位 4:1 多路选择器使用了 3 个默认 width 的 2:1 多路选择器的实例。

相比之下，12 位的 4:1 多路选择器 mux4_12 就需要在实例名前使用 #() 重写默认宽度，如下所示。

```
module mux4_12(input logic  [11:0] d0, d1, d2, d3,
              input logic  [1:0]  s,
              output logic [11:0] y);

   logic [11:0] low, hi;

   mux2 #(12) lowmux(d0, d1, s[0], low);
   mux2 #(12) himux(d2, d3, s[0], hi);
   mux2 #(12) outmux(low, hi, s[1], y);
endmodule
```

不要把表示延迟的 # 符号与定义和重写参数的 #(…) 混淆。

VHDL

```
library IEEE; use IEEE.STD_LOGIC_1164.all;

entity mux2 is
  generic(width: integer := 8);
  port(d0,
    d1: in  STD_LOGIC_VECTOR(width-1 downto 0);
    s:  in  STD_LOGIC;
    y:  out STD_LOGIC_VECTOR(width-1 downto 0));
end;

architecture synth of mux2 is
begin
  y <= d1 when s else d0;
end;
```

generic 语句包括 width 的默认值（8）。这个值为整数类型。

```
library IEEE; use IEEE.STD_LOGIC_1164.all;

entity mux4_8 is
  port(d0, d1, d2,
       d3: in  STD_LOGIC_VECTOR(7 downto 0);
       s:  in  STD_LOGIC_VECTOR(1 downto 0);
       y:  out STD_LOGIC_VECTOR(7 downto 0));
end;

architecture struct of mux4_8 is
  component mux2
    generic(width: integer := 8);
    port(d0,
      d1: in  STD_LOGIC_VECTOR(width-1 downto 0);
      s:  in  STD_LOGIC;
      y:  out STD_LOGIC_VECTOR(width-1 downto 0));
  end component;
  signal low, hi: STD_LOGIC_VECTOR(7 downto 0);
begin
  lowmux: mux2 port map(d0, d1, s(0), low);
  himux:  mux2 port map(d2, d3, s(0), hi);
  outmux: mux2 port map(low, hi, s(1), y);
end;
```

8 位 4:1 多路选择器 mux4_8 使用了 3 个默认 width 的 2:1 多路选择器的实例。

相比之下，12 位 4:1 多路选择器 mux4_12 就需要用 generic map 覆盖默认的 width，如下所示。

```
lowmux: mux2 generic map(12)
             port map(d0, d1, s(0), low);
himux:  mux2 generic map(12)
             port map(d2, d3, s(0), hi);
outmux: mux2 generic map(12)
             port map(low, hi, s(1), y);
```

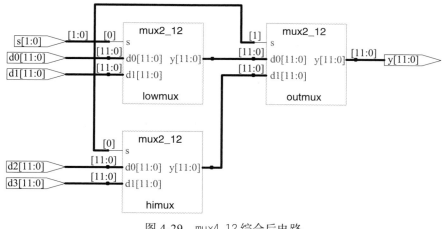

图 4-29 mux4_12 综合后电路

HDL例4.35   参数化的 $N:2^N$ 译码器

SystemVerilog

```
module decoder
  #(parameter N = 3)
  (input  logic [N-1:0]   a,
   output logic [2**N-1:0] y);

  always_comb
    begin
      y = 0;
      y[a] = 1;
    end
endmodule
```

2**N 代表 2^N。

VHDL

```
library IEEE; use IEEE.STD_LOGIC_1164.all;
use IEEE. NUMERIC_STD_UNSIGNED.all;

entity decoder is
  generic(N: integer := 3);
  port(a: in STD_LOGIC_VECTOR(N-1 downto 0);
       y: out STD_LOGIC_VECTOR(2**N-1 downto 0));
end;

architecture synth of decoder is
begin
  process(all)
  begin
    y <= (OTHERS => '0');
    y(TO_INTEGER(a)) <= '1';
  end process;
end;
```

2**N 代表 2^N。

HDL 还提供 generate 语句产生基于参数值的可变数量的硬件。generate 支持 for 循环和 if 语句来决定产生多少和什么类型的硬件。HDL 例 4.36 说明如何使用 generate 语句产生一个由 2 输入与门串联构成的 N 输入"与"功能。当然，如果在这个应用中使用缩减运算符将会更简单明了，但是该例子阐述了硬件生成的通用原理。

使用 generate 语句必须注意，它很容易不经意地生成大量的硬件。

HDL例4.36   参数化的 N 输入与门

SystemVeilog

```
module andN
  #(parameter width = 8)
  (input  logic [width-1:0] a,
   output logic            y);
  genvar i;
  logic [width-1:0] x;

  generate
    assign x[0] = a[0];
    for(i=1; i<width; i=i+1) begin: forloop
      assign x[i] = a[i] & x[i-1];
    end
```

VHDL

```
library IEEE; use IEEE.STD_LOGIC_1164.all;

entity andN is
  generic(width: integer := 8);
  port(a: in  STD_LOGIC_VECTOR(width-1 downto 0);
       y: out STD_LOGIC);
end;

architecture synth of andN is
  signal x: STD_LOGIC_VECTOR(width-1 downto 0);
begin
  x(0) <= a(0);
  gen: for i in 1 to width-1 generate
```

219

```
endgenerate
 assign y = x[width-1];
endmodule
```

for 语句循环通过 i=1，2，…，width-1 产生许多连续的与门。在 generate for 循环里面的 begin 后面必须有 "：" 和一个任意的标识（在这个例子中是 forloop）。

```
   x(i) <= a(i) and x(i-1);
  end generate;
  y <= x(width-1);
end;
```

generate 循环变量 i 不需申明。

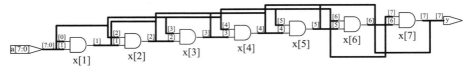

图 4-30 andN 综合后电路

4.9 测试程序

测试程序（testbench）是用于测试其他待测试模块（Device Under Test，DUT）的硬件描述语言模块。此程序包含了向待测试模块提供输入的语句，以测试是否产生了理想的正确输出。输入和期待的输出模式称为测试向量（test vector）。

考虑测试 4.1.1 节中计算 $y=\overline{abc}+a\overline{bc}+ab\overline{c}$ 的 sillyfunction 模块。这是一个简单的模块，所以我们可以提供所有 8 个可能的测试向量表示全部的测试。

HDL 例 4.37 说明了一个简单的测试程序。它实例化 DUT，之后提供输入。阻塞式赋值和延迟用于提供合适的输入顺序。使用者必须检查模拟结果以验证是否产生正确输出。测试程序也像其他的 HDL 模块那样被模拟，然而它们不能被综合。

HDL例4.37 testbech

SystemVerilog

```
module testbench1();
 logic a, b, c, y;

 // instantiate device under test
 sillyfunction dut(a, b, c, y);

 // apply inputs one at a time
 initial begin
  a = 0; b = 0; c = 0; #10;
  c = 1;            #10;
  b = 1; c = 0;     #10;
  c = 1;            #10;
  a = 1; b = 0; c = 0; #10;
  c = 1;            #10;
  b = 1; c = 0;     #10;
  c = 1;            #10;
 end
endmodule
```

initial 语句在模拟开始时执行体内的语句。在本例中，它首先提供输入 000，然后等待 10 个单位时间。随后提供 001，之后等待 10 个单位时间，并按照此方式执行，以提供了所有 8 个可能的输入。initial 语句只能用在测试程序的模拟，而不能用于可综合为实际硬件的模块中。这是因为首次启动时硬件无法执行一系列特殊的步骤。

VHDL

```
library IEEE; use IEEE.STD_LOGIC_1164.all;

entity testbench1 is -- no inputs or outputs
end;

architecture sim of testbench1 is
  component sillyfunction
    port(a, b, c: in  STD_LOGIC;
         y:      out STD_LOGIC);
  end component;
  signal a, b, c, y: STD_LOGIC;
begin
  -- instantiate device under test
  dut: sillyfunction port map(a, b, c, y);

  -- apply inputs one at a time
  process begin
   a <= '0'; b <= '0'; c <= '0'; wait for 10 ns;
   c <= '1';                 wait for 10 ns;
   b <= '1'; c <= '0';       wait for 10 ns;
   c <= '1';                 wait for 10 ns;
   a <= '1'; b <= '0'; c <= '0'; wait for 10 ns;
   c <= '1';                 wait for 10 ns;
   b <= '1'; c <= '0';       wait for 10 ns;
   c <= '1';                 wait for 10 ns;
   wait; -- wait forever
 end process;
end;
```

process 语句最先提供输入 000，之后等待 10ns。然后提供 001，等待 10ns，并按此方式提供所有 8 个可能的输入。

最后，process 将无限等待；否则，process 会再次开始，重复地提供测试向量。

　　检查输出是否正确的过程比较枯燥，而且容易出错。当设计在脑海里还是很清晰时，判断输出结果是否正确还比较简单。如果做出了很小的修改，而且数周后需要重新测试，判断输出是否正确就变得比较麻烦了。一个更好的方法是编写具有自测功能的测试程序，如 HDL 例 4.38 所示。

HDL例4.38　能自测试的测试程序

SystemVerilog

```
module testbench2();
  logic a, b, c, y;

  // instantiate device under test
  sillyfunction dut(a, b, c, y);

  // apply inputs one at a time
  // checking results
  initial begin
    a = 0; b = 0; c = 0; #10;
    assert (y === 1) else $error("000 failed.");
    c = 1;   #10;
    assert (y === 0) else $error("001 failed.");
    b = 1; c = 0;   #10;
    assert (y === 0) else $error("010 failed.");
    c = 1;   #10;
    assert (y === 0) else $error("011 failed.");
    a = 1; b = 0; c = 0;   #10;
    assert (y === 1) else $error("100 failed.");
    c = 1;   #10;
    assert (y === 1) else $error("101 failed.");
    b = 1; c = 0;   #10;
    assert (y === 0) else $error("110 failed.");
    c = 1;   #10;
    assert (y === 0) else $error("111 failed.");
  end
endmodule
```

　　SystemVerilog 的 assert 语句检查特定条件是否成立。如果不成立，则执行 else 语句。else 语句中的 $error 系统任务用于打印描述 assert 错误的错误信息。assert 在综合过程中将被忽略。

　　在 SystemVerilog 中，可以在不包括 x 和 z 值的信号中间使用 == 或者 != 的对比式。测试程序分别使用 === 和 !== 运算符判断相等或不等，因为这些运算符能对包含 x 和 z 的操作数正确操作。

VHDL

```
library IEEE; use IEEE.STD_LOGIC_1164.all;

entity testbench2 is -- no inputs or outputs
end;

architecture sim of testbench2 is
  component sillyfunction
    port(a, b, c: in  STD_LOGIC;
         y:        out STD_LOGIC);
  end component;
  signal a, b, c, y: STD_LOGIC;
begin
  -- instantiate device under test
  dut: sillyfunction port map(a, b, c, y);

  -- apply inputs one at a time
  -- checking results
  process begin
    a <= '0'; b <= '0'; c <= '0'; wait for 10 ns;
      assert y = '1' report "000 failed.";
    c <= '1';                     wait for 10 ns;
      assert y = '0' report "001 failed.";
    b <= '1'; c <= '0';           wait for 10 ns;
      assert y = '0' report "010 failed.";
    c <= '1';                     wait for 10 ns;
      assert y = '0' report "011 failed.";
    a <= '1'; b <= '0'; c <= '0'; wait for 10 ns;
      assert y = '1' report "100 failed.";
    c <= '1';                     wait for 10 ns;
      assert y = '1' report "101 failed.";
    b <= '1'; c <= '0';           wait for 10 ns;
      assert y = '0' report "110 failed.";
    c <= '1';                     wait for 10 ns;
      assert y = '0' report "111 failed.";
  wait; -- wait forever
  end process;
end;
```

　　assert 语句检查条件，并当条件不被满足时打印 report 子句中的信息。assert 只在模拟时有意义，在综合时无意义。

　　在需要很大量测试向量的模块中，为每个测试向量编写代码依然是冗繁的工作。一个比较好的方法是把测试向量置于分离的文件中。测试程序简单地从文件中读取测试向量，向 DUT 输入测试向量，检查 DUT 输出值是否与输出向量一致，之后重复这个过程直到测试向量文件的结尾。

　　HDL 例 4.39 说明了这种测试程序。测试程序使用没有敏感信号列表的 always/process 语句产生了一个时钟，因此它会连续不断地重复运行。模拟开始时，从测试文件读取测试向量，之后提供两个周期的 reset 脉冲。虽然时钟信号和复位信号在组合逻辑测试中不是必需的，但它们也包含在代码里，因为它们在时序 DUT 测试中是很重要的。example.tv 是包含了二进制格式输入和期待输出的文本文件：

221
～
222

```
000_1
001_0
010_0
```

```
011_0
100_1
101_1
110_0
111_0
```

HDL例4.39   带测试向量的测试程序

SystemVerilog

```
module testbench3();
  logic          clk, reset;
  logic          a, b, c, y, yexpected;
  logic [31:0]   vectornum, errors;
  logic [3:0]    testvectors[10000:0];

  // instantiate device under test
  sillyfunction dut(a, b, c, y);

  // generate clock
  always
    begin
      clk=1; #5; clk=0; #5;
    end

  // at start of test, load vectors
  // and pulse reset
  initial
    begin
      $readmemb("example.tv", testvectors);
      vectornum=0; errors=0;
      reset=1; #27; reset=0;
    end

  // apply test vectors on rising edge of clk
  always @(posedge clk)
    begin
      #1; {a, b, c, yexpected} = testvectors[vectornum];
    end

  // check results on falling edge of clk
  always @(negedge clk)
    if (~reset) begin // skip during reset
      if (y !== yexpected) begin // check result
        $display("Error: inputs =%b", {a, b, c});
        $display("  outputs =%b (%b expected)", y, yexpected);
        errors = errors+1;
      end
      vectornum = vectornum+1;
      if (testvectors[vectornum] === 4'bx) begin
        $display("%d tests completed with %d errors",
                 vectornum, errors);
        $finish;
      end
    end
endmodule
```

[223] $readmemb 读取二进制文件内容到 testvectors 数组。$readmemh 很相似，只不过它读取十六进制数字。

下一代码块在下一时钟上升沿之后等待一个时间单位（以防止时钟和数据同时改变造成的混乱），然后根据当前测试向量的 4 位内容设置 3 位输入（a、b 和 c）和 1 位期待输出（yexpected）。

测试程序对期待输出 yexpected 与生成的输出 y 作对比。如果它们并不一致，就会打印出一个错误。%b 和 %d 表示分别以二进制或者十进制输出值。例如，$display("%b %b", y, yexpected); 表示以二进制打印出 y 和 yexpected 两个值。%h 则以十六进制输出数值。

这个进程重复直到 testevectors 数组中没有更多的可用测试向量。$finish 结束模拟。

注意，虽然 Verilog 模块最多支持 10 001 个测试向量，但是它在执行 8 个文件中的测试向量之后就结束模拟了。

VHDL

```
library IEEE; use IEEE.STD_LOGIC_1164.all;
use IEEE.STD_LOGIC_TEXTIO.ALL; use STD.TEXTIO.all;

entity testbench3 is -- no inputs or outputs
end;

architecture sim of testbench3 is
  component sillyfunction
    port(a, b, c: in  STD_LOGIC;
         y:       out STD_LOGIC);
  end component;
  signal a, b, c, y:   STD_LOGIC;
  signal y_expected:   STD_LOGIC;
  signal clk, reset:   STD_LOGIC;
begin
  -- instantiate device under test
  dut: sillyfunction port map(a, b, c, y);

  -- generate clock
  process begin
    clk <= '1'; wait for 5 ns;
    clk <= '0'; wait for 5 ns;
  end process;

  -- at start of test, pulse reset
  process begin
    reset <= '1'; wait for 27 ns; reset <= '0';
    wait;
  end process;

  -- run tests
  process is
    file tv: text;
    variable L: line;
    variable vector_in: std_logic_vector(2 downto 0);
    variable dummy: character;
    variable vector_out: std_logic;
    variable vectornum: integer := 0;
    variable errors: integer := 0;
  begin
    FILE_OPEN(tv, "example.tv", READ_MODE);
    while not endfile(tv) loop

      -- change vectors on rising edge
      wait until rising_edge(clk);

      -- read the next line of testvectors and split into pieces
      readline(tv, L);
      read(L, vector_in);
      read(L, dummy); -- skip over underscore
      read(L, vector_out);
      (a, b, c) <= vector_in(2 downto 0) after 1 ns;
      y_expected <= vector_out after 1 ns;

      -- check results on falling edge
      wait until falling_edge(clk);

      if y /= y_expected then
        report "Error: y = " & std_logic'image(y);
        errors := errors+1;
      end if;

      vectornum := vectornum+1;
    end loop;

    -- summarize results at end of simulation
    if (errors=0) then
      report "NO ERRORS -- " &
             integer'image(vectornum) &
             " tests completed successfully."
             severity failure;
    else
      report integer'image(vectornum) &
```

```
                                  " tests completed. errors = " &
                                  integer'image(errors)
                                  severity failure;
                   end if;
                 end process;
               end;
```

> VHDL 代码使用读取文件指令，已经超出了本章的范围，但是这里也给出了一个 VHDL 自测测试程序的概况。

在时钟上升沿时向待测试设备提供新输入，在时钟下降沿时检查其输出。测试程序在发生错误时会报告错误，在模拟结束时，测试程序打印使用的测试向量总数和检测到的错误数。

对这样简单的电路使用 HDL 例 4.39 的测试程序有点过分了。然而，经过简单地修改，它可以测试更复杂的电路，修改的内容主要包括：example.tv、实例化新的待测试设备、更改一些代码以设置输入和检查输出。

4.10　总结

对于现代数字设计者，硬件描述语言（HDL）是十分重要的工具。当学会了 System-Verilog 或者 VHDL，就可以比手工绘制图表更快地描述数字系统。而且因为修改时只需要改代码，而不是烦琐地重绘电路图，所以调试周期也会更快。然而，如果不熟悉代码所代表的硬件，使用硬件描述语言的调试周期可能会更长。

硬件描述语言用于模拟和综合。逻辑模拟是在系统转化为硬件前在计算机上进行测试的强大方法。模拟器可以检查系统中在物理硬件中不可能被测量的信号。逻辑综合把硬件描述语言代码转换成数字逻辑电路。

最需要记住的是，编写硬件描述语言代码是在描述一个真实存在的硬件，而不是编写一个软件程序。很多初学者的常见错误是不考虑准备产生的硬件而编写硬件描述语言代码。如果不知道要表示的硬件是什么，那么也肯定不能得到想要的东西。相反，应该从画系统的结构图开始，区分哪些部分是组合逻辑，哪些部分是时序逻辑或有限状态机。随后使用能描述目标硬件的正确风格为每一个部分编写硬件描述语言代码。

224
~
225

习题

以下的习题可以用读者习惯的硬件描述语言完成。如果可以使用模拟器，那么测试相应设计。打印出波形，并解释它们如何证明设计是可行的。如果可以使用综合器，则综合相应代码。打印出生成的电路图，解释为什么它符合预想。

4.1　描绘用一下 HDL 描述的电路图。简化电路图以使用最少的门表示。

SystemVerilog

```
module exercise1(input  logic a, b, c,
                 output logic y, z);

  assign y = a & b & c | a & b & ~c | a & ~b & c;
  assign z = a & b | ~a & ~b;
endmodule
```

VHDL

```
library IEEE; use IEEE.STD_LOGIC_1164.all;

entity exercise1 is
  port(a, b, c: in  STD_LOGIC;
       y, z:    out STD_LOGIC);
end;

architecture synth of exercise1 is
begin
  y <= (a and b and c) or (a and b and not c) or
       (a and not b and c);
  z <= (a and b) or (not a and not b);
end;
```

4.2 描绘用一下 HDL 描述的电路图。简化电路图以使用最少的门表示。

SystemVerilog	VHDL
| ```
module exercise2(input  logic [3:0] a,
                 output logic [1:0] y);
  always_comb
    if     (a[0]) y = 2'b11;
    else if (a[1]) y = 2'b10;
    else if (a[2]) y = 2'b01;
    else if (a[3]) y = 2'b00;
    else           y = a[1:0];
endmodule
``` | ```
library IEEE; use IEEE.STD_LOGIC_1164.all;

entity exercise2 is
  port(a: in  STD_LOGIC_VECTOR(3 downto 0);
       y: out STD_LOGIC_VECTOR(1 downto 0));
end;

architecture synth of exercise2 is
begin
  process(all) begin
    if    a(0) then y <= "11";
    elsif a(1) then y <= "10";
    elsif a(2) then y <= "01";
    elsif a(3) then y <= "00";
    else            y <= a(1 downto 0);
    end if;
  end process;
end;
``` |

4.3 编写一个 HDL 模块，计算 4 输入 XOR 函数。输入为 $a_{3:0}$，输出为 y。

4.4 为习题 4.3 编写一个自测测试程序。生成一个包含所有 16 个测试用例的测试向量文件。模拟电路运行，并表示它的工作结果。在测试向量文件中引入一个错误，以检查测试程序报告所发现的错误。

4.5 编写一个叫作 minority 的 HDL 模块。它接收 a、b 和 c 供 3 个输入。产生一个输出 y 在至少两个输入为 FALSE 时输出 TRUE。

4.6 编写一个 HDL 模块用于十六进制的 7 段数码管显示译码器。在显示 0～9 的同时，该译码器应该也能显示 A、B、C、D、E、F。

4.7 为习题 4.6 编写一个自测测试程序。生成一个测试向量文件，其中包括所有 16 个测试用例。模拟电路运行，证明其能工作。在测试向量文件中引入一个错误，使测试程序报告错误。

4.8 编写一个 8:1 多路选择器模块 mux8，输入为 $s_{2:0}$, d0, d1, d2, d3, d4, d5, d6, d7，输出为 y。

4.9 编写一个结构模块，使用多路选择器逻辑计算逻辑函数 $y = a\overline{b} + bc + \overline{a}bc$。使用习题 4.8 中的 8:1 多路选择器。

4.10 使用 4:1 多路选择器和非门重新实现习题 4.9 的内容。

4.11 在 4.5.4 节中指出如果赋值顺序合适，综合器也能正确地用阻塞式赋值描述。想出一个简单的时序电路，它无论采用何种顺序都不能用阻塞式赋值描述。

4.12 编写一个 8 输入优先电路的 HDL 模块。

4.13 编写一个 2:4 译码器的 HDL 模块。

4.14 使用习题 4.13 中的 2:4 译码器实例和一些 3 输入与门编写一个 6:64 译码器的 HDL 模块。

4.15 编写 HDL 模块实现习题 2.13 中的布尔等式。

4.16 编写 HDL 模块实现习题 2.26 中的电路。

4.17 编写 HDL 模块实现习题 2.27 中的电路。

4.18 编写 HDL 模块实现习题 2.28 的逻辑功能。注意如何处理那些无关项。

4.19 编写 HDL 模块实现习题 2.35 的功能。

4.20 编写 HDL 模块实现习题 2.36 的优先编码器。

4.21 编写 HDL 模块实现习题 2.37 的修改版优先编码器。

4.22 编写 HDL 模块实现习题 2.38 的二进制数到温度计码转换器。

4.23 编写一个 HDL 模块实现问题 2.2 中判断一个月天数的功能。

4.24 给出以下 HDL 代码描述的有限状态机的状态转换图。

SystemVerilog	VHDL

```
module fsm2(input  logic clk, reset,
            input  logic a, b,
            output logic y);

  logic [1:0] state, nextstate;

  parameter  S0 = 2'b00;
  parameter  S1 = 2'b01;
  parameter  S2 = 2'b10;
  parameter  S3 = 2'b11;

  always_ff @(posedge clk, posedge reset)
    if (reset) state <= S0;
    else       state <= nextstate;

  always_comb
    case (state)
      S0: if (a ^ b) nextstate=S1;
          else       nextstate=S0;
      S1: if (a & b) nextstate=S2;
          else       nextstate=S0;
      S2: if (a | b) nextstate=S3;
          else       nextstate=S0;
      S3: if (a | b) nextstate=S3;
          else       nextstate=S0;
    endcase

  assign y = (state==S1) | (state==S2);
endmodule
```

```
library IEEE; use IEEE.STD_LOGIC_1164.all;

entity fsm2 is
  port(clk, reset: in  STD_LOGIC;
       a, b:       in  STD_LOGIC;
       y:          out STD_LOGIC);
end;

architecture synth of fsm2 is
  type statetype is (S0, S1, S2, S3);
  signal state, nextstate: statetype;
begin
  process(clk, reset) begin
    if reset then state <= S0;
    elsif rising_edge(clk) then
      state <= nextstate;
    end if;
  end process;

  process(all) begin
    case state is
      when S0 => if (a xor b) then
                   nextstate <= S1;
                 else nextstate <= S0;
                 end if;
      when S1 => if (a and b) then
                   nextstate <= S2;
                 else nextstate <= S0;
                 end if;
      when S2 => if (a or b) then
                   nextstate <= S3;
                 else nextstate <= S0;
                 end if;
      when S3 => if (a or b) then
                   nextstate <= S3;
                 else nextstate <= S0;
                 end if;
    end case;
  end process;
  y <= '1' when ((state=S1) or (state=S2))
       else '0';
end;
```

228

4.25 给出以下 HDL 代码描述的有限状态机的状态转换图。这种有限状态机被用于一些微处理器的分支预测。

SystemVerilog	VHDL

```
module fsm1(input  logic clk, reset,
            input  logic taken, back,
            output logic predicttaken);

  logic [4:0] state, nextstate;

  parameter  S0 = 5'b00001;
  parameter  SI = 5'b00010;
  parameter  S2 = 5'b00100;
  parameter  S3 = 5'b01000;
  parameter  S4 = 5'b10000;

  always_ff @(posedge clk, posedge reset)
    if (reset) state <= S2;
    else       state <= nextstate;

  always_comb
    case (state)
      S0: if (taken) nextstate=S1;
          else       nextstate=S0;
      S1: if (taken) nextstate=S2;
          else       nextstate=S0;
      S2: if (taken) nextstate=S3;
          else       nextstate=S1;
```

```
library IEEE; use IEEE.STD_LOGIC_1164. all;

entity fsm1 is
  port(clk, reset:    in  STD_LOGIC;
       taken, back:   in  STD_LOGIC;
       predicttaken:  out STD_LOGIC);
end;

architecture synth of fsm1 is
  type statetype is (S0, S1, S2, S3, S4);
  signal state, nextstate: statetype;
begin
  process(clk, reset) begin
    if reset then state <= S2;
    elsif rising_edge(clk) then
      state <= nextstate;
    end if;
  end process;

process(all) begin
    case state is
      when S0 => if taken then
                   nextstate <= S1;
                 else nextstate <= S0;
```

```
    S3: if (taken)  nextstate = S4;
        else        nextstate = S2;
    S4: if (taken)  nextstate = S4;
        else        nextstate = S3;
    default:        nextstate = S2;
  endcase
  assign predicttaken = (state == S4) |
                        (state == S3) |
                        (state == S2 && back);
endmodule
```

```
                          else nextstate <= S0;
                          end if;
          when S1 => if taken then
                          nextstate => S2;
                        else nextstate <= S0;
                        end if;
          when S2 => if taken then
                          nextstate <= S3;
                        else nextstate <= S1;
                        end if;
          when S3 => if taken then
                          nextstate <= S4;
                        else nextstate <= S2;
                        end if;
          when S4 => if taken then
                          nextstate <= S4;
                        else nextstate <= S3;
                        end if;
          when others => nextstate <= S2;
        end case;
    end process;

    -- output logic
    predicttaken <= '1' when
                      ((state = S4) or (state = S3) or
                      (state = S2 and back = '1'))
        else '0';
    end;
```

229

4.26   为 SR 锁存器编写一个 HDL 模块。

4.27   为 JK 触发器编写一个 HDL 模块。触发器的输入为 clk、J 和 K，输出为 Q。时钟上升沿时，如果 $J=K=0$，Q 保持旧值。当 $J=1$ 时，Q 被设为 1，如果 $K=1$，那么 Q 被重设为 0。如果 $J=K=1$，那么 Q 被设为相反值。

4.28   为图 3-18 的锁存器编写一个 HDL 模块。用一个赋值语句为每一个门赋值。每个门的延迟设置为 1 单位或者 1ns。模拟锁存器，证明它能正确操作。之后增加反相器的延迟。设置多长的延迟，才能避免竞争产生的锁存器故障呢？

4.29   为 3.4.1 节的交通灯控制器编写 HDL 模块。

4.30   为例 3.8 中游行模式交通灯控制器的分解状态机编写 3 个 HDL 模块。模块名字分别为 controller、mode、lights，它们的输入输出如图 3-33b 所示。

4.31   编写一个描述图 3-42 电路的 HDL 模块。

4.32   为习题 3.22 中图 3-69 给出的有限状态机的状态转换图编写一个 HDL 模块。

4.33   为习题 3.23 中的图 3-70 给出的有限状态机的状态转换图编写一个 HDL 模块。

4.34   为习题 3.24 的改进交通灯控制器编写 HDL 模块。

4.35   为习题 3.25 中蜗牛女儿的例子编写 HDL 模块。

4.36   为习题 3.26 中苏打汽水售卖机的例子编写 HDL 模块。

4.37   为习题 3.27 中 Gray 码计数器编写 HDL 模块。

4.38   为习题 3.28 中 UP/DOWN Gray 码计数器编写 HDL 模块。

4.39   为习题 3.29 的有限状态机编写 HDL 模块。

230
4.40   为习题 3.30 的有限状态机编写 HDL 模块。

4.41   为问题 3.2 中的串行二进制补码器编写一个 HDL 模块。

4.42   为习题 3.31 中的电路编写 HDL 模块。

4.43   为习题 3.32 中的电路编写 HDL 模块。

4.44   为习题 3.33 中的电路编写 HDL 模块。

4.45   为习题 3.34 中的电路编写 HDL 模块。可能需要用到 4.2.5 节中的全加器。

SystemVerilog 习题

以下习题用 SystemVerilog 完成。

4.46　SystemVerilog 中声明为 tri 的信号代表什么意思？

4.47　重写 HDL 例 4.29 的 synbad 模块。使用非阻塞式赋值，但是把代码修改成用两个触发器产生正确的同步器。

4.48　考虑以下两个 SystemVerilog 模块。它们的功能一样吗？描述各自表示的硬件。

```
module code1(input  logic clk, a, b, c,
             output logic y);
  logic x;
  always_ff @(posedge clk) begin
    x <= a & b;
    y <= x | c;
  end
endmodule
module code2 (input  logic a, b, c, clk,
              output logic y);
  logic x;
  always_ff @(posedge clk) begin
    y <= x | c;
    x <= a & b;
  end
endmodule
```

4.49　在每个赋值中用 = 代替 <=，重新讨论习题 4.48 的问题。

4.50　以下的 SystemVerilog 模块表示了一个作者在实验室看到的学生的错误。说出每个模块的错误，并指出如何修改它。

（a）
```
module latch(input logic        clk,
             input logic [3:0] d,
             output reg   [3:0] q);
    always @(clk)
      if (clk) q <= d;
    endmodule
```

（b）
```
module gates(input  logic [3:0] a, b,
             output logic [3:0] y1, y2, y3, y4, y5);
    always @(a)
      begin
        y1 = a & b;
        y2 = a | b;
        y3 = a ^ b;
        y4 = ~(a & b);
        y5 = ~(a | b);
      end
    endmodule
```

（c）
```
module mux2(input  logic [3:0] d0, d1,
            input  logic        s,
            output logic [3:0] y);
    always @(posedge s)
      if (s) y <= d1;
      else   y <= d0;
    endmodule
```

（d）
```
module twoflops(input  logic clk,
                input  logic d0, d1,
                output logic q0, q1);
    always @(posedge clk)
```

231

```
        q1 = d1;
        q0 = d0;
    endmodule

(e) module FSM(input  logic clk,
               input  logic a,
               output logic out1, out2);

    logic state;
    // next state logic and register (sequential)
    always_ff @(posedge clk)
      if (state == 0) begin
         if (a) state  <= 1;
      end else begin
         if (~a) state <= 0;
      end
    always_comb // output logic (combinational)
      if (state == 0)  out1 = 1;
      else             out2 = 1;
    endmodule

(f) module priority(input  logic [3:0] a,
                    output logic [3:0] y);

    always_comb
      if      (a[3]) y = 4'b1000;
      else if (a[2]) y = 4'b0100;
      else if (a[1]) y = 4'b0010;
      else if (a[0]) y = 4'b0001;
    endmodule

(g) module divideby3FSM(input  logic clk,
                        input  logic reset,
                        output logic out);

    logic [1:0] state, nextstate;

    parameter  S0  = 2'b00;
    parameter  S1  = 2'b01;
    parameter  S2  = 2'b10;

    // State Register
    always_ff @(posedge clk, posedge reset)
      if (reset)   state <= S0;
      else         state <= nextstate;

    // Next State Logic
    always @(state)
      case (state)
        S0: nextstate  = S1;
        S1: nextstate  = S2;
        S2: nextstate  = S0;
      endcase
    // Output Logic
    assign out = (state == S2);
    endmodule

(h) module mux2tri(input  logic [3:0] d0, d1,
                   input  logic       s,
                   output tri   [3:0] y);
    tristate t0(d0, s, y);
    tristate t1(d1, s, y);
    endmodule

(i) module floprsen(input  logic       clk,
                    input  logic       reset,
                    input  logic       set,
                    input  logic [3:0] d,
                    output logic [3:0] q);
```

```
      always_ff @(posedge clk, posedge reset)
        if (reset) q <= 0;
        else       q <= d;
      always @(set)
        if (set)  q <= 1;
    endmodule
```

(j)
```
module and3(input  logic a, b, c,
            output logic y);
    logic tmp;
    always @(a, b, c)
    begin
      tmp <= a & b;
      y   <= tmp & c;
    end
  endmodule
```

VHDL 习题

以下习题用 VHDL 完成。

4.51 在 VHDL 中，为什么写为

```
q <= '1' when state = S0 else '0';
```

而不写为

```
q <= (state = S0);
```

4.52 以下每个 VHDL 模块中都包含一个错误。为简单起见，只给出了结构描述。假设 library 调用子句和 entity 声明都是正确的。解释错误并修正它。

(a)
```
architecture synth of latch is
begin
  process(clk) begin
    if clk = '1' then q <= d;
    end if;
  end process;
end;
```

(b)
```
architecture proc of gates is
begin
  process(a) begin
    Y1 <= a and b;
    y2 <= a or b;
    y3 <= a xor b;
    y4 <= a nand b;
    y5 <= a nor b;
  end process;
end;
```

(c)
```
architecture synth of flop is
begin
  process(clk)
    if rising_edge(clk) then
      q <= d;
  end;
```

(d)
```
architecture synth of priority is
begin
  process(all) begin
    if    a(3) then y <= "1000";
    elsif a(2) then y <= "0100";
    elsif a(1) then y <= "0010";
    elsif a(0) then y <= "0001";
    end if;
  end process;
end;
```

234

```
(e) architecture synth of divideby3FSM is
        type statetype is (S0, S1, S2);
        signal state, nextstate: statetype;
    begin
      process(clk, reset) begin
        if reset then state <= S0;
        elsif rising_edge(clk) then
          state <= nextstate;
        end if;
      end process;

      process(state) begin
        case state is
          when S0 => nextstate <= S1;
          when S1 => nextstate <= S2;
          when S2 => nextstate <= S0;
        end case;
      end process;

      q <= '1' when state = S0 else '0';
    end;

(f) architecture struct of mux2 is
        component tristate
        port(a:  in   STD_LOGIC_VECTOR(3 downto 0);
             en: in   STD_LOGIC;
             y:  out STD_LOGIC_VECTOR(3 downto 0));
        end component;

    begin
      t0: tristate port map(d0, s, y);
      t1: tristate port map(d1, s, y);
    end;

(g) architecture asynchronous of floprs is
    begin
      process(clk, reset) begin
        if reset then
          q <= '0';
        elsif rising_edge(clk) then
          q <= d;
        end if;
      end process;

      process(set) begin
        if set then
          q <= '1';
        end if;
      end process;
    end;
```

235
～
236

面试问题

4.1 编写 HDL 代码以门控 32 位 data 总线，其中 sel 信号产生 32 位的 result 信号。如果 sel 为 TRUE，result=data。否则，result 等于 0。

4.2 以例子说明 SystemVerilog 中阻塞式赋值和非阻塞式赋值的不同。

4.3 以下的 SystemVerilog 语句将会做什么操作?

237

```
result = | (data[15:0] & 16'hC820);
```

常见数字模块

5.1 引言

到目前为止，我们已经介绍了使用布尔表达式、电路图和硬件描述语言来设计组合电路和时序电路。本章将详细介绍数字系统中常见的组合电路和时序电路模块，主要包括算术运算电路、计数器、移位寄存器、存储器阵列和逻辑阵列。这些模块自身有重要作用，而且还说明了层次化、模块化、规整化的原则。复杂模块可以以层次化的方法由更简单的模块（如逻辑门电路、多路选择器、译码器）组成。每个模块都有定义好的接口，当底层实现不重要时，可以被视为黑盒。每一个规整结构的模块都应易于扩展为不同规模。第 7 章中将使用这些模块构成一个微处理器。

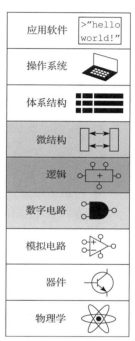

5.2 算术电路

算术电路是计算机的主要模块。计算机和数字逻辑可以实现很多算术功能，例如，加法、减法、比较、移位、乘法和除法。本节将介绍实现这些操作的硬件。

5.2.1 加法

加法是数字系统中最常见的操作之一。首先考察两个一位的二进制数如何相加。然后再扩展到 N 位二进制数。加法器同时说明了速度和硬件复杂度之间的不同折中。

1. 半加法器

首先从构建一位半加法器（half adder）开始。如图 5-1 所示，半加法器有两个输入 A 和 B，两个输出 S 和 C_{out}。S 是 A 和 B 之和。如果 A 和 B 都是 1，S 就是 2，但 2 不能用一位二进制数表示。作为代替，用另一列输出 C_{out} 表示。半加法器可以用一个 XOR 门电路和一个 AND 门电路实现。

在多位加法器中，C_{out} 会被相加或者进位到下一个高位。例如，在图 5-2 中以粗体标注的进位 C_{out} 是第一列的一位加法输出，同时也是第二列加法的输入 C_{in}。然而，半加法器缺少一个输入 C_{in} 去接受之前列的输出 C_{out}。下节中介绍的全加器会解决这个问题。

2. 全加器

如图 5-3 所示，2.1 节中介绍的全加器（full adder）接收进位 C_{in}。图中还给出了 S 和 C_{out} 的输出表达式。

半加法器

A	B	C_{out}	S
0	0	0	0
0	1	0	1
1	0	0	1
1	1	1	0

$$S = A \oplus B$$
$$C_{out} = AB$$

图 5-1　1 位半加法器

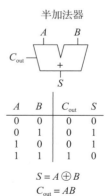

$$\begin{array}{r} \mathbf{1} \\ 0001 \\ +0101 \\ \hline 0110 \end{array}$$

图 5-2　进位

3. 进位传播加法器

一个 N 位的加法器将两个 N 位输入和一位进位 C_{in} 相加，产生一个 N 位结果 S 和一个输出进位 C_{out}。因为进位将会传播到下一位中，这种加法器通常称为进位传播加法器（Carry Propagate Adder，CPA）。CPA 的符号如图 5-4 所示，除了 A、B、S 是总线而不是单独一位外，它和一个全加器画起来很像。三种常见的 CPA 实现分别是行波进位加法器、先行进位加法器和前缀加法器。

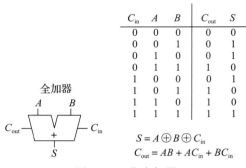

$$S = A \oplus B \oplus C_{in}$$
$$C_{out} = AB + AC_{in} + BC_{in}$$

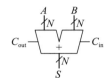

图 5-3　1 位全加器　　　　　　　图 5-4　进位传播加法器

4. 行波进位加法器

构造 N 位进位传播加法器的最简单方法就是把 N 个全加器串联起来。如图 5-5 的 32 位加法器所示，行波进位加法器（ripple-carry adder）中一级的 C_{out} 就是下一级的 C_{in}。这是模块化和规整化的一个应用范例：全加器模块在一个更大的系统中被多次重用。行波进位加法器有一个缺点：当 N 比较大的时候，运算速度会慢下来。例如在图 5-5 中，S_{31} 依赖于 C_{30}，C_{30} 依赖于 C_{29}，C_{29} 又依赖于 C_{28}，如此类推。归根到底依赖于 C_{in}。可以看出，进位以串行通过进位链。加法器的延迟 t_{ripple} 直接随位数的增长而增长，如等式（5.1）所示，其中 t_{FA} 是全加器的延迟。

$$t_{ripple} = N t_{FA} \tag{5.1}$$

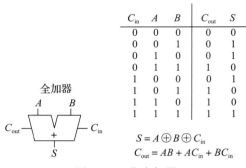

图 5-5　32 位行波进位加法器

5. 先行进位加法器

大型行波进位加法器运算缓慢的根本原因是进位信号必须依次在加法器中的每一位传输。先行进位加法器（Carry-Lookahead Adder，CLA）是另外一种类型的进位传输加法器，它解决进位问题的方法是：把加法器分解成若干块，同时额外增加电路在每块一得到输入进位时就快速算出此块的输出进位。因此它不需要等待进位通过一块内的所有加法器单元，而是直接先行通过每个单元。例如，一个 32 位加法器可以分解成 8 个 4 位的块。

先行进位加法器用 G(generate) 和 P(propagate) 两个信号描述一列或者一块如何确定进位输出。在不考虑进位输入的情况下，如果加法器的第 i 列必然能产生了一个输出进位，则称此列为产生（generate）进位。一个加法器的第 i 列在 A_i 和 B_i 都为 1 时，必产生进位 C_i。

因此第 i 列的 generate 信号 G_i 可以这样计算，$G_i=A_iB_i$。如果在有进位输入时，第 i 列产生了一个进位输出，那么此列就称为传播（propagation）进位。如果 A_i 或者 B_i 为 1，第 i 列会传播一个进位输入 C_{i-1}，因此，$P_i=A_i+B_i$。利用这些定义，可以为加法器的特定列重写进位逻辑。如果加法器的第 i 列会产生一个进位 G_i，或者传播进位输入 P_iC_{i-1}，它就会产生进位输出 C_i，表达式为

$$C_i=A_iB_i+(A_i+B_i)C_{i-1}=G_i+P_iC_{i-1} \tag{5.2}$$

产生和传播的定义可以扩展到多位构成的块。如果一个块在不考虑进位输入的情况下也能产生进位输出，称其产生进位。如果一个块在有进位输入时能产生进位，称其为传播进位。定义 $G_{i:j}$ 和 $P_{i:j}$ 为从第 i 到第 j 位块的产生和传播信号。

一个块产生一个进位的条件是：最高位列产生一个进位，或者如果最高位列传播进位而且之前的列产生了进位，如此类推。例如，一个第 3 位到第 0 位的块产生逻辑如下所示

$$G_{3:0}=G_3+P_3(G_2+P_2(G_1+P_1G_0)) \tag{5.3}$$

一个块传播进位的条件是：块中所有的列都能传播进位。例如，一个从第 3 位到第 0 位的传播逻辑如下

$$P_{3:0}=P_3P_2P_1P_0 \tag{5.4}$$

使用块的生成和传播信号，可以根据块的进位输入 C_{j-1} 快速计算出块的进位输出 C_i。

$$C_i=G_{i:j}+P_{i:j}C_{j-1} \tag{5.5}$$

图 5-6a 所示是一个由 8 个 4 位块组成的 32 位先行进位加法器。每一个单元包含一个 4 位的行波进位加法器和一些根据进位输入提前计算进位输出的逻辑，如图 5-6b 所示。为简化起见，图中没有画出用于计算每一位 A_i 和 B_i 的产生信号 G_i 和传播信号 P_i 所需要的 AND 门和 OR 门来计算。同样，先行进位加法器也体现了模块化和规整化。

所有的 CLA 块同时计算一位并产生块的生成和传播信号。关键路径从首个 CLA 块中计算 G_0 和 $G_{3:0}$ 开始。接着 C_{in} 直接通过每块中的 AND/OR 门电路向前传输，直到最后。在大型加法器中，这会比等待所有的进位行波式通过每一个加法器要快很多。最后，关键路径通过最后一个块中包含的短行波进位加法器。因此，一个分解成 k 位块的 N 位加法器延迟为：

$$t_{CLA}=t_{pg}+t_{pg\_block}+\left(\frac{N}{K}-1\right)t_{AND\_OR}+kt_{FA} \tag{5.6}$$

其中 t_{pg} 为单独一个生成产生信号 P_i 和传播信号 G_i 的门电路（一个单独的 AND 或者 OR 门电路），t_{pg_block} 为在 k 位块中生成产生信号 $P_{i:j}$ 和传播信号 $G_{i:j}$ 的延迟，t_{AND_OR} 为在 k 位 CLA 块中 C_{in} 从 AND/OR 逻辑到 C_{out} 的延迟。当 $N>16$ 时，先行进位加法器一般总会比行波进位加法器快很多。然而，加法器的延迟依然随 N 线性增长。

例 5.1　行波进位加法器和先行进位加法器的延迟。对比 32 位行波进位加法器和 4 位块组成的 32 位先行进位加法器的延迟。假设每个 2 输入门电路的延迟为 100ps，全加器的延迟是 300ps。

解：通过等式（5.1）计算，32 位行波进位加法器的传输延迟是 $32 \times 300ps=9.6ns$。

CLA 的 $t_{PE}=100ps$，$t_{pg\_block}=6 \times 100ps=600ps$，$t_{AND\_OR}=2 \times 100ps=200ps$。由式（5.6），4 位块组成的 32 位先行进位加法器传输延迟为：$100ps+600ps+(32/4-1) \times 200ps+(4 \times 300ps)=3.3ns$，几乎比行波进位加法器快 3 倍。

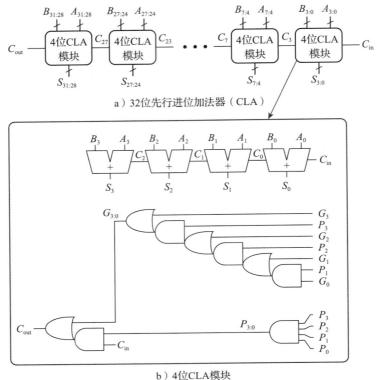

a) 32位先行进位加法器（CLA）

b) 4位CLA模块

图 5-6

*6. 前缀加法器

前缀加法器（prefix adder）扩展了先行进位加法器的生成和传播逻辑，可以进行更快的加法运算。它们首先以两位一组计算 G 和 P，之后是 4 位块，再之后是 8 位块，之后是 16 位块，如此类推直到生成每一列的信号。和就从这些生成的信号中计算得到。

换言之，前缀加法器的策略就是，尽可能快地计算每一列 i 的进位输入 C_{i-1}，之后使用下述等式计算总值：

$$S_i=(A_i\oplus B_i)\oplus C_{i-1} \tag{5.7}$$

定义列 $i=-1$ 以包含 C_{in}，所以 $G_{-1}=C_{in}$，$P_{-1}=0$。因为如果从跨度为 -1 到 $i-1$ 位中生成一个进位，那么在列 $i-1$ 将会有产生进位输出，所以 $C_{i-1}=G_{i-1:-1}$。生成的进位要么在 $i-1$ 列中生成，要么在之前列中生成并传播。因此，我们重写等式（5.7）为

$$S_i=(A_i\oplus B_i)\oplus C_{i-1:-1} \tag{5.8}$$

因此，问题就集中于快速计算所有块的生成信号 $G_{-1:-1}$，$G_{0:-1}$，$G_{2:-1}$，$\cdots$，$G_{N-2:-1}$。这些信号和 $P_{-1:-1}$，$P_{0:-1}$，$P_{2:-1}$，$\cdots$，$P_{N-2:-1}$ 一起称为前缀（prefix）。

图 5-7 是一个 $N=16$ 位的前缀加法器。这个加法器以用 AND 和 OR 门电路去为每一列的 A_i 和 B_i 产生 P_i 和 G_i。之后它用 $\log_2 N=4$ 层的黑色单元去组成前缀 $G_{i:j}$ 和 $P_{i:j}$。一个黑色单元的输入包括：上部分跨度位 $i:k$ 的块和下部分跨度位 $k-1:j$ 的块。它使用以下等式，组合这两部分信号为整个跨度为 $i:j$ 的块计算生成信号和传播信号：

$$G_{i:j}=G_{i:k}+P_{i:k}G_{k-1:j} \tag{5.9}$$

243

$$P_{i:j}=P_{i:k}\,P_{k-1:j} \qquad (5.10)$$

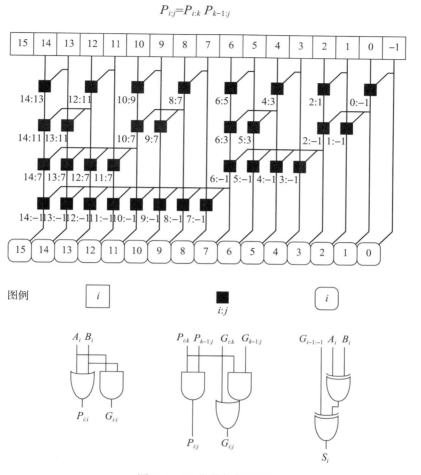

图 5-7　16 位前缀加法器

换言之，如果上部分生成进位或者上部分传播下部分生成的进位，则一个跨度位 $i{:}j$ 的块将会生成一个进位。如果上部分和下部分都能传播进位，则一个块也能传播进位。最后，前缀加法器使用式（5.8）计算总和。

总的来说，前缀加法器的延迟以加法器位数的对数增长，而不是线性增长。这明显提高了速度，特别在加法器位数超过 32 位时。但是它比简单的先行进位加法器需要消耗更多的硬件资源。黑色单元构成的网络称为前缀树（prefix tree）。

使用前缀树计算，使其执行延时按输入位数的对数增长。这种方法是很有用的技术。发挥一下智慧，它可以应用到其他类型电路中（参见习题 5.7）。

N 位前缀加法器的关键路径包括 P_i 和 G_i 的预计算。通过 $\log_2 N$ 步的黑色前缀单元获得所有前缀。$G_{i-1:-1}$ 之后通过底部最后的 XOR 门电路计算 S_i。N 位前缀加法器的延迟可表示为：

$$t_{\mathrm{PA}}=t_{\mathrm{pg}}+\log_2 N(t_{\mathrm{pg\_prefix}})+t_{\mathrm{XOR}} \qquad (5.11)$$

其中 $t_{\mathrm{pg\_prefix}}$ 是黑色前缀单元的延迟。

例 5.2 **前缀加法器的延迟**。计算 32 位前缀加法器的延迟。假设每一个 2 输入门电路的延迟是 100ps。

解：每一个黑色前缀单元的输出延迟 t_{pg_prefix} 是 200ps（即 2 个门电路的延迟）。因此，使用等式（5.11），32 位的前缀加法器的输出延迟是 $100ps+\log_2(32)\times200ps+100ps=1.2ns$，比先行进位加法器快 3 倍，比例 5.1 中的行波进位加法器快 8 倍。在现实中，效益可能没有那么大，但是前缀加法器依然是所有选择中最快的。 ■

7. 小结

这个小节介绍了半加法器、全加器和三种进位传播加法器：行波进位加法器、先行进位加法器和前缀加法器。更快的加法器需要更多的硬件，所以成本和功耗也都更高。设计中选择合适的加法器需要充分考虑这些折中。

硬件描述语言提供"＋"操作来描述 CPA。现代的综合工具会从众多可能的实现方法中选择最便宜（最小）的设计去满足速度的要求。这极大地简化了设计者的工作。HDL 例 5.1 描述了一个有进位输入输出的 CPA。

[245]

HDL例5.1 加法器

SystemVerilog

```
module adder #(parameter N = 8)
              (input  logic [N-1:0] a, b,
               input  logic         cin,
               output logic [N-1:0] s,
               output logic         cout);

  assign {cout, s} = a + b + cin;
endmodule
```

VHDL

```
library IEEE; use IEEE.STD_LOGIC_1164.ALL;
use IEEE.NUMERIC_STD_UNSIGNED.ALL;

entity adder is
  generic(N: integer := 8);
  port(a, b: in  STD_LOGIC_VECTOR(N-1 downto 0);
       cin:  in  STD_LOGIC;
       s:    out STD_LOGIC_VECTOR(N-1 downto 0);
       cout: out STD_LOGIC);
end;

architecture synth of adder is
  signal result: STD_LOGIC_VECTOR(N downto 0);
begin
  result <= ("0" & a) + ("0" & b) + cin;
  s      <= result(N-1 downto 0);
  cout   <= result(N);
end;
```

图 5-8　综合后的加法器

5.2.2 减法

回想 1.4.6 节中加法器可以使用二进制补码表示完成正数和负数的加法。减法非常简单：改变减数的符号，然后做加法。改变二进制补码的符号就是翻转所有的位，然后加 1。

计算 $Y=A-B$，首先生成减数 B 的二进制补码。翻转 B 的所有位得到 $\bar{B}$，之后加 1 得到 $-B=\bar{B}+1$。把这个值和被减数 A 相加，得到 $Y=A+\bar{B}+1=A-B$。可以通过进位传播加法器得到和，其中设置 $C_{in}=1$，加数和被加数分别为 A 和 $\bar{B}$。图 5-9 为一个减法器的符号

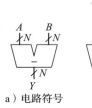

a）电路符号　　b）实现

图 5-9　减法器

和底层硬件实现。HDL 例 5.2 描述了一个减法器。

HDL例5.2　减法器

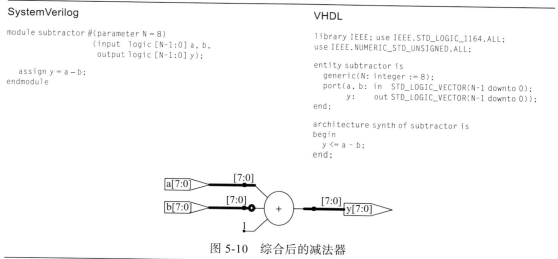

SystemVerilog

```
module subtractor #(parameter N = 8)
                   (input  logic [N-1:0] a, b,
                    output logic [N-1:0] y);

   assign y = a – b;
endmodule
```

VHDL

```
library IEEE; use IEEE.STD_LOGIC_1164.ALL;
use IEEE.NUMERIC_STD_UNSIGNED.ALL;

entity subtractor is
  generic(N: integer := 8);
  port(a, b: in  STD_LOGIC_VECTOR(N-1 downto 0);
       y:    out STD_LOGIC_VECTOR(N-1 downto 0));
end;

architecture synth of subtractor is
begin
  y <= a - b;
end;
```

图 5-10　综合后的减法器

5.2.3　比较器

　　比较器的作用是判断两个二进制数是否相等，或者一个比另一个大还是小。一个比较器输入为两个 N 位二进制数 A 和 B。有两种常见类型的比较器。

　　相等比较器（equality comparator）产生一个单独的输出，以说明 A 是否等于 B（$A==B$）。数量比较器（magnitude comparator）产生一个或者更多的输出以说明 A 和 B 的关系值。

　　相等比较器是相对简单的硬件。图 5-11 给出了相等比较器的电路符号和 4 位相等比较器的实现。它首先通过 XNOR 门电路检查 A 和 B 中每一对应的位是否相等。当每一位都相等时，它们就相等。

　　数量比较器首先计算 $A-B$ 的值，再检查符号位（最高位）的结果，如图 5-12 所示。如果结果是负数（即符号位为 1），A 小于 B；否则，A 大于或等于 B。然而，该比较器在溢出时功能不正确。习题 5.9 和习题 5.10 探索这个限制和如何解决它。

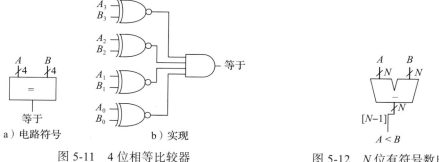

图 5-11　4 位相等比较器　　　　　　图 5-12　N 位有符号数比较器

HDL 例 5.3 展示了如何对无符号数使用各种比较运算。

[246]

[247]

HDL例5.3 比较器

SystemVerilog

```
module comparator #(parameter N = 8)
                   (input  logic [N-1:0] a, b,
                    output logic eq, neq, lt, lte, gt, gte);

  assign eq  = (a == b);
  assign neq = (a != b);
  assign lt  = (a < b);
  assign lte = (a <= b);
  assign gt  = (a > b);
  assign gte = (a >= b);
endmodule
```

VHDL

```
library IEEE; use IEEE.STD_LOGIC_1164.ALL;

entity comparators is
  generic(N: integer : = 8);
  port(a, b: in STD_LOGIC_VECTOR(N-1 downto 0);
       eq, neq, lt, lte, gt, gte: out STD_LOGIC);
end;

architecture synth of comparator is
begin
  eq  <= '1' when (a = b)  else '0';
  neq <= '1' when (a /= b) else '0';
  lt  <= '1' when (a < b)  else '0';
  lte <= '1' when (a <= b) else '0';
  gt  <= '1' when (a > b)  else '0';
  gte <= '1' when (a >= b) else '0';
end;
```

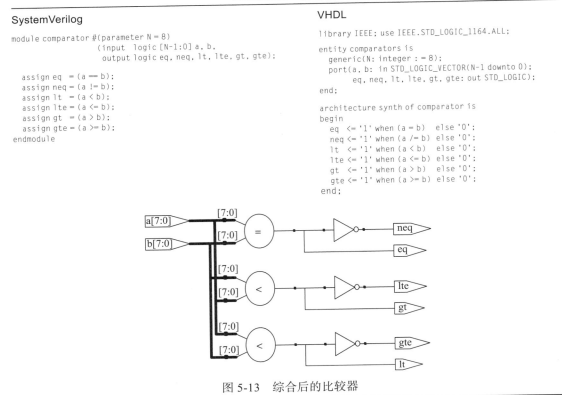

图 5-13 综合后的比较器

5.2.4 算术逻辑单元

248 在一个算术逻辑单元（Arithmetic/Logic Unit，ALU）内组合了多种算术和逻辑的操作。例如，典型的算术逻辑单元可以执行加法、减法、AND 和 OR 操作。ALU 是绝大多数计算机的核心。

图 5-14 给出了一个 N 位输入、N 位输出的算术逻辑单元电路符号。算术逻辑单元的 2 位输入控制信号 ALUControl 说明执行哪个功能。控制信号通常会以灰色标注以与数据相区别。表 5-1 列出了 ALU 可以执行的典型功能。

图 5-15 给出一个算术逻辑单元的实现。其中包含了：一个 N 位的加法器和 N 个 2 输入与门和或门电路；反相器和一个多路选择器，在 $ALUControl_0$ 控制信号有效时翻转输入信号 B；一个 4:1 多路选择器，根据 ALUControl 控制信号选择所需的功能。

更具体地说，如果 ALUControl=00，输出多路选择器选择 $A+B$。如果 ALUControl=01，ALU 计算 $A-B$。（回顾 5.2.2 249 节，在二进制补码运算中，$\bar{B}+1=-B$。因为 $ALUControl_0$ 为 1，加法器接收输入 A 和 $\bar{B}$ 以及有效的进位输入，使其执行减法：$A+\bar{B}+1=A-B$。）如果 ALU-Control=10，ALU 计算 A AND B。如果 ALUControl=11，ALU 计算 A OR B。

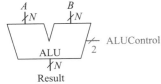

图 5-14 算术逻辑单元电路符号

表 5-1 ALU 操作

$ALUControl_{1:0}$	功能
00	加
01	减
10	与
11	或

一些 ALU 产生额外的输出，称为标志，其指示关于 ALU 输出的信息。图 5-16 显示了具有 4 位 ALUFlags 输出的 ALU 电路符号。如图 5-17 中的该 ALU 的电路图所示，ALU-Flags 输出由 N、Z、C 和 V 标志组成，分别指示 ALU 输出为负、零、加法器产生进位输出或者溢出。回想一下，如果是负数则二进制补码数的最高有效位为 1，否则为 0。因此，N 标志连接到 ALU 输出的最高有效位 $Result_{31}$。当 Result 的所有位都为 0 时，Z 标志被置位，由图 5-17 中的 N 位或非门检测到。当加法器产生进位输出并且 ALU 执行加法或减法（ALU-Control$_1$=0）时，C 标志被置位。

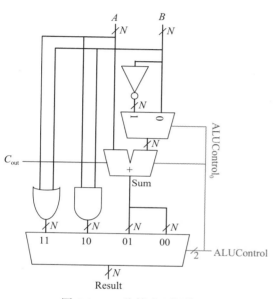

图 5-15　N 位算术逻辑单元

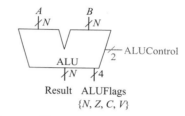

图 5-16　带有输出标志的 ALU 电路符号

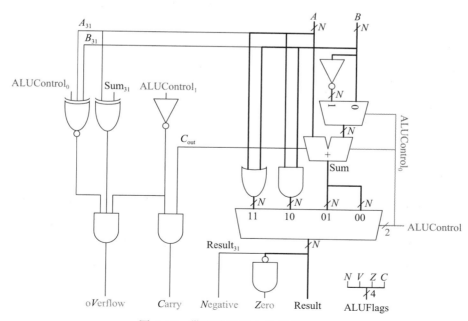

图 5-17　带有输出标志的 N 位 ALU

溢出检测,如图 5-17 的左侧所示,是棘手的。回想一下 1.4.6 节中,当两个相同的有符号数相加产生具有相反符号的结果时,发生溢出。因此,当下列所有三个条件为真时,V 被置位:1)ALU 正在执行加法或减法(ALUControl$_1$=0),2)A 和 Sum 具有由异或门和同或门检测到的相反符号,3)A 和 B 具有相同的符号,并且加法器执行加法(ALUControl$_0$=0)或 A 和 B 具有相反的符号,并且加法器正在执行减法(ALUControl$_0$=1)。3 输入与门检测何时所有 3 个条件为真,并将 V 置位。

N 位带有输出标志的 ALU 硬件描述语言设计留在习题 5.11 和习题 5.12 中。这个算术逻辑单元有很多的变形以支持其他功能,例如 XOR 或者相等比较器。

5.2.5 移位器和循环移位器

移位器(shifter)和循环移位器(rotator)用于移动数字中的位和完成 2 的整数次幂的乘法或除法操作。如名字所示,移位器根据特定的数左右移动二进制的数字。有一些常用的移位器:

- **逻辑移位器**(logical shifter)——左移(LSL)或者右移(LSR)数,以 0 填充空位
  例如:11**001** LSR 2=00110;11**001** LSL 2=00**100**
- **算术移位器**(arithmetic shifter)——和逻辑移位器一样,不过在算术右移(ASR)时会把原先数据的最高标志位填充在新数据的最高标志位上。这对于有符号数的乘法或者除法很有用(参看 5.2.6 节和 5.2.7 节)。算术左移(ASL)与逻辑左移(LSL)是一样的
  例如:11**001** ASR 2=11110;11**001** ASL 2=00**100**
- **循环移位器**(rotator)——循环转换数字,从一端移走的位重新填充到另一端的空位上。
  例如:11**001** ROR 2=**01**110;11**001** ROL 2=00**111**

一个 N 位移位器可以用 N 个 N:1 多路选择器构成。根据 $\log_2 N$ 位选择线的值,输入移位 0 到 $N-1$ 位。图 5-18 为 4 位移位器的硬件和符号。运算符 <<、>> 和 >>> 分别表示左移、逻辑右移和算术右移。根据 2 位位移量 shamt$_{1:0}$,输出 Y 为输入 A 移动 0~3 位。对于所有的移位器,当 shamt$_{1:0}$=00 时,$Y=A$。习题 5.18 包含了循环移位器的设计。

左移是乘法的特例。N 位左移相当于对一个数乘以 2^N 倍。例如 000011$_2$<<4=110000$_2$,相当于 $3_{10} \times 2^4 = 48_{10}$。

算术右移是除法的特例。N 位的算术右移相当于对一个数除以 2^N。例如 11100$_2$>>>2=11111$_2$,相当于 $-4_{10}/2^2=-1_{10}$。

*5.2.6 乘法

无符号二进制数的乘法和十进制数的乘法很相似,只不过它只有 1 和 0 而已。图 5-19 对比了二进制数和十进制数的乘法。在这两种情况下,部分积(partial product)为乘数的一位乘以被乘数的所有位。移位这些部分积,并将它们相加就可以得到最后结果。

概括地说,一个 $N \times N$ 加法器对两个 4 位数相乘,产生一个 $2N$ 位的结果。二进制乘法中,部分积要么是被乘数,要么全部为 0。1 位二进制乘法相当于 AND 操作,所以 AND 门电路用于产生部分积。

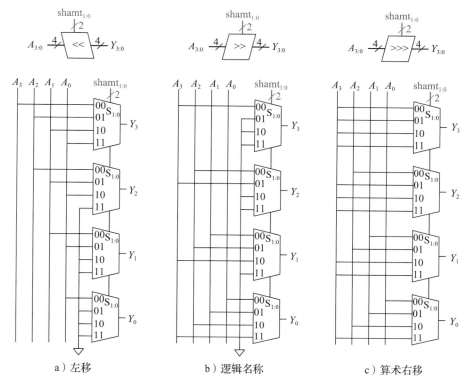

a）左移　　　　　　　b）逻辑名称　　　　　　c）算术右移

图 5-18　4 位移位器

有符号和无符号乘法不同。例如，考虑 0xFE×0xFD。如果这些 8 位数解释为有符号整数，则它们表示 −2 和 −3，因此 16 位乘积为 0x0006。如果这些数字解释为无符号整数，则 16 位乘积为 0xFB06。请注意，在任一情况下，最低有效字节为 0x06。

图 5-20 为一个 4×4 乘法器的电路符号、功能和实现。乘法器接收被乘数 A 和乘数 B，然后产生积 P。图 5-20b 表示了如何形成部分积。每一个部分积是单独

	230	被乘数	0101
	× 42	乘数	× 0111
	460	部分积	0101
	+ 920		0101
	9660		0101
			+ 0000
		结果	0100011

230×42 = 9660　　　　　5×7 = 35
a）十进制　　　　　　b）二进制

图 5-19　乘法

的乘数位（B_3，B_2，B_1，B_0）与被乘数的所有位（A_3，A_2，A_1，A_0）进行 AND 操作得出。对于 N 位操作数，会有 N 个部分积和 $N-1$ 级的 1 位加法器。例如，对于一个 4×4 的乘法器，第一行的部分积是 B_0 AND（A_3，A_2，A_1，A_0）。这个部分积将会和已移位的第二个部分积 B_1 AND（A_3，A_2，A_1，A_0）相加。后续行的 AND 门电路和加法器产生其他的部分积，并将它们相加。

HDL 例 4.33 是有符号和无符号乘法器的 HDL 语句。和加法器一样，不同的乘法器设计都有着不同的速度和成本。综合工具会根据给定的时间约束选择最合适的设计。

乘法累加（multiply accumulate）操作将两个数字相乘，并将它们添加到第三个数字，通常是累加值。这些操作，也称为 MAC，常常用于数字信号处理（DSP）算法中，例如傅里叶变换，该变换需要计算乘积的求和。

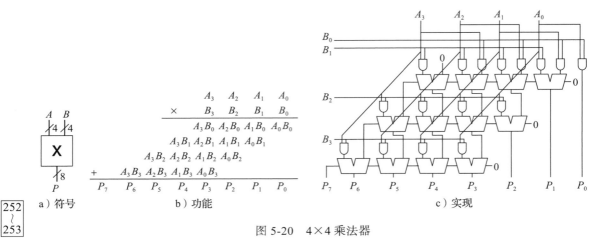

图 5-20   4×4 乘法器

*5.2.7   除法

针对 $[0, 2^{N-1}]$ 区间内的 N 位无符号整数，二进制数除法按以下算法执行：

```
R′ = 0
for i = N-1 to 0
  R = {R′ << 1, A_i}
  D = R - B
  if D < 0 then    Q_i = 0, R′ = R    // R < B
  else             Q_i = 1, R′ = D    // R ≥ B
R = R′
```

中间余数（partial remainder）R 初始化为 0（$R'=0$）。被除数 A 的最高位成为 R 的最低位（$R=\{R'<<1, A_i\}$）。中间余数重复地减去除数 B，以判断它是否合适（$D=R-B$）。如果差值 D 为负数（即 D 的符号位为 1），则商 Q_i 为 0，且这个差被忽略。否则，Q_i 为 1，中间余数也更新为差值 D。在每次循环中，中间余数都要乘以 2（左移了一位），A 的下一个最高位成为 R 的最低位，这个过程接连重复。结果符合 $A/B=R/B$。

图 5-21 为一个 4 位阵列除法器的原理图。除法器计算 A/B，产生商 Q 和余数 R。图例给出了除法器的电路符号和阵列中每一个单元的原理图。每行执行除法算法的一次迭代。具体地，每行计算差值 $D=R-B$。（回想一下，$R+\bar{B}+1=R-B$）。信号 N 指示 D 是否为负。因此，行多路选择器选择线接收 D 的最高有效位，当差值为负时为 1。当 D 为负时，商（Q_i）为 0，否则为 1。如果差值为负，则多路选择器将 R 传递到下一行，否则传递 D。下一行将新的部分余数向左移动一位，附加 A 的下一个最高有效位，然后重复该过程。

因为在确定符号和多路选择器决定选择 R 或者 D 前，进位必须逐次地通过一行中的所有 N 级，而且对于 N 行都需要完成这样的操作，所以 N 位除法器阵列延迟按 N^2 比例增长。除法是一个缓慢并非常耗费硬件资源的操作，应尽量少地使用。

5.2.8   拓展阅读

计算机算术可以是一本书的主题。Ercegovac 和 Lang 写的《Digital Arithmetic》对这个领域进行了很精彩的介绍。Weste 和 Harris 写的《CMOS VLSI Design》包括了高性能的算术运算电路设计。

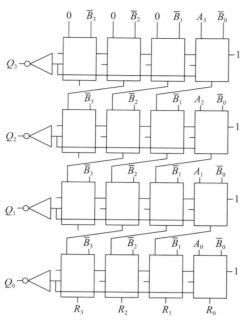
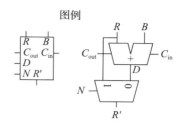

图 5-21　阵列除法器

5.3　数制系统

计算机可以对整数和小数进行操作。目前为止，我们只在 1.4 节中考虑了有符号和无符号整数的表示。本节将介绍定点和浮点数系统，这样就可以表示有理数了。定点数与十进制数类似，一些位表示整数部分，其余表示小数部分。浮点数和科学计数法相似，包括尾数和阶码。

5.3.1　定点数系统

定点（fixed-point）表示法有一个位于整数和小数位之间的隐含二进制小数点，类似于通常十进制数中位于整数和小数位之间的十进制小数点。例如，图 5-22a 给出了一个有 4 位整数位和 4 位小数位的定点数。图 5-22b 把隐含的二进制小数点标识出来，图 5-22c 表示其十进制数值。整数位称为高位字，小数位称为低位字。

有符号定点数可以用二进制补码或者带符号的原码表示。图 5-23 给出了 –2.375 的定点数表示法，其中包括了 4 位整数位和 4 位小数位。为了阅读清楚，隐含的二进制小数点也被标识出来。在带符号的原码中，最高有效位用于表示符号。二进制补码形式是将数的绝对值取反，然后在最低有效位加 1。在这个例子中，最低有效位的位置在 2^{-4} 列。

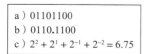

图 5-22　6.75 用 4 个整数位和 4 个
　　　　　 小数位表示的定点表示

图 5-23　–2.375 的定点表示

和所有二进制数表示法一样，定点数只是位的集合。除非给出这些数的解释，否则无法知道是否存在隐含的二进制小数点。

例 5.3 **定点数的计算**。使用定点数计算 0.75+−0.625。

解：首先把第二个数字 0.625 转换为定点二进制表示。$0.625 \geqslant 2^{-1}$，所以在 2^{-1} 列有一个 1，剩下 0.625−0.5=0.125。因为 $0.125 < 2^{-2}$，所以 2^{-2} 列为 0。因为 $0.125 \geqslant 2^{-3}$，于是 2^{-3} 列为 1，剩下 0.125−0.125=0。因此必须在 2^{-4} 列有一个 0。把所有位放在一起，得到 $0.625_{10}=0000.1010_2$。

为使加法能正确进行，需要使用二进制补码代表有符号数。图 5-24 给出了 −0.625 转换为二进制补码表示的过程。

图 5-25 给出了二进制定点数加法，并与十进制加法之间进行了对比。注意，二进制定点加法中，图 5-25a 中 8 位的结果忽略了溢出的 1。 ■

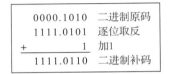

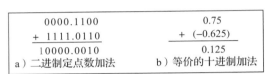

0000.1010	二进制原码
1111.0101	逐位取反
+ 1	加1
1111.0110	二进制补码

图 5-24 定点数的二进制补码转换

0000.1100	0.75
+ 1111.0110	+ (−0.625)
10000.0010	0.125
a）二进制定点数加法	b）等价的十进制加法

图 5-25 加法

*5.3.2 浮点数系统

浮点数与科学计数法相似。它解决了整数和小数位长度固定的限制，允许表示一个非常
256 大或者非常小的数。如科学计数法一样，浮点数包含了符号（sign）、尾数（mantissa，M）、基数（base，B）和阶码（exponent，E），如图 5-26 所示。例如，数字 4.1×10^3 是十进制数 4100 的科学计数法。它的尾数为 4.1，基数为 10，阶码为 3。十进制小数点移动到最高有效位的后面。二进制浮点数的基数为 2，并包含二进制尾数。在 32 位浮点数中用 1 位表示符号，8 位表示阶码，23 位表示尾数。

例 5.4 **32 位浮点数**。表示十进制数 228 的浮点数形式

解：首先转换十进制数为二进制数：$228_{10}=11100100_2=1.11001\times2^7$。图 5-27 给出了其 32 位编码（后面将进一步修改以提高效率）。其中符号位为正（0），8 阶码位表示值 7，剩下的 23 位为尾数。 ■

$$\pm M\times B^E$$

图 5-26 浮点数

1位	8位	23位
0	00000111	111 0010 0000 0000 0000 0000
符号	阶码	尾数

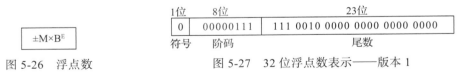

图 5-27 32 位浮点数表示——版本 1

二进制浮点数中，尾数的第一位（二进制小数点的左端）总为 1，因为不需要储存。其被称作隐含前导位（implicit leading one）。图 5-28 所示为经修改的浮点数 $228_{10}=11100100_2\times2^0=1.11001_2\times2^7$。因为效率关系，隐含前导位没有包含在 23 位的尾数中。只是小数部分的位被储存。这为有用的数据节省了一位。

1位	8位	23位
0	00000111	110 0100 0000 0000 0000 0000
符号	阶码	尾数

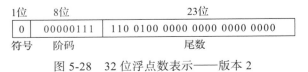

图 5-28 32 位浮点数表示——版本 2

我们对阶码字段再做一次修改。阶码需要有正数形式和负数形式。要做到这点，浮点数使用了偏置（biased）阶码。它是原始的阶码加上一个恒定的偏置。32 位浮点数使用的偏置是 127。例如，对于阶码 7，偏置阶码就是 $7+127=134=10000110_2$。对于阶码 -4，偏置阶码就是 $-4+127=123=01111011_2$。图 5-29 给出了 $1.11001_2 \times 2^7$ 的浮点表示，其中采用了隐含引导位和偏置阶码 134（$=7+127$）。这种表示方法符合 IEEE 754 浮点数标准。

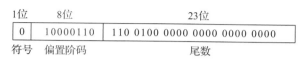

图 5-29　IEEE 754 浮点表示法

1. 特殊情况：0、$\pm\infty$ 和 NaN

IEEE 浮点数标准用特殊方式表示 0、无穷大和非法结果等数。例如，在浮点数表示中隐含了前导位，所以表示数字 0 就存在问题。可以采用全 0 和全 1 填充的编码来解决这些特殊的情况。表 5-2 为表示 0、$\pm\infty$ 和 NaN 的浮点数表示。和带符号的原码一样，浮点数也有正 0 和负 0。NaN 用于表示不存在的数，例如 $\sqrt{-1}$ 或 $\log_2(-5)$。

表 5-2　IEEE 754 对 0、$\pm\infty$ 和 NaN 的浮点数表示

数字	符号	阶码	小数
0	X	00000000	00000000000000000000000
∞	0	11111111	00000000000000000000000
$-\infty$	1	11111111	00000000000000000000000
NaN	X	11111111	非零

2. 单精度和双精度格式

目前为止，我们已经讨论过 32 位浮点数。这种格式称为单精度浮点（single-precision，single 或 float）。IEEE 754 标准还定义了 64 位的双精度浮点（double-precision，double）以提供更高的精度和更大的取值范围。表 5-3 所示为两种格式中不同字段的位数。

排除前面提到的特殊情况，正常单精度数的取值范围是 $\pm1.175\ 494 \times 10^{-38} \sim \pm3.402\ 824 \times 10^{38}$。它们有 7 位十进制有效数字（因为 $2^{-24} \approx 10^{-7}$）。相似地，正常双精度取值范围为 $\pm2.225\ 073\ 858\ 507\ 20 \times 10^{-308} \sim \pm1.797\ 693\ 134\ 862\ 32 \times 10^{308}$，精度为 15 位十进制有效数字。

表 5-3　单精度和双精度浮点数格式

格式	总位数	符号位	阶码位	小数位
single	32	1	8	23
double	64	1	11	52

3. 舍入

算术结果中在有效精度外的数必须舍去，成为近似值。舍入的模式有：向上舍；向下舍；向零舍；向最近端舍。默认的舍入模式是向最近端舍。在向最近端舍入的模式中，如果两端的距离一样，则选择小数部分最低有效位为 0 的那个数。

当一个数的数值部分太大以致不能表示时，会产生上溢。同样，当一个数太小时，会产生下溢。在向最近端舍入的模式中，上溢会被向上舍到 ±∞，下溢则向下舍成 0。

4. 浮点数加法

浮点数的加法并不像二进制补码加法那么简单。同符号的浮点数加法步骤如下：

1）分开阶码和小数位；

2）加上前导 1，形成尾数；

3）比较阶码；

4）如果需要，对较小的尾数移位；

5）尾数相加；

6）规整化尾数，并在需要时调整阶码；

7）结果舍入；

8）把阶码和小数组合成浮点数。

图 5-30 给出了 7.875(1.11111×2^2) 和 0.1875(1.1×2^{-3}) 的浮点数加法。结果为 8.0625 (1.0000001×2^3)。在第 1 步（分离阶码和小数部分），第 2 步（加上隐含前导位）后，通过较大阶码减去较小阶码的方式比较阶码字段。减法得出的结果就是第 4 步中较小的数右移以对齐二进制小数点的位数（使两者阶码相等）。对齐后的数相加。如果相加得到和的尾数大于等于 2.0，需要结果右移一位以规整化，并在阶码中加 1。在这个例子中，结果是准确的，所以不需要舍入。结果在去掉隐含前导位和加上符号位后，以浮点数格式存储。

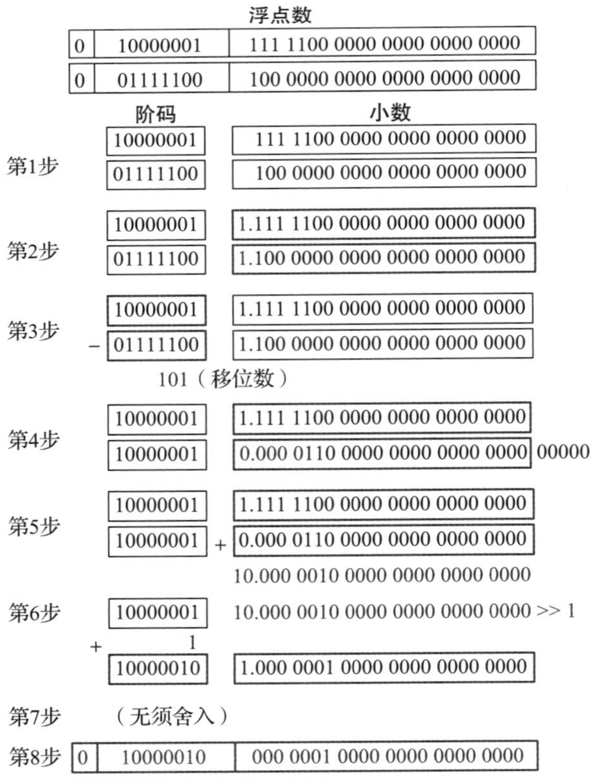

图 5-30　浮点数加法

5.4　时序电路模块

本节将介绍计数器和移位寄存器两种时序电路模块。

5.4.1　计数器

图 5-31 给出的 N 位二进制计数器（binary counter）包含了时钟和复位输入，N 位输出 Q 的时序算术电路。复位 Reset 将输出初始化为 0。之后，计数器在每个时钟上升沿递增 1，以按照二进制顺序输出所有 2^N 种可能的值。

图 5-32 给出了一个由加法器和可复位的寄存器构成的 N 位计数器。在每一个周期中，计数器对存储在寄存器中的值加 1。HDL 例 5.4 描述了一个异步复位的二进制计数器。

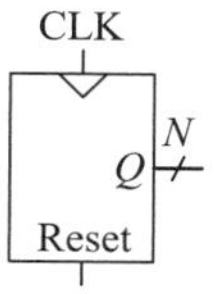

图 5-31　计数器电路符号

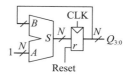

图 5-32　N 位计数器

HDL例5.4　计数器

SystemVerilog

```
module counter #(parameter N = 8)
                (input  logic clk,
                 input  logic reset,
                 output logic [N-1:0] q);

  always_ff @(posedge clk, posedge reset)
    if (reset) q <= 0;
    else       q <= q + 1;
endmodule
```

VHDL

```
library IEEE; use IEEE.STD_LOGIC_1164.ALL;
use IEEE.NUMERIC_STD_UNSIGNED.ALL;

entity counter is
  generic(N: integer := 8);
  port(clk, reset: in  STD_LOGIC;
       q:          out STD_LOGIC_VECTOR(N-1 downto 0));
end;

architecture synth of counter is
begin
  process(clk, reset) begin
    if reset then              q <= (OTHERS => '0');
    elsif rising_edge(clk) then q <= q + '1';
    end if;
  end process;
end;
```

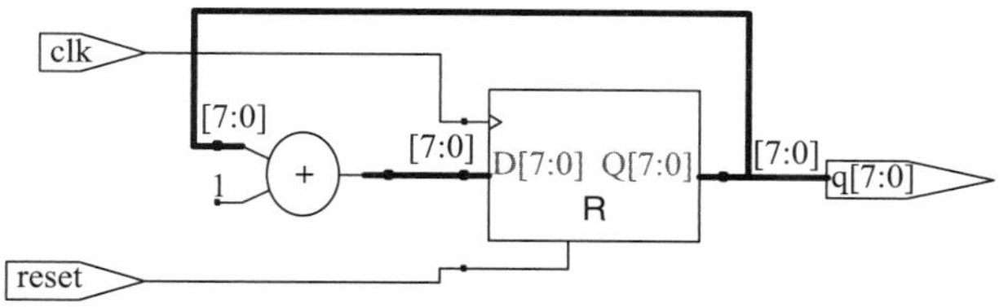

图 5-33　计数器的综合结果

Up/Down 计数器等其他类型的计数器将在习题 5.47～习题 5.50 中讨论。

5.4.2　移位寄存器

移位寄存器（shift register）的输入包括时钟、串行输入 S_{in}，输出包括串行输出 S_{out} 和 N 位并行输出 $Q_{N-1:0}$，如图 5-34 所示。在每一个时钟上升沿，会从 S_{in} 移入一个新的位，所有后续内容都向前移动。移位寄存器的最后一位在 S_{out} 中。移位寄存器可以看作串行到并行的转换器。输入由 S_{in} 以串行方式提供（一次一位）。在 N 个周期后，前面的 N 位输入就在 Q

中，可并行访问。

移位寄存器可以用 *N* 个触发器串联而成，如图 5-35 所示。一些移位寄存器还有复位信号来初始化所有的触发器。

 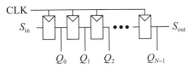

图 5-34 移位寄存器电路符号　　　图 5-35 移位寄存器电路原理图

一个相关的电路是并行到串行（parallel-to-serial）转换器。它并行加载 *N* 位，然后一次移出一位。如图 5-36 所示，增加并行输入 $D_{N-1:0}$ 和控制信号 Load 后，移位寄存器可以修改为既可完成串行到并行操作，也可完成并行到串行操作。Load 信号有效时，触发器从输入 *D* 中并行加载数据。否则，移位寄存器就正常移位。HDL 例 5.5 描述了这样的移位寄存器。

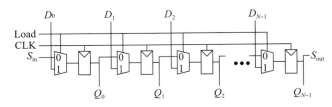

图 5-36 并行读取的移位寄存器

HDL例5.5　带并行加载的移位寄存器

SystemVerilog

```
module shiftreg #(parameter N = 8)
                 (input  logic          clk,
                  input  logic          reset, load,
                  input  logic          sin,
                  input  logic [N-1:0] d,
                  output logic [N-1:0] q,
                  output logic          sout);

  always_ff @(posedge clk, posedge reset)
    if (reset)      q <= 0;
    else if (load)  q <= d;
    else            q <= {q[N-2:0], sin};

  assign sout = q[N-1];
endmodule
```

VHDL

```
library IEEE; use IEEE.STD_LOGIC_1164.ALL;

entity shiftreg is
  generic(N: integer := 8);
  port(clk, reset: in  STD_LOGIC;
       load, sin:  in  STD_LOGIC;
       d:          in  STD_LOGIC_VECTOR(N-1 downto 0);
       q:          out STD_LOGIC_VECTOR(N-1 downto 0);
       sout:       out STD_LOGIC);
end;

architecture synth of shiftreg is
begin
  process(clk, reset) begin
    if reset = '1' then   q <= (OTHERS => '0');
    elsif rising_edge(clk) then
      if load then        q <= d;
      else                q <= q(N-2 downto 0) & sin;
      end if;
    end if;
  end process;

  sout <= q(N-1);
end;
```

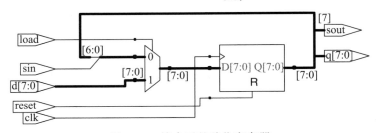

图 5-37 综合后的移位寄存器

＊扫描链

通过扫描链（scan chain）技术，移位寄存器常用于测试时序电路。组合电路测试相对直观。向待测试系统输入测试向量（test vector），将结果与期待值比较。因为时序电路有状态，所以测试要困难一些。要使电路从一个已知的初始状态开始进入所需的状态，可能需要很多周期输入测试向量。例如，测试 32 位计数器的最高有效位从 0～1 的变化，需要复位计数器后，再提供 2^{31}（大约 200 万个）时钟脉冲！

为了解决这个问题，设计者希望可以直接观察和控制有限状态机的所有状态。这可以通过添加一个测试模式实现。在此模式下，所有触发器的内容可以读出或者载入所需要的值。大部分系统中的触发器数目太多，而不能为每个触发器分配一个引脚完成其读写。相反，系统中所有的触发器被连接在一个称为扫描链的移位寄存器中。在正常模式下，触发器从 D 输入读入数据，忽略扫描链。在测试模式下，触发器用 S_{in} 和 S_{out} 串行地移出它们的内容，或移入新内容。加载多路选择器常常集成于触发器中，构成一个可扫描触发器（scannable flip-flop）。图 5-38 为可扫描触发器的原理图和电路符号，并说明了这些触发器是如何级联起来，构成一个 N 位可扫描寄存器。

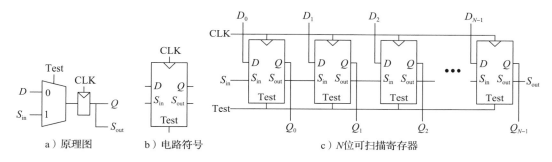

图 5-38　可扫描触发器

例如，在测试 32 位计数器时，可以在测试模式下移入 011111…111，在正常模式中计数一个周期，然后移出结果（此结果应为 100000…000）。这只需要 32+1+32=65 个周期。

262 ～ 263

5.5　存储器阵列

前面章节介绍了用于数据操作的算术和时序电路。数字系统还需要存储器（memory）来存储使用过的数据和生成数据。用触发器组成的寄存器是一种存储少量数据的存储器。本节将会介绍可以有效存储大量数据的存储器阵列（memory array）。

本节将首先概述所有存储器阵列的一般特性，之后介绍三种类型的存储器阵列：动态随机存储器（DRAM）、静态随机存储器（SRAM）和只读存储器（ROM）。每一种存储器以不同的方式存储数据。本小节还将简要讨论面积和延迟的折中，并说明使用存储器阵列不仅可以存储数据，还可以执行一些逻辑功能。最后以存储器阵列的 HDL 代码结束。

5.5.1　概述

图 5-39 是一个存储器阵列的一般电路符号。存储器由一个二维存储器单元阵列构成。存储器可以读取或者写入内容到阵列中的一行。这一行由地址（address）指定。读出或者写入的值称为数据（data）。一个有 N 位地址和 M 位数据的阵列就有 2^N 行和 M 列。每一行数

据称为一个字（word）。因此，阵列包含了 2^N 个 M 位字。

图 5-40 为一个有两位地址和三位数据的存储器阵列。两位地址指明了阵列中 4 行的哪一行（数据字）。每一个数据字有 3 位宽。图 5-40b 显示了存储器阵列中可能的内容。

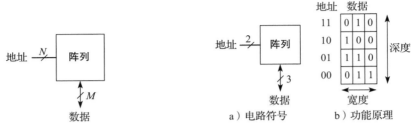

图 5-39　一般存储器阵列电路符号　　　　　图 5-40　4×3 存储器阵列

阵列的深度（depth）是行数，宽度（width）是列数，也称为字大小。阵列的大小就是深度 × 宽度。图 5-40 为一个 4 字 ×3 位的阵列，简称 4×3 阵列。1024 字 ×32 位阵列的符号如图 5-41 所示。此阵列的容量为 32 千位（Kb）。

1. 位单元

存储器阵列以位单元（bit cell）构成的阵列组成，其中每个位单元存储 1 位数据。图 5-42 中每一个位单元与特定字线（wordline）和特定位线（bitline）相连。对于每一个地址位的组合，存储器将字线设置为高电平，并激活此行中的位单元。当字线为高电平时，就从位线传出或传入要存储的位。否则，位线就会与位单元断开。存储位的电路因存储器类型的不同而异。

图 5-41　32Kb 阵列：深度 =2^{10}=1024 字，宽度 =32 位　　　图 5-42　位单元

读取位单元时，位线初始化为浮空（Z）。随后，字线转换为高电平，允许已存储的值驱动位线为 0 或者 1。写入位单元时，位线被驱动到要写入的值。随后，字线转换为高电平，连接存储位到位线。强驱使的位线将改写位单元的内容，向存储位写入要写入的值。

2. 存储器组成

图 5-43 为 4×3 存储器阵列的内部组成。当然，实际的存储器会更大，但是大型阵列的操作与小型阵列类似。在这个例子中，阵列存储了图 5-40b 中的数据。

读存储器时，一条字线设为高电平，相应行的位单元驱动位线为高电平或者低电平。写存储器时，首先驱动位线为高或者低电平，随后字线设置为高电平，允许位线的值存储到相应行的位单元中。例如，要读取地址 10，位线首先浮空，译码器设置 wordline$_2$ 为高电平，相应行位单元存储的数据 100 被读出到数据位线。要写入 001 到地址 11，位线首先被驱动到 001 值，然后 wordline$_3$ 被设置为高电平，随后新值 001 就被存储到位单元中。

3. 存储器端口

所有存储器都有一个或者多个端口（port）。每一个端口提供对一个存储器地址的读 / 写访问。前面的例子都是单端口存储器。

多端口（multiported）存储器可以同时支持对多个地址的访问。图 5-44 为一个三端口存储器，其中有两个读端口和一个写端口。端口 1 根据地址 $A1$ 读出数据到数据输出 RD1，端口 2 根据地址 $A2$ 读数据到 RD2。当写使能 WE3 在时钟上升沿有效时，端口 3 将数据输入 WD3 的内容写到地址 $A3$ 指定的行中。

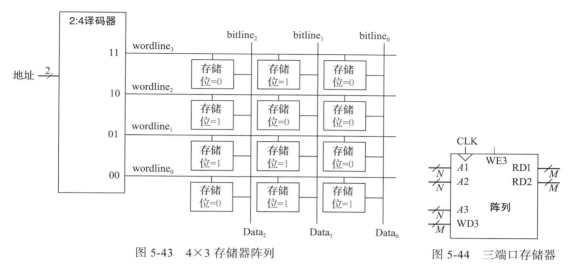

图 5-43　4×3 存储器阵列　　　　　　　图 5-44　三端口存储器

4. 存储器类型

存储器阵列的规格包括容量（深度 × 宽度）、端口的数目和类型。所有的存储器阵列都以位单元阵列存储数据，但是在如何存储上却各有不同。

存储器可以根据如何在位单元上存储位来分类。最广泛的分类是随机访问存储器（Random Access Memory，RAM）和只读存储器（Read Only Memory，ROM）。RAM 是易失的（volatile），即关掉电源时就会丢失数据。ROM 是非易失的（non-volatile），即没有电源时也可以独自保存数据。

RAM 和 ROM 因为一些历史的原因获得现在的名字，但是现在也不再有意义了。RAM 之所以称为随机访问存储器，是因为访问任何数据字的延迟都相同。与之相对，顺序访问存储器（如磁带）获得临近数据会比获得相距较远数据（例如磁带另一端的数据）更快。ROM 之所以称为只读存储器，因为在历史上它只能读，而不能被写入。这些名字容易让人混淆，因为 ROM 也是随机访问的。更糟糕的是，现在大部分 ROM 可以读也可以写。RAM 和 ROM 的最重要区别是：RAM 是易失的，ROM 是非易失的。

RAM 的两种主要类型包括：动态 RAM（Dynamic RAM，DRAM）和静态 RAM（Static RAM，SRAM）。动态 RAM 以电容充放电存储数据，静态 RAM 使用交叉耦合的反相器对存储。对于 ROM 而言，可以根据擦写方式的不同来区分出很多不同种类。这些不同类型的存储器会在后面小节中讨论。

5.5.2　动态随机访问存储器

动态随机访问存储器（Dynamic RAM，DRAM，读作" dea-ram"）以电容的充电和放电来存储位。图 5-45 为一个 DRAM 位单元。位值存储在电容中。nMOS 晶体管作为一个开关，决定是不是从位线连接电容。当字线有效时，nMOS 晶体管为导通状态，存储位就可以在位线上传入和传出。

如图 5-46a 所示，当电容充电到 V_{DD} 时，存储位为 1；当放电到 GND 时（图 5-46b）存储位为 0。电容节点是动态的，因为它不由钳制到 V_{DD} 或者 GND 的晶体管驱动为高电平或者低电平。

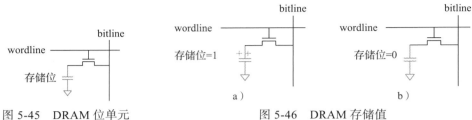

图 5-45   DRAM 位单元   图 5-46   DRAM 存储值

266   读操作时，数据值从电容传递到位线。写操作时，数据值从位线传输到电容。读会破坏存储在电容中的位值，所以在每次读后需要恢复（重写）数据。即使 DRAM 没有被读，电容的电压也会慢慢泄漏，其内容也必须在若干毫秒内刷新（读，然后重写）。

5.5.3　静态随机访问存储器

静态随机访问存储器（Static RAM，SRAM，读作 "es-ram"）被称为静态的，是因为不需要刷新存储位。图 5-47 是一个 SRAM 位单元。数据位存储在 3.2 节中所述的交叉耦合反相器中。每个单元有两个输出 bitline 和 $\overline{\text{bitline}}$。当字线有效时，两个 nMOS 晶体管都打开，数据值就从位线上传出传入。和 DRAM 不同，如果噪声减弱了存储位的值，交叉耦合反相器会恢复存储值。

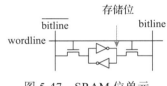

图 5-47   SRAM 位单元

5.5.4　面积和延迟

触发器、SRAM 和 DRAM 都是易失性存储器，但是有各自不同的面积和延迟特性。表 5-4 比较了这三种易失性存储器。对于触发器而言，可以通过其输出直接访问存储的数据，但它至少需要 20 个晶体管构成。总的来说，晶体管数目越多的器件需要芯片面积更大，功耗和成本更高。DRAM 延迟比 SRAM 更长，因为它的位线不是以晶体管驱动。DRAM 必须等待充电，从电容将值移动到位线的速度较慢。DRAM 的吞吐量基本上也比 SRAM 更低，因为它必须周期性地在读取之后刷新。新的 DRAM 技术，比如同步 DRAM（SDRAM）和双倍数据速率（DDR）SDRAM，已经开发出来以克服上述吞吐率较低的问题。SDRAM 使用一个时钟频率来使存储器存取流水线化。DDR SDRAM，有时简称为 DDR，同时使用时钟上升沿和下降沿来存取数据，从而使得在给定时钟速率的前提下获得双倍吞吐率。DDR 在 2000 年首次标准化，当时存取速率为 100～200MHz。随后的 DDR2、DDR3、DDR4 等标准，提高了时钟速率，2015 年的存取速率超过 1GHz。

存储器延迟和吞吐量也和其规模有关；在其他条件的一致情况下，大容量存储器一般比小容量存储器更慢。对于一个特定设计，最好的存储器选择依赖于其速度、成本和功耗约束。

表 5-4　存储器比较

存储器 类型	每单元 晶体管数	延迟
触发器	～20	快
SRAM	6	中等
DRAM	1	慢

5.5.5　寄存器文件

数字系统通常由一组寄存器去存储临时变量。这组寄存器称为寄存器文件（register

file），通常由小型多端口 SRAM 阵列组成，其存储密度较触发器阵列更高。

图 5-48 是一个 16 个寄存器 ×32 位的三端口寄存器文件，由与图 5-44 相似的三端口存储器组成。寄存器组有两个读端口（$A1$/RD1 和 $A2$/RD2）和一个写端口（$A3$/WD3）。地址线 $A1$、$A2$ 和 $A3$ 均为 4 位，可以访问所有的 2^4=16 个寄存器，可以同时读两个寄存器和写一个寄存器。

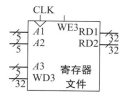

图 5-48　有两个读端口和一个写端口的 16×32 寄存器文件

5.5.6　只读存储器

只读存储器（Read Only Memory，ROM）以晶体管的存在与否来储存一个位。图 5-49 是一个简单的 ROM 位单元。读这个单元时，位线被缓慢地推至高电平。随后字线设置为有效。如果晶体管存在，它会使位线为低电平。如果它不存在，位线会保持高电平。注意到 ROM 的位单元是组合电路，在没有电源的情况下没有可以"忘记"的状态。

ROM 的内容可以用点号表示法描述。图 5-50 中，用点号表示法描述了包含图 5-40 中数据的 4 字 ×3 位 ROM。在行（字线）和列（位线）交叉点中的点表示此数据位为 1。例如，顶端字线在 $Data_1$ 上有一个点，所以地址 11 中存储的数据字为 010。

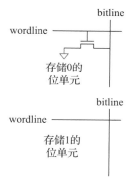

图 5-49　包含 0 和 1 的 ROM 位单元

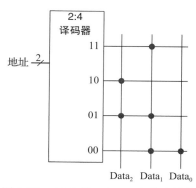

图 5-50　4×3 的 ROM：点号表示法

理论上，ROM 可以由一组 AND 门电路后跟随一组 OR 门电路的 2 层逻辑组成。AND 门电路产生所有可能的最小项，从而形成一个译码器。图 5-51 为用译码器和 OR 门电路组成图 5-50 的 ROM。图 5-50 中每个有点的行就是图 5-51 中 OR 门电路的输入。对于只有一个点的数据位（如 $Data_0$），就不需要 OR 门电路。这种 ROM 的表示方式很有趣，因为它表示了 ROM 如何执行任意两层逻辑的功能。实践中，ROM 用晶体管而不是逻辑门器件组成，以节省面积和成本。5.6.3 节将深入探讨晶体管层的实现。

在制造时，图 5-49 中 ROM 位单元的内容可以用每一位单元中晶体管的有无来确定。可编程 ROM（Programable ROM，PROM），在每一个位单元都放置一个晶体管，然后提供方法决定晶体管是否接地。

图 5-52 为熔丝型可编程 ROM（fuse-programable ROM）的位单元。使用者有选择地提供高压以熔断熔丝，从而对 ROM 编程。如果熔丝存在，晶体管就接地，单元保持 0。如果熔丝熔断，晶体管就与地断开，单元保持 1 值。因为熔丝在熔断后就不能恢复了，它也称作一次可编程 ROM。

268

269

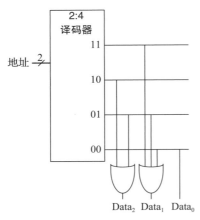

图 5-51 使用门器件的实现 4×3 ROM

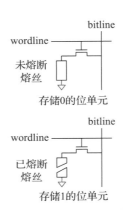

图 5-52 熔丝型可编程 ROM 的位单元

可重复编程 ROM 提供一种可修改机制来确定晶体管是否连接地。可擦写 PROM（Erasable PROM，EPROM，读作"e-proms"）把 nMOS 晶体管和熔丝替换成浮动栅晶体管。浮动栅并不与任何的线物理连接。当合适的高电平出现时，将产生从绝缘体到浮动栅的电子沟道，从而开启晶体管，把位线连接到字线（译码器的输出）。当 EPROM 暴露在强烈的紫外线中大约半小时，电子就会从浮动栅中移走，从而关闭晶体管。这两个过程分别被称为编程（programming）和擦除（erasing）。电子可擦写 PROM（Electrically Erasable PROM，EEPROM，读作"e-e-proms"或者"double-e-proms"）和闪存（flash）采用相似的工作原理，但是它们在芯片上由电路负责擦写，而不需要紫外线。EEPROM 的位单元可单独擦写；闪存擦写更大的位块，所需要的擦写电路更少，价格更便宜。2015 年，每 GB 闪存的价格约为 0.35 美元，而且还以每年 30%～40% 的速度持续下降。闪存广泛应用于便携式电池供电系统（如数码相机和音乐播放器）中存储大量数据。

总体而言，现代的 ROM 不再只读，它们也可以写入。RAM 和 ROM 的不同在于 ROM 的写入时间更长，但它是非易失性的。

5.5.7　使用存储器阵列的逻辑

尽管存储器阵列最初用于存储数据，但也可用于实现组合逻辑功能。例如，图 5-50 中 ROM 的输出 $Data_2$ 实现了两位地址输入的 XOR 逻辑。同样，$Data_0$ 是两位地址输入的 NAND 逻辑。一个 2^N 字 ×M 位存储器可以实现任何 N 输入和 M 输出的组合逻辑功能。例如，图 5-50 的 ROM 实现两位输入的 3 种逻辑功能。

用于执行逻辑的存储阵列称为查找表（LookUp Table，LUT）。图 5-53 的一个 4 字 ×1 位存储阵列可以执行 $Y=AB$ 函数的查找表。用存储器实现逻辑时，用户可以根据给出的输入组合（地址）查找输出值。每个地址对应真值表的一行，每个数据位对应一个输出值。

5.5.8　存储器 HDL

HDL 例 5.6 描述一个 2^N 字 ×M 位的 RAM。RAM 有一个同步写使能。换言之，当写使能 we 有效时，在时钟的上升沿就会发生写入。读则可以立刻得到结果。刚刚加电时，RAM 的内容不可预知。

270

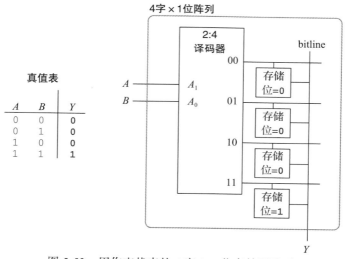

图 5-53　用作查找表的 4 字 ×1 位存储器阵列

HDL例5.6　RAM

SystemVerilog

```
module ram #(parameter N = 6, M = 32)
            (input  logic        clk,
             input  logic        we,
             input  logic [N-1:0] adr,
             input  logic [M-1:0] din,
             output logic [M-1:0] dout);

  logic [M-1:0] mem [2**N-1:0];

  always_ff @(posedge clk)
    if (we) mem [adr] <= din;

  assign dout = mem[adr];
endmodule
```

VHDL

```
library IEEE; use IEEE.STD_LOGIC_1164.ALL;
use IEEE.NUMERIC_STD_UNSIGNED.ALL;

entity ram_array is
  generic(N: integer := 6; M: integer := 32);
  port(clk,
       we:   in  STD_LOGIC;
       adr:  in  STD_LOGIC_VECTOR(N-1 downto 0);
       din:  in  STD_LOGIC_VECTOR(M-1 downto 0);
       dout: out STD_LOGIC_VECTOR(M-1 downto 0));
end;

architecture synth of ram_array is
  type mem_array is array ((2**N-1) downto 0)
       of STD_LOGIC_VECTOR (M-1 downto 0);
    signal mem: mem_array;
begin
  process(clk) begin
    if rising_edge(clk) then
      if we then mem(TO_INTEGER(adr)) <= din;
      end if;
    end if;
  end process;
  dout <= mem(TO_INTEGER(adr));
end;
```

图 5-54　综合后的 RAM

HDL 例 5.7 描述了一个 4 字 ×3 位 ROM。ROM 的内容在 HDL 的 case 语句中说明。像这样小的 ROM 应该可能被综合成逻辑门电路而不是阵列。注意，HDL 例 4.24 的 7 段数码管译码器综合为图 4-20 的 ROM。

HDL例5.7 ROM

SystemVerilog	VHDL

```
module rom(input  logic [1:0] adr,
           output logic [2:0] dout);

  always_comb
    case(adr)
      2'b00: dout = 3'b011;
      2'b01: dout = 3'b110;
      2'b10: dout = 3'b100;
      2'b11: dout = 3'b010;
    endcase
endmodule
```

```
library IEEE; use IEEE.STD_LOGIC_1164.all;

entity rom is
  port(adr:  in  STD_LOGIC_VECTOR(1 downto 0);
       dout: out STD_LOGIC_VECTOR(2 downto 0));
end;

architecture synth of rom is
begin
  process(all) begin
    case adr is
      when "00" => dout <= "011";
      when "01" => dout <= "110";
      when "10" => dout <= "100";
      when "11" => dout <= "010";
    end case;
  end process;
end;
```

5.6 逻辑阵列

和存储器一样，门器件也可以组织成规整的阵列。如果门之间的连接可以编程，那么这些逻辑阵列（logic array）就可以被配置执行任何功能，而不需要使用者以特定方式连线。规整的结构可以简化设计。逻辑阵列可以大量生产，所以其并不昂贵。软件工具允许用户将逻辑设计映射到阵列上。大部分的逻辑阵列是可重配置的，这允许设计者不需要替换硬件就可以修改设计。在开发过程中，可重配置的能力很有价值的，而且在使用现场中也很有用，使得简单下载新配置后就可以升级系统。

本节介绍两种类型的逻辑阵列：可编程逻辑阵列（Programmable Logic Array，PLA）和现场可编程门阵列（Field Programmable Gate Array，FPGA）。可编程逻辑阵列是一个相对旧的技术，它只能实现组合逻辑。FPGA 可以实现组合和时序逻辑。

5.6.1 可编程逻辑阵列

可编程逻辑阵列（PLA）以积之和的形式实现两级组合逻辑。如图 5-55 所示，PLA 由一个 AND 阵列和跟随它的 OR 阵列组成。输入（以真值和取反的形式）驱动 AND 阵列。它产生的蕴涵项依次作 OR 运算而形成输出。一个 $M \times N \times P$ 位的 PLA 有 M 位输入、N 位蕴涵项和 P 位输出。

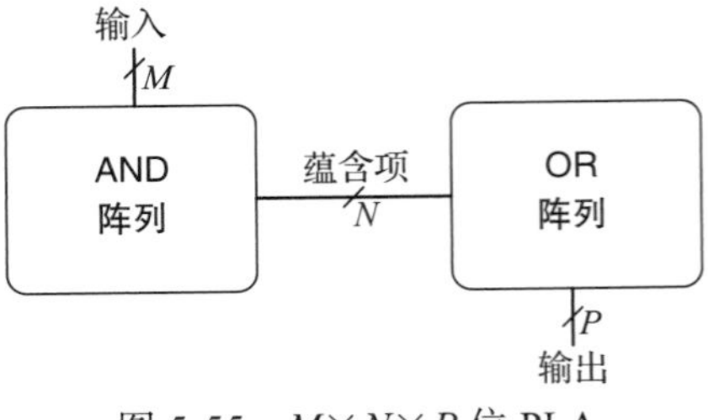

图 5-55 $M \times N \times P$ 位 PLA

图 5-56 所示是 $3 \times 3 \times 2$ 位 PLA 实现函数 $X = \overline{A}BC + AB\overline{C}$ 和 $Y = A\overline{B}$ 的点号表示法。其中，AND 阵列的每一行组成一个蕴涵项。AND 阵列中每一行的点表示组成蕴涵项的变量。图 5-56 中的 AND 阵列形成了 3 个蕴涵项 $\overline{A}BC$、$AB\overline{C}$、$A\overline{B}$。OR 阵列的点说明输出函数中包含了哪些蕴涵项。

图 5-57 所示为如何使用两层逻辑组成 PLA。另一种的实现将在 5.6.3 节介绍。

ROM 可以看作 PLA 的一种特殊情况。一个 2^M 字 $\times N$ 位的 ROM 就是一个 $M \times 2^M \times N$ 位的 PLA。译码器像 AND 阵列一样，产生所有 2^M 个最小项。ROM 阵列像 OR 阵列一样，产生所有输出。如果函数不需要依赖所有的 2^M 个最小项，PLA 就会比 ROM 要小。例如，要实现用图 5-56 和图 5.57 中 3×3×2 位 PLA 的功能，就需要一个 8 字 ×2 位 ROM。

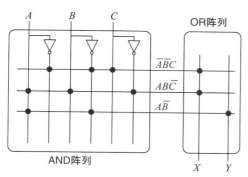

图 5-56　3×3×2 位 PLA：点号表示法

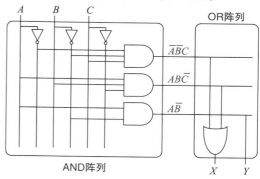

图 5-57　使用两层逻辑构成的 3×3×2 位 PLA

　　简单可编程逻辑器件（Simple Programmable Logic Device，SPLD）增强了 PLA 的功能，其中在 AND/OR 阵列中加入寄存器和各种的其他特殊功能。然而，很大一部分 PLD 和 PLA 将被 FPGA 替代，因为 FPGA 在建立系统时更加灵活和高效。

5.6.2　现场可编程逻辑门阵列

　　现场可编程逻辑门阵列是一个可重配置的门器件阵列。通过软件编程工具，使用者可以用硬件描述语言或者原理图在 FPGA 上完成设计。基于一些原因，FPGA 比 PLA 更灵活，功能也更强大。FPGA 可以实现组合和时序逻辑，还可以实现多级逻辑功能，而 PLA 只能实现两级逻辑。现代的 FPGA 还集成了其他有用的功能，如内置乘法器、高速 I/O、数据转换器（包括数模转换器）、大型 RAM 阵列和处理器等。

　　FPGA 由可配置逻辑元件（Logic Element，LE）阵列构成，也称为可配置逻辑单元（Configurable Logic Block，CLB）。每个 LE 可以配置为实现组合逻辑或者时序逻辑功能。图 5-58 为通用 FPGA 结构图。LE 被与外部接口的输入输出元件（Input/Output Element，IOE）包围。IOE 连接了 LE 的输入输出和芯片封装的引脚。通过可编程布线通道将 LE 和其他 LE、IOE 连接在一起。

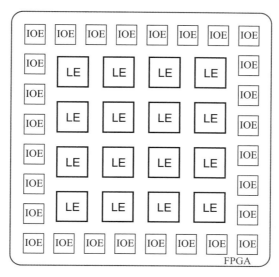

图 5-58　通用 FPGA 结构图

两家 FPGA 领先制造商分别是 Altera 公司和 Xilinx 公司。图 5-59 为 Altera 公司 2009 年推出的 Cyclone IV FPGA 中的一个 LE。LE 的关键部分是一个 4 输入查找表（LUT）和一个 1 位寄存器。LE 也包含可配置多路选择器，从而使信号通过 LE。通过确定查找表的内容和多路选择器的选择信号来配置 FPGA。

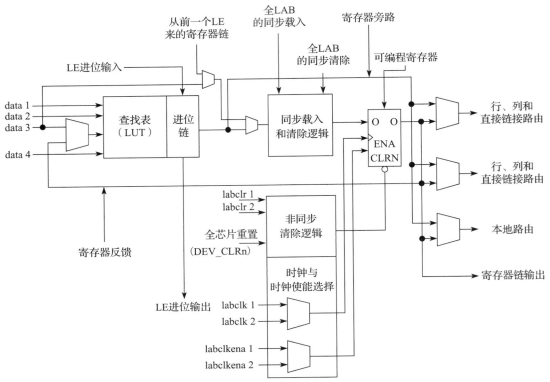

图 5-59   Cyclone IV LE（经允许转载自 Altera 公司 Altera Cyclone™ Ⅳ 手册 © 2010）

Cyclone IV LE 有一个 4 输入 LUT 和一个触发器。为查找表加载合适的值后，LUT 可以配置以实现最多 4 变量的任意逻辑函数。配置 FPGA 时还需要确定选择信号，以决定数据如何通过多路选择器在 LE 中流过以及流向邻近的 LE 和 IOE。例如，依靠多路选择器的配置，LUT 将从 data 3 或者 LE 自带寄存器的输出接收一个输入，并且总是从 data 1、data 2 和 data 4 接收其余三个输入。data 1～data 4 输入来自 IOE 或者其他 LE 的输出，这由 LE 外部布线决定。LUT 输出要么在组合逻辑函数里直接输出到 LE 的输出端，要么在含寄存器逻辑函数里输出到触发器。触发器的输入可能来自它自己的 LUT 输出、data 3 输入或者前一个 LE 的寄存器输出。额外的硬件结构还包括：支持使用进位链硬件的加法功能、用于布线的多路选择器以及触发器使能端和复位键。Altera 公司将 16 个 LE 组合在一起构成一个逻辑阵列单元并提供 LAB 内 LE 间的本地连接。

总的来说，Cyclone IV LE 可以实现一个最多 4 变量的组合逻辑函数和（或）含寄存器逻辑函数。其他品牌的 FPGA 可能在组成上有些差异，但都遵循相同的设计原则。例如，Xilinx 7 系列 FPGA 使用 6 输入 LUT 而不是 4 输入 LUT。

设计者配置 FPGA 时，首先用原理图或者硬件描述语言创建设计。随后，设计被综合到 FPGA 上。综合工具决定 LUT、多路选择器、布线通道如何配置以实现特定功能。最后，这些配置信息可以下载到 FPGA 上。因为 Cyclone Ⅳ FPGA 在 SRAM 上存储配置信息，所以它们的编程非常简单。在系统加电时，配置信息可以从实验室的计算机或者 EEPROM 芯片中下载内容到 FPGA SRAM 上。一些制造商的 FPGA 上直接包含了 EEPROM，或者使用一次可编程熔丝来配置 FPGA。

例 5.5 **使用 LE 实现特定功能**。解释如何配置一个或多个 Cyclone Ⅳ LE 实现以下功能：

（a）$X=\bar{A}\bar{B}C+AB\bar{C}$ 和 $Y=A\bar{B}$

（b）$Y=JKLMPQR$

（c）二进制状态编码的模 3 计数器（参见图 3-29a）

你可能需要画出 LE 间的互联方案。

解：（a）配置两个 LE，其中一个 LUT 计算 X，另一个 LUT 计算 Y，如图 5-60 所示。对于第一个 LE，输入 data 1、data 2、data 3 分别代表 A、B、C（这些连接由布线通道设置）。data 4 是一个无关项，但是不能悬空，因此它连接到 0。对于第二个 LE，输入 data 1 和 data 2 别代表 A 和 B；其他输入端是无关项，并且都连接到 0。配置最后一级多路选择器从 LUT 上选择组合逻辑输出，从而生成 X 和 Y。一般而言，一个 LE 可以以这种方式计算任意最多 4 个输入变量的逻辑函数。

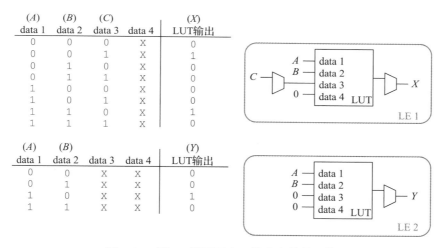

图 5-60　用 LE 配置两个 4 输入变量的函数

（b）配置第一个 LE 的 LUT 去计算 $X=JKLM$，第二个 LE 的 LUT 计算 $Y=XPQR$。配置每个 LE 最后一级多路选择器从 LUT 上选择组合逻辑输出，从而生成 X 和 Y。配置如图 5-61 所示。LE 间的布线通道用灰色虚线表示，连接 LE 1 的输出和 LE 2 的输入。一般而言，一组 LE 可以以这种方式计算一个 N 变量的函数。

（c）FSM 有两位状态（$S_{1:0}$）和一个输出（Y）。下一状态基于两位的当前状态。使用两个 LE 从当前状态计算下一状态，如图 5-62 所示。使用分别在两个 LE 上的 2 个触发器保存状态变量。触发器使用外部 Reset 信号作为专门的复位输入。寄存器的输出使用 data 3 的多路选择器和 LE 间的布线通道反馈回 LUT 输入，这以灰色虚线表示。一般来说，需要另一个 LE 来计算输出 Y。然而，在这个例子中，$Y=S'_0$，所以 Y 可以来自 LE 1。因此，整个 FSM 可以放在两个 LE 中。总的来说，一个 FSM 每一位状态需要至少一个 LE。如果用于计算输出或者下一状态的逻辑非常复杂而不能放在一个 LUT 中，它也许需要更多的 LE。　■

277
～
278

(J) data 1	(K) data 2	(L) data 3	(M) data 4	(X) LUT输出
0	0	0	0	0
0	0	0	1	0
0	0	1	0	0
0	0	1	1	0
0	1	0	0	0
0	1	0	1	0
0	1	1	0	0
0	1	1	1	0
1	0	0	0	0
1	0	0	1	0
1	0	1	0	0
1	0	1	1	0
1	1	0	0	0
1	1	0	1	0
1	1	1	0	0
1	1	1	1	1

(P) data 1	(Q) data 2	(R) data 3	(X) data 4	(Y) LUT输出
0	0	0	0	0
0	0	0	1	0
0	0	1	0	0
0	0	1	1	0
0	1	0	0	0
0	1	0	1	0
0	1	1	0	0
0	1	1	1	0
1	0	0	0	0
1	0	0	1	0
1	0	1	0	0
1	0	1	1	0
1	1	0	0	0
1	1	0	1	0
1	1	1	0	0
1	1	1	1	1

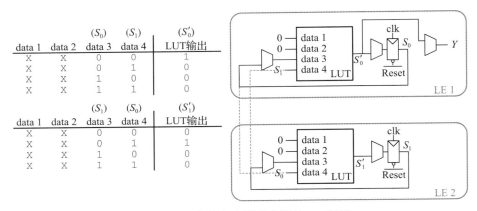

图 5-61　用 LE 配置多于 4 输入的函数

data 1	data 2	(S_0) data 3	(S_1) data 4	(S_0') LUT输出
X	X	0	0	1
X	X	0	1	0
X	X	1	0	0
X	X	1	1	0

data 1	data 2	(S_1) data 3	(S_0) data 4	(S_1') LUT输出
X	X	0	0	0
X	X	0	1	1
X	X	1	0	0
X	X	1	1	0

图 5-62　两位状态有限状态机的 LE 配置

例 5.6 LE 延迟。Alyssa 正在设计一个必须运行在 200MHz 的有限状态机。她使用了 Cyclone Ⅳ GX FPGA，规格如下：对于每一个 LE，$t_{LE}=381ps$；对于所有的触发器，$t_{setup}=76ps$，$t_{pcq}=199ps$。LE 间的连接延迟为 246ps。假设触发器的保持时间为 0。她的设计中最多可以用多少级 LE？

解：Alyssa 使用式（3.13）求解出逻辑的最大传输延迟 $t_{pd} \leqslant T_c - (t_{pcq} + t_{setup})$。

因此，$t_{pd} \leqslant 5ns - (0.199ns + 0.076ns)$，所以 $t_{pd} \leqslant 4.725ns$。每一个 LE 的延迟加上 LE 间的连接延迟，$t_{LE+wire} = 381ps + 246ps = 627ps$。LE 的最大级数 N 需要满足 $Nt_{LE+wire} \leqslant 4.725ns$，因此 $N=7$。

*5.6.3　阵列实现

为了减少尺寸和成本，ROM 和 PLA 一般使用类 nMOS 或者动态电路（参见 1.7.8 节）而不是常用的逻辑门器件。

图 5-63a 为一个 4×3 位 ROM 的点号表示法。它实现以下函数：$X=A \oplus B$、$Y=\overline{A}+B$ 和 $Z=\overline{AB}$。为了与图 5-50 中的函数一致，地址输入重命名为 A 和 B，数据输出重命名为 X、Y、Z。图 5-63b 给出了类 nMOS 实现。译码器的每一个输出连接到它这一行 nMOS 晶体管的门控端上。注意到类 nMOS 电路中，弱 pMOS 晶体管只在没有通过下拉（nMOS）网络的路径连接到 GND 时，才输出高电平。

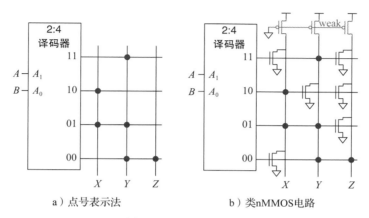

a）点号表示法　　　　　　　b）类 nMMOS 电路

图 5-63　ROM 的实现

下拉晶体管放置在每个没有点表示的交汇点上。图 5-63a 中的点留在了图 5-63b 中，这样可以方便比较。弱上拉晶体管在相应字线中没有下拉晶体管时将输出拉到高电平。例如，当 $AB=11$ 时，字线 11 为高电平。X、Z 上的晶体管就被打开，把输出拉为低电平。Y 输出上没有晶体管连接到字线 11，所以 Y 被拉高。

PLA 也可以用类 nMOS 电路实现，图 5-64 为图 5-56 中 PLA 的实现。在 AND 阵列中，下拉晶体管放置于没有点的位置；在 OR 阵列中，则放置在有点的行。在反馈到输出位前，OR 阵列的每位都需要经过一个反相器。同样，图 5-64 中保留了图 5-56 的灰点以方便比较。

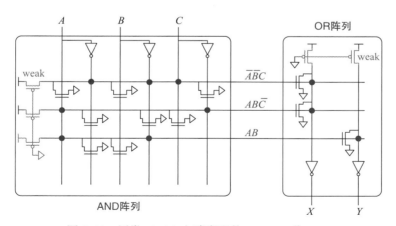

图 5-64　用类 nMOS 电路实现的 3×3×2 位 PLA

5.7　总结

本章介绍了数字系统中常用的电路模块，包括：加法器、减法器、比较器、移位器、乘法器和除法器等算术电路；计数器和移位寄存器等时序电路；存储器阵列和逻辑阵列。这一章还探讨了小数的定点和浮点表示法。第 7 章中将使用单元电路来构造微处理器。

加法器是大部分算术电路的基础。半加法器把两个 1 位输入 A 和 B 相加，产生一位和与一位进位。全加器扩充了半加法器以接收进位输入。N 个全加器可以级联组成一个进位传输加法器（CPA），以实现两个 N 位数的加法。因为进位要逐次通过每一个全加器，这一类 CPA 称为行波进位加法器。更快的 CPA 可以使用先行进位或前缀技术。

减法器把减数变为负数，把它和被减数相加。数值比较器把一个数和另一个数相减，根据结果的符号判断它们的关系。乘法器使用与门电路形成中间结果，并把这些中间结果使用全加器相加。除法器重复地从中间余数中减去除数，并检查差值的符号，以决定商位。计数器使用加法器和寄存器来递增当前计数。

使用定点或者浮点形式表示小数。定点数与十进制数相似，浮点数与科学计数法相似。定点数使用一般的算术电路，而浮点数要求更多复杂的硬件提取和处理符号、阶码和尾数。

大型的存储器按字阵列方式组织。存储器有一个或者更多的端口完成字的读和（或）写。掉电时，易失性存储器（如 SRAM 和 DRAM）就会丢失它们的状态。SRAM 比 DRAM 更快，但是需要更多的晶体管。寄存器组是小型的多端口 SRAM 阵列。非易失性存储器（ROM）可以无限长地保持它们的状态。尽管名字为 ROM，但是现代大部分的 ROM 也可以写入。

可以采用规则的阵列来构成逻辑。存储器阵列可以用作查找表，实现组合函数。PLA 以可配置的 AND 和 OR 阵列连接组成。它们只能实现组合逻辑。FPGA 由大量的小型查找表和寄存器组成，可以实现组合逻辑和时序逻辑。查找表的内容和它们的内部连接可以被配置，用于执行任意逻辑函数。现代 FPGA 能很简单地重编程，具有足够大的容量和便宜的价格来构造专用数字系统，所以它们被广泛地用于中小型的商业和教育产品中。

281

习题

5.1 以下三种 64 位加法器的延迟是多少？假设每一个 2 输入的门器件延迟是 150ps，全加器的延迟是 450ps。

（a）行波进位加法器；

（b）4 位单元的先行进位加法器；

（c）前缀加法器。

5.2 设计两个加法器：一个是 64 位的行波进位加法器，另一个是 4 位单元的 64 位先行进位加法器。只使用 2 输入门器件。每一个 2 输入门器件的面积为 $15\mu m^2$，延迟为 50ps，门电容为 20fF。假设静态电源可以忽略。

（a）比较两种加法器的面积、延迟和功耗（运行频率为 100MHz，运行电压为 1.2V）；

（b）讨论在功耗、面积和延迟之间的折中。

5.3 讨论为什么设计者会选择行波进位加法器代替先行进位加法器。

5.4 用硬件描述语言设计图 5-7 的 16 位前缀加法器。模拟和测试你的模块，以证明它能正确运行。

5.5 图 5-7 所示的前缀网格使用黑色单元去计算所有的前缀。一些单元传输信号并不是必需的。设计一个灰色单元从位 $i:k$ 和 $k-1:j$ 接收 G 和 P 信号，但是仅产生 $G_{i:j}$，而不产生 $P_{i:j}$。重画前缀网格，在需要的地方把黑色单元替换为灰色单元。

5.6 如图 5-7 所示的前缀网格不是在对数时间内计算所有前缀的唯一方法。Kogge-Stone 网格是另外一个常见的前缀网格，它实现一样的功能，但使用不同的黑色单元连接。研究 Kogge-Stone 加法器，画和图 5-7 相似的原理图，表示在 Kogge-Stone 中的黑色单元连接。

5.7 回想一个 N 输入的优先级编码器有 $\log_2 N$ 位输出，编码哪一个输入具有最高优先级（参见习题 2.36）。

(a) 设计一个 N 输入优先级编码器，延迟按 N 的对数增加。画出电路原理图，以电路模块延迟的形式给出电路的延迟。

(b) 以硬件描述语言编码完成设计。模拟和测试相应模块，证明它能正确地运行。   282

5.8 设计以下三种 32 位无符号数比较器。画出电路原理图。

(a) 不等   (b) 大于等于   (c) 小于

5.9 考虑图 5-12 的有符号比较器。

(a) 给出两个 4 位有符号数 A 和 B 的示例，其中 4 位有符号比较器正确地计算 $A<B$。

(b) 给出两个 4 位有符号数 A 和 B 的示例，其中 4 位有符号比较器不正确地计算 $A<B$。

(c) 一般来说，N 位有符号比较器何时不正确工作？

5.10 修改图 5-12 的 N 位有符号比较器，以便为所有 N 位有符号输入 A 和 B 正确计算 $A<B$。

5.11 使用自己习惯用的硬件描述语言设计如图 5-15 所示的 32 位 ALU。可以用行为模型或者结构模型设计顶层模块。

5.12 使用自己习惯用的硬件描述语言设计如图 5-17 所示的 32 位 ALU。可以用行为模型或者结构模型设计顶层模块。

5.13 编写测试程序用于测试习题 5.11 的 32 位 ALU。之后使用它去测试 ALU。包括需要的任何测试向量文件。确保测试了足够的分支用例，使人信服 ALU 的功能是正确的。

5.14 对于习题 5.12 中的 ALU 重复习题 5.13。

5.15 构建比较两个无符号数 A 和 B 的无符号比较单元。单元的输入是来自图 5-16 中 ALU 的 ALUFlags 信号（N、Z、C、V），ALU 执行减法：$A-B$。单元的输出是 HS、LS、HI 和 LO，表示 A 高于或等于（HS）、低于或等于（LS）、高于（HI）或低于（LO）B。

(a) 写出以 N、Z、C 和 V 表示 HS、LS、HI 和 LO 的最小方程。

(b) 画出 HS、LS、HI 和 LO 的电路图。

5.16 构建比较两个有符号数 A 和 B 的有符号比较单元。单元的输入是来自图 5-16 中 ALU 的 ALUFlags 信号（N、Z、C、V），ALU 执行减法：$A-B$。单元的输出是 GE、LE、GT 和 LT，表示 A 大于或等于（GE）、小于或等于（LE）、大于（GT）或小于（LT）B。   283

(a) 写出以 N、Z、C 和 V 表示 GE、LE、GT 和 LT 的最小方程。

(b) 画出 GE、LE、GT 和 LT 的电路图。

5.17 设计一个把 32 位输入左移两位的移位器。输入和输出都是 32 位。以文字解释设计，并画出电路图。用自己习惯使用的硬件描述语言实现设计。

5.18 设计一个 4 位向左和向右的循环移位器。画出电路图，用自己习惯使用的硬件描述语言实现设计。

5.19 使用 24 个 2:1 多路选择器设计一个 8 位的左移位器。移位器包括 8 位数据输入 A，3 位移位量 $shamt_{2:0}$，8 位输出 Y。画出电路图。

5.20 解释如何用 $N \log_2 N$ 个 2:1 多路选择器构造任意 N 位移位器或者循环移位器。

5.21 图 5-65 的漏斗移位器（funnel shifter）可以实现任何的 N 位移位或者循环移位操作。它将 $2N$ 位输入右移 k 位。输出 Y 为结果的最低 N 位。输入的最高 N 位称为 B，最低 N 位称为 C。选择合

适的 B、C、k，漏斗移位器就可以实现任何类型的移位或者循环移位。在以下情况，使用 A、shamt、N 描述这些值：

(a) A 逻辑右移 shamt 位；

(b) A 算术右移 shamt 位；

(c) A 左移 shamt 位；

(d) A 右循环移位 shamt 位；

(e) A 左循环移位 shamt 位。

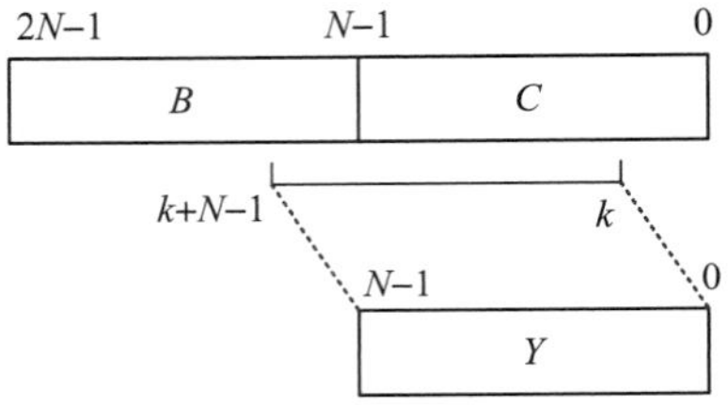

图 5-65　漏斗移位器

5.22　找出图 5-20 中 4×4 乘法器的关键路径。以 AND 门器件延迟（t_{AND}）和全加器延迟（t_{FA}）形式给出。同样，$N×N$ 乘法器的延迟是多少？

5.23　找出图 5-21 中 4×4 除法器的关键路径。以 2:1 多路选择器延迟（t_{MUX}）、全加器延迟（t_{FA}）和反相器延迟（t_{INV}）形式给出。同样，$N×N$ 除法器的延迟是多少？

5.24　设计一个处理二进制补码的乘法器。

5.25　符号扩展单元（sign extension unit）将 M 位二进制补码输入扩展到 N 位（$N>M$），其中将复制输入的最高位到输出的高位（参见 1.4.6 节）。它接收一个 M 位的输入 A，产生一个 N 位的输出 Y。描绘一个 4 位输入、8 位输出的符号扩展单元。写出设计的 HDL 代码。

5.26　零扩展单元（zero extension unit）将 M 位无符号数扩展到 N 位（$N>M$），其中把零放入输出的高位。描绘一个 4 位输入、8 位输出的零扩展单元。写出设计的 HDL 代码。

5.27　以二进制计算 $111001.000_2/001100.000_2$，使用初中的标准算术除法。

5.28　以下数字系统的数据表示区间分别是多少：

(a) 24 位无符号定点数，12 整数位和 12 小数位

(b) 24 位带符号原码定点数，12 整数位和 12 小数位

(c) 24 位二进制补码定点数，12 整数位和 12 小数位

5.29　以 16 位定点带符号的原码（其中 8 位整数位和 8 位小数位）表示以下十进制数。以十六进制表示结果。

(a) −13.5625　　　　　　　(b) 42.3125　　　　　　　(c) −17.156 25

5.30　以 12 位定点带符号的原码（其中 6 位整数位和 6 位小数位）表示以下十进制数。以十六进制表示结果。

(a) −30.5　　　　　　　　(b) 16.25　　　　　　　　(c) −8.078 125

5.31　以 16 位定点二进制补码形式（其中 8 位整数位和 8 位小数位）表示习题 5.29 的十进制数。以十六进制表示结果。

5.32　以 12 位定点二进制补码形式（其中 6 位整数位和 6 位小数位）表示习题 5.30 的十进制数。以十六进制表示结果。

5.33　以 IEEE 754 单精度浮点数格式表示习题 5.29 的十进制数。以十六进制表示结果。

5.34　以 IEEE 754 单精度浮点数格式表示习题 5.30 的十进制数。以十六进制表示结果。

5.35　把以下的二进制补码定点数转换成十进制。明确显示隐含的二进制点以帮助你进行解释。

(a) 0101.1000　　　　　　(b) 1111.1111　　　　　　(c) 1000.0000

5.36　把以下的二进制补码定点数转换成十进制：

(a) 011101.10101　　　　(b) 100110.11010　　　　(c) 101000.00100

5.37　当两个浮点数相加，为什么阶码较小的数被移位？解释并给出一个例子证明你的解释。

5.38　把以下 IEEE 754 单精度浮点数相加。

　　　　　(a) C0123456+81C564B7　　　　　　　　(b) D0B10301+D1B43203

　　　　　(c) 5EF10324+5E039020

5.39　把以下 IEEE 754 单精度浮点数相加。

　　　　　(a) C0D20004+72407020　　　　　　　　(b) C0D20004+40DC0004

　　　　　(c) (5FBE4000+3FF80000)+DFDE4000

　　　　　(为什么结果与预想不同？请解释)

5.40　扩展 5.3.2 节中实现浮点数加法的步骤，使它和能计算正浮点数一样计算负浮点数。

5.41　考虑 IEEE 754 单精度浮点数。

　　　　　(a) IEEE 754 单精度浮点数格式能表示多少数字？不需要考虑 ±∞ 和 NaN。

　　　　　(b) 如果不包含 ±∞，NaN 的表示，另外还可以表示多少个数字？

　　　　　(c) 解释为什么 ±∞，NaN 用特殊的形式表示。

5.42　考虑以下的十进制数：245 和 0.0625。

　　　　　(a) 以十六进制的形式写出两个数的单精度浮点表示。

　　　　　(b) 实现（a）部分中两个 32 位数字的数值比较。换言之，将两个 32 位数字表示为二进制补码，
　　　　　　　然后比较它们。整数比较给出了正确的答案了吗？

　　　　　(c) 你准备使用一个新的单精度浮点表示法。每一样都和 IEEE 754 单精度浮点标准一样，除了
　　　　　　　使用二进制补码表示阶码，而不是二进制偏置数。用你的新标准写出两个数。以十六进制
　　　　　　　给出答案。

　　　　　(d) 使用你的新浮点数表示法，用整数比较器可以比较两个浮点数的大小吗？

　　　　　(e) 为什么用整数方法比较浮点数会相对方便？

287

5.43　使用读者常用的 HDL 设计一个单精度浮点加法器。在编码前，画出设计的电路图。模拟和测试
　　　　加法器，证明它正确运作。你可以只考虑正数，然后使用向零舍入（舍位），也可以忽略表 5-2
　　　　中给出的特殊情况。

5.44　开发一个 32 位浮点乘法器。乘法器有两个 32 位浮点输入并产生一个 32 位浮点输出。你可以只
　　　　考虑整数，使用向零舍入（舍位）。可以忽略表 5-2 中给出的特殊情况。

　　　　　(a) 写出实现 32 位浮点乘法的步骤；

　　　　　(b) 画出 32 位浮点乘法器的电路图；

　　　　　(c) 以 HDL 设计一个 32 位浮点乘法器。模拟和测试乘法器，证明它能正确运行。

5.45　开发一个 32 位前缀加法器。

　　　　　(a) 画出电路图。

　　　　　(b) 以 HDL 设计 32 位前缀加法器。模拟和测试加法器，证明它能正确运行。

　　　　　(c)（a）部分中 32 位前缀加法器的延迟是多少？假设每一个双输入门电路的延迟是 100ps。

　　　　　(d) 设计一个 32 位前缀加法器的流水线版本。画出电路原理图。流水线前缀加法器可以运行得
　　　　　　　多快？可以假设一个测试序列的时间开销（$t_{pcq}+t_{setup}$）为 80ps。使这个设计尽可能快地运行。

　　　　　(e) 以 HDL 设计流水线 32 位前缀加法器。

5.46　递增器将对 N 位数字加一。用半加法器建立一个 8 位递增器。

5.47　设计一个 32 位同步 Up/Down 计数器。输入信号包括：Reset 和 Up。当 Reset 为 1 时，输出都
　　　　是 0。否则，当 Up 为 1 时，电路开始上加，当 Up 为 0 时，电路开始下加。

5.48　设计一个 32 位计数器，在每一个时钟沿加 4。计数器输入信号包括：复位和时钟。复位时，所
　　　　有输出为 0。

5.49　修改习题 5.48 的计数器，使它在每个时钟沿可以以 4 累加，或者加载一个新的 32 位值 D。这些都依赖控制信号 Load。当 Load=1 时，累加器就录入新值 D。

5.50　N 位的 Johnson 计数器由一个带复位信号的 N 位移位寄存器组成。移位寄存器的输出 S_{out} 取反，然后反馈到输入 S_{in}。当计数器复位时，所有位被清零。

（a）给出 4 位 Johnson 计数器复位后，产生的输出序列 $Q_{3:0}$。

（b）N 位 Johnson 计数器经过多少个周期就会重复出现相同的序列？解释你的结果。

（c）使用一个 5 位 Johnson 计数器，10 个 AND 门器件和反相器设计一个十进制计数器。十进制计数器有时钟、复位和 10 个单状态输出 $Y_{9:0}$。当计数器复位时，Y_0 有效。在每一个序列周期中，下一输出将有效。10 个周期之后，计数器必须重复。画出十进制计数器的电路图。

（d）比起平常的计数器，Johnson 计数器有什么优点。

5.51　为一个如图 5-38 所示的 4 位可扫描触发器编写 HDL。模拟和测试你的 HDL 模块，证明其能正确运行。

5.52　英语里面有一些冗余，在传播使用时可以避免语义的混淆。二进制数据也有一些冗余的形式，从而可以纠正一些错误。例如，数字 0 可以编码成 00000，数字 1 必须编码成 111111。数字在有噪声的信道中传输，这些数字中最多可能翻转两位。接收器可以重构出原始数据，因为在接收的 5 位数据中，至少有 3 位为 0，才为 0；同样，应该至少有 3 位为 1 才是 1。

（a）设计一种编码方式，它使用 5 位信息编码发送 00、01、10 或者 11。可以纠正 1 位错误。提示：00000 和 11111 分别为 00、11 的编码不能成功。

（b）设计一个电路，接收 5 位编码数据然后译码成 00、01、10、11，即使一位传输数据被更改。

（c）假设你想改变成另外一种 5 位编码。如何实现你的设计，可以使改变编码时不用修改硬件？

5.53　快速 EEPROM（简称为闪存）引起了近期消费电子产品的革命。研究和说明闪存如何工作。使用图说明浮空门器件。描述存储器中的位如何被编程。正确注明引用的资料。

5.54　一个地球外生命项目小组刚发现有外星人生活在 Mono 湖的底部。需要设计一个电路来判断外星人来自哪个潜在的星球，基于 NASA 探测器获得它们的外形：绿色、褐色、黏稠的、丑的。小心研究宇宙生物学后，得出以下结论：

- 如果外星人是绿色而且是黏稠或者丑陋的，褐色而且是黏稠的，它就可能来自火星；
- 如果这个生物是丑的、褐色而且黏稠，或者绿色但是又不黏稠又不丑陋，那么它可能来自金星；
- 如果它是褐色且既不是黏稠又不丑陋，或者是绿色又是黏稠的，它就可能来自木星。

注意到，可能产生并不是唯一的结果，例如一个生命形式掺杂了绿色和褐色，黏稠的，但是不丑陋就可能来自火星或者木星。

（a）编写一个 $4 \times 4 \times 3$ 的 PLA 程序去识别外星人。你可能要用到点号表示法。

（b）编写一个 16×3 的 ROM 去识别外星人。你可能要用到点号表示法。

（c）用 HDL 实现你的设计。

5.55　使用单独的 16×3 ROM 实现以下的函数。使用点号表示法说明 ROM 的内容。

（a）$X=AB+B\bar{C}D+\bar{A}\bar{B}$

（b）$Y=AB+BD$

（c）$Z=A+B+C+D$

5.56　使用 $4 \times 8 \times 3$ PLA 实现习题 5.55 的函数。你可能要用到点号表示法。

5.57　说明对以下每个组合电路编程时所需的 ROM 容量。使用 ROM 实现这些功能是一个好选择吗？解释为什么。

288
289

（a）带 C_{in} 和 C_{out} 的 16 位加法器 / 减法器；

（b）8×8 乘法器；

（c）16 位优先级编码器（参见习题 2.36）。

5.58　考虑图 5-66 的 ROM 电路。对于每一行，是否可以对第 II 列中的 ROM 适当编程后实现和第 I 列电路相同的功能？

290

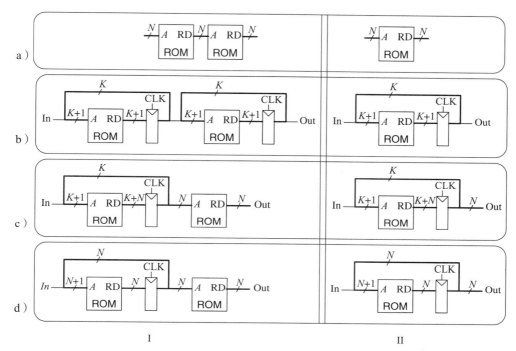

图 5-66　ROM 电路

5.59　对于以下函数，需要多少的 Cyclone IV FPGA LE 去实现？表示出如何配置一个或者多个 LE 去实现函数。应该通过观察完成，而不需要实现逻辑综合。

（a）习题 2.13（c）中的组合函数；

（b）习题 2.17（c）中的组合函数；

（c）习题 2.24 中的双输出函数；

（d）习题 2.35 中的函数；

（e）4 输入优先级编码器（参见习题 2.36）。

5.60　对于以下函数，重复习题 5.59。

（a）8 输入优先级编码器（参见习题 2.36）；

（b）3:8 译码器；

（c）4 位进位传播加法器（没有进位出或者进位入）；

291

（d）习题 3.22 的 FSM；

（e）习题 3.27 中的 Gray 码计数器。

5.61　考虑图 5-59 中的 Cyclone IV LE。它的时间参数在表 5-5 中给出。

（a）图 3-26 的 FSM 需要至少多少 Cyclone IV LE 去实现？

（b）不计算时钟偏移，这个 FSM 可靠运行的最快时钟频率是多少？

（c）时钟偏移是 3ns 时，这个 FSM 可靠运行的最快的时钟频率是多少？

表 5-5　Cyclone Ⅳ 时间参数

名称	值（ps）	名称	值（ps）
t_{pcq}, t_{ccq}	199	t_{pd} (per LE)	381
t_{setup}	76	t_{wire} (between LEs)	246
t_{hold}	0	t_{skew}	0

5.62　重复习题 5.61，解答图 3-31b 中 FSM 的相关问题。

5.63　你需要使用一个 FPGA 去实现一个 M&M 的分类器。用颜色传感器和电动机把红色的糖放在一个罐里，把绿色的糖放在另一个罐里。这个设计用 Cyclone Ⅳ FPGA 芯片实现 FSM。FPGA 的时间参数在表 5-5 中给出。如果希望 FSM 以 100MHz 运行，其关键路径上 LE 最多有多少级？FSM 可以运行的最快速度是多少？

面试问题

5.1　两个无符号 N 位数相乘的最大可能结果是多少？

5.2　BCD 码（Binary coded decimal）使用 4 位编码每一个十进制数。例如，42_{10} 用 01000010_{BCD} 表示。为什么处理器会使用 BCD 码？

5.3　设计硬件把两个 8 位无符号 BCD 数相加（参见问题 5.2）。给出你设计的电路图，并用硬件描述语言为 BCD 加法器编写一个模块。输入是 A、B、C_{in}，输出是 S 和 C_{out}。C_{in} 和 C_{out} 是一位进位，A、B、S 是 8 位 BCD 数。

体系结构

6.1 引言

前面章节介绍了数字电路设计的原理，并设计了一些模块。在本章中，我们将进入新的抽象层次来定义计算机的体系结构（architecture）。体系结构是程序员所见到的计算机，它由指令集（汇编语言）和操作空间（寄存器和存储器）来定义。现在有不同类型的体系结构，例如 ARM、x86、MIPS、SPARC 和 PowerPC 等。

理解任何计算机体系结构的第一步是学习它的语言。计算机语言中的单词叫作指令（instruction）。计算机的词汇表叫作指令集（instruction set）。所有在同一计算机上运行的程序使用相同的指令集。即使是非常复杂的软件应用程序（如文字处理和电子表格应用程序），也最终编译为一系列诸如加法、减法或分支的简单指令。计算机指令包含需要完成的操作（operation）和需要使用的操作数（operand）两个部分，其中操作数来自存储器、寄存器或者指令自身。

计算机硬件仅能理解二进制信息，所以指令也将被编码为二进制数，其格式称为机器语言。正如使用字母来编码人类的语言一样，计算机使用二进制数编码机器语言。ARM 体系结构将每条指令表示为一个 32 位的字。微处理器是一个可以读入并执行机器语言指令的数字电路系统。因为人类直接阅读二进制格式的机器语言会非常枯燥且乏味，所以使用符号形式来表示指令，称为汇编语言（assembly language）。

不同体系结构的指令集更像不同的方言，而不是不同的语言。几乎所有的体系结构都定义了基本指令，例如加法、减法和分支，操作也都来源于存储器或寄存器。一旦学习了一个指令集，理解其他指令集就将相当简单。

294
~
295

计算机体系结构并未确定底层的硬件实现。对于同一种计算机体系结构，往往会有不同的硬件实现。例如，Intel 公司和 AMD 公司销售的不同处理器都属于相同的 x86 体系结构。它们可以运行相同的程序，但使用了不同的底层硬件实现，可以提供在价格、性能和功耗等方面的折中。一些微处理器专门对高性能服务器进行优化，而其他处理器可能为了延长笔记本电脑的电池寿命而针对功耗进行优化。寄存器、存储器、ALU 和其他模块组织成微处理器的方式称为微结构（microarchitecture），我们将在第 7 章中讨论这个主题。经常会有针对同一体系结构的不同微结构设计。

在本文中，我们将介绍 ARM 体系结构。这种结构最早是在 20 世纪 80 年代由 Acorn Computer Group 开发的，该公司独立出 Advanced RISC Machines Ltd.，现在称为 ARM。每年销售超过 100 亿个 ARM 处理器。几乎所有手机和平板电脑都包含多个 ARM 处理器。该体系结构适用于从弹球机到相机、机器人、汽车、机架式服务器等各种应用。ARM 的不同寻常之处在于它不直接销售处理器，而是授权其他公司构建其处理器，通常作为更大的片上系统的一部分。例如，三星、Altera、Apple 和 Qualcomm 都使用从 ARM 购买的微结构或由 ARM 授权内部开发的微结构构建 ARM 处理器。我们选择专注于 ARM，因为它是商业领导者，也因为它的结构很干净，几乎没有什么特异性。我们首先介绍汇编语言指令、操作数地址和常见的编程结构，例如分支、循环、数组操作和函数调用。然后，将描述汇编语言如何转换为机器语言，并显示程序如何加载到内存中并执行。

在本章中，我们使用 David Patterson 和 John Hennessy 在他们的书《Computer Organization and Design》中阐述的 ARM 体系结构设计的 4 个准则：规整性支持简单设计；加快常见功能；越小的设计越快；好的设计需要好的折中方法。

6.2 汇编语言

汇编语言是计算机机器语言的人类可阅读表示。每条汇编语言指令都指明了需要完成的操作和操作所处理的操作数。我们通过介绍简单的算术指令来说明如何用汇编语言来写操作，接着将定义 ARM 指令系统中的操作数：寄存器、存储器和常数。

我们假设读者已经熟悉一种高级程序设计语言，如 C、C++ 或 Java。（实际上这些语言在本章的例子中几乎一样，在有所不同的时候，我们将使用 C 语言。）附录 C 为那些具有较少或者没有编程经验的读者提供 C 语言介绍。

6.2.1 指令

最常见的计算机操作是加法。代码示例 6.1 给出了如何将两个变量 b 和 c 相加，并将结果写入 a 中。在左边的是高级语言（C、C++ 或 Java），在右边使用 ARM 汇编语言重写。注意 C 语言程序语句的最后是一个分号。

代码示例6.1 加法

高级语言代码	ARM 汇编代码
a = b + c;	ADD a, b, c

汇编指令的第一部分（ADD）是助记符（mnemonic），指明了需要执行的操作。该操作基于源操作数（source operand）b 和 c，结果将写入目的操作数（destination operand）a。

代码示例 6.2 显示了减法指令类似于加法。除了操作码 SUB 以外，指令格式完全与加法指令相同。这种一致的指令格式很好地证明了第一个设计准则：

代码示例6.2 减法

高级语言代码	ARM 汇编代码
a = b − c;	SUB a, b, c

设计准则 1：规整性支持简单设计。

指令中包含固定数目的操作数（在本例中，有 2 个源操作数和 1 个目的操作数）将易于编码和硬件处理。更复杂的高级语言代码可以转化为多条 ARM 指令，如代码示例 6.3 所示。

代码示例6.3 复杂代码

高级语言代码	ARM 汇编代码

a = b + c − d; // single-line comment
/* multiple-line
 comment */
	ADD t, b, c ; t = b + c
	SUB a, t, d ; a = t − d

在高级语言例子中，单行注释以 // 开始直到一行结束，多行注释则由 /* 开始，由 */ 结束。在 ARM 汇编语言中仅仅支持单行注释，由分号（;）开始直到一行结束。代码示例 6.3 中的汇编语言程序需要一个临时变量 t 来存储中间结果。使用多条汇编指令执行复杂的操作体现了计算机体系结构的第二个设计准则：

设计准则 2：加快常见功能。

ARM 指令集通过仅包含简单的常用指令使得常见的情况能较快执行。指令的数目比较少，这使得用于指令操作和操作数译码的硬件比较简单、精练和快捷。更复杂但不常见的操作由多条简单指令序列执行。因此，ARM 属于精简指令集计算机（Reduced Instruction Set Computer，RISC）体系结构。具有复杂指令的体系结构，例如 Intel 的 x86，称为复杂指令集计算机（Complex Instruction Set Computer，CISC）。例如，x86 中定义的"字符串移动"指令将字符串从内存的一个位置复制到另外一个位置。这样的操作需要很多条（很可能上百条）RISC 处理器的指令。然而，CISC 体系结构中实现复杂指令的缺点在于增加了硬件而且降低了简单指令的执行速度。

RISC 体系结构在简化硬件复杂性的同时，还使得指令编码中区分不同指令操作的位数比较少。例如，有 64 种简单操作的指令集需要 $\log_2 64 = 6$ 位来编码各种操作。有 256 种复杂指令的指令集需要 $\log_2 256 = 8$ 位来编码各种指令。在 CISC 处理器中，即使复杂指令使用的频率非常小，它们也将增加包括简单指令在内的所有指令的开销。

6.2.2 操作数：寄存器、存储器和常数

一条指令的操作需要基于操作数。在代码示例 6.1 中变量 a、b、c 都是操作数。但是计算机只能处理二进制，而不能处理变量名称。指令需要从一个物理位置中取出二进制数据。操作数可以存放在寄存器或存储器中，也可以作为常数存储在指令自身中。计算机使用不同的位置存放操作数以优化性能和存储容量。对存放在指令中的常数或者寄存器中的操作数的访问非常快，但是它们只能包含少量数据。更多的数据需要从存储器访问得到。存储器虽然容量大但是访问比较慢。因为 ARM（ARMv8 之前）体系结构操作 32 位数据，所以被称为 32 位体系结构。

1. 寄存器

只有快速访问到操作数，指令才能执行得比较快。但是存放在存储器中的操作数需要较长时间才能访问到。因此，大多数体系结构定义了一组容量比较小的寄存器用于存放常用的操作数。ARM 体系结构有 16 个寄存器，称为寄存器集（register set）或寄存器文件（register file）。越少的寄存器访问速度越快，这正验证了第三个设计准则：

设计准则 3：越小的设计越快。

从书桌上少量相关的书籍中查找信息要远比从图书馆的书库中找快得多。同样，从一个数量较少的寄存器文件中读取数据要快于从大的存储器中读取。小的寄存器文件往往利用小 SRAM 阵列（参见 5.5.3 节）构造。

代码示例 6.4 显示了带寄存器操作数的 ADD 指令。ARM 寄存器名称前面带有字母"R"。变量 a、b 和 c 随意放置在 R0、R1 和 R2 中。名称 R1 为"寄存器 1""R1"或"寄存器 R1"。该指令将 R1（b）和 R2（c）中包含的 32 位值相加，并将 32 位结果写入 R0（a）。代码示例 6.5 显示了使用寄存器 R4 来存储 b+c 的中间计算结果的 ARM 汇编代码。

代码示例6.4　寄存器操作数

高级语言代码	ARM 汇编代码
a = b + c;	; R0 = a, R1 = b, R2 = c 　ADD R0, R1, R2　　; a = b + c

代码示例6.5　临时寄存器

高级语言代码	ARM 汇编代码
a = b + c − d;	; R0 = a, R1 = b, R2 = c, R3 = d; R4 = t 　ADD R4, R1, R2　; t = b + c 　SUB R0, R4, R3　; a = t − d

例 6.1　高级语言代码转换为汇编语言代码。将以下高级语言代码转换为 ARM 汇编语言代码。假设变量 a～c 存储在寄存器 R0～R2 中，而变量 f～j 则存储在寄存器 R3～R7 中。

```
a = b − c;
f = (g + h) − (i + j);
```

解：该程序使用 4 条汇编语言指令。

```
; ARM assembly code
; R0 = a, R1 = b, R2 = c, R3 = f, R4 = g, R5 = h, R6 = i, R7 = j
  SUB R0, R1, R2    ; a = b − c
  ADD R8, R4, R5    ; R8 = g + h
  ADD R9, R6, R7    ; R9 = i + j
  SUB R3, R8, R9    ; f = (g + h) − (i + j)
```

2. 寄存器集

表 6-1 列出了 16 个 ARM 寄存器的名称和用法。R0～R12 用于存储变量；在程序调用期间，R0～R3 有特殊用途。R13～R15 也分别称为 SP、LR 和 PC，将在本章后面介绍它们。

表 6-1　ARM 寄存器集

名　称	用　途	名　称	用　途
R0	参数 / 返回值 / 临时变量	R13 (SP)	堆栈指针
R1～R3	参数 / 临时变量	R14 (LR)	链接寄存器
R4～R11	保存的变量	R15 (PC)	程序计数器
R12	临时变量		

3. 常数 / 立即数

除寄存器操作外，ARM 指令还可以使用常数或立即操作数。常数称为立即数，因为其值可以立即从指令中获得，并且不需要寄存器或存储器访问。代码示例 6.6 显示了向寄存器添加立即数的 ADD 指令。在汇编代码中，立即数前面带有 # 符号，可以用十进制或十六进制编写。ARM 汇编语言中的十六进制常数以 0x 开头，与 C 中一样。立即数是无符号的 8 到 12 位数字，具有 6.4 节中描述的特殊编码。

代码示例6.6　立即操作数

高级语言代码	ARM 汇编代码
a = a + 4; b = a − 12;	; R7 = a, R8 = b 　ADD R7, R7, #4　; a = a + 4 　SUB R8, R7, #0xC ; b = a − 12

移动指令（MOV）是初始化寄存器值的有用方法。代码示例 6.7 分别将变量 i 和 x 初始化为 0 和 4080。MOV 也可以采用寄存器源操作数。例如，MOV R1, R7 将寄存器 R7 的内容复制到 R1 中。

代码示例6.7　使用立即数初始化值

高级语言代码	ARM 汇编代码
i = 0; x = 4080;	; R4 = i, R5 = x 　MOV R4, #0　　　; i = 0 　MOV R5, #0xFF0　; x = 4080

4. 存储器

如果仅以寄存器作为操作数的存储空间，将限制程序中的变量不能超过 15 个。但是，数据也可以存储在存储器中。寄存器文件容量小、速度快，而存储器容量大、速度慢。所以，频繁使用的变量保存在寄存器中。在 ARM 体系结构中，指令仅在寄存器上运行，因此存储在存储器中的数据必须先移入寄存器才能进行处理。通过综合使用寄存器和存储器，程序可以以相对较快的速度访问大量的数据。如 5.5 节所述，存储器组织为数据字的阵列。ARM 体系结构采用 32 位存储器地址和 32 位数据字长。

ARM 使用字节可寻址的内存。也就是说，内存中的每个字节都有一个唯一的地址，如图 6-1a 所示。32 位字由 4 个 8 位字节组成，因此每个字的地址是 4 的倍数。最高有效字节（MSB）位于左侧，最低有效字节（LSB）位于右侧。32 位字地址和图 6-1b 中的数据值都以十六进制给出。例如，数据 0xF2F1AC07 存储在存储器第 4 号地址空间中。按照惯例，存储器图中的低地址在下，高地址在上。

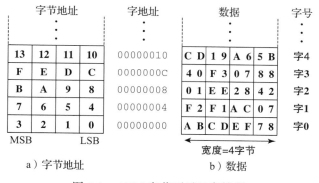

图 6-1　ARM 字节可寻址存储器

ARM 提供加载寄存器指令 LDR 从存储器中读出数据字到寄存器，代码示例 6.8 表明了如何将内存中的第 2 号字读入 a（R7）中。在 C 中，方括号内的数字是索引或字号，我们将在 6.3.6 节进一步讨论。LDR 指令使用基址寄存器（R5）和偏移量（8）指定存储器地址。回想一下，每个数据字是 4 字节，因此字 1 在地址 4，字 2 在地址 8，依此类推。字地址是字号的 4 倍。存储器地址由基址寄存器（R5）的内容和偏移量相加来形成。ARM 提供了几种访问内存的模式，如 6.3.6 节所述。

在代码示例 6.8 中执行加载寄存器指令（LDR）后，R7 保存了值 0x01EE2842，这是图 6-1 中存储在存储器地址 8 的数值。

301

代码示例6.8　读取存储器

高级语言代码	ARM 汇编代码
a = mem[2];	; R7 = a MOV R5, #0　　　; base address = 0 LDR R7, [R5, #8]　; R7 <= data at memory address (R5+8)

ARM 使用存储寄存器指令 STR 将寄存器中的数据字写入存储器。代码示例 6.9 将来自寄存器 R9 的值 42 写入内存字 5。

代码示例6.9　写入存储器

高级语言代码	ARM 汇编代码
mem[5] = 42;	MOV R1, #0　　　　; base address = 0 MOV R9, #42 STR R9, [R1, #0x14]　; value stored at memory address (R1+20) = 42

如图 6-2 所示，字节可寻址存储器的组织方式有大端（big-endian）和小端（little-endian）两种格式。两种格式中，一个 32 位字的最高有效字节（Most Significant Byte，MSB）在左，最低有效字节（Least Significant Byte，LSB）在右。两种格式的字地址相同，并指向相同的 4 字节，唯一不同的只是一个字中不同字节的地址。在大端形式的机器中，第 0 字节是从最高有效字节开始；在小端形式的机器中，第 0 字节是从最低有效字节开始。

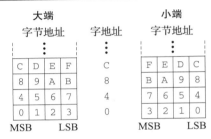

图 6-2　大端和小端存储器编址

IBM 公司的 PowerPC（在 Macintosh 计算机中采用）使用大端方式编址。PC 中使用的 Intel 公司 x86 体系结构使用小端方式编址。ARM 更喜欢小端，但在某些版本中支持双端数据寻址，这允许以任意格式加载和存储数据。选择大端或小端方式完全是任意的，却因此引起了使用大端与小端方式的计算机之间共享数据的麻烦。在本文的例子中，我们在涉及字节顺序时都使用小端方式。

6.3　编程

软件编程语言（如 C 或 Java）称为高级编程语言，因为它们比汇编语言的抽象层次更高。许多高级语言使用算术和逻辑操作、条件执行、if/else 语句、for 和 while 循环、数组索引和函数调用等常见的软件结构。有关 C 语言中这些结构的更多示例，请参阅附录 C。本节将会探讨如何将这些高级语言结构翻译成 ARM 汇编代码。

6.3.1　数据处理指令

ARM 体系结构定义了大量的数据处理指令（在其他结构中通常称为逻辑和算术指令）。这些指令对实现高级语言结构是必需的，因此首先简要介绍它们。附录 B 提供了 ARM 指令的总结。

1. 逻辑指令

ARM 逻辑运算包括 AND、ORR（OR）、EOR（XOR）和 BIC（位清除）。它们各自在两个源上按位运算，并将结果写入目标寄存器。第一个源始终是寄存器，第二个源是立即数或另一个寄存器。另一个逻辑操作 MVN（MoVe 和 Not）在第二个源（立即数或寄存器）上执行按位取反，并将结果写入目标寄存器。图 6-3 显示了对两个源值 0x46A1F1B7 和 0xFFFF0000 执行这些操作的示例。该图显示了指令执行后存储在目标寄存器中的值。

源寄存器

R1	0100 0110	1010 0001	1111 0001	1011 0111
R2	1111 1111	1111 1111	0000 0000	0000 0000

汇编代码 / 结果

汇编代码					
AND R3, R1, R2	R3	0100 0110	1010 0001	0000 0000	0000 0000
ORR R4, R1, R2	R4	1111 1111	1111 1111	1111 0001	1011 0111
EOR R5, R1, R2	R5	1011 1001	0101 1110	1111 0001	1011 0111
BIC R6, R1, R2	R6	0000 0000	0000 0000	1111 0001	1011 0111
MVN R7, R2	R7	0000 0000	0000 0000	1111 1111	1111 1111

图 6-3　逻辑操作

位清除（BIC）指令对于屏蔽位（即将不用的位清除为 0）非常有用。BIC R6, R1, R2 计算 R1 AND NOT R2。换句话说，BIC 清除 R2 中断言的位。在这种情况下，R1 的前两个字节被清除或屏蔽，R1 的未屏蔽的底部两个字节 0xF1B7 被置于 R6 中。寄存器位的任何子集都可被屏蔽。

ORR 指令可用于组合两个寄存器位。例如，0x347A0000 ORR 0x000072FC=0x347A72FC，即将两个值组合起来。

2. 移位指令

移位指令左移或右移寄存器中的值，从末尾开始丢弃位。rotate 指令将寄存器中的值旋转最多 31 位。我们一般将移位和旋转一起称为移位操作。ARM 移位操作有 LSL（逻辑左移）、LSR（逻辑右移）、ASR（算术右移）和 ROR（右旋）。没有 ROL 指令是因为可以通过右旋互补量来执行左旋。

在 5.2.5 节的讨论中，左移一般将低位补 0。但右移可以是逻辑右移（高位补 0）或算术右移（高位补符号位）。移位量可以是立即数或寄存器。

图 6-4 显示了当移位量为立即数时，LSL、LSR、ASR 和 ROR 的汇编代码和结果寄存器的值。R5 的移位量为一个立即数，结果放在目标寄存器中。如 5.2.5 节所讨论，将一个值左移 N 位相当于乘以 2^N。同理，算术右移 N 位，相当于除以 2^N。逻辑移位也用于提取或组合位域。

源寄存器

R5	1111 1111	0001 1100	0001 0000	1110 0111

汇编代码 / 结果

汇编代码					
LSL R0, R5, #7	R0	1000 1110	0000 1000	0111 0011	1000 0000
LSR R1, R5, #17	R1	0000 0000	0000 0000	0111 1111	1000 1110
ASR R2, R5, #3	R2	1111 1111	1110 0011	1000 0010	0001 1100
ROR R3, R5, #21	R3	1110 0000	1000 0111	0011 1111	1111 1000

图 6-4　移位指令，移位量为立即数

图 6-5 显示了移位操作的汇编代码和结果寄存器值，其中移位量保存在寄存器 R6 中。

该指令使用寄存器移位寄存器寻址模式，其中一个寄存器（R8）的移位量为第二个寄存器（R6）中保存的量（20）。

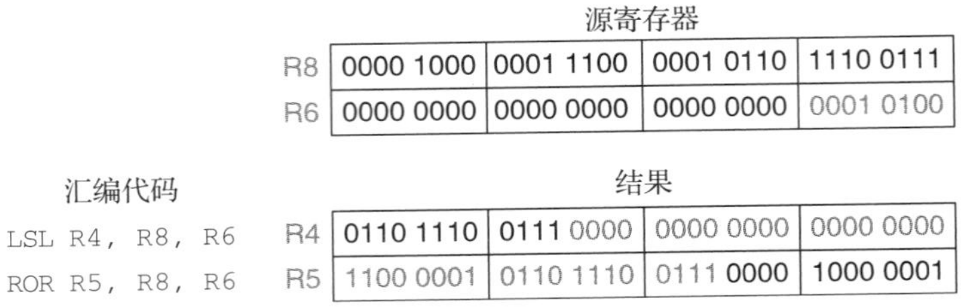

			源寄存器		
R8	0000 1000	0001 1100	0001 0110	1110 0111
R6	0000 0000	0000 0000	0000 0000	0001 0100

汇编代码			结果		
LSL R4, R8, R6	R4	0110 1110	0111 0000	0000 0000	0000 0000
ROR R5, R8, R6	R5	1100 0001	0110 1110	0111 0000	1000 0001

图 6-5　移位指令，移位量为寄存器

*3. 乘法指令

乘法指令有些不同于其他算术指令。两个 32 位数相乘，产生一个 64 位乘积。ARM 体系结构提供了乘法指令，产生 32 位或 64 位乘积。乘法（MUL）将两个 32 位数相乘，产生 32 位结果。MUL R1, R2, R3 将 R2 和 R3 中的值相乘，并将乘积的最低有效位置于 R1 中；乘积的最高有效 32 位被丢弃。该指令对于值小的两个数相乘且其结果不大于 32 位非常有用。UMULL（无符号相乘长整型）和 SMULL（有符号相乘长整型）将两个 32 位数字相乘并生成 64 位乘积。例如，UMULL R1, R2, R3, R4 执行 R3 和 R4 的无符号乘法。乘积的最低有效 32 位放在 R1 中，最高有效 32 位放在 R2 中。

[305]

这些指令中的每一个还具有相乘 – 累加变体 MLA、SMLAL 和 UMLAL，它们将乘积添加到正在运行的 32 位或 64 位和。这些指令可以提高矩阵乘法以及包含重复乘法和加法的信号处理等应用中的数学性能。

6.3.2　条件标志

如果程序每次只能以相同的顺序运行，那么程序将会很无聊。ARM 指令可选择根据结果是否为负、零等来设置条件标志。然后后续指令有条件地执行，具体取决于条件标志的状态。ARM 条件标志（也称为状态标志）有负（N）、零（Z）、进位（C）和溢出（V），如表 6-2 所示。这些标志由 ALU 设置（见 5.2.4 节），并保存在 32 位当前程序状态寄存器（CPSR）的前 4 位中，如图 6-6 所示。

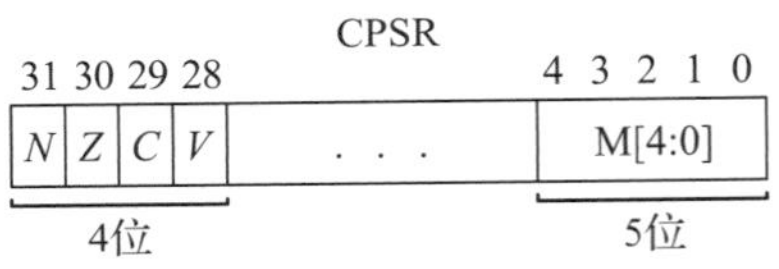

CPSR		
31 30 29 28		4 3 2 1 0
N Z C V	...	M[4:0]
4 位		5 位

图 6-6　当前程序状态寄存器（CPSR）

表 6-2　条件标志

标　　志	名　　称	描　　述
N	负	指令结果是负的，即结果的第 31 位是 1
Z	零	指令结果为零
C	进位	指令导致进位
V	溢出	指令导致溢出

设置状态位的最常用方法是使用比较（CMP）指令，该指令从第一个源操作数中减去第二个源操作数，并根据结果设置条件标志。例如，如果两个数相等，则结果为零，设置 Z 标

志。如果第一个数是大于或等于第二个数的无符号值，则减法将产生进位，设置 C 标志。

后续指令可以根据标志的状态有条件地执行。指令助记符后跟一个条件助记符，指示何时执行。表 6-3 列出了 4 位条件字段（cond）、条件助记符、名称以及导致指令执行的条件标志（CondEx）的状态。例如，假设程序执行 CMP R4, R5，然后执行 ADDEQ R1, R2, R3。如果 R4 和 R5 相等，则该比较设置 Z 标志，仅当 Z 标志被设置时，ADDEQ 才执行。cond 字段将用于 6.4 节中的机器语言编码。

306

表 6-3　条件助记符

cond	助记符	名　　称	CondEx
0000	EQ	相等	Z
0001	NE	不相等	$\bar{Z}$
0010	CS/HS	设置进位 / 无符号数更高或相同	C
0011	CC/LO	清除进位 / 无符号数更低	$\bar{C}$
0100	MI	减 / 负	N
0101	PL	加 / 正或零	$\bar{N}$
0110	VS	溢出 / 设置溢出	V
0111	VC	没有溢出 / 清除溢出	$\bar{V}$
1000	HI	无符号数更高	$\bar{Z}C$
1001	LS	无符号数更低或相同	$Z \text{ OR } \bar{C}$
1010	GE	有符号数大于或等于	$\overline{N \oplus V}$
1011	LT	有符号数小于	$N \oplus V$
1100	GT	有符号数大于	$\bar{Z}(\overline{N \oplus V})$
1101	LE	有符号数小于或等于	$Z \text{ OR } (N \oplus V)$
1110	AL（或者没有）	总是 / 无条件	被忽略

当指令助记符后跟"S"时，其他数据处理指令将设置条件标志。例如，SUBS R2, R3, R7 将从 R3 中减去 R7，将结果放入 R2，并设置条件标志。附录 B 中的表 B-5 总结了每条指令影响哪些条件标志。所有数据处理指令将根据结果是否是零或者是否设置最高有效位来影响 N 和 Z 标志。ADDS 和 SUBS 也会影响 V 和 C，移位影响 C。

代码示例 6.10 显示了有条件执行的指令。第一条指令 CMP R2, R3 无条件执行并设置条件标志。其余指令有条件执行，具体取决于条件标志的值。假设 R2 和 R3 分别包含值 0x80000000 和 0x00000001。比较指令计算 R2−R3=0x80000000−0x00000001=0x80000000+0xFFFFFFFF=0x7FFFFFFF，产生一个进位（C=1）。两个源操作数的符号相反，计算结果的符号与第一个源操作数的符号不同，因此结果溢出（V=1）。其余标志（N 和 Z）为 0。ANDHS 执行，因为 C=1。EORLT 执行，因为 N 为 0 且 V 为 1（见表 6-3）。直观上看，ANDHS 和 EORLT 分别执行，因为 R2≥R3（无符号）且 R2<R3（有符号）。ADDEQ 和 ORRMI 不执行，因为 R2−R3 的结果不为零（即 R2≠R3）或负。

307

	无符号	有符号		无符号	有符号

$A = 1001_2$ $A = 9$ $A = -7$ $A = 0101_2$ $A = 5$ $A = 5$

$B = 0010_2$ $B = 2$ $B = 2$ $B = 1101_2$ $B = 13$ $B = -3$

$A-B$:   1001 $NZCV = 0011_2$ $A-B$:   0101 $NZCV = 1001_2$

     + 1110   **HS**: TRUE   + 0011   **HS**: FALSE

     10111   **GE**: FALSE   1000   **GE**: TRUE

a)   b)

图 6-7 有符号与无符号比较：HS 与 GE

代码示例6.10 有条件执行

ARM 汇编代码

```
CMP    R2, R3
ADDEQ  R4, R5, #78
ANDHS  R7, R8, R9
ORRMI  R10, R11, R12
EORLT  R12, R7, R10
```

6.3.3 分支

相对于计算器而言，计算机的优势在于它能做出判断，可以根据不同的输入处理不同的任务。例如，if/else 语句、switch/case 语句、while 循环和 for 循环，都是根据判断有条件地执行代码。

做出判断的一种方法是使用条件执行来忽略某些指令。这适用于忽略少量指令的简单 if 语句，但对于程序体中包含许多指令的 if 语句而言，它是浪费的，并且它不足以处理循环。因此，ARM 和大多数其他体系结构使用分支（branch）指令跳过代码段或重复代码。

程序通常按顺序执行，程序计数器（PC）在每条指令之后递增 4 以指向下一条指令。（回想一下，指令长 4 字节，ARM 是字节可寻址体系结构。）分支指令改变程序计数器。ARM 包括两种类型的分支：简单分支（B）和分支并链接（BL）。BL 用于函数调用，将在 6.3.7 节中讨论。与其他 ARM 指令一样，分支可以是无条件的或有条件的。在某些体系结构中，分支也称为跳转（jump）。

代码示例 6.11 显示了使用分支指令 B 的无条件分支。当代码到达 B TARGET 指令时，执行分支。也就是说，执行的下一条指令就是名为 TARGET 的标号（label）之后的 SUB 指令。

代码示例6.11 无条件分支

ARM 汇编代码

```
 ADD R1, R2, #17    ; R1 = R2 + 17
 B   TARGET         ; branch to TARGET
 ORR R1, R1, R3     ; not executed
 AND R3, R1, #0xFF  ; not executed

TARGET
 SUB R1, R1, #78    ; R1 = R1 - 78
```

汇编代码使用标号来说明程序中指令的位置。当汇编代码翻译成机器代码时，这些标号将翻译为指令地址（参见 6.4.3 节）。ARM 汇编标号不能是保留字，比如指令助记符。大多数程序员编程时为了突出标号，只缩进代码而不缩进标号。ARM 编译器要求这样做：标号不能缩进，并且指令必须以空格开头。一些编译器，包括 GCC，要求标号后有冒号。

　　分支指令可以根据表 6-3 中列出的条件助记符有条件地执行。代码示例 6.12 说明了 BEQ 的使用，分支取决于相等性（*Z*=1）。当代码到达 BEQ 指令时，*Z* 条件标志为 0（即 R0≠R1），因此不执行分支。也就是说，执行的下一条指令是 ORR 指令。

代码示例6.12　有条件分支

ARM 汇编代码

```
MOV R0, #4        ; R0 = 4
ADD R1, R0, R0    ; R1 = R0 + R0 = 8
CMP R0, R1        ; set flags based on R0-R1 = -4. NZCV = 1000
BEQ THERE         ; branch not taken (Z != 1)
ORR R1, R1, #1    ; R1 = R1 OR 1 = 9
THERE
ADD R1, R1, #78   ; R1 = R1 + 78 = 87
```

6.3.4　条件语句

　　if 语句、if/else 语句和 switch/case 语句是高级程序设计语言常用的条件语句。它们根据一条或多条指令，有条件地执行块（block）代码。本小节将介绍如何把这些高级语言结构翻译成 ARM 汇编语言。

1. if 语句

　　仅当满足条件时，if 语句执行 if 块（if block）代码。代码示例 6.13 指出了如何将 if 语句翻译成 ARM 汇编代码。

309

代码示例6.13　if语句

高级语言代码	ARM 汇编代码

```if (apples == oranges)```
``` f = i + 1;```
 	
```f = f - i;```
	```; R0 = apples, R1 = oranges, R2 = f, R3 = i```
	``` CMP R0, R1 ; apples == oranges ?```
	``` BNE L1 ; if not equal, skip if block```
	``` ADD R2, R3, #1 ; if block: f = i + 1```
	```L1```
	``` SUB R2, R2, R3 ; f = f - i```

　　if 语句的汇编代码检测与高级语言代码相反的条件。在代码示例 6.13 中，高级语言代码检测 apples == oranges。汇编代码检测 apple != oranges，如果条件不满足就使用 BNE 跳过 if 块。否则，说明 apples == oranges，则不执行分支而执行 if 块。

　　因为任何指令都可以有条件地执行，所以代码示例 6.13 的 ARM 汇编代码也可以更紧凑地编写，如下所示。

```
CMP   R0, R1       ; apples == oranges ?
ADDEQ R2, R3, #1   ; f = i + 1 on equality (i.e., Z = 1)
SUB   R2, R2, R3   ; f = f - i
```

　　条件执行的解决方案更短且更快，因为它涉及的指令少一条。此外，我们将在 7.5.3 节中看到，分支有时会引入额外的延迟，而条件执行总是很快。此示例显示了 ARM 体系结构中条件执行的强大功能。

　　通常，当一个代码块只有一条指令时，最好使用条件执行而不是分支。随着块变得更长，分支变得有价值，因为它避免了浪费时间去获取不会被执行的指令。

2. if/else 语句

　　if/else 语句根据条件执行两块代码中的一块。当满足 if 语句中的条件时，执行 if 块，否则，执行 else 块。代码示例 6.14 给出了一个 if/else 语句的例子。

像 if 语句一样，if/else 语句汇编代码检测的条件与高级语言中相反。在代码示例 6.14
中，高级语言代码检测 apples == oranges。汇编代码检测 apples != oranges。如果相反的
条件为真，BNE 跳过 if 块，执行 else 块。否则，执行 if 块，并用一个无条件分支（B）跳过
else 块。

代码示例6.14   if/else语句

高级语言代码	ARM 汇编代码

`if (apples == oranges)`
`  f = i + 1;`
	`; R0 = apples, R1 = oranges, R2 = f, R3 = i`
	`  CMP  R0, R1        ; apples == oranges?`
	`  BNE  L1           ; if not equal, skip if block`
	`  ADD  R2, R3, #1   ; if block: f = i + 1`
	`  B    L2           ; skip else block`
	`L1`

`else` `  f = f – i;`	`  SUB  R2, R2, R3  ; else block: f = f – i` `L2`

同样，因为任何指令都可以有条件地执行，并且因为 if 块中的指令不会改变条件标志，
所以代码示例 6.14 中的 ARM 汇编代码也可以更简洁地编写为：

```
CMP    R0, R1        ; apples == oranges?
ADDEQ R2, R3, #1     ; f = i + 1 on equality (i.e., Z = 1)
SUBNE R2, R2, R3     ; f = f – i on not equal (i.e., Z = 0)
```

*3. switch/case 语句

switch/case 语句根据条件执行多块代码中的一块。如果不能满足条件，则执行 default
块。一个 case 语句相当于多个嵌套的 if/else 语句。代码示例 6.15 给出了两个同样功能的代
码片段。代码根据按下的按钮计算是否从 ATM（自动柜员机）取出 20 美元、50 美元或 100
美元。ARM 汇编代码的实现与高级语言代码片段相同。

代码示例6.15   switch/case语句

高级语言代码	ARM 汇编代码

`switch (button) {`
`  case 1:  amt = 20; break;`
	`; R0 = button, R1 = amt`
	`  CMP   R0, #1        ; is button 1 ?`
	`  MOVEQ R1, #20       ; amt = 20 if button is 1`
	`  BEQ   DONE          ; break`

`  case 2:  amt = 50; break;`	`  CMP   R0, #2        ; is button 2 ?`
	`  MOVEQ R1, #50       ; amt = 50 if button is 2`
	`  BEQ   DONE          ; break`

`  case 3:  amt = 100; break;`	`  CMP   R0, #3        ; is button 3?`
	`  MOVEQ R1, #100      ; amt = 100 if button is 3`
	`  BEQ   DONE          ; break`

`  default: amt = 0;`
`}`
`// equivalent function using`
`// if/else statements`
`  if      (button == 1) amt = 20;`
`  else if (button == 2) amt = 50;`
`  else if (button == 3) amt = 100;`
`  else              amt = 0;`
	`  MOV   R1, #0        ; default amt = 0`
	`DONE`

6.3.5 循环

循环根据某一条件重复地执行一块代码。for 循环和 while 循环是高级程序语言常用的
循环结构。本小节将介绍如何利用条件分支把它们翻译为 ARM 汇编语言。

1. while 循环

while 循环重复地执行一块代码，直至某一条件不再满足。代码示例 6.16 中的 while 循环求出满足 $2^x=128$ 的 x 值。它循环 7 次，直到 pow=128。

代码示例6.16　while循环

高级语言代码	ARM 汇编代码

```
int pow = 1;
int x = 0;


while (pow != 128) {
  pow = pow * 2;
  x = x + 1;
}
```

```
; R0 = pow, R1 = x
  MOV R0, #1     ; pow = 1
  MOV R1, #0     ; x = 0

WHILE
  CMP R0, #128   ; pow != 128 ?
  BEQ DONE       ; if pow = 128, exit loop
  LSL R0, R0, #1 ; pow = pow * 2
  ADD R1, R1, #1 ; x = x + 1
  B   WHILE      ; repeat loop
DONE
```

与 if/else 语句类似，while 循环的汇编代码测试的条件与高级语言代码中的相反。如果相反的条件为真（在这个例子中，R0 == 128），那么 while 循环就停止。如果不是（R0≠128），则不执行分支而执行循环体。

代码示例 6.16 中，while 循环将 pow 值与 128 做比较，如果相等，就退出。否则，它将 pow 值乘以 2（左移 1 位），递增 x，然后分支回到 while 循环的开始处。

2. for 循环

在 while 循环之前初始化变量，在循环条件中检查该变量，并且每次经过 while 循环更改该变量是很常见的。for 循环是一种方便的简写，它将初始化、条件检查和变量更改组合在一个地方。for 循环的格式是：

```
for (initialization; condition; loop operation)
    statement
```

初始化（initialization）代码在 for 循环之前执行。每一次循环前检查条件（condition）是否满足，如果不满足条件，则退出循环。循环操作（loop operation）在每次循环后执行。

代码示例 6.17 将数字 0 加到 9。循环变量 i 初始化为 0，然后在每次循环后自增 1。只要 i 小于 10，for 循环就会执行。请注意，此示例还说明了相对比较。此循环检查 < 条件，满足就继续，因此汇编代码检查相反的条件 >=，以退出循环。

代码示例6.17　for循环

高级语言代码	ARM 汇编代码

```
int i;
int sum = 0;



for (i = 0; i < 10; i = i + 1) {
  sum = sum + i;
}
```

```
; R0 = i, R1 = sum
  MOV R1, #0     ; sum = 0
  MOV R0, #0     ; i = 0             loop initialization

FOR
  CMP R0, #10    ; i < 10 ?         check condition
  BGE DONE       ; if (i >= 10) exit loop
  ADD R1, R1, R0 ; sum = sum + i  loop body
  ADD R0, R0, #1 ; i = i + 1        loop operation
  B   FOR        ; repeat loop
DONE
```

循环对于访问存储在存储器中的大量类似数据特别有用，这将在下面讨论。

312

6.3.6 存储器

为了便于存储和访问,可以将类似的数据组合在一起形成数组(array)。数组将其内容存储在内存中的顺序数据地址中。每个数组元素由一个称为索引(index)的数字标识。数组中的元素数称为数组的长度(length)。

图 6-8 显示了存储在内存中的 200 个元素的分数数组。代码示例 6.18 是一种等级膨胀算法,它为每个分数增加 10 个点。请注意,未显示用于初始化 scores 数组的代码。数组的索引是变量(i)而不是常量,因此我们必须将它乘以 4 才能将其添加到基址。

ARM 可以在单个指令中缩放(乘)索引,将其添加到基址,并从内存加载。不使用代码示例 6.18 中的 LSL 和 LDR 指令序列,我们可以使用单个指令:

```
LDR R3, [R0, R1, LSL #2]
```

313 R1 被缩放(左移两位)然后被添加到基地址(R0)。因此,存储器地址是 R0+(R1×4)。

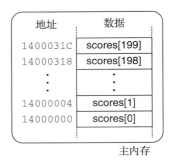

图 6-8 从基址 0x14000000 开始保存 scores[200] 的内存

代码示例6.18 用for循环访问数组

高级语言代码	ARM 汇编代码

`int i;`
`int scores[200];`
`...`
 	
`for (i = 0; i < 200; i = i + 1)`
 	
  `scores[i] = scores[i] + 10;`
	`; R0 = array base address, R1 = i`
	`; initialization code ...`
	`  MOV R0, #0x14000000   ; R0 = base address`
	`  MOV R1, #0            ; i = 0`
	
	`LOOP`
	`  CMP R1, #200          ; i < 200?`
	`  BGE L3                ; if i ≥ 200, exit loop`
	`  LSL R2, R1, #2        ; R2 = i * 4`
	`  LDR R3, [R0, R2]      ; R3 = scores[i]`
	`  ADD R3, R3, #10       ; R3 = scores[i] + 10`
	`  STR R3, [R0, R2]      ; scores[i] = scores[i] + 10`
	`  ADD R1, R1, #1        ; i = i + 1`
	`  B   LOOP              ; repeat loop`
	`L3`

除了扩展索引寄存器之外,ARM 还提供偏移量、预索引和后索引寻址,以便为数组访问和函数调用启用密集而高效的代码。表 6-4 给出了每种索引模式的示例。在每种情况下,基址寄存器为 R1,偏移量为 R2。可以通过写 −R2 来减去偏移量。偏移量也可以是 0~4095 内的立即数,可以加(例如,#20)或减(例如,#−20)。

表 6-4 ARM 索引模式

模　　式	ARM 汇编代码	地　　址	基址寄存器
偏移量	LDR R0, [R1, R2]	R1+R2	不改变
预索引	LDR R0, [R1, R2]!	R1+R2	R1=R1+R2
后索引	LDR R0, [R1], R2	R1	R1=R1+R2

偏移寻址以基址寄存器 ± 偏移量计算地址,基址寄存器不变。预索引寻址将地址计算为基址寄存器 ± 偏移量,并将基址寄存器更新为该新地址。后索引寻址仅将地址计算为基址寄存器,然后在访问存储器后,将基址寄存器更新为基址寄存器 ± 偏移量。我们已经看到了许多偏移索引模式的例子。代码示例 6.19 显示了代码示例 6.18 中重写为后索引寻址并

消除增加 i 的 ADD 指令的 for 循环。

代码示例6.19　使用后索引的for循环

高级语言代码	ARM 汇编代码

```
int i;
int scores[200];
...


for (i = 0; i < 200; i = i + 1)
        scores[i] = scores[i] + 10;
```

```
; R0 = array base address
; initialization code     ...
  MOV R0, #0x14000000      ; R0 = base address
  ADD R1, R0, #800         ; R1 = base address + (200*4)
LOOP
  CMP R0, R1               ; reached end of array?
  BGE L3                   ; if yes, exit loop
  LDR R2, [R0]             ; R2 = scores[i]
  ADD R2, R2, #10          ; R2 = scores[i] + 10
  STR R2, [R0], #4         ; scores[i] = scores[i] + 10
                           ; then R0 = R0 + 4
  B   LOOP                 ; repeat loop
L3
```

字节和字符

范围在 [−128，127] 之间的数可以存储在一个字节中，而不需要一个完整的字。因为英语键盘上按键的数目远远少于 256，所以英语字符可以用字节表示。C 语言使用 char 类型来表示字节或字符。

早期的计算机缺乏字节与英语字符之间的标准映射，所以计算机之间交换文本很困难。1963 年，美国标准委员会发表了美国信息交换标准代码（ASCII）。它为每个文本字符确定了一个唯一的字节值。表 6-5 给出了可印刷字符的编码。ASCII 采用十六进制编码。大写字母与小写字母之间相差 0x20（32）。

表 6-5　ASCII 编码

#	字符	#	字符	#	字符	#	字符	#	字符	#	字符
20	空格	30	0	40	@	50	P	60	`	70	p
21	!	31	1	41	A	51	Q	61	a	71	q
22	"	32	2	42	B	52	R	62	b	72	r
23	#	33	3	43	C	53	S	63	c	73	s
24	$	34	4	44	D	54	T	64	d	74	t
25	%	35	5	45	E	55	U	65	e	75	u
26	&	36	6	46	F	56	V	66	f	76	v
27	'	37	7	47	G	57	W	67	g	77	w
28	(	38	8	48	H	58	X	68	h	78	x
29	)	39	9	49	I	59	Y	69	i	79	y
2A	*	3A	:	4A	J	5A	Z	6A	j	7A	z
2B	+	3B	;	4B	K	5B	[	6B	k	7B	{
2C	,	3C	<	4C	L	5C	\	6C	l	7C	|
2D	-	3D	=	4D	M	5D	]	6D	m	7D	}
2E	.	3E	>	4E	N	5E	^	6E	n	7E	~
2F	/	3F	?	4F	O	5F	_	6F	o		

ARM 提供了加载字节（LDRB）、加载有符号字节（LDRSB）和存储字节（STRB）以访问内存中的各个字节。LDRB 对字节进行零扩展，而 LDRSB 对字节进行符号扩展以填充整个 32 位寄存器。STRB 将 32 位寄存器的最低有效字节存储到存储器的指定字节地址中。所有这三个指令都在图 6-9 中说明，基址 R4 为 0。LDRB 将存储器地址 2 处的字节装入 R1 的最低有效字节，并将剩余的寄存器位填充为 0。LDRSB 将该字节装入 R2，并将该字节符号扩展到寄存器的高 24 位。STRB 将 R3 的最低有效字节（0x9B）存储到存储器字节 3 中，它用 0x9B 替换 0xF7。R3 的更高有效字节被忽略。

一个字符序列称为字符串（string）。字符串的长度可变，因此程序设计语言必须提供一种方法来确定字符串的长度或确定字符串的结尾。在 C 语言中，空字符（0x00）意味着字符串结束。例如，图 6-10 给出了字符串"Hello!"（0x48 65 6C 6C 6F 21 00）在内存中的存储方式。这个字符串有 7 字节，地址从 0x1522FFF0 到 0x1522FFF6，字符串的第一个字符（H = 0x48）存储于最低字节地址（0x1522FFF0）。

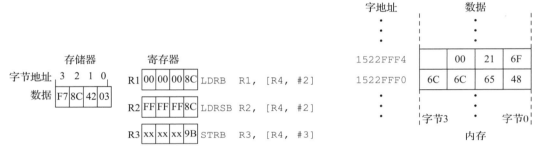

图 6-9　加载和存储字节的指令　　　　图 6-10　存储在内存中的字符串"Hello!"

例 6.2　使用 LDRB 和 STRB 访问字符数组。下述高级语言代码将大小为 10 的数组中所有小写字母减去 32，从而将其转化为大写字母。将此高级语言代码翻译成 ARM 汇编语言。注意数组元素之间的地址变化是 1 字节而不是 4 字节。假定 R0 已经保存了 chararray 的基地址。

```
// 高级语言代码
// chararray[10] 之前已声明并初始化
int i;

for (i = 0; i < 10; i = i + 1)
  chararray[i] = chararray[i] - 32;
```

解：

```
;ARM 汇编语言代码
;R0 = chararray 的基址 (之前已初始化)，R1 = i
        MOV   R1, #0         ; i = 0
LOOP    CMP   R1, #10        ; i < 10 ?
        BGE   DONE           ; if (i >=10), exit loop
        LDRB  R2, [R0, R1]   ; R2 = mem[R0+R1] = chararray[i]
        SUB   R2, R2, #32    ; R2 = chararray[i] - 32
        STRB  R2, [R0, R1]   ; chararray[i] = R2
        ADD   R1, R1, #1     ; i = i + 1
        B     LOOP           ; repeat loop
DONE
```

6.3.7 函数调用

高级程序语言支持函数（function，也称为过程（procedure）或子程序（subroutine））重用经常使用的代码，并使程序更加模块化和可读。函数的输入和输出分别称为参数（argument）和返回值（return value）。函数将计算返回值并且不会产生其他非预期的不良影响。

当一个函数去调用其他函数时，调用函数（caller）和被调用函数（callee）必须要在参数和返回值上保持一致。ARM 系统的惯例是：调用函数在调用之前要将 4 个参数分别放在 R0～R3 中，被调用函数在完成之前将返回值放入 R0 中。遵循这种惯例，即使由不同人所写的调用函数和被调用函数也均知道参数和返回值存在何处。

被调用函数不能影响调用函数的行为。这意味着被调用函数必须知道当它完成之后要返回到哪里，而且它不能破坏调用函数用到的寄存器和内存。调用函数将返回地址（return address）存在链接寄存器 LR 中，与此同时它使用分支和链接指令（BL）跳转到被调用函数入口。被调用函数不能覆盖调用函数所需的任何体系结构状态和内存。具体来说，被调用函数必须保证已保存寄存器（R4～R11，LR）以及用于存放临时变量的栈（stack）不被修改。

本节将介绍如何调用一个函数并从此被调用函数中返回，同时还将介绍如何访问输入参数和返回值，如何使用栈来存储临时变量。

1. 函数调用和返回

ARM 使用分支和链接指令（BL）来调用函数，并将链接寄存器移动到 PC（MOV PC，LR）以从函数返回。代码示例 6.20 显示了调用 simple 函数的 main 函数。main 是调用者，simple 是被调用者。调用 simple 函数时没有输入参数，并且不生成返回值；它只是返回给调用者。在代码示例 6.20 中，指令地址以十六进制的形式在每个 ARM 指令的左侧给出。

BL（分支和链接）和 MOV PC，LR 是函数调用和返回所需的两个基本指令。BL 执行两个任务：它将下一条指令的返回地址（BL 之后的指令）存储在链接寄存器（LR）中，然后它分支跳转到目标指令。

在代码示例 6.20 中，main 函数通过执行分支和链接指令（BL）来调用 simple 函数。BL 分支到 SIMPLE 标号并在 LR 中存储 0x00008024。simple 函数通过执行指令 MOV PC，LR 立即返回，将 LR 中的返回地址复制回 PC。然后 main 函数继续在此地址（0x00008024）执行。

代码示例6.20   simple函数调用

高级语言代码	ARM 汇编代码		
`int main() {`	`0x00008000 MAIN`	`...`	
	`...`	`...`	
`  simple();`	`0x00008020`	`BL  SIMPLE`	`; call the simple function`
`  ...`	`...`		
`}`			
`// void means the function returns no value`			
`void simple() {`	`0x0000902C  SIMPLE  MOV PC, LR`		`; return`
`  return;`			
`}`			

2. 输入参数和返回值

代码示例 6.20 中的 simple 函数没有从调用函数 main 中获得输入，也没有返回值输出。根据 ARM 的习惯，程序使用 R0～R3 保存输入参数，使用 R0 保存返回值。在代码示例 6.21 中，将调用有 4 个参数的函数 diffofsums，并返回一个返回值。results 是一个局部变量，我们选择保存在 R4 中。

代码示例6.21　拥有参数和返回值的程序调用

高级语言代码	ARM 汇编代码

```
int main() {
  int y;
  . . .
  y = diffofsums(2, 3, 4, 5);
  . . .
}



int diffofsums(int f, int g, int h, int i) {
  int result;

  result = (f + g) - (h + i);
  return result;
}
```

```
; R4 = y
MAIN
  . . .
  MOV  R0, #2        ; argument 0 = 2
  MOV  R1, #3        ; argument 1 = 3
  MOV  R2, #4        ; argument 2 = 4
  MOV  R3, #5        ; argument 3 = 5
  BL   DIFFOFSUMS    ; call function
  MOV  R4, R0        ; y = returned value
  . . .

; R4 = result
DIFFOFSUMS
  ADD  R8, R0, R1    ; R8 = f + g
  ADD  R9, R2, R3    ; R9 = h + i
  SUB  R4, R8, R9    ; result = (f + g) - (h + i)
  MOV  R0, R4        ; put return value in R0
  MOV  PC, LR        ; return to caller
```

319

根据 ARM 的习惯，调用程序 main 将程序参数从左到右放入输入寄存器 R0～R3 中。被调用程序 diffofsums 将返回值存储到返回寄存器 R0 中。当调用多于 4 个参数的函数时，多出来的输入参数将放入栈中，这个问题我们下面讨论。

3. 栈

栈（stack）是用于存储函数中局部变量的存储单元，当处理器需要更多空间时，栈会扩展（使用更多内存）；当处理器不再需要存在栈中的变量时，栈会缩小（使用较少的内存）。在解释函数栈如何存储临时变量前，我们首先解释栈是怎样工作的。

栈是一个后进先出（Last-In-First-Out，FIFO）的队列。如同一堆盘子，最后入栈的元素（最上面的盘子）首先被推出。每一个函数需要分配栈空间来存储局部变量，并在函数返回前回收空间。栈顶（the top of stack）是最后分配的空间。然而一堆盘子的空间是向上增长的，ARM 栈在内存中是向下增长的。当一个程序需要更多的空间时，栈空间向内存中地址较低的方向扩展。

图 6-11 显示了堆栈的图片。堆栈指针 SP（R13）是一个普通的 ARM 寄存器，按照惯例，它指向堆栈的顶部。指针是内存地址的新名称。SP 指向数据（给出地址）。例如，在图 6-11a 中，堆栈指针 SP 保存地址值 0XBEFFFAE8 并指向数据值 0xAB000001。

栈指针（SP）开始于一个较高的内存地址，通过地址的递减来扩展栈空间。图 6-11b 描述了栈如何扩展两个临时存储字。要实现扩展，SP 减少 8 而变成 0xBEFFFAE0。两个新扩展的数据字，0x12345678 和 0xFFEEDDCC，临时存储在栈中。

栈的一个重要应用是保存和恢复用于函数的寄存器。一个函数要计算返回值，但不应产生其他负面影响。具体来说，除了包含返回值的 R0，其他任何寄存器都不应该被修改。代码实例 6.21 中的 diffofsums 程序破坏了这个规则，因为它修改了 R4、R8 和 R9。如果 main 在调用 diffofsums 之前使用了这些寄存器，它们的内容会被调用函数破坏。

为了解决这个问题，在修改寄存器之前，函数要将寄存器保存在栈中，然后在返回之前从栈中恢复这些寄存器。具体来说，将按照以下步骤执行：

1）创建栈空间来存储一个或多个寄存器的值；

2）将寄存器的值存储在栈中；

3）使用寄存器执行函数；

4）从栈中恢复寄存器的原始值；

5）回收栈空间。

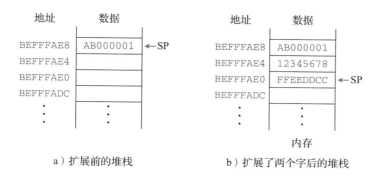

a）扩展前的堆栈   b）扩展了两个字后的堆栈

图 6-11   堆栈

代码示例 6.22 给出了 diffofsums 的改进版本，其存储和恢复了 R4、R8 和 R9。图 6-12
描述了调用 diffofsums 之前、之中和之后栈的情况。栈从 0xBEF0F0FC 开始。diffofsums
通过将栈指针 SP 减少 12 以得到 3 个字存储空间，然后在新分配的空间中存储 R4、R8 和
R9 的当前值，接着将执行后续函数，并可以改变这 3 个寄存器的值。在函数执行的末尾，
diffofsums 从栈中恢复这些寄存器的值，回收栈空间并返回，当函数返回时，用 R0 保存结
果，但其他寄存器不受影响：R4、R8、R9 和 SP 中的数值与函数调用之前的数值相同。

320
~
321

代码示例6.22   在堆栈上保存寄存器的函数

ARM 汇编代码

```
;R4 = result
DIFFOFSUMS
  SUB  SP, SP, #12      ;在栈上为 3 个寄存器创建空间
  STR  R9, [SP, #8]     ;将 R9 保存在栈上
  STR  R8, [SP, #4]     ;将 R8 保存在栈上
  STR  R4, [SP]         ;将 R4 保存在栈上

  ADD  R8, R0, R1       ;R8 = f + g
  ADD  R9, R2, R3       ;R9 = h + i
  SUB  R4, R8, R9       ;result = (f + g) - (h + i)
  MOV  R0, R4           ;将返回值放在 R0 中

  LDR  R4, [SP]         ;从栈恢复 R4
  LDR  R8, [SP, #4]     ;从栈恢复 R8
  LDR  R9, [SP, #8]     ;从栈恢复 R9
  ADD  SP, SP, #12      ;释放栈空间

  MOV  PC, LR           ;返回到调用者
```

函数为自己分配的栈空间称为栈帧（stack frame）。diffofsums 的栈框架深度为 3 个字。
模块化的原则告诉我们，每个函数只应访问自己的栈框架而不应去访问其他函数的栈框架。

4. 加载和存储多个寄存器

保存和恢复栈上的寄存器是一种常见的操作，ARM 提供了为此目的而优化的加载多个
和存储多个（Load Multiple and Store Multiple）指令（LDM 和 STM）。代码示例 6.23 使用这些
指令重写 diffofsums。该栈保存的信息与前一个示例完全相同，但代码要短得多。

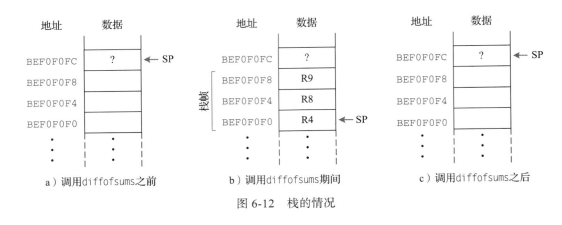

a）调用diffofsums之前 b）调用diffofsums期间 c）调用diffofsums之后

图6-12 栈的情况

代码示例6.23 保存和恢复多个寄存器

ARM 汇编代码

```
; R4 = result
DIFFOFSUMS
  STMFD  SP!,{R4,R8,R9}    ; 将R4/8/9 推到满降序的栈上

  ADD    R8, R0, R1        ; R8 = f + g
  ADD    R9, R2, R3        ; R9 = h + i
  SUB    R4, R8, R9        ; result = (f + g) - (h + i)
  MOV    R0, R4            ; 将返回值放在 R0 中
  LDMFD  SP!,{R4,R8,R9}    ; 将R4/8/9 从满降序的栈中弹出
  MOV    PC, LR            ; 返回到调用者
```

LDM 和 STM 分为 4 种形式，分别为满的和空的降序和升序栈（FD，ED，FA，EA）。SP!
在指令中表示存储相对于栈指针的数据并在存储或加载后更新栈指针。PUSH 和 POP 分别是
STMFD SP!，{regs} 和 LDMFD SP!，{regs} 的同义词，并且是在传统的满降序栈上保存寄存
器的首选方法。

5. 受保护的寄存器

代码示例 6.22 和代码示例 6.23 假定所有已使用的寄存器（R4，R8 和 R9）必须被保存
和恢复。如果调用函数不用这些寄存器，对它们的保存和恢复就是无用的操作。为了避免这
种无用的操作，ARM 将寄存器划分为受保护（preserved）类型和不受保护（nonpreserved）
类型。受保护寄存器包括 R4～R11，不受保护寄存器有 R0～R3 和 R12。SP 和 LR（R13 和
R14）也必须是受保护的。一个函数必须保存和恢复任何需要使用的受保护寄存器，但是可
以随意改变不受保护寄存器。

代码示例 6.24 描述了对 diffofsums 的进一步修改：只将 R4 保存在栈中。它还介绍了
首选的 PUSH 和 POP 同义词。当不再需要这些参数时，代码重用非保留参数寄存器 R1 和 R3
来保存中间和。

代码示例6.24 减少受保护寄存器的数量

ARM 汇编代码

```
; R4 = result
DIFFOFSUMS
  PUSH {R4}                ; 将 R4 保存在栈上
  ADD  R1, R0, R1          ; R1 = f + g
  ADD  R3, R2, R3          ; R3 = h + i
```

```
SUB   R4, R1, R3              ; result = (f + g) - (h + i)
MOV   R0, R4                  ; 将返回值放在 R0 中
POP   (R4)                    ; 将 R4 从栈中弹出
MOV   PC, LR                  ; 返回到调用者
```

注意当一个函数调用另一个函数时，前者称为调用函数，后者称为被调用函数。被调用函数必须保存和恢复它要用到的受保护寄存器，被调用函数有可能改变任何不受保护寄存器，因此如果调用函数需要其不受保护寄存器中有效数据不被改变，那么它需要在函数调用之前需要保存不受保护寄存器，而且还需要在调用之后恢复这些寄存器。这种情况下，受保护寄存器也可以称为被调用者保存的（callee-save），不受保护寄存器称为调用者保存的（caller-save）。

表6-6总结了哪些寄存器是受保护的，R4～R11常用于保存函数中的局部变量，所以它们必须被保护。LR也是要被保护的，这样才能使得函数知道返回到哪里。

表 6-6   受保护和不受保护寄存器

受保护寄存器	不受保护寄存器
保存寄存器：R4～R11	临时寄存器：R12
栈指针：SP（R13）	参数寄存器：R0～R3
返回地址：LR（R14）	当前程序状态寄存器
栈指针以上的空间	栈指针以下的空间

R0～R3和R12用于在向局部变量赋值前保存临时结果，这些计算结果一般在函数调用之前完成，所以它们不用受保护，调用函数一般不需要保存它们。

R0～R3经常在被调用的函数中被覆盖，因此，如果一个被调用的函数返回之后，调用函数的执行取决于它自身参数时，R0～R3需要由调用函数来保存。R0不用被保护，因为被调用函数将返回结果放入这些寄存器中。回想一下，当前程序状态寄存器（CPSR）保存条件标志。它在整个函数调用中不是受保护的。

栈指针之上的栈空间要自动保护起来，被调用函数不向SP之上的内存地址写入数据，这样就使得任何函数不会去修改栈帧。栈指针自身是受保护的，这是因为被调用函数在返回之前需要回收自己的栈空间，栈空间的大小为函数结束时的地址减去函数开始时SP保存的值。

精明的读者或一个优化的编译器可能会注意到本地变量 result 直接返回而不用于其他任何地方。因此，我们可以消除这个变量并将其简单地存储在返回寄存器R0中，从而无须推入和弹出R4并将 result 从R4移动到R0。代码示例6.25显示了这个进一步优化的 diffofsums。

代码示例6.25   经过优化的 diffofsums 函数调用

ARM 汇编代码

```
DIFFOFSUMS
  ADD   R1, R0, R1    ; R1 = f + g
  ADD   R3, R2, R3    ; R3 = h + i
  SUB   R0, R1, R3    ; return (f + g) - (h + i)
  MOV   PC, LR        ; 返回到调用者
```

6. 非叶子函数调用

不用调用其他函数的函数称为叶子（leaf）函数，如 diffofsums 函数。需要调用其他函数的函数叫作非叶子（nonleaf）函数。如同前面提到的，非叶子函数一般会更复杂，因为在调用其他函数之前，它们需要把不受保护的寄存器保存到栈中，调用完之后再恢复这些寄存器。具体来说：

调用函数保存规则：在函数调用之前，调用函数必须保存调用后所需的任何不受保护的寄存器（R0～R3 和 R12）。在调用之后，它必须在使用它们之前恢复这些寄存器。

被调用函数保存规则：在被调用函数干扰任何受保护的寄存器（R4～R11 和 LR）之前，它必须保存这些寄存器。在它返回之前，它必须恢复这些寄存器。

代码示例 6.26 演示了一个非叶子函数 f1 和一个叶子函数 f2，它包括所有必要的寄存器保存和保护。假设 f1 在 R4 中保存 i，在 R5 中保存 x。f2 在 R4 中保存 r。f1 使用受保护的寄存器 R4、R5 和 LR，因此它最初根据被调用函数保存规则将它们压入栈。它使用 R12 来保存中间结果（a-b），这样就不需要为此计算保护另一个寄存器。在调用 f2 之前，f1 根据调用函数保存规则将 R0 和 R1 推入栈中，因为这些是 f2 可能会改变的非受保护的寄存器，并且 f1 在调用后仍然需要它们。虽然 R12 也是 f2 可以重写的非受保护的寄存器，但 f1 不再需要 R12 因此不必保存它。f1 然后将参数放进 R0 传递给 f2，进行函数调用，并将结果放在 R0 里。然后 f1 恢复 R0 和 R1，因为它仍然需要它们。当 f1 完成时，它将返回值放入 R0，恢复受保护的寄存器 R4、R5 和 LR，并返回。f2 根据被调用函数保存规则保存和恢复 R4。

代码示例6.26　非叶子函数调用

高级语言代码	ARM 汇编代码

```
int f1(int a, int b) {
  int i, x;

  x = (a + b)*(a - b);
  for (i=0; i<a; i++)
    x = x + f2(b+i);
  return x;
}
```

```
; R0 = a, R1 = b, R4 = i, R5 = x
F1
    PUSH {R4, R5, LR}    ; 保存 f1 使用的受保护寄存器
    ADD  R5, R0, R1      ; x = (a + b)
    SUB  R12, R0, R1     ; temp = (a - b)
    MUL  R5, R5, R12     ; x = x * temp = (a + b) * (a - b)
    MOV  R4, #0          ; i = 0
FOR
    CMP  R4, R0          ; i < a?
    BGE  RETURN          ; 不满足 i<a: 退出循环
    PUSH {R0, R1}        ; 保存非受保护寄存器
    ADD  R0, R1, R4      ; 参数是 b+i
    BL   F2              ; 调用 f2(b+i)
    ADD  R5, R5, R0      ; x = x + f2(b+i)
    POP  {R0, R1}        ; 恢复非受保护寄存器
    ADD  R4, R4, #1      ; i++
    B    FOR             ; 循环继续
RETURN
    MOV  R0, R5          ; 返回值是 x
    POP  {R4, R5, LR}    ; 恢复受保护寄存器
    MOV  PC, LR          ; return from f1
```

```
int f2(int p) {
  int r;

  r = p + 5;
  return r + p;
}
```

```
; R0 = p, R4 = r
F2
    PUSH {R4}           ; 保存 f2 使用的受保护寄存器
    ADD  R4, R0, 5      ; r = p + 5
    ADD  R0, R4, R0     ; 返回值是 r+p
    POP  {R4}           ; 恢复受保护寄存器
    MOV  PC, LR         ; 从 f2 返回
```

图 6-13 显示了执行 f1 期间的栈。栈指针最初从 0xBEF7FF0C 开始。

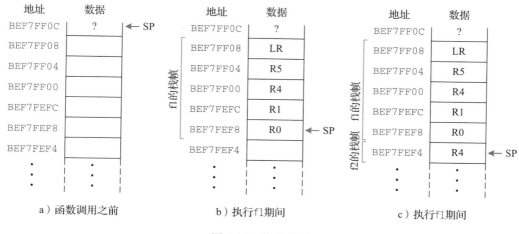

图 6-13　栈的情况

7. 递归函数调用

递归（recursive）函数是调用自己的一个非叶子函数。递归函数同时表现为调用函数和被调用函数，并且必须同时保存受保护和非受保护寄存器。例如，阶乘函数可以使用一个递归函数来描述。回忆阶乘函数为 $factorial(n)=n×(n-1)×(n-2)×\cdots×2×1$。其可以递归地写成 $factorial(n)=n×factorial(n-1)$，如代码示例 6.27 所示。1 的阶乘还是 1。代码示例 6.27 描述了阶乘函数的递归写法。为了方便地标明程序地址，假定程序的开始地址为 0x8500。

根据被调用函数保存规则，factorial 是一个非叶子函数，必须保存 LR。根据调用函数保存规则，factorial 在调用自身后需要 n，因此必须保存 R0。因此，它在开始时将两个寄存器压入栈。然后它检查是否 n≤1。如果是，它将返回值 1 放在 R0 中，恢复栈指针，然后返回给调用者。在这种情况下，它不必重新加载 LR 和 R0，因为它们从未被修改过。如果 n>1，则函数递归调用 factorial(n-1)。然后它从栈中恢复 n 的值和链接寄存器（LR），执行乘法运算，并返回该结果。请注意，该函数巧妙地将 n 恢复在 R1 中，以便不覆盖返回的值。乘法指令（MUL R0，R1，R0）将 n（R1）与返回值（R0）相乘，并将结果存入 R0。

326

代码示例6.27　factorial的递归调用

高级语言代码	ARM 汇编代码

```
int factorial(int n) {
  if (n <= 1)
    return 1;




  else
    return (n * factorial(n - 1));
}
```

```
0x8500  FACTORIAL  PUSH  {R0,LR}      ;将 n 和 LR 推入栈中
0x8504             CMP   R0,#1        ;R0 <= 1?
0x8508             BGT   ELSE         ;不满足：分支到 else
0x850C             MOV   R0,#1        ;否则，返回 1
0x8510             ADD   SP,SP,#8     ;恢复 SP
0x8514             MOV   PC,LR        ;返回
0x8518  ELSE       SUB   R0,R0,#1     ;n = n - 1
0x851C             BL    FACTORIAL    ;递归调用
0x8520             POP   {R1,LR}      ;弹出 n（到 R1 中）和 LR
0x8524             MUL   R0,R1,R0     ;R0 = n * factorial(n-1)
0x8528             MOV   PC,LR        ;返回 rn
```

图 6-14 描述了执行 factorial(3) 时栈的情况。为了方便说明，我们显示 SP 的初始值指向 0xBEFF0FF0，如图 6-14a 所示。函数创建两个字的栈空间来保存 n (R0) 和 LR。在第一次函数调用时，factorial 将 R0（R0 中保存着 n=3）保存在 0xBEFF0FE8 中，将 LR 保存在 0xBEFF0FEC 中，如图 6-14b 所示。然后函数将 n 改为 2 并且递归调用 factotial(2)，

LR 保存着 0xBC。在第二次函数调用时，fuctorial 将 R0（R0 中保存着 n=2）保存在 0xBEFF0FE0 中，将 LR 保存在 0xBEFF0FE4 中。这次我们知道 LR 中存储了 0x8520。然后函数将 n 改为 1 并且递归调用 factorial(1)。在第三次函数调用时，fuctorial 将 R0（R0 中保存着 n=1）保存在 0xBEFF0FD8 中，将 LR 保存在 0xBEFF0FDC 中。这次 LR 存储的还是 0x8520。fuctorial 的第三次递归返回 1 且保存在 R0 中，而且在返回第二次调用之前回收栈空间。第二次调用将 n 恢复为 2（到 R1 中），将 LR 恢复为 0x8520（LR 中已经是这个值了），然后回收栈帧，返回 R0=2x1=2 到第一次调用之处。第一次调用将 n 恢复为 3（到 R1 中），将 LR 恢复为调用函数的返回地址，然后回收栈帧，返回 R0=3x2=6。图 6-14c 描述了在递归调用函数返回时栈的情况。当 factorial 返回到调用函数时，栈指针指向它的初始位置（0xBEFF0FF0），指针之上栈空间的内容没有变化，而且所有受保护的寄存器保存的是它们的初始值，R0 保存的是返回值 6。

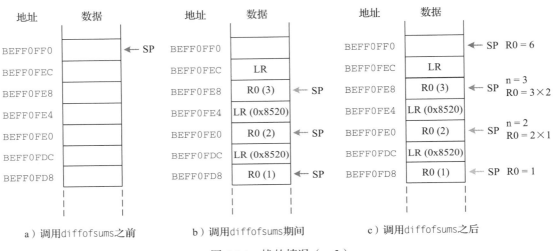

图 6-14 栈的情况（n=3）

*8. 附加参数和局部变量

函数的输入参数可能多于 4 个并且可能包含太多局部变量以至于无法保存在受保护的寄存器中。可以用栈存储这些信息。依照 ARM 的惯例，如果一个函数有 4 个以上的参数，前 4 个参数像往常一样存储在参数寄存器中，另外的参数使用栈指针上面的空间保存在栈中。调用函数（caller）必须扩展栈空间来满足另外的参数，图 6-15a 描述了调用多于 4 个参数的函数时栈的情况。

一个函数也可以定义局部变量或数组，局部变量在函数内部定义并且只能在函数内部有效。局部变量存储在 R4～R11 中。如果有许多局部变量，它们也可以存储在这个函数的栈帧中。另外，局部数组也存储在栈中。

图 6-15b 给出了被调用函数的栈帧结构。栈帧保存了临时的寄存器和链接寄存器（如果由于后续的函数调用需要保存它们），还有函数要修改的已保存寄存器。此外，它还存储了局部数组和剩余的局部变量。如果被调用函数有 4 个以上的参数，可以从调用函数的栈帧中找到它们。访问额外的输入参数是一种特殊情况，在这种情况下函数可以访问不属于自己栈帧中的数据。

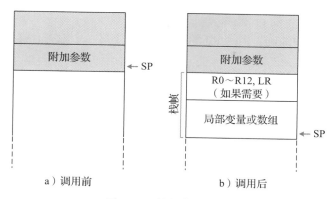

图 6-15　栈的使用情况

6.4　机器语言

汇编语言方便人们阅读。然而数字电路只能理解 0 和 1，需要将汇编语言写的程序从助记符号翻译成仅使用 0 和 1 表示的机器语言（machine language）。本节介绍 ARM 机器语言以及在汇编语言和机器语言之间进行转换的繁琐过程。

ARM 使用 32 位指令。这里再次强调，规整性支持简单性，最规整的选择是以将指令编码成储存在存储器中的字。尽管一些指令可能不需要所有 32 位的编码，但变长度指令将增加太多的复杂性。简单化也鼓励使用单指令格式，但是过于简单化将产生太多限制。但是，这个问题允许我们介绍最后一条设计原则：

设计准则 4：好的设计需要好的折中方法。

ARM 定义了三种主要指令格式：数据处理、存储器和分支。这种少量的格式允许指令之间的一些规整性，因此允许更简单的译码器硬件，同时还满足不同的指令需求。数据处理指令具有第一源寄存器，第二源是立即数或寄存器，可能是移位的，以及目标寄存器。数据处理格式对这些第二源操作数有几种变体。存储器指令有三个操作数：一个基址寄存器、一个由立即数或可选移位寄存器存储的偏移量，以及一个作为 LDR 上的目标操作数和 STR 上另一个源操作数的寄存器。分支指令采用一个 24 位立即数分支偏移量。本节讨论这些 ARM 指令格式，并说明它们如何编码为二进制。附录 B 提供了所有 ARMv4 指令的快速参考。

6.4.1　数据处理指令

数据处理指令格式是最常见的。第一个源操作数是寄存器。第二源操作数可以是立即数或可选移位的寄存器。第三个寄存器是目标。图 6-16 显示了数据处理指令格式。32 位指令有 6 个字段：cond、op、funct、Rn、Rd 和 Src2。

329

数据处理

31:28	27:26	25:20	19:16	15:12	11:0
cond	op	funct	Rn	Rd	Src2
4位	2位	6位	4位	4位	12位

图 6-16　数据处理指令格式

指令执行的操作编码在灰色字段中：op（也称为 opcode 或操作码）和 funct 或功能代码；cond 字段根据 6.3.2 节中描述的标志对条件执行进行编码。回想一下，对于无条件指令，

$cond=1110_2$。数据处理指令的 op 是 00_2。

操作数在三个字段中编码：Rn、Rd 和 Src2。Rn 是第一个源寄存器，Src2 是第二个源；Rd 是目标寄存器。

图 6-17 显示了 funct 字段的格式以及数据处理指令的 Src2 的三种变体。funct 有三个子字段：I、cmd 和 S。当 Src2 是立即数时，I 位为 1。当指令设置条件标志时，S 位为 1。例如，SUBS R1, R9, #11 的 S=1。cmd 表示特定的数据处理指令，如附录 B 中的表 B-1 所示。例如，对于 ADD，cmd 为 4（0100_2），对于 SUB，cmd 为 2（0010_2）。

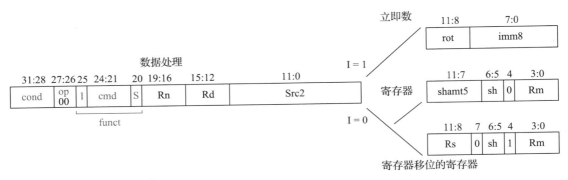

图 6-17　显示 funct 字段和 Src2 变体的数据处理指令格式

Src2 编码的三种变体允许第二个源操作数是：立即数；可选移常数（shamt5）位的寄存器（Rm）；由另一寄存器（Rs）指定移位数的移位寄存器（Rm）。对于后两种 Src2 编码，sh 编码要执行的移位类型，如表 6-8 所示。

数据处理指令有一个不寻常的立即数表示方法，涉及一个 8 位无符号立即数（imm8）和 4 位的旋转（rot）。imm8 向右旋转 2×rot 以创建一个 32 位常数。表 6-7 给出了 8 位立即 [330] 0xFF 的示例旋转和得到的 32 位常数。这种表示是有价值的，因为它允许许多有用的常数，包括任何 2 的小倍数幂，被打包成少量的比特。6.6.1 节描述了如何生成任意 32 位常数。

表 6-7　立即数旋转和 imm8 = 0xFF 产生的 32 位常数

rot	32 位常数
0000	0000 0000 0000 0000 0000 0000 1111 1111
0001	1100 0000 0000 0000 0000 0000 0011 1111
0010	1111 0000 0000 0000 0000 0000 0000 1111
...	...
1111	0000 0000 0000 0000 0000 0011 1111 1100

图 6-18 显示了当 Src2 是寄存器时 ADD 和 SUB 的机器代码。从汇编代码转换为机器代码的最简单方法是写出每个字段的值，然后将这些值转换为二进制值。将位分组为 4 个块以转换为十六进制以使机器语言表示更紧凑。请注意目标是汇编语言指令中的第一个寄存器，但它是机器语言指令中的第二个寄存器字段（Rd）。Rn 和 Rm 分别是第一和第二源操作数。例如，汇编指令 ADD R5, R6, R7 有 Rn=6、Rd=5 和 Rm=7。

[331] 图 6-19 显示了带有立即数和两个寄存器操作数的 ADD 和 SUB 的机器代码。同样，目标是汇编语言指令中的第一个寄存器，但它是机器语言指令中的第二个寄存器字段（Rd）。ADD

指令的立即数（42）可以用 8 位编码，因此不需要旋转（imm8=42，rot=0）。但是，SUB R2, R3, 0xFF0 的立即数不能使用 imm8 的 8 位直接编码。而是这样，imm8 是 255（0xFF），它向右旋转 28 位（rot=14）。最容易的解释就是记住向右旋转 28 位相当于于 32−28=4 位的左旋转。

汇编代码 / 字段值

汇编代码	cond (31:28)	op (27:26)	I (25)	cmd (24:21)	S (20)	Rn (19:16)	Rd (15:12)	shamt5 (11:7)	sh (6:5)	(4)	Rm (3:0)
ADD R5, R6, R7 (0xE0865007)	1110_2	00_2	0	0100_2	0	6	5	0	0	0	7
SUB R8, R9, R10 (0xE049800A)	1110_2	00_2	0	0010_2	0	9	8	0	0	0	10

机器代码

cond (31:28)	op (27:26)	I (25)	cmd (24:21)	S (20)	Rn (19:16)	Rd (15:12)	shamt5 (11:7)	sh (6:5)	(4)	Rm (3:0)
1110	00	0	0100	0	0110	0101	00000	00	0	0111
1110	00	0	0010	0	1001	1000	00000	00	0	1010

图 6-18　有三个寄存器操作数的数据处理指令

汇编代码 / 字段值

汇编代码	cond (31:28)	op (27:26)	I (25)	cmd (24:21)	S (20)	Rn (19:16)	Rd (15:12)	rot (11:8)	imm8 (7:0)
ADD R0, R1, #42 (0xE281002A)	1110_2	00_2	1	0100_2	0	1	0	0	42
SUB R2, R3, #0xFF0 (0xE2432EFF)	1110_2	00_2	1	0010_2	0	3	2	14	255

机器代码

cond (31:28)	op (27:26)	I (25)	cmd (24:21)	S (20)	Rn (19:16)	Rd (15:12)	rot (11:8)	imm8 (7:0)
1110	00	1	0100	0	0001	0000	0000	00101010
1110	00	1	0010	0	0011	0010	1110	11111111

图 6-19　有一个立即数和两个寄存器操作数的数据处理指令

移位也是数据处理指令。回想一下 6.3.1 节，可以使用 5 位立即数或寄存器对移位量进行编码。

图 6-20 显示了具有立即数移位量的逻辑左移（LSL）和右旋（ROR）的机器代码。对于所有移位指令，cmd 字段是 13（1101_2），并且移位字段（sh）编码要执行的移位类型，如表 6-8 所示。Rm（即 R5）保存要移位的 32 位值，shamt5 给出要移位的位数。移位的结果放在 Rd 中。Rn 未使用且应为 0。

汇编代码 / 字段值

汇编代码	cond (31:28)	op (27:26)	I (25)	cmd (24:21)	S (20)	Rn (19:16)	Rd (15:12)	shamt5 (11:7)	sh (6:5)	(4)	Rm (3:0)
LSL R0, R9, #7 (0xE1A00389)	1110_2	00_2	0	1101_2	0	0	0	7	00_2	0	9
ROR R3, R5, #21 (0xE1A03AE5)	1110_2	00_2	0	1101_2	0	0	3	21	11_2	0	5

机器代码

cond (31:28)	op (27:26)	I (25)	cmd (24:21)	S (20)	Rn (19:16)	Rd (15:12)	shamt5 (11:7)	sh (6:5)	(4)	Rm (3:0)
1110	00	0	1101	0	0000	0000	00111	00	0	1001
1110	00	0	1101	0	0000	0011	10101	11	0	0101

图 6-20　具有立即数移位量的移位指令

表 6-8　sh 字段编码

指令	sh	操作	指令	sh	操作
LSL	00_2	逻辑左移	ASR	10_2	算术右移
LSR	01_2	逻辑右移	ROR	11_2	右旋

图 6-21 显示了 LSR 和 ASR 的机器代码，其移位量以 Rs（R6 和 R12）的最低有效 8 位进行编码。如前所述，cmd 为 13（1101_2），sh 对移位类型进行编码，Rm 保存要移位的值，移位后的结果放在 Rd 中。该指令使用寄存器移位寄存器寻址模式，其中一个寄存器（Rm）移位第二个寄存器（Rs）中保存的量。因为 Rs 的最低有效 8 位被使用了，所以 Rm 最多可以移 255 位。例如，如果 Rs 保持值 0xF001001C，则移位量为 0x1C（28）。逻辑移位超过 31 位会将所有位推出并产生全 0。旋转是循环的，因此旋转 50 位相当于旋转 18 位。 332

汇编代码 / 字段值

汇编代码	cond (31:28)	op (27:26)	I (25)	cmd (24:21)	S (20)	Rn (19:16)	Rd (15:12)	Rs (11:8)	(7)	sh (6:5)	(4)	Rm (3:0)
LSR R4, R8, R6 (0xE1A04638)	1110_2	00_2	0	1101_2	0	0	4	6	0	01_2	1	8
ASR R5, R1, R12 (0xE1A05C51)	1110_2	00_2	0	1101_2	0	0	51	12	0	10_2	1	1

机器代码

cond (31:28)	op (27:26)	I (25)	cmd (24:21)	S (20)	Rn (19:16)	Rd (15:12)	Rs (11:8)	(7)	sh (6:5)	(4)	Rm (3:0)
1110	00	0	1101	0	0000	0100	0110	0	01	1	1000
1110	00	0	1101	0	0000	0101	1100	0	10	1	0001

图 6-21　具有寄存器移位量的移位指令

6.4.2 存储器指令

存储器指令使用与数据处理指令类似的格式，具有相同的全部 6 个字段：cond、op、funct、Rn、Rd 和 Src2，如图 6-22 所示。但是，存储器指令使用不同的 funct 字段编码，有两种 Src2 变体，而且 op 为 01_2。Rn 是基址寄存器，Src2 保存偏移量，Rd 是加载操作中的目标寄存器或存储操作中的源寄存器。偏移量是 12 位无符号立即数（imm12）或可选移常数位（shamt5）的寄存器（Rm）。funct 由 6 个控制位组成：$\bar{\text{I}}$、P、U、B、W 和 L。$\bar{\text{I}}$（立即数）和 U（加）位根据表 6-9 确定偏移是立即数还是寄存器以及是否应该加或减。P（预索引）和 W（写回）位根据表 6-10 指定索引模式。L（加载）和 B（字节）位根据表 6-11 指定存储器操作的类型。

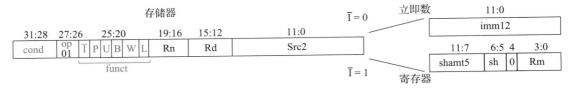

图 6-22 LDR、STR、LDRB 和 STRB 的存储器指令格式

表 6-9 存储器指令的偏移量类型控制位

位	含 义	
	$\bar{\text{I}}$	U
0	在 Src2 中的立即数偏移量	在 Src2 中的寄存器偏移量
1	从基地址中减去偏移量	基地址加上偏移量

表 6-10 存储器指令的索引模式控制位

P	W	索引模式
0	0	后索引
0	1	不支持
1	0	偏移量
1	1	预索引

表 6-11 存储器指令的存储器操作类型控制位

L	B	介绍
0	0	STR
0	1	STRB
1	0	LDR
1	1	LDRB

例 6.3 将存储器指令翻译为机器语言。将以下汇编语言语句翻译为机器语言。

```
STR R11, [R5], #-26
```

解： STR 是一个存储器指令，因此它的 op 为 01_2。根据表 6-11，对于 STR，L=0 且 B=0。该指令使用后索引，因此根据表 6-10，P=0 和 W=0。从基地址中减去立即数偏移量，因此 $\bar{\text{I}}$=0 且 U=0。图 6-23 显示了每个字段和机器代码。因此，机器语言指令是 0xE405B01A。 ■

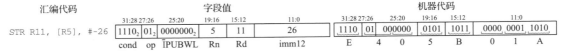

图 6-23 例 6.3 的存储器指令的机器代码

6.4.3 分支指令

分支指令使用单个 24 位带符号立即数操作数 imm24，如图 6-24 所示。与数据处理和存储器指令一样，分支指令以 4 位条件字段和 2 位 op 开始，即 10_2。funct 字段仅为 2 位。对于分支，funct 的高位总是 1。低位 L 表示分支操作的类型：BL 为 1，B 为 0。剩余的 24 位二进制补码 imm24 字段用于指定相对于 PC+8 的指令地址。

图 6-24　分支指令格式

代码示例 6.28 显示了小于时分支（BLT）指令的使用，图 6-25 显示了该指令的机器代码。分支目标地址（BTA）是在执行分支时要执行的下一条指令的地址。图 6-25 中的 BLT 指令的 BTA 为 0x80B4，即 THERE 标号的指令地址。

代码示例6.28　计算分支目标地址

ARM 汇编代码

```
0x80A0          BLT THERE
0x80A4          ADD R0, R1, R2
0x80A8          SUB R0, R0, R9
0x80AC          ADD SP, SP, #8
0x80B0          MOV PC, LR
0x80B4 THERE    SUB R0, R0, #1
0x80B8          ADD R3, R3, #0x5
```

汇编代码	字段值				机器代码			
	31:28	27:26	25:24	23:0	31:28	27:26	25:24	23:0
BLT THERE (0xBA000003)	1011_2	10_2	10_2	3	1011	10	10	0000 0000 0000 0000 0000 0011
	cond	op	funct	imm24	cond	op	funct	imm24

图 6-25　小于时分支（BLT）的机器代码

24 位立即数字段给出了 BTA 和 PC+8 之间的指令数（超过分支两条指令）。在这种情况下，BLT 的立即数字段（imm24）中的值为 3，因为 BTA（0x80B4）超过 PC+8（0x80A8）三条指令。

处理器通过对 24 位立即数进行符号扩展，将其向左移 2 位（为了将字转换为字节）并将其添加到 PC+8 来从指令中计算 BTA。

例 6.4　**计算相对 PC 寻址的立即数字段**。计算立即数字段并显示在下面的汇编程序中的分支指令的机器代码。

```
0x8040 TEST    LDRB    R5, [R0, R3]
0x8044         STRB    R5, [R1, R3]
0x8048         ADD     R3, R3, #1
0x8044         MOV     PC, LR
0x8050         BL      TEST
0x8054         LDR     R3, [R1], #4
0x8058         SUB     R4, R3, #9
```

解：图 6-26 显示了分支和链接指令（BL）的机器代码。其分支目标地址（0x8040）在 PC+8（0x8058）六条指令之后，因此立即数为 -6。

334

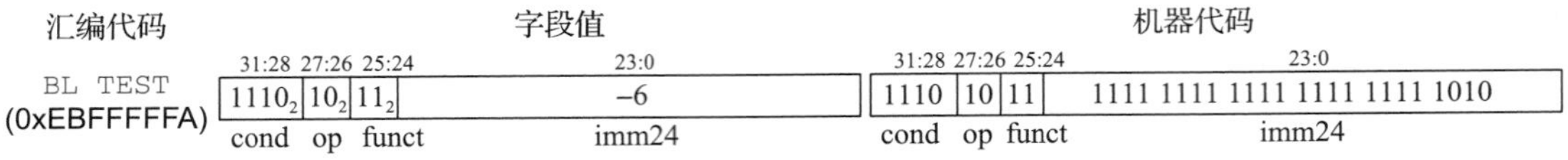

汇编代码 | 字段值 | 机器代码

| 31:28 27:26 25:24 | 23:0 | | 31:28 27:26 25:24 | 23:0 |

BL TEST
(0xEBFFFFFA)

| 1110_2 | 10_2 | 11_2 | −6 | | 1110 | 10 | 11 | 1111 1111 1111 1111 1111 1010 |

cond op funct | imm24 | cond op funct | imm24

335

图 6-26　BL 机器代码

6.4.4 寻址模式

本节总结了用于寻址指令操作数的模式。ARM 使用 4 种主要模式：寄存器、立即、基址和 PC 相对寻址。大多数其他体系结构提供类似的寻址模式，因此了解这些模式可以帮助您轻松学习其他汇编语言。寄存器和基址寻址具有下面描述的几个子模式。前三种模式（寄存器、立即和基址寻址）定义了读和写操作数的模式。最后一种模式（PC 相对寻址）定义了写程序计数器（PC）的模式。表 6-12 总结并给出了每种寻址模式的示例。

表 6-12　ARM 操作数寻址模式

操作数寻址模式	示　　例	描　　述
寄存器		
仅寄存器	ADD R3, R2, R1	R3 ← R2+R1
立即数移位的寄存器	SUB R4, R5, R9, LSR #2	R4 ← R5-(R9 >> 2)
寄存器移位的寄存器	ORR R0, R10, R2, ROR R7	R0 ← R10 | (R2 ROR R7)
立即	SUB R3, R2, #25	R3 ← R2-25
基址		
立即数偏移量	STR R6, [R11, #77]	mem[R11 + 77] ← R6
寄存器偏移量	LDR R12, [R1, .R5]	R12 ← mem[R1-R5]
立即数移位的寄存器偏移量	LDR R8, [R9, R2, LSL #2]	R8 ← mem[R9+(R2 << 2)]
PC 相对	B LABEL1	分支到 LABEL1

数据处理指令使用寄存器或立即寻址，其中第一个源操作数是寄存器，第二个是寄存器或立即数。ARM 允许第二个寄存器可选地以立即数或第三个寄存器中指定的数量为移位数进行移位。存储器指令使用基址寻址，其中基址来自寄存器，偏移量来自立即数，寄存器或立即数移位的寄存器。分支指令使用 PC 相对寻址，其通过 PC+8 加上偏移量来计算分支目标地址。

6.4.5 解释机器语言代码

336

要解释机器语言，必须解密每个 32 位指令字的字段。不同的指令使用不同的格式，但所有格式都以 4 位条件字段和 2 位 op 开始。最好是从 op 开始看。如果是 00_2，则该指令是数据处理指令；如果是 01_2，则该指令是存储器指令；如果它是 10_2，那么它是一个分支指令。基于此，可以解释其余字段。

例 6.5 **将机器语言翻译为汇编语言。**将以下机器语言代码翻译成汇编语言。

0xE0475001
0xE5949010

解：首先，我们用二进制表示每条指令，并查看位 27:26 以找到每条指令的 op，如

图 6-27 所示。op 字段是 00_2 和 01_2，分别表示数据处理和存储器指令。接下来，我们来看看每条指令的 funct 字段。

数据处理指令的 cmd 字段是 2（0010_2）并且 I 位（位 25）是 0，表示它是具有寄存器 Src2 的 SUB 指令。Rd 为 5，Rn 为 7，Rm 为 1。

存储器指令的 funct 字段是 011001_2。B=0 且 L=1，因此这是 LDR 指令。P=1 且 W=0，表示偏移寻址。Ī=0，因此偏移量是立即数。U=1，因此加上偏移量。因此，它是一个加载寄存器指令，带立即数偏移量，并将其添加到基址寄存器。Rd 为 9，Rn 为 4，imm12 为 16。图 6-27 显示了这两条机器指令的汇编代码。 ■

					机器代码								字段值						汇编代码
cond	op	I	cmd	S	Rn	Rd	shamt5	sh	Rm			cond	op	I	cmd	S	Rn	Rd	shamt5	sh	Rm	

cond op I cmd S Rn Rd shamt5 sh Rm
31:28 27:26 25 24:21 20 19:16 15:12 11:7 6:5 4 3:0
| 1110 | 00 | 0 | 0010 | 0 | 0111 | 0101 | 00000 | 00 | 0 | 0001 |
E   0   4   7   5   0   0   1

31:28 27:26 25 24:21 20 19:16 15:12 11:7 6:5 4 3:0
| 1110_2 | 00_2 | 0 | 2 | 0 | 7 | 5 | 0 | 0 | 0 | 1 |
cond op I cmd S Rn Rd shamt5 sh Rm

SUB R5, R7, R1

cond op ĪPUBWL Rn Rd imm12
31:28 27:26 25:20 19:16 15:12 11:0
| 1110 | 01 | 011001 | 0100 | 1001 | 0000 0001 0000 |
E   5   9   4   9   0   1   0

31:28 27:26 25:20 19:16 15:12 11:0
| 1110_2 | 01_2 | 25 | 4 | 9 | 16 |
cond op ĪPUBWL Rn Rd imm12

LDR R9, [R4, #16]

图 6-27　机器代码到汇编代码的转换

6.4.6　程序存储

用机器语言编写的程序是一个表示指令的 32 位数序列。如同其他二进制数，这些指令存放在存储器中。这就是程序存储（stored program）的概念，也是计算机如此强大的一个关键原因。运行一个新的程序时，我们不需要花费大量的时间和精力对硬件进行重新装配或重新布线，只需要将一个新的程序写入存储器。程序存储提供了通用（general purpose）计算能力，而不是特定的硬件。在这种方式下，计算机只是改变存储的程序就可以运行计算器、文字处理程序、影音播放器等多种应用程序。

程序存储中的指令从存储器中找到或取出（fetch），然后由处理器执行。即使是大型的复杂程序也可以简化为仅仅包括简单的存储器读和指令运行的动作序列。

图 6-28 说明了机器指令是怎样存储在存储器中的。在 ARM 程序中，指令一般从低地址开始存储，在本例子中从 0x00008000 开始。记住 ARM 存储器地址是字节寻址的，所以 32 位（4 字节）指令地址每次增加 4 字节而不是 1 字节。

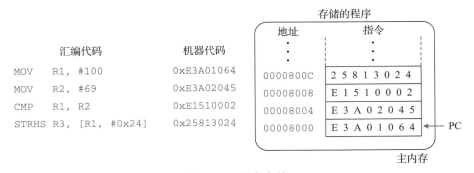

图 6-28　程序存储

运行程序时，处理器从存储器中顺序地读取指令。然后，用数字电路硬件译码和执行这些取回的指令。当前指令地址存储在一个称为程序计数器（Program Counter，PC）的 32 位寄存器中，也就是寄存器 R15。由于历史原因，对 PC 的读取将返回当前指令的地址加 8。

为了运行图 6-28 所示的程序，操作系统将 PC 初始化为地址 0x00008000。处理器将这个存储器地址的指令读出，并执行指令 0xE3A01064 (MOV R1, #100)。然后，处理器将 PC 增加 4，变为 0x00008004，接着取出并执行该地址的指令，并循环执行上述步骤。

微处理器的体系结构状态（architectural state）保存了程序的状态。对于 ARM，体系结构状态包括寄存器文件和状态寄存器。如果操作系统（OS）在程序运行的某时刻保存了其体系结构状态，就可以中断该程序，做些别的事情。然后恢复原先的状态，被打断的程序又能够继续正确执行，而不知道它曾经被打断过。我们在第 7 章构建一个微处理器时，体系结构状态也十分重要。

338

*6.5　编译、汇编与加载

到目前为止，我们讲解了怎样将一小段的高级语言转换成汇编语言和机器代码。本节将介绍如何编译和汇编一个完整的高级语言程序，以及如何将程序读出到存储器来执行。首先我们介绍一个 ARM 内存映射（memory map）的例子，它定义了代码、数据和堆栈在内存中的存储位置。

图 6-29 显示了将程序从高级语言转换为机器语言并开始执行该程序所需的步骤。首先，编译器将高级代码转换为汇编代码。汇编程序将汇编代码转换为机器代码并将其放入目标文件中。链接器将机器代码与来自库和其他文件的代码组合在一起，并确定正确的分支地址和变量位置以生成整个可执行程序。在实践中，大多数编译器执行编译、汇编和链接三个步骤。最后，加载程序将程序加载到内存中并开始执行。本节的其余部分将介绍这些简单程序的步骤。

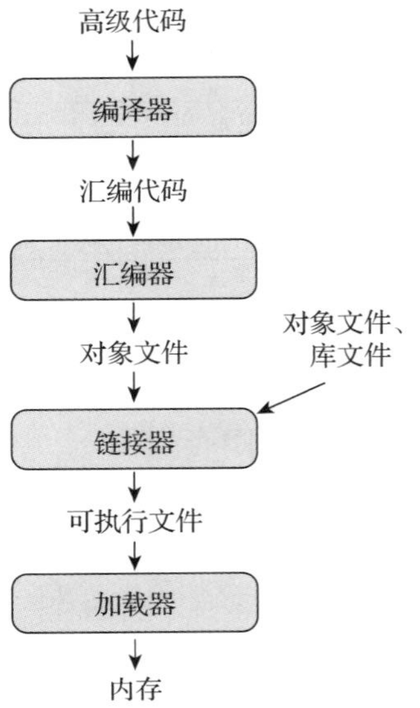

图 6-29　翻译和启动程序的步骤

6.5.1　内存映射

ARM 地址宽度为 32 位，所以 ARM 的地址空间为 2^{32} 字节（4GB）。字地址为 4 的倍数，所以字地址范围为 0～0xFFFFFFFC。图 6-30 显示了一个示例内存映射。

339

ARM 体系结构将地址空间划分为 5 个部分或段：文本段、全局数据段、动态数据段、异常处理程序，以及操作系统（OS）和输入 / 输出（I/O）的段。下面我们将详细描述每个部分。

1. 文本段

文本段（text segment）存储机器语言程序。ARM 还将其称为只读（Read-Only，RO）段。除了代码，它还可能包括文字（常量）和只读数据。

2. 全局数据段

全局数据段（global segment）存储全局变量。与局

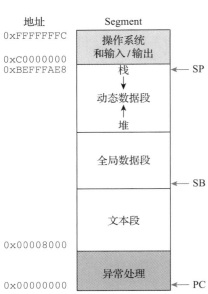

图 6-30　ARM 内存映射的例子

部变量相反，全局变量可由程序中的所有函数访问。在程序开始执行之前，全局变量被分配在内存中。ARM 还将其称为读 / 写（Read/Write，RW）段。通常使用指向全局段开始位置的静态基址寄存器来访问全局变量。ARM 通常使用 R9 作为静态基指针（SB）。

3. 动态数据段

动态数据段（dynamic data segment）保存在栈和堆（heap）中。此段中的数据在启动时未知，但在整个程序执行期间被动态分配和释放。

启动时，操作系统将栈指针（SP）设置为指向栈顶部。如此处所示，栈通常向下增长。栈包括临时存储和不适合寄存器的局部变量，例如数组。如 6.3.7 节所述，函数也使用栈来保存和恢复寄存器。每个栈帧都以后进先出（LIFO）顺序访问。

堆存储运行时由程序分配的数据。在 C 中，内存分配由 malloc 函数完成；在 C++ 和 Java 中，new 用于分配内存。就像宿舍楼层上的一堆衣服一样，堆数据可以按任何顺序使用和丢弃。堆通常从动态数据段的底部向上增长。

如果栈和堆增长到对方的空间，程序中的数据就会被破坏（corrupted）。如果没有足够的空间来分配更多的动态数据，则内存分配器会通过返回内存溢出（out-of-memory）错误尽量确保不会发生数据被破坏的情况。

4. 异常处理程序、操作系统和 I/O 段

ARM 内存映射的最低部分被保留以用于异常向量表和异常处理程序。这部分从地址 0x0 开始（参见 6.6.3 节）。内存映射的最高部分保留用于操作系统和内存映射 I/O（参见 9.2 节）。

6.5.2　编译

编译器将高级代码转换为汇编语言。本节中的示例基于 GCC，这是一种流行且广泛使用的免费编译器，在 Raspberry Pi 单板计算机上运行（参见 9.3 节）。代码示例 6.29 显示了一个有 3 个全局变量和 2 个函数的简单高级语言程序，以及 GCC 生成的汇编代码。 340

代码示例6.29　编译高级程序

高级语言代码	ARM 汇编代码

<table>
<tr><td>

```
int f, g, y; // global variables


int sum(int a, int b) {
  return (a + b);
}


int main(void)
{
  f = 2;
  g = 3;
  y = sum(f, g);
  return y;
}
```

</td><td>

```
        .text
        .global  sum
        .type    sum, %function
sum:
        add      r0, r0, r1
        bx       lr
        .global  main
        .type    main, %function
main:
        push     {r3, lr}
        mov      r0, #2
        ldr      r3, .L3
        str      r0, [r3, #0]
        mov      r1, #3
        ldr      r3, .L3+4
        str      r1, [r3, #0]
        bl       sum
        ldr      r3, .L3+8
        str      r0, [r3, #0]
        pop      {r3, pc}
.L3:
        .word    f
        .word    g
        .word    y
```

</td></tr>
</table>

如果要编译、汇编并将名为 prog.c 的 C 程序和 GCC 链接，请使用以下命令：

```
gcc -01 -g prog.c -o prog
```

此命令生成名为 prog 的可执行输出文件。-01 标志要求编译器执行基本优化，而不是生成效率极低的代码。-g 标志告诉编译器在文件中包含调试信息。

要查看中间步骤，我们可以使用 GCC 的 -S 标志进行编译，但不能进行汇编或链接。

```
gcc -01 -S prog.c -o prog.s
```

输出的 prog.s 是相当冗长的，但在代码示例 6.29 中我们展示了一些有趣的部分。注意 GCC 要求标签后跟冒号。GCC 输出为小写，并且具有此处未讨论的其他汇编指令。可以观察到 sum 使用 BX 指令而不是 MOV PC 和 LR 来返回。此外，可以观察到即使 R3 不是预留的寄存器，GCC 仍选择保存和恢复 R3。全局变量的地址将存储在从标签 .L3 开始的表中。

6.5.3 汇编

汇编程序将汇编语言代码转换为包含机器语言代码的目标文件。GCC 可以使用

```
gcc -c prog.s -o prog.o
```

或者

```
gcc -01 -g -c prog.c -o prog.o
```

从 prog.s 创建目标文件或者直接从 prog.c 创建目标文件。

汇编程序通过汇编代码进行两次传递。在第一次传递时，汇编器分配指令地址并查找所有符号，例如标签和全局变量名。符号的名称和地址保存在符号表中。在第二次通过代码时，汇编程序生成机器语言代码。标签的地址取自符号表。机器语言代码和符号表存储在目标文件中。

我们可以使用 objdump 命令反汇编目标文件，以查看机器语言代码旁边的汇编语言代码。如果代码最初是用 -g 编译的，则反汇编程序还会显示相应的 C 代码行：

```
objdump -S prog.o
```

以下显示了 .text 的反汇编：

```
00000000 <sum>:
int sum(int a, int b) {
    return (a + b);
}
  0:  e0800001   add  r0, r0, r1
  4:  e12fff1e   bx   lr

00000008 <main>:

int f, g, y; // global variables

int sum(int a, int b);

int main(void) {
  8:  e92d4008   push {r3, lr}
       f = 2;
  c:  e3a00002   mov  r0, #2
 10:  e59f301c   ldr  r3, [pc, #28]   ; 34 <main+0x2c>
 14:  e5830000   str  r0, [r3]
       g = 3;
 18:  e3a01003   mov  r1, #3
 1c:  e59f3014   ldr  r3, [pc, #20]   ; 38 <main+0x30>
 20:  e5831000   str  r1, [r3]
       y = sum(f,g);
 24:  ebfffffe   bl   0 <sum>
```

```
  28:  e59f300c  ldr   r3, [pc, #12]  ; 3c <main+0x34>
  2c:  e5830000  str   r0, [r3]
  return y;
}
  30:  e8bd8008  pop   {r3, pc}
  ...
```

我们还可以使用 objdump 和 -t 标志从目标文件中查看符号表。下面是有趣的部分。观察到 sum 函数从地址 0 开始，大小为 8 字节。main 从地址 8 开始，大小为 0x38。全局变量符号 f、g 和 h 被列出，每个都是 4 字节，但它们尚未分配地址。

```
objdump -t prog.o

SYMBOL TABLE:
00000000 l d .text  00000000 .text
00000000 l d .data  00000000 .data
00000000 g F .text  00000008 sum
00000008 g F .text  00000038 main
00000004   O *COM*  00000004 f
00000004   O *COM*  00000004 g
00000004   O *COM*  00000004 y
```

6.5.4　链接

大多数大型程序包含多个文件。如果程序员只更改其中一个文件，重新编译和重新汇编其他文件将会造成浪费。特别是程序通常调用库文件中的函数；这些库文件几乎永远不会改变。如果未更改高级代码文件，则无须更新关联的目标文件。此外，程序通常涉及一些启动代码来初始化栈、堆等，这些代码必须在调用 main 函数之前执行。

链接器的工作是将所有目标文件和启动代码组合成一个称为可执行文件的机器语言文件，并为全局变量分配地址。链接器重定位目标文件中的数据和指令，以使它们不彼此重叠。它使用符号表中的信息根据新标签和全局变量地址调整代码。使用以下命令调用 GCC 链接目标文件：

```
gcc prog.o -o prog
```

我们可以再次使用以下命令反汇编可执行文件：

```
objdump -S -t prog
```

启动代码太长而无法显示，但我们的程序从文本段中的地址 0x8390 开始，全局变量在全局段中分配地址从 0x10570 开始。注意 .word 汇编程序指令定义全局变量 f、g 和 y 的地址。

343

```
00008390 <sum>:

int sum(int a, int b) {
  return (a + b);
}
  8390:  e0800001  add   r0, r0, r1
  8394:  e12fff1e  bx    lr
00008398 <main>:

int f, g, y; // global variables

int sum(int a, int b);

int main(void) {
  8398:  e92d4008  push  {r3, lr}
  f = 2;
  839c:  e3a00002  mov   r0, #2
  83a0:  e59f301c  ldr   r3, [pc, #28]  ; 83c4 <main+0x2c>
  83a4:  e5830000  str   r0, [r3]
  g = 3;
  83a8:  e3a01003  mov   r1, #3
  83ac:  e59f3014  ldr   r3, [pc, #20]  ; 83c8 <main+0x30>
  83b0:  e5831000  str   r1, [r3]
```

```
    y = sum(f,g);
83b4:  ebfffff5   bl   8390 <sum>
83b8:  e59f300c   ldr  r3, [pc, #12]  ; 83cc <main+0x34>
83bc:  e5830000   str  r0, [r3]
    return y;
}
83c0:  e8bd8008   pop  {r3, pc}
83c4:  00010570   .word  0x00010570
83c8:  00010574   .word  0x00010574
83cc:  00010578   .word  0x00010578
```

可执行文件还包含一个更新的符号表，其中包含函数和全局变量的重定位地址。

```
SYMBOL TABLE:
000082e4 l  d  .text  00000000   .text
00010564 l  d  .data  00000000   .data
00008390 g  F  .text  00000008   sum
00008398 g  F  .text  00000038   main
00010570 g  O  .bss   00000004   f
00010574 g  O  .bss   00000004   g
00010578 g  O  .bss   00000004   y
```

6.5.5　加载

操作系统通过从存储设备（一般是硬盘）读取可执行文件中的文本段将程序读出到内存的文本段中。操作系统跳转到程序的开头以开始执行。图 6-31 显示了程序执行开始时的存储器映射。

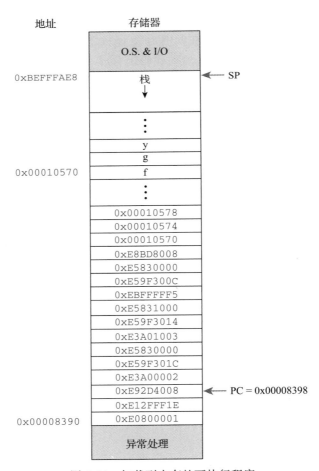

图 6-31　加载到内存的可执行程序

*6.6   其他主题

本节介绍了不太适合放在本章其他部分的一些可选主题。这些主题包括加载 32 位文字、NOP 和异常。

6.6.1   加载文字

许多程序需要加载 32 位文字（literal），例如常量或地址。MOV 只接受 12 位源，因此 LDR 指令用于从文本段中的文字库（literal pool）加载这些数字。ARM 汇编程序接受以下形式的加载。

```
LDR Rd, =literal
LDR Rd, =label
```

345

第一个语句加载由 literal 指定的 32 位常量，第二个加载由 label 指定的程序中的变量或指针的地址。在这两种情况下，要加载的值都保存在文字库中，该库是包含文字的文本段的一部分。文字库与 LDR 指令之间的距离必须小于 4096 字节，这样加载可以用 LDR Rd, [PC, #offset_to_literal] 来执行。程序必须小心文字库周围的分支，因为执行文字可能是无意义的，并可能导致糟糕的后果。

代码示例 6.30 展示了如何加载文字。如图 6-32 所示，假设 LDR 指令位于地址 0x8110 且文字位于 0x815C。请记住，读取 PC 会返回超出当前正在执行的指令的 8 字节的地址。因此，当执行 LDR 时，读取 PC 会返回 0x8118。因此，LDR 使用 0x44 的偏移量来查找文字库：LDR R1, [PC, #0x44]。

代码示例6.30   使用文字库的大立即数

高级语言代码	ARM 汇编代码
int a = 0x2B9056F;	; R1 = a LDR R1, =0x2B9056F ...

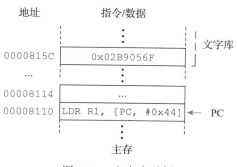

图 6-32   文字库示例

6.6.2   NOP

NOP 是"无操作"的助记符，发音为"no op"。这是一个什么都不做的伪指令。汇编程序将其转换为 MOV R0，R0（0xE1A00000）。在其他方面，NOP 对于实现一些延迟或对齐指令是有用的。

346

6.6.3 异常

异常就像跳转到新地址的未调度函数调用。异常可能由硬件或软件引起。举个例子，处理器可以接收用户按下键盘上的键的通知。处理器可以停止它正在做的事情，确定按下了哪个键，保存它以备将来参考，然后恢复正在运行的程序。由诸如键盘之类输入 / 输出（I/O）设备触发的这种硬件异常通常被称为中断。比较而言，程序可能会遇到错误条件，例如未定义的指令。程序跳转到操作系统（OS）中的代码，操作系统可以选择模拟未实现的指令或终止违规程序。软件异常有时称为陷阱。陷阱的一种特别重要的形式是系统调用，其中程序调用在较高权限级别运行的 OS 中的函数。异常的其他原因包括重置和尝试读取不存在的内存。

与任何其他函数调用一样，异常必须保存返回地址，跳转到某个地址，执行其工作，自行清理，然后返回到程序中它离开的位置。异常使用向量表来确定跳转到异常处理程序的位置，并使用备份寄存器来维护密钥寄存器的额外副本，以便它们不会破坏活动程序中的寄存器。异常还会更改程序的权限级别，允许异常处理程序访问受保护的内存部分。

1. 执行模式和权限级别

ARM 处理器可以在具有不同权限级别的多种执行模式之一中运行。不同的模式允许在异常处理程序中发生异常而不会破坏状态；例如，当处理器在超级用户模式下执行操作系统代码时可能发生中断，如果中断试图访问无效的存储器地址，则可能发生后续的中止异常。异常处理程序最终将返回并恢复管理程序代码。该模式在当前程序状态寄存器（CPSR）的最低位中指定，如图 6-6 所示。表 6-13 列出了执行模式及它们的编码。用户模式在特权级别 PL0 运行，该级别无法访问存储器的受保护部分，例如操作系统代码。其他模式在特权级别 PL1 运行，可以访问所有系统资源。权限级别很重要，因此错误或恶意用户代码不会破坏其他程序或使系统崩溃或感染。

表 6-13　ARM 执行模式

模　　式	CPSR$_{4:0}$	模　　式	CPSR$_{4:0}$
用户	10000	未定义	11011
监视	10011	中断（IRQ）	10010
中止	10111	快速中断（FIQ）	10001

2. 异常向量表

发生异常时，处理器将根据异常的原因跳转到异常向量表中的偏移量。表 6-14 描述了向量表，该表通常位于内存中地址 0x00000000 处。例如，当发生中断时，处理器跳转到地址 0x00000018。类似地，在接通电源时，处理器跳转到地址 0x00000000。每个异常向量偏移通常包含转向异常处理程序的分支指令、处理异常的代码，以及退出或返回用户代码。

表 6-14　异常向量表

异　　常	地　址	模　式	异　　常	地　址	模　式
重置	0x00	监视	数据中止（数据加载或存储错误）	0x10	中止
未定义指令	0x04	未定义	保留	0x14	N/A
管理程序调用	0x08	监视	中断	0x18	IRQ
预取中止（指令获取错误）	0x0C	中止	快速中断	0x1C	FIQ

3. 备份寄存器

在异常更改 PC 之前，它必须将返回地址保存在 LR 中，以便异常处理程序知道返回的位置。但是，必须注意不要改变 LR 中已有的值，程序稍后需要这个值。因此，处理器维持一组不同的寄存器以在每个执行模式期间用作 LR。类似地，异常处理程序不得干扰状态寄存器位。因此，一组保存的程序状态寄存器（SPSR）被用于在异常期间保存 CPSR 的副本。

如果在程序操作其堆栈帧时发生异常，则帧可能处于不稳定状态（例如，数据已写入堆栈但堆栈指针尚未指向堆栈顶部）。因此，每个执行模式也使用其自己的堆栈和指向其堆栈顶部的 SP 的存储副本。必须为每个执行模式的堆栈保留内存，并且必须在启动时初始化堆栈指针的库存版本。

异常处理程序必须做的第一件事就是将它可能更改的所有寄存器推送到堆栈中。这需要一些时间。ARM 具有快速中断执行模式 FIQ，其中 R8～R12 也被存储。因此，异常处理程序可以立即开始而不保存这些寄存器。

4. 异常处理

现在我们已经定义了执行模式、异常向量和备份寄存器，接下来我们可以定义异常期间发生的事情。在检测到异常时，处理器：

1）将 CPSR 存储到被保存的一组 SPSR。

2）根据异常类型设置执行模式和权限级别。

3）在 CPSR 中设置中断屏蔽位，以便不会中断异常处理程序。

4）将返回地址存储到保存的 LR。

5）根据异常类型跳转到异常向量表。

然后，处理器执行异常向量表中的指令，这些通常是异常处理程序的分支跳转。处理程序通常将其他寄存器压入其堆栈，处理异常，并将寄存器从堆栈中弹回。异常处理程序使用 MOVS PC, LR 指令返回，这是一种特殊的 MOV，它执行以下清理：

1）将存储的 SPSR 复制到 CPSR 以恢复状态寄存器。

2）复制存储的 LR（可能针对某些例外进行调整）到 PC 来返回发生异常的程序。

3）恢复执行模式和权限级别。

5. 异常相关指令

程序在低权限级别运行，而操作系统具有更高的权限级别。为了以受控方式在级别之间转换，程序将参数放在寄存器中并发出管理程序调用（SVC）指令，该指令生成异常并提高权限级别。操作系统检查参数并执行所请求的功能，然后返回到程序。

操作系统以及在 PL1 上执行的代码可以使用 MRS（从特殊寄存器移动到寄存器）和 MSR（从寄存器移动到特殊寄存器）指令来访问各种执行模式的存储寄存器。例如，在引导时，操作系统将使用这些指令初始化异常处理程序的堆栈。

6. 启动

在启动时，处理器跳转到复位向量并开始以管理员模式执行引导加载程序代码。引导加载程序通常配置内存系统，初始化堆栈指针，并从磁盘读取操作系统；然后它在操作系统中开始一个更长的启动过程。操作系统最终将加载程序，更改为非特权用户模式，并跳转到程序的开头。

6.7　ARM 体系结构的演变

ARM1 处理器最初由英国的 Acorn Computer 公司于 1985 年为 BBC Micro 计算机开发，它是该时代许多个人计算机中使用的 6502 微处理器的升级。在之后的一年之内，ARM2 在 Acorn Archimedes 计算机公司中投入生产。ARM 是 Acorn RISC Machine 的首字母缩写。该产品实现了 ARM 指令集（ARMv2）的第 2 版。它的地址总线仅为 26 位：32 位 PC 的高 6 位用于保持状态位。该体系结构几乎包含了本章中描述的所有指令，包括数据处理、大多数加载和存储、分支和乘法。

ARM 很快将地址总线扩展到完整的 32 位，将状态位移入专用的当前程序状态寄存器（CPSR）。1993 年推出的 ARMv4 增加了半字加载和存储，并提供了有符号和无符号半字和字节加载。这是现代 ARM 指令集的核心，也是本章所涉及的内容。

ARM 指令集已经包含了后续章节中描述的许多增强功能。1995 年非常成功的 ARM7-TDMI 处理器在 ARMv4T 中引入了 16 位 Thumb 指令集，以提高代码密度。ARMv5TE 增加了数字信号处理（DSP）和可选的浮点指令。ARMv6 添加了多媒体指令并增强了 Thumb 指令集。ARMv7 改进了浮点和多媒体指令，将它们重命名为 Advanced SIMD。ARMv8 引入了全新的 64 位体系结构。随着体系结构的发展，更多其他系统编程指令被引入。

350

6.7.1　Thumb 指令集

Thumb 指令长 16 位，以实现更高的代码密度。它们与常规 ARM 指令相同，但通常有局限性，包括：

- 只访问底部 8 个寄存器。
- 将寄存器重复用作源和目标。
- 支持更短的时间。
- 缺乏条件执行。
- 始终写入状态标志。

几乎所有 ARM 指令都具有 Thumb 等价代码。由于 Thumb 指令功能较弱，因此编写等效程序需要更多指令。但是，Thumb 指令只有 ARM 的一半长，因此整体 Thumb 代码大小约为 ARM 等效值的 65%。Thumb 指令集不仅有助于减小代码存储存储器的大小和成本，而且还允许使用廉价的 16 位总线指令存储器并减少从存储器读取指令所消耗的功率。

ARM 处理器有一个指令集状态寄存器 ISETSTATE，它包含一个 T 位，用于指示处理器是处于正常模式（T=0）还是 Thumb 模式（T=1）。此模式确定应如何获取和解释指令。BX 和 BLX 分支指令改变 T 位以进入或退出 Thumb 模式。

Thumb 指令编码比 ARM 指令更复杂和不规则，以将尽可能多的有用信息打包到 16 位半字中。图 6-33 显示了常见 Thumb 指令的编码。高位指定指令的类型。数据处理指令通常指定两个寄存器，其中一个是第一个源和目标。他们总是写入状态标志。添加、减去和移位可以指定一个短立即数。条件分支指定 4 位条件代码和短偏移，而无条件分支允许更长的偏移。注意，BX 采用 4 位寄存器标识符，以便它可以访问链接寄存器 LR。LDR，STR，ADD 和 SUB 的特殊形式被定义为相对于堆栈指针 SP（在函数调用期间访问堆栈帧）进行操作。另一种特殊形式的 LDR 将 relative 加载到 PC（访问文字库）。ADD 和 MOV 的形式可以访问所有 16 个寄存器。BL 始终需要两个半字来指定 22 位目标。

15 | | | | | | | | | 0 |

0 1 0 0 0 0	funct	Rm	Rdn	\<funct>S Rdn, Rdn, Rm (data-processing)
0 0 0 ASR LSR	imm5	Rm	Rd	LSLS/LSRS/ASRS Rd, Rm, #imm5
0 0 0 1 1 1 SUB	imm3	Rm	Rd	ADDS/SUBS Rd, Rm, #imm3
0 0 1 1 SUB	Rdn	imm8		ADDS/SUBS Rdn, Rdn, #imm8
0 1 0 0 0 1 0 0	Rdn[3]	Rm	Rdn[2:0]	ADD Rdn, Rdn, Rm
1 0 1 1 0 0 0 0	SUB	imm7		ADD/SUB SP, SP, #imm7
0 0 1 0 1	Rn	imm8		CMP Rn, #imm8
0 0 1 0 0	Rd	imm8		MOV Rd, #imm8
0 1 0 0 0 1 1 0	Rdn[3]	Rm	Rdn[2:0]	MOV Rdn, Rm
0 1 0 0 0 1 11L	Rm	0 0 0		BX/BLX Rm
1 1 0 1	cond	imm8		B\<cond> imm8
1 1 1 0 0	imm8			B imm11
0 1 0 1 L B H	Rm	Rn	Rd	STR(B/H)/LDR(B/H) Rd, [Rn, Rm]
0 1 1 0 L	imm5	Rn	Rd	STR/LDR Rd, [Rn, #imm5]
1 0 0 1 L	Rd	imm8		STR/LDR Rd, [SP, #imm8]
0 1 0 0 1	Rd	imm8		LDR Rd, [PC, #imm8]
1 1 1 1 0	imm22[21:11]	1 1 1 1 1	imm22[10:0]	BL limm22

图 6-33   指令编码示例

ARM 随后对 Thumb 指令集进行了改进，并添加了许多 32 位 Thumb-2 指令，以提高常见操作的性能，并允许以 Thumb 模式编写任何程序。Thumb-2 指令由其最高有效 5 位标识，这 5 位是 11101、11110 或 11111。然后，处理器取出包含指令剩余部分的第二个半字。Cortex-M 系列处理器仅在 Thumb 状态下运行。 |351|

6.7.2   DSP 指令

数字信号处理器（DSP）被设计用于有效处理信号处理算法，如快速傅里叶变换（FFT）和有限/无限脉冲响应滤波器（FIR/IIR）。常见应用包括音频和视频编码和解码、电机控制和语音识别。ARM 为此提供了许多 DSP 指令。DSP 指令包括乘法、加法和乘法累加（MAC）——相乘并将结果加到运行和：$sum=sum+src1\times src2$。MAC 是将 DSP 指令集与常规指令集区分开的一个特征。它在 DSP 算法中非常常用，相对于单独的乘法和加法指令，性能提高了一倍。但是，MAC 需要指定一个额外的寄存器来保存运行总和。

表 6-15   DSP 数据类型

类型	符号位数	整数位数	小数位数	类型	符号位数	整数位数	小数位数
短整数	1	15	0	长整数	1	63	0
无符号短整数	0	16	0	无符号长整数	0	64	0
整数	1	31	0	Q15	1	0	15
无符号整数	0	32	0	A31	1	0	31

DSP 指令通常在短（16 位）数据上操作，表示由模数转换器从传感器读取的样本。然而，中间结果被设置为更高的精度（例如，32 或 64 位）或使用饱和算术以防止溢出。在饱 |352|
和算术中，大于最正数的结果被视为最正数，而小于最负数的结果被视为最负数。例如，在 32 位算术中，大于 $2^{31}-1$ 的结果在 $2^{31}-1$ 处饱和，小于 -2^{31} 的结果在 -2^{31} 处饱和。表 6-15 给出了常见的 DSP 数据类型。二进制补码表示具有一个符号位。16 位、32 位和 64 位类型

也称为半精度、单精度和双精度，不要与单精度和双精度浮点数混淆。为了提高效率，两个半精度数字被打包在一个 32 位字中。

整数类型有有符号和无符号两种，它们在 msb 中有符号位。分数类型（Q15 和 Q31）表示有符号的分数；例如，Q31 跨越 $[-1, 1-2^{-31}]$ 的范围，连续数字之间的步长为 2^{-31}。这些类型未在 C 标准中定义，但受某些库支持。Q31 可以通过截断或舍入转换为 Q15。在截断中，Q15 结果只是上半部分。在舍入中，将 0x00008000 添加到 Q31 值，然后截断结果。当计算涉及许多步骤时，舍入很有用，因为它避免了将多个小截断错误累积成明显错误。

[353]

ARM 在状态寄存器中添加了一个 Q 标志，表示 DSP 指令中发生了溢出或饱和。对于精度至关重要的应用，程序可以在计算之前清除 Q 标志，以单精度进行计算，然后检查 Q 标志。如果 Q 标志设置，则发生溢出，并且如果需要，可以以双精度重复计算。

无论使用哪种格式，都相同地执行加法和减法。但是，乘法的执行取决于类型。例如，对于 16 位数字，对于无符号短类型，数字 0xFFFF 被解释为 65535，而对于短类型，数字被解释为 -1，对于 Q15 数字，被解释为 -2^{-15}。因此，0xFFFF×0xFFFF 对于每个表示具有非常不同的值（分别为 4 294 836 225、1 和 2^{-30}）。这导致有符号和无符号乘法的不同指令。

Q15 编号 A 可以看作 $a \times 2^{-15}$，其中 a 是在 $[-2^{15}, 2^{15}-1]$ 范围内的解释，作为带符号的 16 位数。因此，两个 Q15 号码的乘积是：

$$A \times B = a \times b \times 2^{-30} = 2 \times a \times b \times 2^{-31}$$

这意味着要将两个 Q15 数相乘并获得 Q31 结果，先执行普通的有符号乘法，然后将乘积翻倍。然后可以截断或舍入乘积，以便在必要时将其重新置于 Q15 格式。

表 6-16 总结了丰富的乘法和累积乘法指令。MAC 最多需要 4 个寄存器：RdHi、RdLo、Rn 和 Rm。对于双精度运算，RdHi 和 RdLo 分别保持最高和最低 32 位。例如，UMLAL RdLo, RdHi, Rn, Rm 计算 {RdHi, RdLo}={RdHi, RdLo}+Rn×Rm。半精度乘法有各种各样的大括号，用于从单词的上半部分或下半部分选择操作数，以及在双重形式中，上半部分和下半部分相乘。涉及半精度输入和单精度累加器（SMLA *，SMLAW *，SMUAD，SMUSD，SMLAD，SMLSD）的 MAC 将在累加器溢出时设置 Q 标志。最重要的单词（MSW）乘法也以带有 R 后缀而不是截断的 R 后缀形式出现。

表 6-16　乘法和累积乘法指令

指　　令	函　　数	描　　述
适用于有符号数和无符号数的普通 32 位乘法		
MUL	32=32×32	乘法
MLA	32=32+32×32	累积乘法
MLS	32=32−32×32	乘减
无符号长整数 = 无符号整数 × 无符号整数		
UMULL	64=32×32	无符号长乘法
UMLAL	64=64+32×32	无符号长累积乘法
UMAAL	64=32+32×32+32	无符号长乘 – 累积 – 加法
长整数 = 整数 × 整数		
SMULL	64=32×32	有符号长乘法
SMLAL	64=64+32×32	有符号长累积乘法

（续）

指　　　令	函　　　数	描　　　述
打包算术：短整数 × 短整数		
SMUL{BB/BT/TB/TT}	$32=16 \times 16$	有符号乘法 {向上/向下取整}
SMLA{BB/BT/TB/TT}	$32=32+16 \times 16$	有符号累积乘法 {向上/向下取整}
SMLAL{BB/BT/TB/TT}	$64=64+16 \times 16$	有符号长累积乘法 {向上/向下取整}
分数乘法（Q31/Q15）		
SMULW{B/T}	$32=(32 \times 16) >> 16$	有符号字 – 半字乘法 {向上/向下取整}
SMLAW{B/T}	$32=32+(32 \times 16) >> 16$	有符号字 – 半字乘加 {向上/向下取整}
SMMUL{R}	$32=(32 \times 32) >> 32$	有符号 MSW 乘法 {四舍五入}
SMMLA{R}	$32=32+(32 \times 32) >> 32$	有符号 MSW 累积乘法 {四舍五入}
SMMLS{R}	$32=32-(32 \times 32) >> 32$	有符号 MSW 乘减 {四舍五入}
整数或长整数 = 短整数 × 短整数 + 短整数 × 短整数		
SMUAD	$32=16 \times 16+16 \times 16$	有符号对偶乘加
SMUSD	$32=16 \times 16-16 \times 16$	有符号对偶乘减
SMLAD	$32=32+16 \times 16+16 \times 16$	有符号累积乘法对偶
SMLSD	$32=32+16 \times 16-16 \times 16$	有符号乘减对偶
SMLALD	$64=64+16 \times 16+16 \times 16$	有符号长累积乘法对偶
SMLSLD	$64=64+16 \times 16-16 \times 16$	有符号长乘减对偶

　　DSP 指令还包括 32 位字的饱和加法（QADD）和减法（QSUB），它使结果饱和而不是溢出。它们还包括 QDADD 和 QDSUB，它们将第二个操作数加倍，然后在第一个操作数加上 / 从第一个操作数中减去它；我们很快就会再次见到这些分数 MAC 中的变量。如果发生饱和，它们会设置 Q 标志。

　　最后，DSP 指令包括 LDRD 和 STRD，它们在 64 位存储器双字中加载和存储偶数 / 奇数对寄存器。这些指令提高了在存储器和寄存器之间移动双精度值的效率。

　　表 6-17 总结了如何使用 DSP 指令来进行乘法或 MAC 各种类型的数据。这些例子假设半字数据位于寄存器的下半部分，上半部分为零；当数据位于顶部时，使用 T 类型的 SMUL。结果存储在 R2 中，或存储在 {R3，R2} 中，以实现双精度。小数运算（Q15/Q31）使用饱和加法将结果加倍，以防止在计算 -1×-1 时溢出。

表 6-17　用于各种数据类型的乘法和 MAC 代码

第一个操作数（R0）	第二个操作数（R1）	乘积（R3/R2）	乘　　法	MAC
短整数	短整数	短整数	SMULBB R2，R0，R1 LDR R3，=0x0000FFFF AND R2，R3，R2	SMLABB R2，R0，R1 LDR R3，=0x0000FFFF AND R2，R3，R2
短整数	短整数	整数	SMULBB R2，R0，R1	SMLABB R2，R0，R1，R2
短整数	短整数	长整数	MOV R2，#0 MOV R3，#0 SMLALBB R2，R3，R0，R1	SMLALBB R2，R3，R0，R1
整数	短整数	整数	SMULWB R2，R0，R1	SMLAWB R2，R0，R1，R2

（续）

第一个操作数 （R0）	第二个操作数 （R1）	乘积 （R3/R2）	乘　　法	MAC
整数	整数	整数	MUL R2, R0, R1	MLA R2, R0, R1, R2
整数	整数	长整数	SMULL R2, R3, R0, R1	SMLAL R2, R3, R0, R1

无符号短整数	无符号短整数	无符号短整数	MUL R2, R0, R1
			LDR R3, =0x0000FFFF
			AND R2, R3, R2
				MLA R2, R0, R1, R2
				LDR R3, =0x0000FFFF
				AND R2, R3, R2

无符号短整数	无符号短整数	无符号整数	MUL R2, R0, R1	MLA R2, R0, R1, R2
无符号整数	无符号短整数	无符号整数	MUL R2, R0, R1	MLA R2, R0, R1, R2
无符号整数	无符号整数	无符号整数	MUL R2, R0, R1	MLA R2, R0, R1, R2
无符号整数	无符号整数	无符号长整数	UMULL R2, R3, R0, R1	UMLAL R2, R3, R0, R1
Q15	Q15	Q15	SMULBB R2, R0, R1 QADD R2, R2, R2 LSR R2, R2, #16	SMLABB R2, R0, R1, R2 SSAT R2, 16, R2
Q15	Q15	Q31	SMULBB R2, R0, R1 QADD R2, R2, R2	SMULBB R3, R0, R1 QDADD R2, R2, R3
Q31	Q15	Q31	SMULWB R2, R0, R1 QADD R2, R2, R2	SMULWB R3, R0, R1 QDADD R2, R2, R3
Q31	Q31	Q31	SMMUL R2, R0, R1 QADD R2, R2, R2	SMMUL R3, R0, R1 QDADD R2, R2, R3

354
~
356

6.7.3　浮点指令

浮点比 DSP 中更受欢迎的定点数更灵活，并使编程更容易。浮点广泛用于图形、科学应用和控制算法。可以使用一系列普通数据处理指令执行浮点运算，但使用专用浮点指令和硬件可以更快并消耗更少的功率。

ARMv5 指令集包括可选的浮点指令。这些指令访问至少 16 个与普通寄存器分开的 64 位双精度寄存器。这些寄存器也可以视为 32 位单精度寄存器对。双精度寄存器被命名为 D0～D15，单精度被命名为 S0～S31。例如，VADD.F32 S2, S0, S1 和 VADD.F64 D2, D0, D1 分别执行单精度和双精度浮点加法。表 6-18 中列出的浮点指令以 .F32 或 .F64 为后缀，表示单精度或双精度浮点数。

表 6-18　ARM 浮点数指令

指　　令	函　　数	指　　令	函　　数
VABS Rd, Rm	Rd=|Rm|	VMUL Rd, Rn, Rm	Rd=Rn*Rm
VADD Rd, Rn, Rm	Rd=Rn+Rm	VNEG Rd, Rm	Rd=-Rm
VCMP Rd, Rm	比较并设置浮点数状态标志	VNMLA Rd, Rn, Rm	Rd=-(Rd+Rn*Rm)
VCVT Rd, Rm	在整数和浮点数之间转换	VNMLS Rd, Rn, Rm	Rd=-(Rd-Rn*Rm)
VDIV Rd, Rn, Rm	Rd=Rn/Rm	VNMUL Rd, Rn, Rm	Rd=-Rn*Rm
VMLA Rd, Rn, Rm	Rd=Rd+Rn*Rm	VSQRT Rd, Rm	Rd=sqrt(Rm)
VMLS Rd, Rn, Rm	Rd=Rd-Rn*Rm	VSUB Rd, Rn, Rm	Rd=Rn-Rm
VMOV Rd, Rm or #const	Rd=Rm 或常数		

357

MRC 和 MCR 指令用于在普通寄存器和浮点协处理器寄存器之间传输数据。

ARM 定义了浮点状态和控制寄存器（FPSCR）。与普通状态寄存器一样，它保存用于浮点运算的 N、Z、C 和 V 标志。它还指定了舍入模式、异常和特殊条件，如溢出、下溢和除零。VMRS 和 VMSR 指令在常规寄存器和 FPSCR 之间传输信息。

6.7.4　节能和安全指令

电池供电的设备通过将大部分时间用于睡眠模式来节省电量。ARMv6K 引入了支持这种节能的指令。等待中断（WFI）指令允许处理器进入低功耗状态，直到发生中断。系统可以基于用户事件（例如触摸屏幕）或周期性计时器生成中断。等待事件（WFE）指令类似，但在多处理器系统中很有用（参见 7.7.8 节），以便处理器可以进入休眠状态，直到另一个处理器通知为止。它在中断发生期间或另一个处理器使用 SEV 指令发送事件时被唤醒。

ARMv7 增强了异常处理以支持虚拟化和安全性。在虚拟化中，多个操作系统可以在同一处理器上并发运行，而不会发现每个其他操作系统存在。管理程序在操作系统之间切换。管理程序以特权级别 PL2 运行。它是通过管理程序陷阱异常调用的。通过安全扩展，处理器定义了一种安全状态，其具有有限的进入方式和对存储器的安全部分的受限访问。即使攻击者危及操作系统，安全内核也可能会抵制篡改。例如，安全内核可用于禁用被盗电话或实施数字版权管理，使得用户无法复制受版权保护的内容。

6.7.5　SIMD 指令

术语 SIMD（发音为 "sim-dee"）代表单指令多数据，其中单个指令并行地作用于多个数据。SIMD 的一个常见应用是一次执行许多短算术运算，特别是对于图形处理。这也称为压缩算术。

短数据元素经常出现在图形处理中。例如，数字照片中的像素可以使用 8 位来存储红色、绿色和蓝色中的一个元素。使用整个 32 位字来处理这些元素之一会浪费高 24 位。此外，当来自 16 个相邻像素的分量被打包成 128 位的四字时，这个过程可以快 16 倍。类似地，三维图形空间中的坐标通常用 32 位（单精度）浮点数表示。四个这样的坐标可以打包成 128 位四字。

大多数现代体系结构都提供 SIMD 算术运算，并使用宽 SIMD 寄存器打包多个较窄的操作数。例如，ARMv7 Advanced SIMD 指令共享来自浮点单元的寄存器。此外，这些寄存器也可以配对以充当 8 个 128 位四字 Q0～Q7。寄存器将几个 8 位、16 位、32 位或 64 位整数或浮点值组合在一起。指令的后缀为 .I8、.I16、.I32、.I64、.F32 或 .F64，以指示应如何处理寄存器。

图 6-34 显示了 VADD.I8 D2, D1, D0 向量加法指令如何在 8 对 8 位整数上运行。这些 8 位整数均被打包成 64 位双字。类似地，VADD.I32 Q2, Q1, Q0 将四对打包成 128 位四字的 32 位整数相加，VADD.F32 D2, D1, D0 将两对打包成 64 位双字的 32 位单精度浮点数相加。执行打包算术需要修改 ALU 以消除较小数据元素之间的进位。例如，执行 a_0+b_0 产生的进位不得影响 a_1+b_1 的结果。

高级 SIMD 指令以 V 开头。它们包括以下类别：

358

- 同样为浮点指令定义的基本算术函数。
- 多个元素的加载和存储，包括去交错和交错。
- 按位逻辑运算。
- 比较。
- 使用和不使用饱和运算的各种种类的移位、加法和减法。
- 各种乘法和 MAC。
- 杂项指令。

359

ARMv6 还定义了一组在常规 32 位寄存器上运行的更有限的 SIMD 指令。这些包括 8 位和 16 位加法和减法，以及有效地将字节和半字打包和解包成字的指令。这些指令对于处理 DSP 代码中的 16 位数据非常有用。

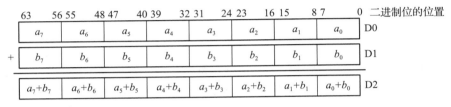

图 6-34　打包算术：8 并行 8 位加法

6.7.6　64 位体系结构

32 位体系结构允许程序直接访问最多 2^{32} 字节 =4GB 的内存。大型计算机服务器首先向可以访问大量内存的 64 位体系结构过渡，随后是个人计算机和移动设备。64 位体系结构有时也可以比 32 位更快，因为它们可以通过单个指令移动更多信息。

许多体系结构只是将通用寄存器从 32 位扩展到 64 位，但 ARMv8 引入了一个新的指令集来简化特性。经典指令集没有足够的用于复杂程序的通用寄存器，这使得寄存器和存储器之间的数据移动成本高昂。保持 PC 在 R15 和 SP 在 R13 中也使处理器实现复杂化，并且程序通常需要一个包含值 0 的寄存器。

ARMv8 指令仍然是 32 位长，指令集看起来非常像 ARMv7，但清除了某些问题。在 ARMv8 中，寄存器文件扩展至 31 个 64 位寄存器（称为 X0～X30），PC 和 SP 不再是通用寄存器的一部分。X30 用作链接寄存器。注意，没有 X31 寄存器：它被称为零寄存器（ZR）并且被硬连线至 0。数据处理指令可以在 32 位或 64 位值上运行，而加载和存储始终使用 64 位地址。为了为额外位腾出空间来指定源寄存器和目标寄存器，大多数指令都删除了条件字段。但是，分支仍然是有条件的。ARMv8 还简化了异常处理，使高级 SIMD 寄存器的数量增加了一倍，并添加了 AES 和 SHA 加密的指令。指令编码相当复杂，它并不是一种简短的编码。

复位时，ARMv8 处理器以 64 位模式启动。通过在系统寄存器中置位一个位并调用异常，处理器可以进入 32 位模式。异常返回时，它返回 64 位模式。

6.8　另一个视角：x86 体系结构

目前几乎所有的个人计算机都在使用 x86 体系结构的微处理器。x86，也称为 IA-32，是一个 32 位体系结构，最初由 Intel 公司研发，AMD 也在销售与 x86 兼容的微处理器。

　　x86 体系结构漫长而曲折的历史可以追溯到 1978 年。当时，Intel 推出了 16 位的 8086 微处理器，IBM 选择了 8086 和它的姊妹产品 8088 作为 IBM 的第一代个人计算机。1985 年，Intel 公司推出了 32 位的微处理器 80386。它对于 8086 是向后兼容的，可以运行使用为早期 PC 开发的软件。兼容 80386 的处理器体系结构称为 x86 处理器。Pentium、Core 和 Athlon 处理器都是著名的 x86 处理器。

　　这些年中，Intel 和 AMD 把更多的新指令和功能都塞进了这个陈旧的体系结构中，其结果就是这种体系结构与 ARM 相比很不优雅。然而，软件的兼容性比技术的优雅性更加重要，所以 x86 在这 20 年内都是 PC 的事实标准。每年卖出的 x86 处理器超过 1 亿片，巨大的市场保证了每年 50 亿美元的研究开发经费来对处理器进行进一步的改进。

　　x86 属于复杂指令集计算机（Complex Instruction Set Computer，CISC）体系结构。与诸如 ARM 的精简指令集计算机（Reduced Instruction Set Computer，RISC）体系结构相比，每一条 CISC 指令可以做更多的工作。CISC 体系结构上的程序一般需要较少的指令，指令编码更加紧凑。这样可以节省内存，尤其在 RAM 比较贵时，CISC 更有优势。CISC 体系结构的指令长度是可变的，一般都会小于 32 位。但其代价是复杂指令系统更难译码而且指令执行速度更慢。

　　本节介绍 x86 体系结构，但目标不是让读者成为 x86 的汇编程序员，而是说明 x86 与 ARM 的一些相似点和不同点。我们认为了解 x86 的工作方式是一件很有趣的事情，但是本节的内容不妨碍对后面章节的理解。x86 与 ARM 的主要差异如表 6-19 所示。

表 6-19　ARM 和 x86 的主要差异

特　　征	ARM	x86
寄存器数目	15 个通用寄存器	8 个（在用途上有一些限制）
操作数数目	3～4 个（2～3 个源，1 个目的）	2 个（1 个源，1 个源 / 目的）
操作数位置	寄存器或立即数	寄存器、立即数或存储器
操作数大小	32 位	8、16 或 32 位
条件标志	有	有
指令类型	简单	简单类型和复杂类型
指令编码	固定，4 字节长	变长，1～15 字节

6.8.1　x86 寄存器

　　8086 微处理器提供 8 个 16 位的寄存器，其中一些寄存器会独立存取高 8 位和低 8 位字节。当 32 位的 80386 产生后，这些寄存器扩展为 32 位，称为 EAX、ECX、EDX、EBX、ESP、EBP、ESI 和 EDI。为了保证向后兼容性，寄存器的低 16 位和一些低 8 位部分也是可用的，如图 6-35 所示。

　　这 8 个寄存器大部分（但并不完全）是通用寄存器。特定的指令不能够使用特定的寄存器。其他指令总是将结果放入特定寄存器中。如同 ARM 中的 SP，ESP 寄存器在正常情况下用于保存栈指针。

x86 的程序计数器称为 EIP（extended instruction pointer）。如同 ARM 中的 PC，它从一条指令向下一条指令递增，或者通过分支或函数调用指令来改变运行路径。

6.8.2　x86 操作数

ARM 指令一般对寄存器或立即数进行操作。需要显式地读出和写入指令完成内存和寄存器之间的数据移动。相对而言，x86 指令系统可以对寄存器、立即数或者内存进行操作。这对于较少的寄存器集是一种补偿。

ARM 指令一般指定了 3 个操作数：2 个源操作数和一个目的操作数。x86 指令只指定了 2 个操作数，第一个操作数是源操作数，第二个操作数既是源操作数又是目的操作数，因此，x86 指令会将结果覆盖到其中一个源操作数。表 6-20 列出了 x86 中操作数位置的组合。除了从内存到内存外，所有组合方式都有可能。

与 ARM 类似，x86 有字节寻址的 32 位内存空间，但是 x86 支持更多种内存寻址模式（addressing mode）。内存位置由基址寄存器（base register）、位移（displacement）和缩放变址寄存器（scaled index register）组合来确定，如表 6-21 所示。位移可以是 8 位、16 位或者 32 位数值。与变址寄存器（index register）相乘的数值可以是 1、2、4 或 8。用于存储器读出和写入的基址 + 位移模式与 ARM 中基址寻址模式相同。与 ARM 一样，x86 也提供了缩放变址寻址。在 x86 中，缩放变址寻址提供了一个简便方法访问 2、4、8 字节元素构成的数组或结构，而不需要多条指令来产生地址。

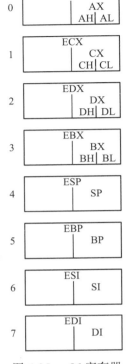

图 6-35　x86 寄存器

表 6-20　操作数位置

源 / 目的	源	例　子	含　义
寄存器	寄存器	add EAX, EBX	EAX ← EAX + EBX
寄存器	立即数	add EAX, 42	EAX ← EAX + 42
寄存器	存储器	add EAX, [20]	EAX ← EAX + Mem[20]
存储器	寄存器	add [20], EAX	Mem[20] ← Mem[20] + EAX
存储器	立即数	add [20], 42	Mem[20] ← Mem[20] + 42

表 6-21　存储器寻址模式

例　子	含　义	解　释
add EAX, [20]	EAX ← EAX + Mem[20]	位移
add EAX, [ESP]	EAX ← EAX + Mem[ESP]	基址
add EAX, [EDX+40]	EAX ← EAX + Mem[EDX+40]	基址 + 偏移
add EAX, [60+EDI*4]	EAX ← EAX + Mem[60+EDI*4]	基址 + 缩放变址
add EAX, [EDX+80+EDI*2]	EAX ← EAX + Mem[EDX+80+EDI*2]	基址 + 偏移 + 缩放变址

ARM 总是对 32 位数进行操作。而 x86 指令可以对 8 位、16 位、32 位数据进行操作。详细说明见表 6-22。

表 6-22　对 8 位、16 位和 32 位数据操作的指令

例　子	含　义	数据大小
add AH, BL	AH ← AH + BL	8 位
add AX, -1	AX ← AX + 0xFFFF	16 位
add EAX, EDX	EAX ← EAX + EDX	32 位

6.8.3　状态标志

像很多 CISC 体系结构一样，x86 使用状态标志（status flags），也称为条件码（condition code），判断分支跳转以及保存进位和算术溢出标志。x86 使用被称为 EFLAGS 的 32 位寄存器存储状态标志，EFLAGS 寄存器中的一些位由表 6-23 给出，其他位被用于操作系统。

363

表 6-23　部分 EFLAGS 标志位

名　称	含　义
CF（进位标志）	由最近一次算术操作引起的进位标志。在无符号算术运算中表示溢出。也用于多精度算术运算中在不同字之间传播进位
ZF（零标志）	最后一个操作的结果为 0
SF（符号标志）	最后一个操作的结果为负数（最高位为 1）
OF（溢出标志）	在二进制补码算术运算中产生溢出

x86 处理器体系结构包括了 EFLAGS 寄存器、前面介绍的 8 个寄存器和 EIP 寄存器。

6.8.4　x86 指令集

x86 的指令集要比 ARM 指令集大，表 6-24 描述了一些常见的指令，x86 还有浮点运算指令和多个短数据合成一个长数据的运算指令。D 表示目的操作数（寄存器或内存位置），S 表示源操作数（寄存器或内存的位置，或者是一个立即数）。

表 6-24　部分 x86 指令

指　令	含　义	函　数
ADD/SUB	加法 / 减法	D=D+S/D=D-S
ADDC	带进位加	D=D+S+CF
INC/DEC	递增 / 递减	D=D+1/D=D-1
CMP	比较	根据 D-S 设置标志位
NEG	取反	D=-D
AND/OR/XOR	逻辑 AND/OR/XOR	D=D op S
NOT	逻辑 NOT	$D=\bar{D}$
IMUL/MUL	有符号 / 无符号乘法	EDX:EAX=EAX×D
IDIV/DIV	有符号 / 无符号除法	EDX:EAX/D EAX= 商；EDX= 余数

（续）

指　　令	含　　义	函　　数
SAR/SHR	算术 / 逻辑右移	D=D >>> S/D=D >> S
SAL/SHL	左移	D=D << S
ROR/ROL	循环左移 / 右移	将 D 循环移动 S 位
RCR/RCL	带进位标志的循环左移 / 右移	将 CF 和 D 循环移动 S 位
BT	测试位	（D 的第 S 位）
BTR/BTS	测试位并清除 / 设置	CF=D[S]；D[S]=0/1
TEST	基于屏蔽位设置标志位	基于 D AND S 设置标志位
MOV	数据移动	D=S
PUSH	压栈	ESP=ESP-4；Mem[ESP]=S
POP	出栈	D=MEM[ESP]；ESP=ESP+4
CLC，STC	清除 / 设置进位标志	CF=0/1
JMP	无条件跳转	相对跳转：EIP=EIP+S 绝对跳转：EIP=S
Jcc	条件跳转	if (flag) EIP=EIP+S
LOOP	循环	ECX=ECX-1 if (ECX≠0) EIP=EIP+imm
CALL	函数调用	ESP=ESP-4； MEM[ESP]=EIP；EIP=S
RET	函数返回	EIP=MEM[ESP]；ESP=ESP+4

注意，一些指令需要对特定寄存器进行操作，例如，32×32 位的乘法操作总是从 EAX 寄存器中取出源操作数，然后总是把 64 位结果分别放入 EDX 和 EAX 中；LOOP 总是将循环次数存储在 ECX 中；PUSH、POP、CALL 和 RET 使用栈指针寄存器 ESP。

条件跳转指令检查标志位，在满足合适情况时跳转。跳转指令有很多种，比如，JZ 在零标志位（ZF）为 1 的时候跳转；JNZ 在零标志位为 0 时跳转。跳转指令一般都是跟在某一条指令之后，例如用于设置标志位的比较指令（CMP）。表 6-25 列出了一些条件跳转指令，以及这些指令所依赖的先前比较操作设置的标志位。

表 6-25　部分分支指令

指　令	含　　义	CMP D, S 之后的功能	指　令	含　　义	CMP D, S 之后的功能
JZ/JE	若 ZF=1，跳转	若 D=S，跳转	JC/JB	若 CF=1，跳转	
JNZ/JNE	若 ZF=0，跳转	若 D≠S，跳转	JNC	若 CF=0，跳转	
JGE	若 SF=OF，跳转	若 D≥S，跳转	JO	若 OF=1，跳转	
JG	若 SF=OF and ZF=0，跳转	若 D>S，跳转	JNO	若 OF=0，跳转	
JLE	若 SF≠OF or ZF=1，跳转	若 D≤S，跳转	JS	若 SF=1，跳转	
JL	若 SF≠OF，跳转	若 D<S，跳转	JNS	若 SF=0，跳转	

6.8.5　x86 指令编码

在数十年的时间内 x86 指令在不断修改，所以其编码非常杂乱。与 ARM 指令固定 32
位长度不同，x86 指令长度在 1 字节和 15 字节之间变化，如图 6-36 所示[⊖]。

opcode 可能是 1 个字节、2 个字节或者 3 字节。opcode 之后是 4 个可选择的区域：
ModR/M、SIB、Displacement 和 Immediate。ModR/M 指定寻址模式；SIB 指定特定寻址模
式下的倍数（scale）、变址寄存器和基址寄存器；Displacement 指定一定寻址模式下的位移
是 1 字节、2 字节还是 4 字节；Immediate 是作为指令中源操作数的 1 字节、2 字节或 4 字节
立即数。另外，指令还可以加上最长 4 字节长度的可选前缀来修改它的行为。

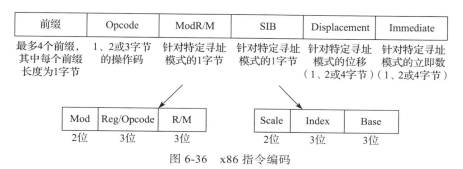

图 6-36　x86 指令编码

ModR/M 使用 2 位的 Mod 字段和 3 位的 R/M 字段来确定其中一个操作数的寻址方式。
操作数可以来自于 8 个寄存器之一，或者来自于 24 个内存寻址模式之一。根据编码的人为
规定，在一定的寻址模式中，ESP 和 EBP 寄存器不能用做基址或变址寄存器。Reg 字段来
确定另外一个操作数使用的寄存器。对于不需要第二个操作数的指令，Reg 字段为操作码提
供额外 3 位来共同形成 opcode 字段。

在使用变址寄存器的寻址方式中，SIB 用于确定变址寄存器和倍数（1、2、4 或 8）。如
果同时使用了基址寄存器和变址寄存器，SIB 会指定基址寄存器。

ARM 使用指令的 op、cond 和 funct 区域来确定指令，x86 使用可变的数据位来确定不
同的指令，它使用较少的位来判断较多的常见指令，减少了指令的平均长度，一些指令甚
至有多个 opcode 域。例如，add AL, imm8 实现将一个 8 位的立即数累加到 AL 中，这条
指令使用 1 字节的操作码（0x04），随后是 1 字节的立即数。寄存器 A（AL，AX，EAX）
称为累加器（accumulator）。另外，add D, imm8 实现将一个 8 位的立即数与一个目的操作
数 D（内存或者寄存器）相加，这条指令使用 1 字节的操作码（0x80），随后是 1 字节以
上的操作数 D，最后是 1 字节的立即数。当目的操作数是累加器时，可以缩短许多指令的
编码。

在最初的 8086 系统中，操作码用于判断指令对 8 位操作数还是 16 位操作数进行操
作。在支持 32 位操作数的 80386 出现后，没有新的操作码字段用于判断 32 位的形式，而
原来的操作码字段用于判断 16 位或 32 位操作。由操作系统在代码段描述符（code segment
descriptor）中指定一位附加位，判断要选择哪种形式的处理器。当此位设为 0 时选择 8086
程序，操作码默认对 16 位操作数进行操作；当此位设为 1 时，程序缺省按照 32 位操作。
另外，程序员可以指定前缀来改变特定指令的形式。如果前缀 0x66 出现在操作码之前，

⊖　如果所有选择域都使用，构造 17 字节指令是可能的。然而，x86 设置了 15 字节的合法指令限制。

则使用另一种操作数方式（在 32 位模式下操作数为 16 位，或者在 16 位模式下操作数为 32 位）。

6.8.6 x86 的其他特性

80286 使用分段（segmentation）方式将内存划分为若干段，其中每段的长度不大于 64KB。当操作系统允许分段时，相对于每段的起始位置计算地址。处理器检查是否超出段末尾的地址，如果是则产生一个错误，从而保护程序不会超出它们自己的段。分段技术引起了很多争议，也没有在现代 Windows 操作系统各个版本中使用。

x86 包括了对由字节或字构成的整个字符串进行操作的字符串指令。操作包括移动、比较或对特定值的扫描。在现代处理器中，这些指令经常慢于实现同等操作的简单指令序列，所以这些指令应尽量避免使用。

如同前面提到的，前缀 0x66 用于选择 16 位或 32 位操作数。其他前缀包括：锁定总线（在多处理器系统中控制访问共享变量）；预测分支指令是否执行；在字符串移动中重复执行指令。

任何体系结构的危害都是将内存容量用尽。由于 x86 的地址是 32 位，可以访问 4GB 的内存空间。这比 1985 年最大的计算机容量还要大很多，但是到 21 世纪初，这些容量就很有限了。2003 年，AMD 将地址空间和寄存器大小扩展到 64 位，称为增强体系结构 AMD64。AMD64 存在与 32 位程序兼容的模式，当操作系统采用 64 位地址空间时，32 位程序能正常运行。2004 年，Intel 也将地址扩充到 64 位，并重新命名为"扩展的 64 位存储器技术"（Extended Memory 64 Technology，EM64T）。根据 64 位地址，计算机可以访问 160 亿 GB 的内存空间。

对于 x86 体系结构中更加奇特的细节，可以参考 Intel 体系结构上的软件开发人员手册（Intel Architecture Software Developer's Manual）。这些资料可以从 Intel 的网站上免费得到。

6.8.7 整体情况

本节讲述了 ARM RISC 体系结构和 x86 CISC 体系结构的区别。x86 倾向于更加短小的程序代码，这是因为其一条复杂指令的功能等同于多条简单的 ARM 指令序列，而且指令按照占用内存空间较少的方式编码。然而 x86 体系结构是一个将多年技术聚集在一起的大杂烩，其中有些指令已经不再使用，但是为了保证兼容以前的程序，这些指令必须要保留。x86 中的寄存器很少，并且指令很难译码，仅仅解释它的指令集就很困难。尽管有以上这些缺点，x86 也不会轻易改变其主流 PC 计算机体系结构的地位，这是因为软件兼容性的价值太大以及巨大的市场保护了设计更快 x86 微处理器的努力。

6.9 总结

要指挥一台计算机，必须要说计算机的语言。计算机体系结构定义了如何指挥一个处理器。当前有许多不同的计算机体系结构已经得到广泛应用，但是一旦你了解了其中一种，其他的体系结构学起来就非常快了。在接触一种新体系结构时，需要提出以下关键问题：

- 数据的字长是多少？
- 寄存器如何组织？

- 内存是怎样组织的？
- 指令是怎样的？

ARM 是一个 32 位的体系结构，因为它对 32 位的数据进行操作。ARM 体系结构有 16 个寄存器，其中包括 15 个通用寄存器和 PC。原则上讲，几乎所有的通用寄存器都可以用于任何编码。然而，特定的寄存器习惯上会用于特定目的，这样会使编程更容易，而且由不同程序员写的函数可以更容易地相互通信。例如，R14（链接寄存器 LR）在 BL 指令之后保存返回地址，而 R0～R3 保持函数的变量。ARM 具有一个具有 32 位地址的字节可寻址存储器系统。指令长 32 位，并且字对齐以便高效率地访问。本章讨论了最常用的 ARM 指令。

定义一种体系结构的威力在于针对特定体系结构写出的程序可以运行在这种体系结构的不同实现上。例如，在 1993 年的 Intel Pentium 处理器上所写的程序一般仍然可以在 2015 年的 Intel Xeon 处理器或者 AMD Phenom 处理器上运行（而且运行得更快）。

在本书的第一部分，我们理解了电路和抽象的逻辑层。本章我们跳到了体系结构层，下一章我们将要学习微结构，通过组合对多种电路模块来实现处理器体系结构。微结构是连接硬件和软件工程的纽带。而且，我们相信这是所有工程中最让人兴奋的主题之一：你将学会建立你自己的微处理器！

369

习题

6.1 给出三个依照如下原则设计 ARM 体系结构的例子：（1）规则性支持简单性；（2）加快常见功能；（3）越小的设计越快；（4）好的设计需要好的折中方法。解释这些例子是如何体现这些特征。

6.2 ARM 体系结构中有一个包含 16 个 32 位寄存器的寄存器组。设计一个不包含寄存器组的计算机体系结构是否可能？如果可能，简单描述下此体系结构以及它的指令集。并且这种体系结构与 ARM 相比，其优缺点各是什么？

6.3 考虑一个使用字节寻址的存储器，一个 32 位的字存储在此存储器第 42 个字的位置。

（a）第 42 个字的字节地址是什么？

（b）第 42 个字在内存中的字节地址是什么？

（c）0xFF223344 按照大端或小端形式将存储在第 42 个字中，分别画出示意图。清楚标出与每个字节数据对应的字节地址。

6.4 重复习题 6.3，考虑一个使用字节寻址的存储器，一个 32 位的字存储在此存储器第 15 个字的位置。

6.5 解释下述 ARM 代码如何判断计算机是采用了大端还是小端：

```
MOV  R0, #100
LDR  R1, =0xABCD876    ; R1 = 0xABCD876
STR  R1, [R0]
LDRB R2, [R0, #1]
```

6.6 下列字符串是用 ASCII 编码描述的，用十六进制写出结果。

（a）SOS

（b）Cool

（c）boo!

6.7 针对下列字符串重复习题 6.6。

　　　（a）howdy

　　　（b）lions

　　　（c）To be rescue!

6.8　说明习题 6.6 中的字符串怎样使用大端方式和小端方式存储在字节寻址的存储器中，其起始地址为 0x00001050C。使用类似图 6-4 中的图表，清楚地表示每种方式下每个字节数据的内存地址。

6.9　针对习题 6.7 中的字符串重复习题 6.8。

6.10　将下述 ARM 汇编代码转化成机器代码，并用十六进制描述。

```
MOV R10, #63488
LSL R9, R6, #7
STR R4, [R11, R8]
ASR R6, R7, R3
```

6.11　将下面 ARM 汇编代码转化成机器代码，要求同习题 6.10。

```
ADD R8, R0, R1
LDR R11, [R3, #4]
SUB R5, R7, #0x58
LSL R3, R2, #14
```

6.12　考虑带有立即数 Src2 的数据处理指令：

　　　（a）习题 6.10 中的哪些指令是这种格式？

　　　（b）写出来自（a）部分的指令的 12 位立即数字段（imm12），然后将它们写为 32 位立即数。

6.13　针对习题 6.11 中的指令重复习题 6.12。

6.14　将下列机器代码转化为 ARM 的汇编代码，左边的数字是内存中的指令地址，右边的数字给出此地址的指令。然后将这些汇编指令反编译成高级语言程序，并解释这段代码实现了什么功能。其中 R0 和 R1 是输入，它们初始时分别包含正数 a 和 b。在程序最后，R0 是输出。

```
0x00008008  0xE3A02000
0x0000800C  0xE1A03001
0x00008010  0xE1510000
0x00008014  0x8A000002
0x00008018  0xE2822001
0x0000801C  0xE0811003
0x00008020  0xEAFFFFFA
0x00008024  0xE1A00002
```

6.15　针对下列机器代码重复习题 6.14。其中，R0 和 R1 是输入，R0 存储一个 32 位数字，R1 存储一个含有 32 个元素的字符数组（char）。

```
0x00008104  0xE3A0201F
0x00008108  0xE1A03230
0x0000810C  0xE2033001
0x00008110  0xE4C13001
0x00008114  0xE2522001
0x00008118  0x5AFFFFFA
0x0000811C  0xE1A0F00E
```

6.16　NOR 指令不在 ARM 指令集中，因为使用 ARM 指令集已有的指令可以完成相同的功能。写一个短的汇编代码片段来实现下述功能：R0=R1 NOR R2。使用的指令越少越好。

6.17　NAND 指令不是 ARM 指令集的一部分，因为可以使用现有指令实现相同的功能。编写一个具有以下功能的简短汇编代码段：R0 = R1 NAND R2。使用尽可能少的指令。

6.18　请考虑以下高级代码段。假设（带符号）整数变量 g 和 h 分别位于寄存器 R0 和 R1 中。

(i) `if (g >= h)`
     `g = g + h;`
    `else`
     `g = g - h;`

(ii) `if (g < h)`
      `h = h + 1;`
     `else`
      `h = h * 2;`

（a）使用 ARM 汇编语言编写代码片段。请假设条件执行仅适用于分支指令。使用尽可能少的指令（在这些参数内）。

（b）用 ARM 汇编语言编写代码片段，条件执行可用于所有指令。使用尽可能少的指令。

（c）比较每个代码片段的（a）和（b）之间的代码密度差异（即指令数量），并讨论任何优点或缺点。

372

6.19 对以下代码重复习题 6.18。

(i) `if (g > h)`
     `g = g + 1;`
    `else`
     `h = h - 1;`

(ii) `if (g <= h)`
      `g = 0;`
     `else`
      `h = 0;`

6.20 请考虑以下高级代码段。假设 array1 和 array2 的基地址保存在 R1 和 R2 中，并且 array2 在使用之前已初始化。

```
int i;
int array1[100];
int array2[100];
...
for (i=0; i<100; i=i+1)
    array1[i] = array2[i];
```

（a）在不使用索引前或索引后的缩放寄存器的情况下，在 ARM 程序集中编写代码片段。使用尽可能少的指令（给定约束）。

（b）使用索引前或索引后编写 ARM 程序集中的代码片段和可用的缩放寄存器。使用尽可能少的指令。

（c）比较（a）和（b）之间的代码密度差异（即指令数量）。讨论它们的优点或缺点。

6.21 对以下高级代码片段重复习题 6.20。假设在使用 temp 之前初始化 temp 并且 R3 保存 temp 的基址。

```
int i;
int temp[100];
...
for (i=0; i<100; i=i+1)
  temp[i] = temp[i] * 128;
```

6.22 请考虑以下两个代码段。假设 R1 保持 i 并且 R0 保持 vals 数组的基址。

(i) `int i;`
   `int vals[200];`

   `for (i=0; i < 200; i=i+1)`
    `vals[i] = i;`

373

(ii) int i;
    int vals[200];
    for (i=199; i >= 0; i = i-1)
      vals[i] = i;

(a) 代码片段在功能上是否相同?

(b) 使用 ARM 汇编语言编写每个代码片段。使用尽可能少的指令。

(c) 讨论一种结构相对于另一种结构的任何优点或缺点。

6.23 对以下高级代码段重复习题 6.22。假设 R1 中存放 i，R0 存放 nums 数组的基地址，并且在使用之前初始化该数组。

(i) int i;
    int nums[10];
    ...
    for (i=0; i < 10; i=i+1)
      nums[i] = nums[i]/2;

(ii) int i;
     int nums[10];
     ...
     for (i=9; i >= 0; i = i-1)
       nums[i] = nums[i]/2;

6.24 使用高级语言写一个函数 int find42(int array[], int size)，其中 size 声明数组元素的个数，array 声明数组的基地址。此函数返回数组中保存数值 42 的第一个指针，如果数组中没有 42 这个数，那么返回 −1。

6.25 高级语言代码 strcpy 将字符串 src 复制到字符串 dst 中。

```
// C code
void strcpy(char dst[], char src[]) {
  int i = 0;
  do {
    dst[i] = src[i];
  } while (src[i++]);
}
```

(a) 将 strcpy 函数用 ARM 汇编代码完成，使用 R4 存储 i。

(b) 画图描述在调用 strcpy 之前、之中、之后栈的变化，假设在 strcpy 调用前 SP=0xBEF-FF000。

6.26 将习题 6.24 中的高级语言代码转化成 ARM 汇编代码。

6.27 考虑如下的 ARM 汇编代码，其中 func1、func2 和 func3 是非叶函数，func4 是叶函数。每个函数中的代码没有完全描述出来，但注释说明了在每个函数中使用哪些寄存器。

```
0x00091000 func1 ...   ; func1 uses R4-R10
0x00091020 BL func2
. . .
0x00091100 func2 ...   ; func2 uses R0-R5
0x0009117C BL func3
. . .
0x00091400 func3 ...   ; func3 uses R3, R7-R9
0x00091704 BL func4
. . .
0x00093008 func4 ...   ; func4 uses R11-R12
0x00093118 MOV PC, LR
```

（a）每个函数在栈帧中有多少个字？

（b）画出 func4 调用之后栈的情况，说明寄存器在栈中的具体位置，如果可能，给出寄存器的值。

6.28 斐波纳契数列中每个数字都是前两个数字之和。表 6-26 列出了序列中的前几个数 fib(n)。

表 6-26　斐波纳契数列

n	1	2	3	4	5	6	7	8	9	10	11	...
fib(n)	1	1	2	3	5	8	13	21	34	55	89	...

（a）当 $n=0$ 和 $n=-1$ 时 fib(n) 是多少？

（b）使用高级语言写一个 fib 的函数，对于任意非负值 n，返回斐波纳契数列中的第 n 个值。提示：可能需要使用一个循环。并给你的代码添加注释。

（c）将（b）中的高级语言代码转化为 ARM 汇编代码。在每一行代码后面添加注释来描述代码完成什么功能。使用 Keil MDK-ARM 模拟器测试你的代码运行 fib(9) 是否正确（参考前言查看如何安装 Keil MDK-ARM 模拟器）。

6.29 思考代码示例 6.27 的 C 语言代码，在此题中，假设当输入 $n=5$ 时 factorial(n) 函数被调用。

（a）当 factorial 函数返回时，R0 里的值是多少？

（b）假设你用 PUSH {R0, R1} 和 POP {R1, R2} 分别替代了地址 0x8500 和 0x8520 里的指令。这个程序会出现以下哪种情况：

　　（1）进入无限循环但不崩溃；

　　（2）崩溃（导致堆栈增长或缩小超出动态数据段或 PC 跳转到程序外的位置）；

　　（3）当程序返回循环时在 R0 中产生一个不正确的值（如果是，什么值？）；

　　（4）尽管删除了行，但运行正确。

（c）针对以下指令变化，重复（b）小题：

　　（i）分别用 PUSH {R3, LR} 和 POP {R3, LR} 替换地址 0x8500 和 0x8520 的指令。

　　（ii）分别用 PUSH {LR} 和 POP {LR} 替换地址 0x8500 和 0x8520 的指令。

　　（iii）删除地址 0x8510 处的指令。

6.30 Ben 试着编写函数 $f(a, b)=2a+3b$，其中 b 为非负数。他使用函数调用和递归来实现，并用以下高级语言代码实现函数 f 和 g。

```
// high-level code for functions f and g
int f(int a, int b) {
  int j;
  j = a;
  return j + a + g(b);
}
int g(int x) {
  int k;
  k = 3;
  if (x == 0) return 0;
  else return k + g(x - 1);
}
```

然后 Ben 将这两个函数翻译成如下所示的汇编代码。他写了一个测试函数 test 来调用 f(5, 3)。

```
; ARM assembly code
; f: R0 = a, R1 = b, R4 = j;
; g: R0 = x, R4 = k

0x00008000 test  MOV   R0, #5          ; a = 5
0x00008004       MOV   R1, #3          ; b = 3
0x00008008       BL    f               ; call f(5, 3)
0x0000800C loop  B     loop            ; and loop forever
0x00008010 f     PUSH {R1,R0,LR,R4}    ; save registers on stack
0x00008014       MOV   R4, R0          ; j = a
0x00008018       MOV   R0, R1          ; place b as argument for g
0x0000801C       BL    g               ; call g(b)
0x00008020       MOV   R2, R0          ; place return value in R2
0x00008024       POP  {R1,R0}          ; restore a and b after call
0x00008028       ADD   R0, R2, R0      ; R0 = g(b) + a
0x0000802C       ADD   R0, R0, R4      ; R0 = (g(b) + a) + j
0x00008030       POP  {R4,LR}          ; restore R4, LR
0x00008034       MOV   PC, LR          ; return
0x00008038 g     PUSH {R4,LR}          ; save registers on stack
0x0000803C       MOV   R4, #3          ; k = 3
0x00008040       CMP   R0, #0          ; x == 0?
0x00008044       BNE   else            ; branch when not equal
0x00008048       MOV   R0, #0          ; if equal, return value = 0
0x0000804C       B     done            ; and clean up
0x00008050 else  SUB   R0, R0, #1      ; x = x - 1
0x00008054       BL    g               ; call g(x - 1)
0x00008058       ADD   R0, R0, R4      ; R0 = g(x - 1) + k
0x0000805C done  POP  {R4,LR}          ; restore R0,R4,LR from stack
0x00008060       MOV   PC, LR          ; return
```

画出与图 6-14 类似的栈空间图有助于回答如下问题。

（a）如果代码由 test 程序开始，运行到 loop 时 R0 的值是多少？他的程序能正确计算出 $2a + 3b$ 吗？

（b）假设 Ben 将地址 0x00008010 和 0x00008030 分别替换为 PUSH {R1,R0,R4} 和 POP {R4}，程序将出现以下哪一种情况？

（1）进入无限循环但是没有崩溃；

（2）崩溃（导致栈超出 PC 的动态数据段或者 PC 跳往程序外部）；

（3）当程序返回循环时在 R0 中产生一个错误的值（如果是这样，值是什么？）；

（4）尽管删除了几行，但程序仍能够正确运行。

（c）当发生下列地址中的指令改变时，重复（b）中的问题。注意标签没有变，只是指令发生了改变：

（i）将 0x00008010 和 0x00008024 的指令分别变为 PUSH {R1,LR,R4} 和 POP {R1}。

（ii）将 0x00008010 和 0x00008024 的指令分别变为 PUSH {R0,LR,R4} 和 POP {R0}。

（iii）将 0x00008010 和 0x00008030 的指令分别变为 PUSH {R1,R0,LR} 和 POP {LR}。

（iv）将 0x00008010、0x00008024 和 0x00008030 处的指令删除。

（v）将 0x00008038 和 0x0000805C 的指令分别变为 PUSH {R4} 和 POP {R4}。

（vi）将 0x00008038 和 0x0000805C 的指令分别变为 PUSH {RL} 和 POP {RL}。

（vii）将 0x00008038 和 0x0000805C 处的指令删除

6.31 将以下分支指令转化为机器码。每条指令的指令地址在左侧给出。

（a）
```
0x0000A000       BEQ LOOP
0x0000A004       ...
0x0000A008       ...
0x0000A00C LOOP ...
```

（b）
```
0x00801000      BGE DONE
...
0x00802040 DONE ...
```

（c）
```
0x0000B10C BACK ...
...
0x0000D000      BHI BACK
```

（d）
```
0x00103000      BL  FUNC
...             ...
0x0011147C FUNC ...
```

（e）
```
0x00008004 L1   ...
...             ...
0x0000F00C      B L1
```

6.32　请考虑以下 ARM 汇编语言代码段。每条指令左边的数字表示指令地址。

```
0x000A0028 FUNC1      MOV R4, R1
0x000A002C            ADD R5, R3, R5, LSR #2
0x000A0030            SUB R4, R0, R3, ROR R4
0x000A0034            BL  FUNC2
...                   ...
0x000A0038 FUNC2      LDR R2, [R0, #4]
0x000A003C            STR R2, [R1, -R2]
0x000A0040            CMP R3, #0
0x000A0044            BNE ELSE
0x000A0048            MOV PC, LR
0x000A004C ELSE       SUB R3, R3, #1
0x000A0050            B FUNC2
```

378

（a）将指令序列转换为机器代码。用十六进制编写机器代码指令。

（b）列出每行代码使用的寻址模式。

6.33　请考虑以下 C 代码段。

```
// C code
void setArray(int num) {
  int i;
  int array[10];

  for (i = 0; i < 10; i = i + 1)
    array[i] = compare(num, i);
}
int compare(int a, int b) {
  if (sub(a, b) >= 0)
    return 1;
  else
    return 0;
}
int sub(int a, int b) {
  return a - b;
}
```

（a）以 ARM 汇编语言实现 C 代码段。使用 R4 来保存变量 i。确保正确地处理堆栈指针。该数组存储在 setArray 函数的堆栈中（参见 6.3.7 节的结尾）。

（b）假设 setArray 是第一个被调用的函数。绘制调用 setArray 之前和每次函数调用期间堆栈的状态。指示存储在堆栈中的寄存器和变量的名称，标记 SP 的位置，并清楚地标记每个堆栈帧。

（c）如果你无法将 LR 存储在堆栈中，你的代码将如何运行？

6.34 考虑以下高级函数:

```
// C code
int f(int n, int k){
  int b;

  b = k + 2;
  if (n == 0) b = 10;
  else b = b + (n * n) + f(n - 1, k + 1);
  return b * k;
}
```

[379]

(a) 将这段高级语言编写的代码译成 ARM 汇编代码, 特别注意程序调用中保存和恢复寄存器以及使用 ARM 保护寄存器的惯例。为你的代码做清晰的注释。可以使用 ARM 中的 MUL 指令。程序开始于指令地址 0x00008100, 局部变量 b 保存在 R4 中。

(b) 手工一步步地执行 (a) 中的程序以计算 f(2, 4), 画出与图 6-14 类似的栈空间图, 并假设当 f 被调用时 SP 指向 0xBFF00100。写出栈中保存的寄存器名和变量值并且给出栈指针 SP 的变化过程。明确标记每个栈帧。在执行过程中, 你将会发现跟踪 R0、R1 和 R4 中的值很有用, 假定调用 f 时, R4=0xABCD, LR=0x00008010。R0 的最终值是多少?

6.35 给出前向分支的最坏情况的示例 (即到更高指令地址的跳转)。最糟糕的情况是分支不能跳转很远。请给出指令和指令地址。

6.36 下述问题考察分支指令 B 的局限性。用与分支指令相关的指令数表示。

(a) 在最坏的情况下, B 指令可以向前跳多远 (即跳向更高的地址)? (最坏的情况是指分支指令不能向前跳转很远的情况。) 使用语言和例子分别解释。

(b) 在最好的情况下, B 指令可以向前跳多远? (最好的情况是指分支指令可以跳转最远)。并解释。

(c) 在最坏的情况下, B 指令可以向后跳多远 (跳往更低的地址)? 并解释。

(d) 在最好的情况下, B 指令可以向后跳多远? 并解释。

6.37 解释为什么在分支指令 B 和 BL 的机器格式中有一个大的立即字段 imm24 是有利的。

6.38 使用汇编代码写一段程序, 从第一条指令跳转到第 32M 条指令, 其中 1M 指令 $=2^{20}=1\ 048\ 576$ 条指令。假定代码开始于 0x00008000 地址处, 使用的指令条数越少越好。

6.39 使用高级语言写一段程序, 将一个存储在小端格式下的 10 个 32 位整型数组转化成大端格式。写完高级语言代码之后, 将之转化成 ARM 汇编代码, 并给你的代码加上注释, 使用的指令条数越少越好。

[380]

6.40 考虑两个字符串: string1 和 string2。

(a) 使用高级语言写一个函数 concat 将两个字符串连接起来: void concat(char[] string1, char[] string2, char[] stringconcat)。程序不需要返回值, 它将 string1 和 string2 连接起来取代 stringconcat 的值。假定 stringconcat 足够长来容纳连接起来的字符串。

(b) 将 (a) 中的代码转化为 ARM 的汇编代码。

6.41 编写一个 ARM 汇编程序, 将 R0 和 R1 中两个正的单精度浮点数相加。不要使用任何 ARM 浮点指令。无须考虑为特殊目的而保留的任何编码 (例如, 0、NAN 等) 或溢出或下溢的数字。使用 Keil MDK-ARM 仿真器测试代码。(有关如何安装 Keil MDK-ARM 模拟器的信息, 请参阅前言。) 你需要手动设置 R0 和 R1 的值以测试代码。证明你的代码可以可靠地运行。

6.42 请考虑以下 ARM 程序。假设指令从存储器地址 0x8400 开始，L1 在存储器地址 0x9024 处。

```
; ARM assembly code
MAIN
  PUSH {LR}
  LDR  R2, =L1  ; this is translated into a PC-relative load
  LDR  R0, [R2]
  LDR  R1, [R2, #4]
  BL   DIFF
  POP  {LR}
  MOV  PC, LR
DIFF
  SUB  R0, R0, R1
  MOV  PC, LR
  ...
L1
```

（a）首先说明每条汇编指令的指令地址。

（b）画出符号表来描述符号的标志和它们的地址。

（c）将所有的指令转化为机器代码。

（d）数据段和文本段分别有多少字节？

（e）画出内存映射描述数据和指令存储在哪里，参照图 6-31。

381

6.43 对以下 ARM 代码重复习题 6.42。假设指令从存储器地址 0x8534 开始，L2 存储器地址为 0x9305。

```
; ARM assembly code
MAIN
  PUSH {R4,LR}
  MOV  R4, #15
  LDR  R3, =L2  ; this is translated into a PC-relative load
  STR  R4, [R3]
  MOV  R1, #27
  STR  R1, [R3, #4]
  LDR  R0, [R3]
  BL   GREATER
  POP  {R4,LR}
  MOV  PC, LR
GREATER
  CMP  R0, R1
  MOV  R0, #0
  MOVGT R0, #1
  MOV  PC, LR
  ...
L2
```

6.44 说出两个可以增加代码密度的 ARM 指令（即减少程序中的指令数）。给出每个示例，写出使用和不使用该指令的等效 ARM 汇编代码。

6.45 说明条件执行的优缺点。

382

面试问题

6.1 写一段 ARM 的汇编代码，交换两个寄存器 R0 和 R1 中的内容，但不允许使用其他寄存器。

6.2 假设给定一个存有正数和负数的整型数组，写一段 ARM 汇编代码找出两个数组元素最大和的元素。假定数组的基地址存在 R0 中，数组长度存在 R1 中，代码的最终结果起始地址放在 R2 中，编写代码，使之运行得越快越好。

6.3 数组里保存着一个 C 语言的字符串，设计算法来反转字符串并将新字符串存储在原来的数组中。使用 ARM 汇编代码完成算法。

6.4 设计算法来计算一个 32 位数字中"1"的个数，使用 ARM 汇编代码完成。

6.5 编写 ARM 汇编代码完成一个寄存器中数据各个位的翻转，使用的指令越少越好，假设寄存器是 R3。

6.6 编写 ARM 汇编代码测试 R2 和 R3 相加时是否有溢出，使用的指令越少越好。

6.7 设计算法测试给定的字符串是否为回文（回文就是从前面读取和从后面读取是一样的，例如 wow 和 racecar 就是回文）。使用 ARM 汇编代码完成算法。

383

微 结 构

7.1 引言

本章中，我们不仅将学习如何构建微处理器，而且还将仔细讨论三种不同的实现方案。这三种方案在性能、成本和复杂度上具有不同的折中。

在一开始的时候，设计微处理器就像魔术一样难以琢磨。但是实际上它是相对直观的，而且我们已经具备了所需的基本知识。通过前面的课程，我们学习了如何设计组合逻辑和时序逻辑以实现给定功能和满足特定时序要求，熟悉了算术单元电路和存储器电路，而且已经掌握了 ARM 处理器体系结构，了解了从程序员角度所见的寄存器、指令和存储器等概念。

本章将主要介绍用于连接逻辑和体系结构的桥梁——微结构（microarchitecture）。微结构将寄存器、ALU、有限状态机、存储器和其他逻辑模块等多种基本单元组合在一起，以实现微处理器体系结构。同一个微处理器结构（例如 ARM）可以有不同的微结构，以在性能、成本和复杂性方面取得不同的折中。它们可以运行相同的程序，但是内部设计却差异很大。本章中将设计三种不同的微结构以说明这些折中的差异。

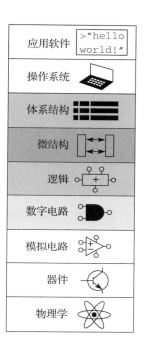

7.1.1 体系结构状态和指令集

正如前面所讨论的，计算机体系结构包括指令集和体系结构状态（architecture state）。ARM 处理器的体系结构状态包括 16 个 32 位寄存器和状态寄存器。任何一个 ARM 微结构都必须包含这些状态。基于当前状态，处理器执行一条特定指令后将产生新的体系结构状态。一些微结构包含了附加的非体系结构状态（nonarchitecture state）以简化逻辑或提升性能。我们将在遇到它们的时候继续讨论。

384
~
385

为了使得微结构易于理解，我们仅考虑 ARM 指令系统的一个子集，主要包括：
- 数据处理指令：ADD、SUB、AND、ORR（带寄存器和立即寻址模式，但没有移位）。
- 存储器访问指令：LDR、STR（具有正立即偏移）。
- 分支指令：B。

之所以选择这些特殊的指令，是因为通过它们就可以构造一些有趣的程序。一旦理解了如何实现这些指令，就可以进一步扩展以实现其他指令。

7.1.2 设计过程

可以将微结构分为两个互相关联的部分：数据通路（datapath）和控制单元（control unit）。

数据通路对数据以字为单位进行操作，包含存储器、寄存器、ALU 和多路选择器等结构。我们正在实现 32 位 ARM 体系结构，因此使用 32 位数据通路。控制单元从数据通路接收当前指令，并控制数据通路如何执行这条指令。控制单元往往通过产生多路选择、寄存器使能、存储器写入等信号来控制数据通路操作。

设计复杂系统时，一种好方法是从包含状态元件的硬件结构开始。这些元件包括存储器和体系结构状态（程序计数器、寄存器以及状态寄存器）。接着，在这些状态元件之间增加组合逻辑以从当前状态计算新的状态。指令从存储器中读取，存储器访问指令则对另外一部分存储器进行读或者写操作。因此，为方便起见，往往将存储器分为两个部分，一部分包含指令，一部分包含数据。图 7-1 中给出了 5 个状态元件：程序计数器、寄存器文件、状态寄存器、指令存储器和数据存储器。

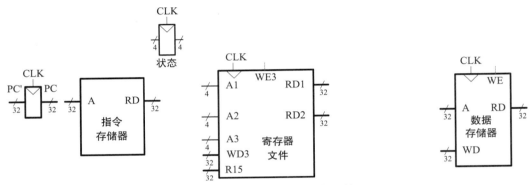

图 7-1　ARM 处理器的状态元件

图 7-1 中粗线表示 32 位数据总线，略细的线表示较窄的总线（例如寄存器文件的 4 位地址）。灰色细线表示控制信号，例如寄存器文件写使能。我们在本章中使用这些惯例以避免数据总线宽度显得杂乱无章。状态元件都有复位信号，以让它们进入已知的初始状态。为了避免电路图杂乱，这些复位信号就不再画出。

[386]

虽然程序计数器（Program Counter，PC）在逻辑上是寄存器文件的一部分，但它在每个周期都被读写，与正常的寄存器文件操作无关，因此构建为独立的 32 位寄存器。其输出 PC 指向当前指令，输入 PC' 表示下一条指令的地址。

指令存储器（instruction memory）有一个读出端口[⊖]，包括 32 位指令地址输入 A，能从当前地址读出 32 位数据（即指令）到数据输出端口 RD。

15 个元件 ×32 位寄存器文件保存寄存器 R0~R14，并有一个额外的输入，用于从 PC 接收 R15。寄存器文件有两个读端口和一个写端口。读端口采用 4 位地址输入 A1 和 A2，每个输入指定 $2^4 = 16$ 个寄存器中的一个作为源操作数。它们分别将 32 位寄存器值读入读数据输出 RD1 和 RD2。写端口采用 4 位地址输入 A3；一个 32 位写数据输入 WD3；写使能输入 WE3；一个时钟。如果写使能被置位，则寄存器文件在时钟的上升沿将数据写入指定的寄存器。读取 R15 将返回 PC 加上 8 的值，并且必须专门处理对 R15 的写入以更新 PC，因为它与寄存器文件是分开的。

⊖　这是用于将指令存储器视为 ROM 的过度简化；在大多数实际处理器中，指令存储器必须是可写的，以便 OS 可以将新程序加载到存储器中。7.4 节中描述的多周期微结构更加真实，因为它使用组合存储器来存储可以读写的指令和数据。

数据存储器（data memory）具有单个读/写端口。如果其写使能 WE 被置位，则在时钟的上升沿将数据 WD 写入地址 A。如果其写使能为 0，则将地址 A 读入 RD。 [387]

指令存储器、寄存器文件和数据存储器在读出过程中都呈现组合逻辑特征。换句话说，如果地址发生改变，新的数据在若干传播延迟后就将在 RD 上出现，而不需要时钟参与。而写入过程仅仅在时钟上升沿发生。在此模式下，系统仅仅在时钟沿才改变状态。地址、数据和写使能必须在时钟沿前建立，而且必须在时钟沿后的保持时间内稳定。

由于状态元件仅在时钟上升沿发生变化，因此是同步时序电路。微处理器由时钟驱动的状态元件和组合逻辑构成，因此也是同步时序电路。而且可以将处理器看作一个巨大的有限状态自动机，或者是若干简单而相互交互的有限状态自动机的组合。

7.1.3　微结构

本章中，我们将研究三种 ARM 处理器微结构：单周期、多周期和流水线。它们的区别在于状态元件的连接方式和非体系结构状态的数量。

单周期微结构（single cycle microarchitecture）在一个周期中执行一条指令。该结构易于解释，而且控制单元简单。由于它在一个周期内完成操作，所以不需要其他的非体系结构状态。然而，时钟周期由最慢的指令决定。而且，处理器需要单独的指令和数据存储器，这通常是不现实的。

多周期微结构（multicycle microarchitecture）利用多个较短的周期实现一条指令。简单指令的执行周期数较少，而且多周期微结构可以通过对加法器和存储器等复杂硬件部件的复用减少硬件成本。例如，同一个加法器可以在一条指令的不同时钟周期中用于不同目的。多周期微结构需要增加一些非结构存储寄存器以保存中间结果。多周期处理器在任意时刻仅执行一条指令，但是每条指令需要多个周期。多周期处理器只需要一个存储器，在一个周期内访问它以读取指令而在另一个周期访问它以读取或写入数据。因此，多周期处理器是廉价系统的历史选择。

流水线微结构（pipeline microarchitecture）将单周期微结构流水线化，使得可以同时执行多条指令，显著提高了吞吐率。流水线必须添加逻辑来处理同时执行指令之间的依赖关系。它还需要非体系结构的流水线寄存器。流水线处理器必须在同一周期内访问指令和数据；为此，它们通常使用单独的指令和数据高速缓存，如第 8 章所述。增加的逻辑和寄存器 [388] 是值得的，所有商用高性能处理器都采用流水线技术。

我们将在后续章节中仔细研究这三种微结构的细节和特征。在本章的结尾，将简要介绍现代高性能微处理器中为获得更高速度而采用的技术。

7.2　性能分析

正如我们所提到的，特定的处理器体系结构可以有许多微结构，具有不同的成本和性能权衡。成本取决于所需的硬件数量和实施技术。精确的成本计算需要详细了解实现技术，但一般来说，更多的门和更多的内存意味着更多的资金投入。

本节为分析性能奠定了基础。有许多方法可以衡量计算机系统的性能，而营销部门经常因选择使计算机看起来最快的方法而备受非议，他们以为广告中的测评数据就意味着实际性能。例如，微处理器制造商通常根据时钟频率和内核数量来销售产品。然而，它们掩盖了一些处理器在一个时钟周期中完成比其他处理器更多工作的复杂性，并且这因程序而异。在这种情形下买家要做什么?

测量性能最直接的方法就是直接测试用户所需要程序的执行时间：耗时较短的计算机系统性能更高。在用户还没有完成自己的程序或者没有人为用户测量性能时，另一个好方法是测量一组类似用户应用的程序集合的运行时间总和。这样的一组测量程序称为测试基准程序(benchmark)，这些程序执行时间往往会被公开以体现处理器的性能。

程序的执行时间（以秒为单位）如式（7.1）所示：

$$指令执行时间 = 指令数 \times \left(\frac{周期数}{指令}\right) \times \left(\frac{秒}{周期数}\right) \tag{7.1}$$

程序中所包含的指令数取决于处理器体系结构。一些处理器具有复杂指令，可以在一条指令中执行更多的功能，因此可以减少程序中的指令数目。然而，这些复杂指令往往硬件实现比较慢。指令数往往在很大程度上也取决于程序员的聪明才智。对于本章而言，我们假设执行的都是已有的 ARM 程序，因此每个程序的指令数据都是固定的，与微结构无关。每条指令所需要的周期数（Cycle Per Instruction, CPI）是平均执行一条指令所需要的周期数。它是吞吐率（Instruction Per Cycle, IPC）的倒数。不同微结构具有不同的 CPI 值。本章中，我们假设采用理想的存储器系统而不会影响 CPI。在第 8 章中，我们将发现处理器有时需要等待存储器，从而增加 CPI。

每个周期所需要的时间 T_C 为时钟周期。时钟周期由处理器中的关键逻辑路径决定。不同微结构有不同的时钟周期。逻辑和电路设计也在很大程度上影响着时钟周期。例如，先行进位加法器的速度较行波进位加法器更快。同时制造工艺的进步使得晶体管速度每 4~6 年提高一倍，这样即使微结构和逻辑不发生变化，现在实现的微处理器速度也远比十年以前实现的要快。

微结构设计的挑战在于选择合适的设计以最大程度地减小程序执行时间，同时满足成本和功耗方面的限制。由于微结构对 CPI 和 T_C 都有很大影响，而且又受到逻辑和电路设计的影响，因此决定最优的设计需要精细的分析。

许多其他因素会影响整体计算机性能。例如，硬盘、存储器、图形系统、网络连接等方面都将成为与处理器无关的性能约束因素。现实世界中最快的处理器也不能帮助提升拨号连接的网络速度。但是这些因素已经超出了本书的范围。

7.3　单周期处理器

我们首先设计在单个周期中执行指令的微结构。设计过程将从连接图 7-1 中的各状态元件和组合逻辑开始，这些连接构成了数据通路以执行不同指令。控制信号决定了给定时间内需要由数据通路执行的特定指令。控制单元包括了根据当前指令产生合适控制信号的组合逻辑。本章的最后将分析单周期处理器的性能。

7.3.1　单周期数据通路

本节将一次增加图 7-1 中的一个元件，以逐步构成单周期数据通路。新的连接将以加粗的黑线突出显示（对于新的控制信号将使用黑色细线），而已经研究过的结构则用灰色显示。状态寄存器是控制器的一部分，在我们关注数据通路时将被省略。

程序计数器包含要执行的指令的地址。第一步是从指令存储器读取该指令。图 7-2 显示 PC 只是连接到指令存储器的地址输入。指令存储器读出或取出标记为 Instr 的 32 位指令。

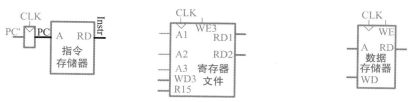

图 7-2 从存储器中读取指令

处理器的操作取决于获取的特定指令。首先，我们将使用正立即偏移量计算 LDR 指令的数据通路连接。然后，我们将考虑如何推广数据通路以处理其他指令。

1. LDR

对于 LDR 指令，下一步是读取包含基址的源寄存器。该寄存器在指令 $Instr_{19:16}$ 的 Rn 字段中指定。指令的这些位连接到其中一个寄存器文件端口 A1 的地址输入，如图 7-3 所示。寄存器文件将寄存器值读取到 RD1 上。

391

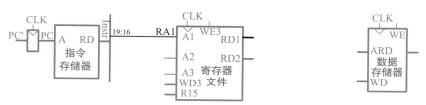

图 7-3 从寄存器文件中读出源操作数

LDR 指令还需要偏移量。偏移量存储在指令的立即数字段 $Instr_{11:0}$ 中。它是无符号值，因此必须将其零扩展为 32 位，如图 7-4 所示。32 位值称为 ExtImm。零扩展仅意味着预先加前导零：$ImmExt_{31:12} = 0$ 和 $ImmExt_{11:0} = Instr_{11:0}$。

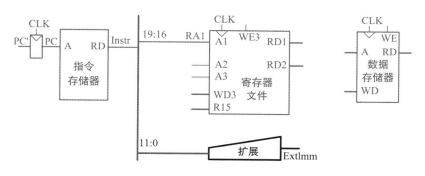

图 7-4 立即零扩展

处理器必须将基地址和偏移量相加得到读存储器的地址。图 7-5 引入一个 ALU 以执行加法。这个 ALU 接收两个操作数 SrcA 和 SrcB，其中 SrcA 来自于寄存器文件，SrcB 来自于符号扩展的立即数。如 5.2.4 节所述，ALU 可以执行多种操作。其中 2 位控制信号 ALUControl 决定了操作类型。ALU 产生 32 位的操作结果 ALUResult。对于 LDR 指令，ALUControl 信号应该设置为 00，以完成基地址和偏移量的加法。ALUResult 作为要读取的地址发送到数据存储器，如图 7-5 所示。

392

数据从数据存储器读取到 ReadData 总线上，然后在周期结束时写回目标寄存器，如图 7-6 所示。寄存器文件的端口 3 是写端口。LDR 指令的目标寄存器在 Rd 字段 $Instr_{15:12}$ 中指定，该字段连接到寄存器文件的端口 3 的地址输入 A3。ReadData 则连接到寄存器文件端口 3 的数据输入 WD3。控制信号 RegWrite 连接到端口 3 的写入使能输入端 WE3。该信号在执行 LDR 指令时将被设置为 1 以使得数据可以写入寄存器文件。写入过程在时钟周期最后的时钟上升沿完成。

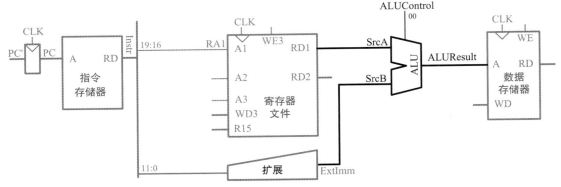

图 7-5 存储器地址的计算

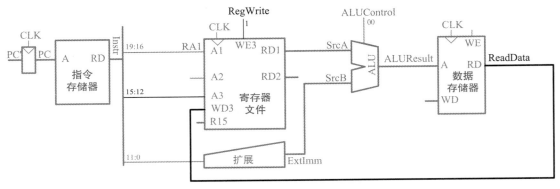

图 7-6 向寄存器文件写入数据

指令执行时，处理器必须计算下一条指令的地址 PC'。因为指令都是 32 位，即 4 字节，因此下一条指令位于 PC+4。图 7-7 使用另外一个加法器对 PC 加 4。新的地址将在下一个时钟周期的上升沿被写入程序计数器。这样就完成了 LDR 指令的数据通路，除了基寄存器或目标寄存器是 R15 的隐蔽情况外。

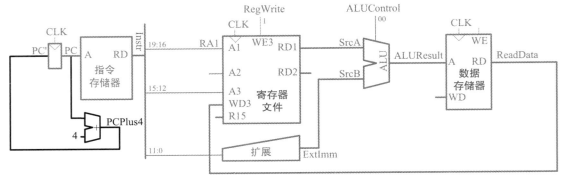

图 7-7 增量程序计数器

回想一下 6.4.6 节，在 ARM 体系结构中，读取寄存器 R15 返回 PC+8。因此，需要另一个加法器来进一步递增 PC 并将此总和传递给寄存器文件的 R15 端口。同样，写入寄存器 R15 更新计算机。因此，PC′ 可能来自指令（ReadData）的结果而不是 PCPlus4。多路选择器在这两种可能性之间进行选择。PCSrc 控制信号设置为 0 以选择 PCPlus4 或 1 以选择 ReadData。这些与 PC 相关的功能在图 7-8 中突出显示。

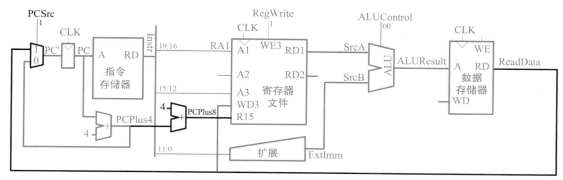

图 7-8　读取或写入程序计数器为 R15

2. STR

接下来，让我们扩展数据通路以处理 STR 指令。与 LDR 一样，STR 从寄存器文件的端口 1 读取基址，并将其立即归零。ALU 将基地址添加到立即数以查找内存地址。数据通路中已经支持所有这些功能。

STR 指令还从寄存器文件中读取第二个寄存器并将其写入数据存储器。图 7-9 显示了此功能的新连接。该寄存器在 Rd 字段 $Instr_{15:12}$ 中指定，该字段连接到寄存器文件的 A2 端口。寄存器值读入 RD2 端口。它连接到数据存储器的写数据（WD）端口。数据存储器 WE 的写使能端口由 MemWrite 控制。对于 STR 指令：MemWrite=1 将数据写入存储器；ALUControl=00 添加基址和偏移量；并且 RegWrite=0，因为什么都不应该写入寄存器文件。注意，仍然从给予数据存储器的地址读取数据，但是由于 RegWrite=0，因此忽略该 ReadData。

394

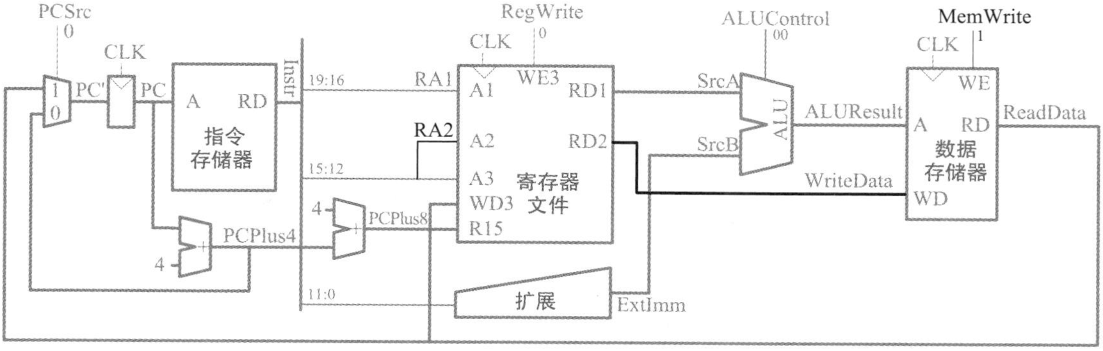

图 7-9　将数据写入存储器以进行 STR 指令

3. 具有立即寻址的数据处理指令

接下来，考虑使用立即寻址扩展数据通路以处理数据处理指令 ADD、SUB、AND 和 ORR 模式。所有这些指令都从寄存器文件中读取源寄存器并且从指令的低位立即执行一些 ALU 操作，并将结果写回第三个寄存器。它们仅在特定的 ALU 操作上有所不同，因此都可以使用不同的 ALUControl 信号用相同的硬件处理。如 5.2.4 节所述，ALUControl 对于 ADD 为 00，对于 SUB 为 01，对于 AND 为 10，对于 ORR 为 11。ALU 还产生 4 个标志，即 $ALUFlags_{3:0}$（零、负、进位、溢出），它们被发送回控制器。

图 7-10 显示了具有立即寻址的第二个源的增强型数据通路处理数据处理指令。与 LDR 一样，数据通路从寄存器文件的端口 1 读取第一个 ALU 源，并从 Instr 的低位扩展立即数。但是，数据处理指令仅使用 8 位立即数而不是 12 位立即数。因此，我们向 Extend 块提供 ImmSrc 控制信号。当它为 0 时，ExtImm 从 $Instr_{7:0}$ 扩展为零数据以用于数据处理指令。当它为 1 时，ExtImm 从 $Instr_{11:0}$ 扩展为零数据以用于 LDR 或 STR。

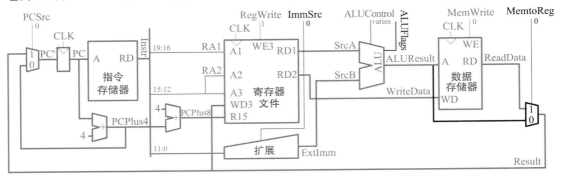

图 7-10　具有立即寻址的数据处理指令的增强型数据通路

对于 LDR，寄存器文件从数据存储器接收其写入数据。但是，数据处理指令将 ALU-Result 写入寄存器文件。因此，我们添加另一个多路选择器来在 ReadData 和 ALUResult 之间进行选择。我们将其输出结果称为 Result。多路选择器由另一个新信号 MemtoReg 控制。对于从 ALUResult 中选择 Result 的数据处理指令，MemtoReg 为 0，LDR 选择 ReadData 为 1。我们不关心 MemtoReg 对 STR 的价值，因为 STR 不会写入寄存器文件。

4. 具有寄存器寻址的数据处理指令

具有寄存器寻址的数据处理指令从 $Insm_{3:0}$ 指定的 Rm 接收第二个源，而不是从立即数。因此，我们必须在寄存器文件和 ALU 的输入上添加多路选择器以选择第二个源寄存器，如图 7-11 所示。

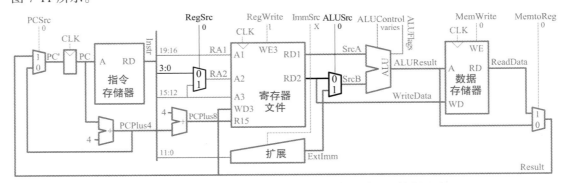

图 7-11　具有寄存器寻址的数据处理指令的增强型数据通路

对于 STR，使用 Rd 字段（$Instr_{15:12}$）选择 RA2，对于具有基于 RegSrc 控制信号的寄存器寻址的数据处理指令，选择 Rm 字段（$Instr_{3:0}$）。类似地，基于 ALUSrc 控制信号，ALU

的第二源从 ExtImm 中选择用于使用立即数的指令，并从寄存器文件中选择用于具有寄存器寻址的数据处理指令。

5. B

最后，我们扩展数据通路以处理 B 指令，如图 7-12 所示。分支指令将 24 位立即数添加到 PC + 8，并将结果写回 PC。立即数乘以 4 并扩展符号。因此，Extend 逻辑需要另一种模式。ImmSrc 增加到 2 位，表 7-1 中给出了编码。

396

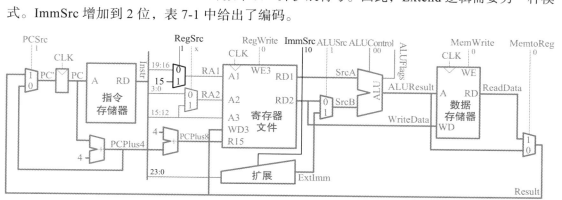

图 7-12　B 指令的数据通路增强功能

表 7-1　ImmSrc 编码

ImmSrc	ExtImm	描　　述
00	{24 0s}$Instr_{7:0}$	用于数据处理的 8 位无符号立即数
01	{20 0s}$Instr_{11:0}$	用于 LDR/STR 指令的 12 位无符号立即数
10	{6 $Instr_{23}$}$Instr_{23:0}$00	用于 B 指令的乘以 4 的 24 位有符号立即数

从寄存器文件的第一个端口读取 PC + 8。因此，需要多路选择器来选择 R15 作为 RA1 输入。该多路选择器由 RegSrc 的另一位控制，为大多数指令选择 $Instr_{19:16}$，但为 B 指定 15。

MemtoReg 设置为 0，PCSrc 设置为 1，以 ALUResult 为分支选择新 PC。

此时，我们已经完成了单周期处理器的数据通路设计。这里不仅仅是介绍设计本身，更重要的是其设计过程。在这个设计过程中，首先明确状态元件，然后系统地加入连接这些状态元件的组合逻辑。下一节中，我们将考虑如何计算控制信号，以指导数据通路的操作。

7.3.2　单周期控制

控制单元根据指令的 cond、op 和 funct 字段（$Instr_{31:28}$、$Instr_{27:26}$ 和 $Instr_{25:20}$）以及标志和目标寄存器是否为 PC 来计算控制信号。控制器还存储当前状态标志并对其进行适当更新。图 7-13 显示了整个单周期处理器，控制单元连接到数据通路。

397

图 7-14 显示了控制器的详细图。我们将控制器分为两个主要部分：译码器，根据 Instr 生成控制信号；条件逻辑，维护状态标志，只有在有条件地执行指令时才能更新体系结构状态。译码器如图 7-14b 所示，包括产生大部分控制信号的主译码器，使用功能字段确定数据处理指令类型的 ALU 译码器，以及根据分支或写入 R15 以确定是否需要更新 PC 的 PC 逻辑。

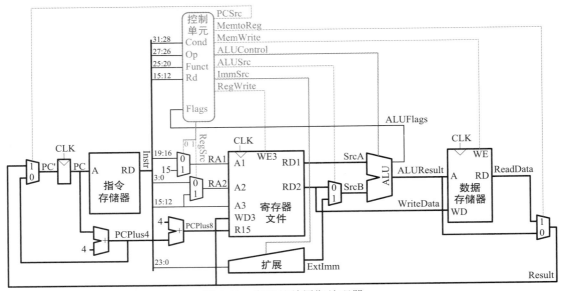

图 7-13 完整的单周期处理器

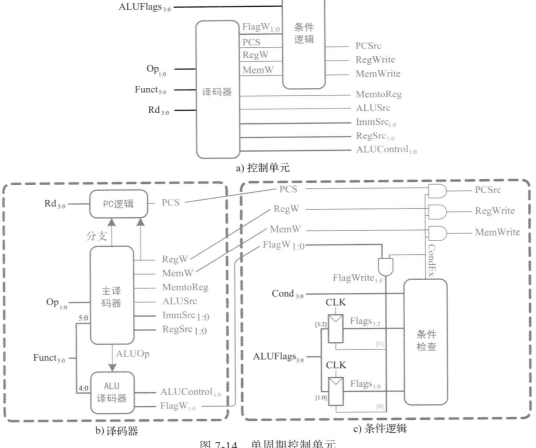

a) 控制单元

b) 译码器　　　　c) 条件逻辑

图 7-14 单周期控制单元

主译码器的行为由真值表给出，见表 7-2。主译码器确定指令的类型：数据处理寄存器、数据处理立即、STR、LDR 或 B。它为数据通路生成适当的控制信号。它发送 MemtoReg、ALUSrc、$ImmSrc_{1:0}$ 和 $RegSrc_{1:0}$ 直接到数据通路。但是，写入使能 MemW 和 RegW 必须在成为数据通路信号 MemWrite 和 RegWrite 之前通过条件逻辑。如果条件不满足，则条件逻辑可以杀死（重置为 0）这些写使能。主译码器也生成分支和 ALUOp 信号，在控制器内用于指示该指令分别是 B 或数据处理。可以使用你喜欢的技术从真值表中开发主译码器组合逻辑设计技术。

398

表 7-2　主译码器真值表

Op	Funct$_5$	Funct$_0$	类型	分支	MemtoReg	MemW	ALUSrc	ImmSrc	RegW	RegSrc	ALUOp
00	0	X	DP Reg	0	0	0	0	XX	1	00	1
00	1	X	DP Imm	0	0	0	1	00	1	X0	1
01	X	0	STR	0	X	1	1	01	0	10	0
01	X	1	LDR	0	1	0	1	01	1	X0	0
10	X	X	B	1	0	0	1	10	0	X1	0

ALU 译码器的行为由表 7-3 中的真值表给出。对于数据处理指令，ALU 译码器基于指令类型（ADD、SUB、AND、ORR）选择 ALUControl。而且，它断言 FlagW 在 S 位置 1 时更新状态标志。注意 ADD 和 SUB 更新所有标志，而 AND 和 ORR 仅更新 N 和 Z 标志。所以需要两位 FlagW：$FlagW_1$ 用于更新 N 和 Z（$Flags_{3:2}$），$FlagW_0$ 用于更新 C 和 V（$Flags_{1:0}$）。条件不满足时，$FlagW_{1:0}$ 被条件逻辑杀死（CondEx = 0）。

表 7-3　ALU 译码器真值表

ALUOp	Funct$_{4:1}$(cmd)	Funct$_0$(S)	类型	ALUControl$_{1:0}$	FlagW$_{1:0}$
0	X	X	非 DP	00(Add)	00
1	0100	0	ADD	00(Add)	00
		1			11
	0010	0	SUB	01(Sub)	00
		1			11
	0000	0	AND	10(And)	00
		1			10
	1100	0	ORR	11(Or)	00
		1			10

PC 逻辑检查指令是写入 R15 还是分支，这样 PC 就应该更新。逻辑是：

$$PCS = ((Rd == 15) \& RegW) \mid Branch$$

在将 PCS 作为 PCSrc 发送到数据通路之前，PCS 可能被条件逻辑杀死。

条件逻辑如图 7-14c 所示，确定是否应该根据 cond 字段执行指令（CondEx）。如上所述，N、Z、C 和 V 标志（$Flags_{3:0}$）的当前值见表 6-3。如果不应该执行该指令，则写使能并且 PCSrc 被强制为 0，以便指令不会改变体系结构状态。当 ALU 译码器断言 FlagW 并且满足指令的条件（CondEx = 1）时，条件逻辑还会更新 ALUFlags 中的部分或全部。

399
~
400

例 7.1 单周期处理器操作。确定控制信号的值和数据通路的哪些部分在使用寄存器寻址模式执行 ORR 指令时使用。

解： 图 7-15 给出了执行 ORR 指令时的控制信号和数据流。PC 指向当前指令的存储器位置，指令存储器返回该指令。

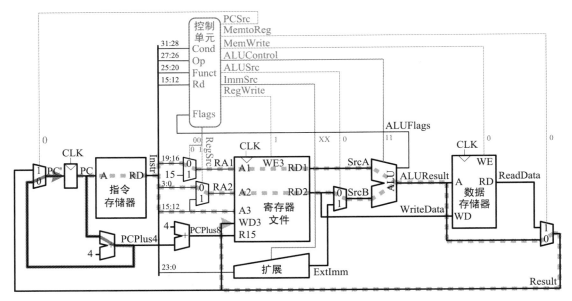

图 7-15   在执行 ORR 指令时的控制信号和数据流

用加粗的灰色虚线表示通过寄存器文件和 ALU 的主要数据流。寄存器文件通过 $Instr_{19:16}$ 和 $Instr_{3:0}$ 读取指定的两个源操作数，所以 RegSrc 必须是 00。SrcB 应该来自寄存器文件的第二个端口（不是 ExtImm），所以 ALUSrc 必须为 0。ALU 执行按位或运算，因此 ALUControl 必须为 11。结果来自 ALU，因此 MemtoReg 为 0。结果写入寄存器文件，所以 RegWrite 是 1。指令不写内存，所以 MemWrite = 0。

用加粗的灰色实线表示使用 PCPlus4 更新 PC。PCSrc 为 0 以选择增加的 PC。

注意，数据也经过了没有加粗表示的路径，但是这些数据对这条指令并不重要。例如，立即数字段也经过了符号扩展，并由存储器读出了数据，但是这些值并不影响系统的下一状态。

401

7.3.3 更多指令

我们考虑了完整 ARM 指令集的有限子集。在本节中，我们将添加对比较（CMP）指令的支持，用于寻址第二个源是移位寄存器的模式。这些例子说明了如何处理新指令的原则，通过努力，你可以扩展单周期处理器来处理每条 ARM 指令。而且我们会看到，支持一些指令只需要增强译码器，而支持其他指令则需要在数据通路中增加新硬件。

例 7.2 CMP 指令。比较指令 CMP 从 SrcA 中减去 SrcB 并设置标志，但不会将差异写入寄存器。数据通路已经可以完成这一任务。确定对控制器的必要更改以支持 CMP。

解： 引入一个名为 NoWrite 的新控制信号，以防止在比较期间写入 Rd。（此信号也能防止其他指令（如 TST）写入寄存器。）我们扩展 ALU 译码器来产生这个信号，并使 RegWrite

逻辑接收它的值，如图 7-16 中的突出显示。表 7-4 给出了增强的 ALU 译码器的真值表，新指令和信号也加粗显示。

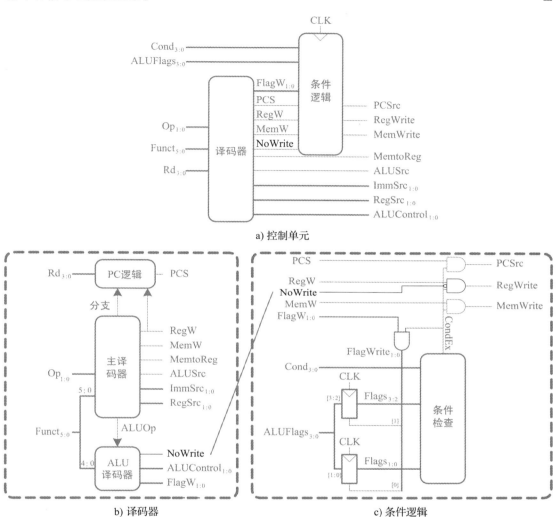

图 7-16 CMP 的控制器修改

表 7-4 针对 CMP 增强的 ALU 译码器真值表

ALUOp	Funct$_{4:1}$(cmd)	Funct$_0$(S)	Notes	ALUControl$_{1:0}$	FlagW$_{1:0}$	NoWrite
0	X	X	Not DP	00	00	**0**
1	0100	0	ADD	00	00	**0**
		1			11	**0**
	0010	0	SUB	01	00	**0**
		1			11	**0**
	0000	0	AND	10	00	**0**
		1			10	**0**

（续）

ALUOp	Funct$_{4:1}$(cmd)	Funct$_0$(S)	Notes	ALUControl$_{1:0}$	FlagW$_{1:0}$	NoWrite
1	1100	0	ORR	11	00	0
		1			10	0
	1010	**1**	**CMP**	**01**	**11**	**1**

例 7.3 **增强的寻址模式：寄存器恒定的变化**。到目前为止，我们假设具有寄存器寻址的数据处理指令不要移动第二个源寄存器。增强单周期处理器支持立即转变。

解： 在 ALU 之前插入一个移位器。图 7-17 显示了增强型数据通路。移位器使用 Instr$_{11:7}$ 指定移位量，使用 Instr$_{6:5}$ 指定移位类型。 ∎

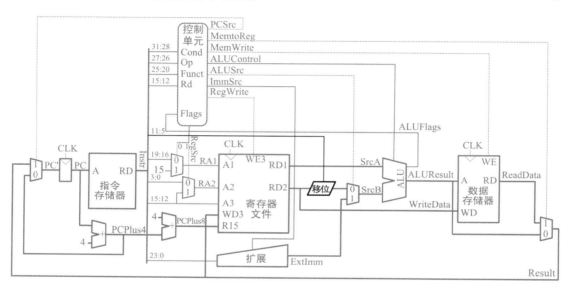

图 7-17　使用常量移位进行寄存器寻址的增强型数据通路

7.3.4　性能分析

单周期处理器中的每条指令都需要一个时钟周期，因此 CPI 为 1。LDR 指令的关键路径如图 7-18 中的粗虚线所示。首先，PC 在时钟的上升沿加载新的地址。指令存储器读取新指令。主译码器计算 RegSrc$_0$，它驱动多路选择器选择 Instr$_{19:16}$ 作为 RA1，寄存器文件读取此信息作为 SrcA。当寄存器文件正在读取时，立即字段是零扩展数据，并在 ALUSrc 多路选择器中选择以确定 SrcB。ALU 添加 SrcA 和 SrcB 以找到有效地址。数据存储器从该地址读取。MemToReg 多路选择器选择 ReadData。最后，Result 必须在时钟上升沿前建立于寄存器文件，从而才能被正确写入。因此，时钟周期为：

$$T_{c1} = t_{pcq\_PC} + t_{mem} + t_{dec} + \max[t_{mux} + t_{RFread}, t_{ext} + t_{mux}] + t_{ALU} + t_{mem} + t_{mux} + t_{RFsetup} \qquad (7.2)$$

我们使用下标 1 来区分这个周期时间与后续处理器设计的周期时间。在绝大多数实现中，ALU、存储器和寄存器文件都比其他组合块慢很多。因此，时钟周期可以简化为：

$$T_{c1} = t_{pcq\_PC} + 2t_{mem} + t_{dec} + t_{RFread} + t_{ALU} + 2t_{mux} + t_{RFsetup} \qquad (7.3)$$

这些时间的具体值依赖于特定的实现技术。

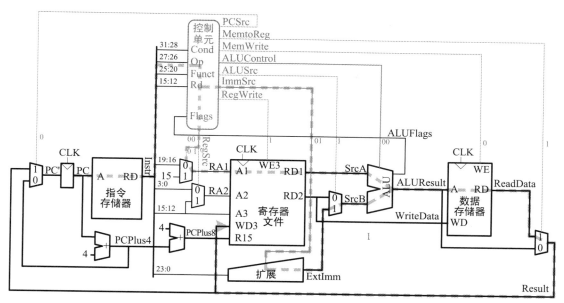

图 7-18　LDR 关键路径

其他指令的关键路径都比较短。例如，数据处理指令不需访问数据存储器。然而，我们采用同步时序逻辑设计，因此时钟周期必须是常数，而且应能满足最慢指令的要求。

例 7.4 单周期处理器性能。Ben Bitdiddle 在 16nm 的 CMOS 工艺上实现单周期处理器。他所选逻辑元件的延迟如表 7-5 所示。请帮助他比较有 1000 亿条指令程序的执行时间。

表 7-5　电路元件的延迟

元件	参数	延迟 (ps)
寄存器 clk-to-Q 时间	t_{pcq}	40
寄存器建立时间	t_{setup}	50
多路选择器	t_{mux}	25
算术逻辑部件	t_{ALU}	120
译码器	t_{dec}	70
存储器读	t_{mem}	200
寄存器文件读	t_{RFread}	100
寄存器文件建立时间	$t_{RFsetup}$	60

解： 根据式（7.3），单周期处理器的时钟周期为 T_{c1}=40+2(200)+70+100+120+2(25)+60=840ps。这里使用下标 "1" 来区别于后续处理器设计。由式（7.1），整体计算时间为 T_1=(100×10⁹ 条指令)（1 周期/指令)(840×10⁻¹² 秒/周期)=84 秒。 ■

7.4　多周期处理器

单周期处理器有三个值得注意的弱点。首先，它需要单独的存储器用于指令和数据，而大多数处理器只有一个外部存储器，同时包含指令和数据。其次，它需要一个足够长的时钟周期来支持最慢的时钟周期指令（LDR），即使大多数指令可能更快。最后，它需要三个加法器（一个在 ALU 中，两个用于 PC 逻辑），加法器是相对昂贵的电路，特别是必须快速时。

多周期处理将指令执行过程分解为多个步骤以解决这个问题。在每个步骤中，处理器完成存储器或寄存器文件的读或写操作，或者 ALU 操作。该指令用一步实现读取，数据可以在后面的步骤中读取或写入，因此处理器可以为两者使用单个内存。不同的指令使用不同的步骤组合，这样简单指令可以较复杂指令完成得更快。处理器只需要将一个加法器在不同的步骤中重复用于不同的目的。

我们使用与单周期处理器相同的方法来设计多周期处理器。首先，我们建立一个数据通路，用组合电路来连接体系结构状态元件和存储器。但是，在此设计中，我们需要加入非体系结构状态元件以保存每个周期的内部结果。接着，我们将设计控制器。控制器针对不同单条指令的每个指令周期产生不同的控制信号，因此需要使用有限状态机而非组合逻辑实现。我们还将考察如何在处理器中加入新的指令。最后，我们将分析多周期处理器的性能，并和单周期处理器进行比较。

7.4.1 多周期数据通路

同样，我们从内存和体系结构状态开始设计处理器，如图 7-19 所示。在单周期设计中，我们使用单独的指令和数据存储器，因为需要在一个周期内读取指令存储器并读取或写入数据存储器。现在我们选择将组合内存用于指令和数据。这更现实并且是可行的，因为我们可以在一个周期读取指令，然后在单独的周期中读取或写入数据。PC 和寄存器文件保持不变。与单周期处理器一样，我们逐步构建数据通路，通过添加元件来处理每条指令的每一步。

图 7-19　具有统一指令 / 数据存储器的状态元件

PC 包含了需要执行指令的地址。第一个周期是从指令存储器中读取指令。图 7-20 显示了 PC 简单地连接到指令存储器的地址输入端。指令读出后将存储在一个新的非体系结构状态元件——指令寄存器（Instruction Register，IR）中以供后续周期使用。IR 接收一个称为 IRWrite 的使能信号，该信号在 IR 应该加载一个新的指令时被置位。

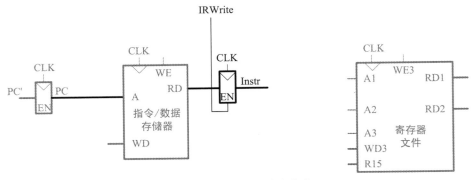

图 7-20　从内存中读取指令

1. LDR

正如我们对单周期处理器所做的那样，首先计算出数据通路 LDR 指令的连接。获取 LDR 后，下一步是读取包含基址的源寄存器。这个寄存器是在 Rn 字段 $Instr_{19:16}$ 中指定的。指令的这些位连接到寄存器文件的地址输入 A1，如图 7-21 所示。寄存器文件将寄存器读入 RD1。该值存储在另一个非体系结构寄存器 A 中。

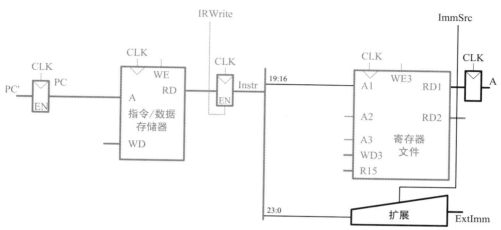

图 7-21　从寄存器文件中读取一个源并从立即字段扩展到第二个源

LDR 指令还需要 12 位偏移量，位于立即指令字段 $Instr_{1:0}$，必须零扩展到 32 位，如图 7-21 所示。与在单周期处理器中一样，扩展块采用 ImmSrc 控制信号，指定 8 位、12 位或 24 位立即扩展用于各种类型的指令。32 位扩展立即数称为 ExtImm。为了保持一致，我们可以将 ExtImm 存储在另一个非体系结构寄存器中。但是，ExtImm 是 Instr 的组合函数，在处理当前指令时不会改变，所以无须专用寄存器来保持常量值。

加载地址是基址和偏移量的总和。我们使用 ALU 计算此总和，如图 7-22 所示。应将 ALUControl 设置为 00 以执行添加。ALUResult 存储在名为 ALUOut 的非体系结构寄存器中。

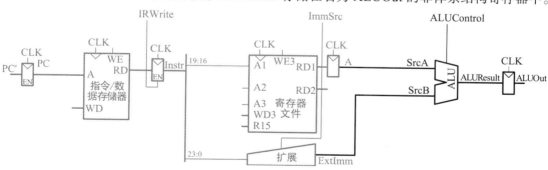

图 7-22　将基址添加到偏移量

下一步是从计算出的地址中加载数据。我们在存储器前面添加一个多路选择器，根据 AdrSrc 选择从 PC 或 ALUOut 中选择存储器地址 Adr，如图 7-23 所示。从内存中读取的数据存储在另一个名为 Data 的非体系结构寄存器中。注意，地址多路选择器允许我们在 LDR 指令期间重用存储器。在第一步中，从 PC 获取地址以获取指令。在稍后的步骤中，地址从 ALUOut 获取以加载数据。因此，AdrSrc 必须在不同的步骤上具有不同的值。在 7.4.2 节中，我们开发了 FSM 控制器，用于生成这些控制信号序列。

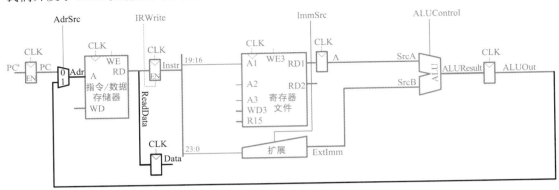

图 7-23　从内存加载数据

409
最后，数据被写回寄存器文件，如图 7-24 所示。目标寄存器由指令的 Rd 字段 $Instr_{15:12}$ 指定。结果来自数据寄存器。我们不是将数据寄存器直接连接到寄存器文件 WD3 写端口，而是在结果总线上添加一个多路选择器，在将 Result 返回寄存器文件写端口之前选择 ALUOut 或 Data。这将有所帮助，因为其他指令需要从 ALU 写入结果。RegWrite 信号为 1 表示应更新寄存器文件。

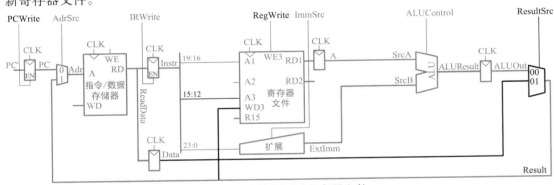

图 7-24　将数据写回寄存器文件

当所有这一切发生时，处理器必须通过向旧 PC 添加 4 来更新程序计数器。在单周期处理器中，需要一个单独的加法器。在多周期处理器中，我们可以在取指步骤中使用现有的 ALU，因为它不忙。为此，我们必须插入源多路选择器来选择 PC，将常量 4 作为 ALU 输入，如图 7-25 所示。由 ALUSrcA 控制的多路选择器选择 PC 或寄存器 A 作为 SrcA。另一个多路选择器选择 4 或 ExtImm 作为 SrcB。为了更新 PC，ALU 将 SrcA(PC) 添加到 SrcB(4)，并将结果写入程序计数器。ResultSrc 多路选择器从 ALUResult 而不是 ALUOut 中选择这个总和，这需要第三个输入。PCWrite 控制信号使 PC 只能在某些周期内写入。

同样，我们针对 ARM 体系结构的特性，读取 R15 返回 PC + 8 并写入 R15 更新 PC。首先，考虑 R15 读数。我们已经在取指步骤中计算了 PC + 4，并且总和可用在 PC 寄存器中。因此，在第二步中，我们通过使用 ALU 向更新的 PC 添加 4 来获得 PC + 8。选择 ALUResult 作为结果并送入寄存器文件的 R15 输入端口。图 7-26 显示了具有此新连接的已完成 LDR 数据通路。因此，读取 R15 也发生在第二步，产生值 PC + 8 读取寄存器文件的数据输出。写入 R15 需要编写 PC 寄存器而不是寄存器文件。因此，在指令的最后一步，结果必须路由到 PC 寄存器（而不是寄存器文件），并且必须声明 PCWrite（而不是 RegWrite）。
数据通路已能做到这一点，因此不需要更改。

410

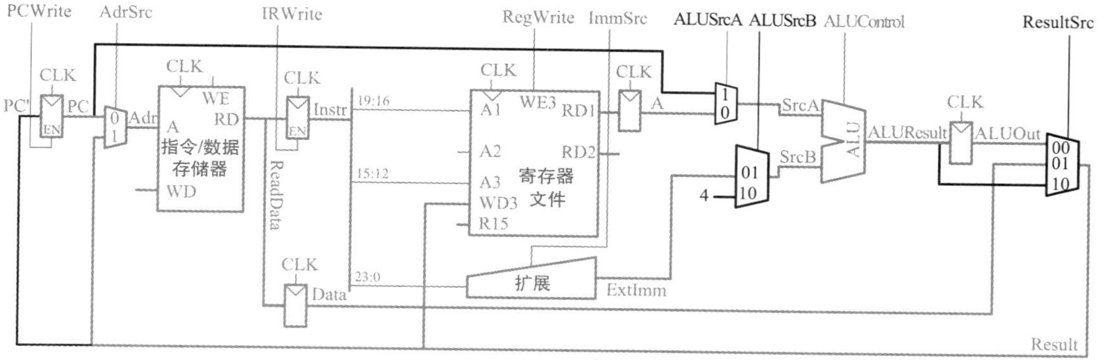

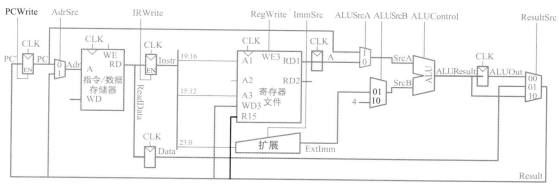

图 7-25　将 PC 增加 4

图 7-26　处理 R15 读写

2. STR

接下来，让我们扩展数据通路以处理 STR 指令。像 LDR 一样，STR 从寄存器文件的端口
1 读取基址并扩展立即数。ALU 将基地址添加到立即数以查找内存地址。现有的这些功能都
已得到数据通路中的硬件的支持。

STR 的唯一新功能是，我们必须从寄存器文件中读取第二个寄存器并将其写入存储器，
如图 7-27 所示。寄存器在指令的 Rd 字段 $Instr_{15:12}$ 中指定，即连接到寄存器文件的第二个端
口。读取寄存器时它存储在非体系结构寄存器 WriteData 中。在下一步，它被发送到要写入 411
的数据存储器的写数据端口（WD）。存储器接收 MemWrite 控制信号以指示写应该发生。

3. 具有立即寻址的数据处理指令

具有立即寻址的数据处理指令从 Rn 读取第一个源，并将 8 位立即数扩展成第二个源。
它们对这两个源进行操作，然后将结果写回寄存器文件。数据通路已包含所有这些步骤所必
需的连接。ALU 使用 ALUControl 信号来确定要执行的数据处理指令的类型。ALUFlags 已
被发送回控制器以更新状态寄存器。

4. 具有寄存器寻址的数据处理指令

具有寄存器寻址的数据处理指令选择第二个来自寄存器文件的源。寄存器在 Rm 字段
$Instr_{3:0}$ 中指定，所以我们插入一个多路选择器来选择这个字段为 RA2 以用于寄存器文件。
我们还扩展了 SrcB 多路选择器以接收从寄存器文件中读取的值，如图 7-28 所示。否则，行
为与具有立即寻址的数据处理指令相同。

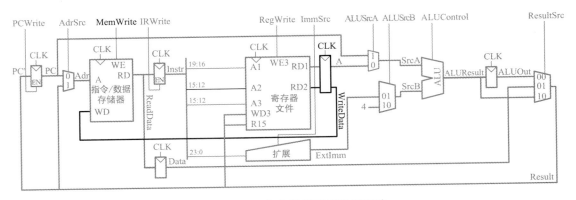

图 7-27 STR 指令的增强型数据通路

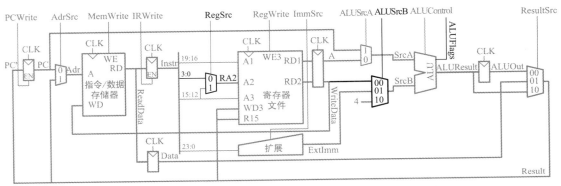

图 7-28 具有寄存器寻址的数据处理指令的增强型数据通路

5. B

分支指令 B 读取 PC+8 和 24 位立即数，然后求和，并将结果添加到 PC。6.4.6 节提到，读取 R15 返回 PC+8，所以我们增加一个多路选择器来选择 R15 的值为 RA1 以用于寄存器文件，如图 7-29 所示。执行加法和写入 PC 的其余硬件已存在于数据通路中。

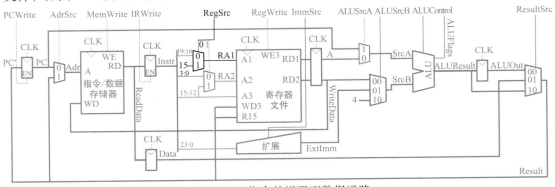

图 7-29 B 指令的增强型数据通路

这样就完成了多周期数据通路的设计。设计过程非常类似于该硬件中的单周期处理器在状态元件之间系统地连接以处理每条指令。主要区别在于指令分几个步骤执行。插入非体系结构寄存器以保存每个步骤的结果。通过这种方式，可以为指令和数据共享存储器，并且可以多次重复使用 ALU，从而降低硬件成本。在下一节中，我们开发了一个 FSM 控制器，以便在每条指令的每个步骤上向数据通路提供适当的控制信号序列指令。

7.4.2 多周期控制

与单周期处理器一样，控制单元根据指令的 cond、op 和 funct 字段（$Instr_{31:28}$、$Instr_{27:26}$ 和 $Instr_{25:20}$）计算控制信号和标志，以及目的地寄存器是否是 PC。控制器还存储当前状态标志并适当地进行更新。图 7-30 显示了整个多周期处理器，控制单元连接到数据通路。数据通路显示为黑色，控制单元显示为灰色。

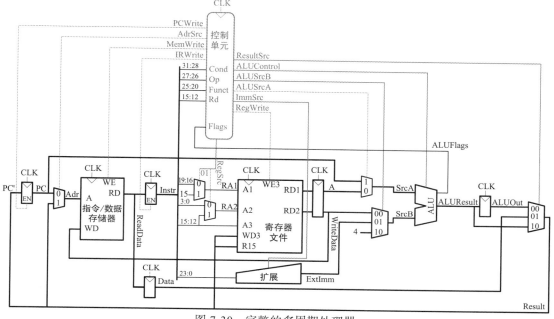

图 7-30 完整的多周期处理器

与单周期处理器一样，控制单元分为译码器和条件逻辑块，如图 7-31a 所示。译码器在图 7-31b 中进一步分解。单周期处理器的组合主译码器被多周期处理器中的 MainFSM 替换，以在适当的周期上产生一系列控制信号。我们将主 FSM 设计为 Moore 机器，以便输出仅是当前状态的函数。但是，我们将在状态机设计中看到 ImmSrc 和 RegSrc 是 Op 的函数而不是当前状态，因此我们使用一个小型指令译码器来计算这些信号，如表 7-6 所示。ALU 译码器和 PC 逻辑与单周期处理器中的相同。条件逻辑几乎与单周期处理器的相同。我们在计算 PC+4 时添加一个 NextPC 信号以强制写入 PC。我们还将 CondEx 延迟一个周期，然后再将其发送到 PCWrite、RegWrite 和 MemWrite，以便在指令结束之前不会看到更新的条件标志。本节的其余部分将介绍主 FSM 的状态转换图。 [413]

主 FSM 产生多路选择器选择、寄存器使能和存储器写入数据通路的使能信号。为保持以下状态转换图的可读性，仅列出相关的控制信号。选择信号仅在其值很重要时列出，否则可暂时忽略。使能信号（RegW、MemW、IRWrite 和 NextPC）仅在声明时列出，否则为 0。

任何指令的第一步都是从 PC 中保存的地址处获取存储器中的指令，并将 PC 递增到下一条指令。FSM 在复位时进入此取指状态。控制信号如图 7-32 所示。此步骤的数据流如图 7-33 所示，指令提取以灰色虚线突出显示，PC 增量以灰色实线突出显示。要读取存储器，AdrSrc = 0，因此地址取自 PC。IRWrite 被置位以将指令写入指令寄存器 IR。同时，PC 应增加 4 以指向下一条指令。由于 ALU 没有被用于其他任何地方，处理器可以在它读取指令的同时使用它来计算 PC+4。ALUSrcA = 1，因此 SrcA 来自 PC。ALUSrcB = 10，因此 SrcB 是常数 4。ALUOp = 0，因此 ALU 产生 ALUControl = 00 以使 ALU 执行加法。为了用 PC+4 更新 PC，ResultSrc = 10 以选择 ALUResult 和 NextPC = 1 以使 PCWrite 有效。 [414]

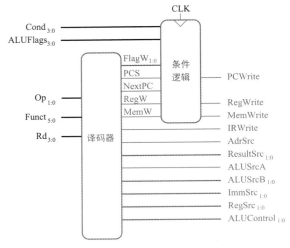

a）控制单元

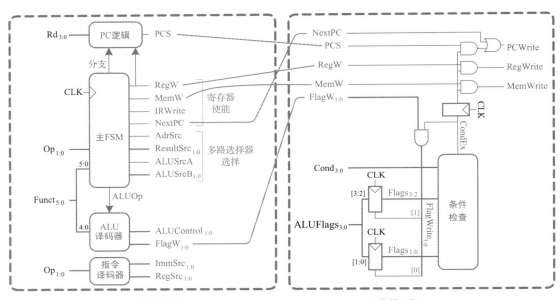

b）译码器

c）条件逻辑

图 7-31　多周期控制单元

表 7-6　RegSrc 和 ImmSrc 的 Instr 译码器逻辑

指令	Op	$Funct_5$	$Funct_0$	$RegSrc_1$	$RegSrc_0$	$ImmSrc_{1:0}$
LDR	01	X	1	X	0	01
STR	01	X	0	1	0	01
DP 立即数	00	1	X	X	0	00
DP 寄存器	00	0	X	0	0	00
B	10	X	X	X	1	10

图 7-32　取指

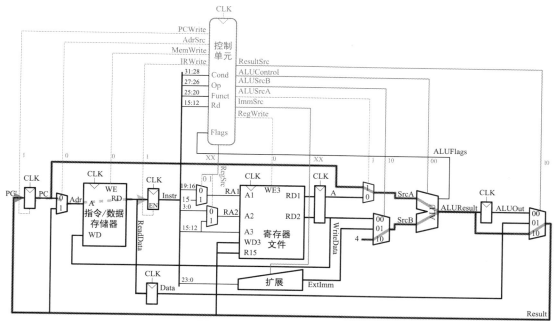

图 7-33 取指步骤中的数据流

第二步是读取寄存器文件和立即译码指令。基于 RegSrc 和 ImmSrc 选择寄存器和立即数，它们由 Instr 译码器基于 Instr 计算，对于分支来说 $RegSrc_0$ 应该是 1，读取 PC + 8 作为 SrcA。对于存储，$RegSrc_1$ 应为 1 以将存储值读取为 SrcB。对于数据处理指令，ImmSrc 应为 00 以选择 8 位立即数，01 用于加载和存储以选择 12 位立即数，而 10 用于分支以选择 24 位立即数。由于多周期 FSM 是 Moore 机器，其输出仅取决于当前状态，因此 FSM 无法直接生成依赖于 Instr 的这些选择。FSM 可以组织为 Mealy 机器，其输出取决于 Instr 以及状态，但这将是混乱的。相反，我们选择最简单的解决方案，即使这些解决方案选择 Instr 的组合功能，如表 7-6 所示。利用无关项，Instr 译码器逻辑可以简化为：

$RegSrc_1 = (Op == 01)$

$RegSrc_0 = (Op == 10)$

$ImmSrc_{1:0} = Op$

同时，ALU 通过在取指步骤中增加的 PC 上再加 4 来重新计算 PC + 8。施加控制信号选择 PC 作为第一个 ALU 输入（ALUSrcA = 1），选择 4 作为第二个输入（ALUSrcB = 10）并执行加法（ALUOp = 0）。这个和被选择作为结果（ResultSrc = 10），并提供给 R15 输入寄存器文件，使 R15 读取为 PC + 8。图 7-34 中显示了 FSM 译码步骤，数据流程如图 7-35 所示，突出显示 R15 计算和寄存器文件读取。

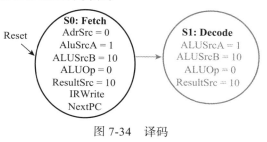

图 7-34 译码

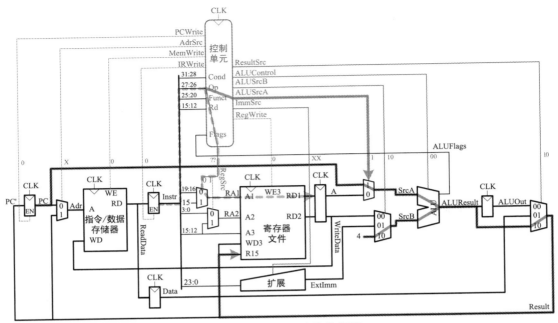

图 7-35   译码步骤中的数据流

现在，FSM 将进入几种可能的状态之一，具体取决于在解码步骤中检查的 Op 和 Funct。如果指令是存储器加载或存储（LDR 或 STR，Op = 01），则多周期处理器通过将基址添加到零扩展偏移量来计算地址。这需要 ALUSrcA = 0 以从寄存器文件中选择基址，以及 ALUSrcB = 01 以选择 ExtImm。ALUOp = 0，因此 ALU 增加了。有效地址存储在 ALUOut 寄存器中，以便在下一步使用。FSM MemAdr 状态如图 7-36 所示，数据流在图 7-37 中突出显示。

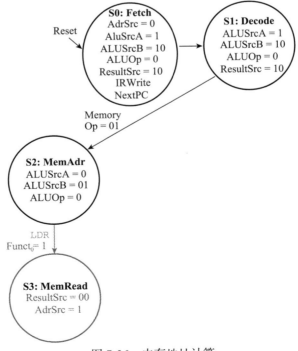

图 7-36   内存地址计算

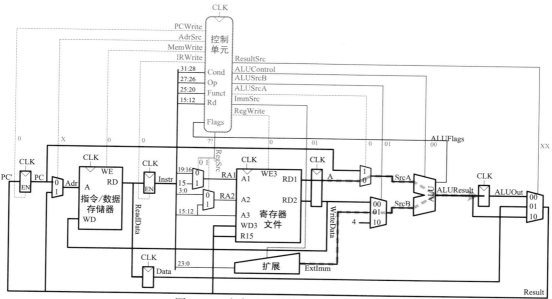

图 7-37   内存地址计算期间的数据流

如果指令是 LDR（$Funct_0 = 1$），那么多周期处理器接下来必须从内存中读取数据并将其写入寄存器文件。这两个步骤如图 7-38 所示。要从内存中读取，使 ResultSrc = 00 和 AdrSrc = 1 来选择刚才计算的内存地址并保存在 ALUOut 中。读取内存中的该地址，在 MemRead 步骤中保存在数据寄存器中。然后，在存储器写回步骤 MemWB 中，将数据写入寄存器文件。ResultSrc= 01 从数据中选择结果，并且 RegW 被置位以写入寄存器文件，完成 LDR 指令。最后，FSM 返回到取指状态以启动下一条指令。对于这些和后续步骤，尝试自己可视化数据流。

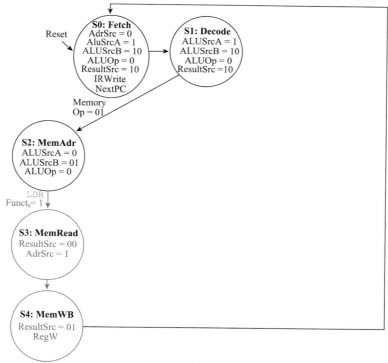

图 7-38   内存读取

　　对于 MemAdr 状态，如果指令是 STR（$Funct_0 = 0$），则从寄存器文件的第二个端口读取的数据只是写入内存。在此 MemWrite 状态中，ResultSrc = 00 和 AdrSrc = 1 选择在 MemAdr 状态下计算的地址并保存在 ALUOut 中。MemW 被断言要写入内存。同样，FSM 返回到取指状态。状态如图 7-39 所示。

418
~
419

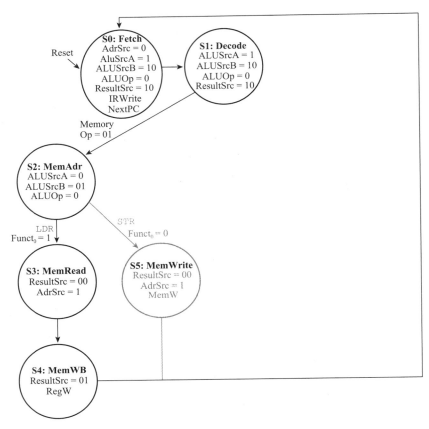

图 7-39　内存写入

420

　　对于数据处理指令（Op = 00），多周期处理器必须使用 ALU 计算结果并将结写入寄存器文件。第一个源始终来自寄存器（ALUSrcA = 0）。ALUOp = 1，因此 ALU 译码器对于基于 cmd 的特定指令（$Funct_{4:1}$）选择适当的 ALUControl。第二个来源来自寄存器指令的寄存器文件（ALUSrcB = 00）或来自 ExtImm 的立即指令（ALUSrcB = 01）。因此 FSM 需要 ExecuteR 和 ExecuteI 状态来涵盖这两种可能性。在任何一种情况下，数据处理指令都前进到 ALU 写回状态（ALUWB），其中结果从 ALUOut 中选择（ResultSrc = 00）并写入寄存器文件（RegW = 1）。所有这些状态如图 7-40 所示。

　　对于分支指令，处理器必须计算目标地址（PC + 8 + 偏移）并将其写入 PC。在译码状态期间，PC + 8 已经被计算并从寄存器文件读取到 RD1 上。因此，在分支状态期间，控制器使用 ALUSrcA = 0 来选择 R15（PC + 8），ALUSrcB = 01 来选择 ExtImm，并且 ALUOp = 0 来添加。Result 多路选择器选择 ALUResult（ResultSrc = 10）。分支部分将结果写入 PC。

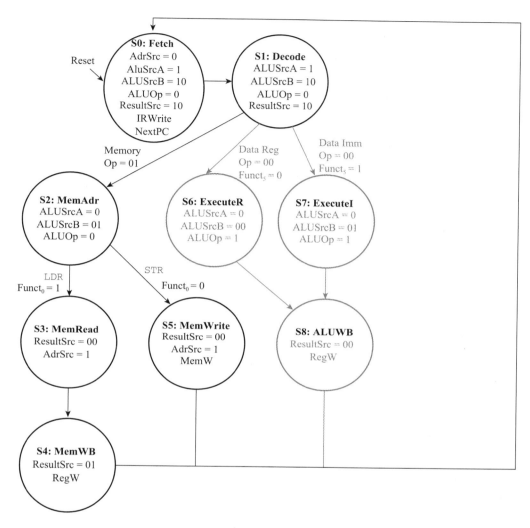

图 7-40　数据处理

将这些步骤放在一起，图 7-41 显示了完整的 Main 多周期处理器的 FSM 状态转换图。每个状态的功能总结如图下方所示。使用第 3 章的技术将图转换为硬件是一项简单但乏味的任务。更好的方法是，FSM 可以用 HDL 编码并使用第 4 章的技术合成。

7.4.3　性能分析

指令的执行时间取决于它使用的周期数和周期时间。尽管单周期处理器在一个周期内执行所有指令，但多周期处理器对各种指令使用不同数量的周期。但是多周期处理器在单个周期中的工作量较少，因此周期时间较短。

多周期处理器分支需要 3 个周期，数据处理指令和存储需要 4 个周期，加载需要 5 个周期。CPI 取决于每条指令采用的相对似然函数。

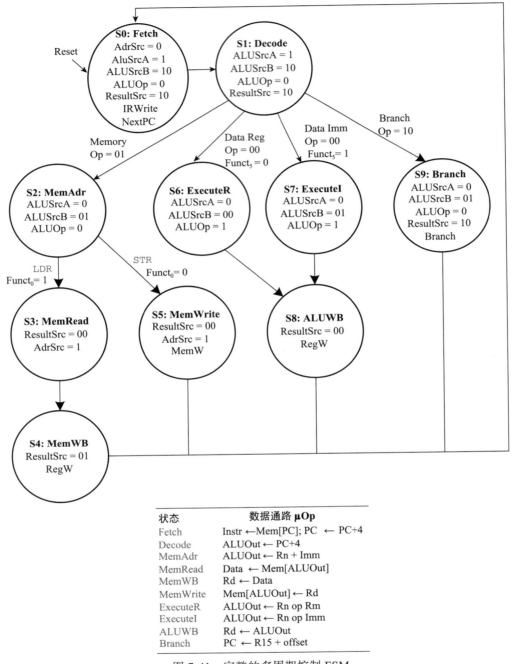

状态	数据通路 μOp
Fetch	Instr ←Mem[PC]; PC ← PC+4
Decode	ALUOut ← PC+4
MemAdr	ALUOut ← Rn + Imm
MemRead	Data ← Mem[ALUOut]
MemWB	Rd ← Data
MemWrite	Mem[ALUOut] ← Rd
ExecuteR	ALUOut ← Rn op Rm
ExecuteI	ALUOut ← Rn op Imm
ALUWB	Rd ← ALUOut
Branch	PC ← R15 + offset

图 7-41 完整的多周期控制 FSM

例 7.5 **多周期处理器 CPI**。SPECINT2000 基准测试包括大约 25% 的加载、10% 的存储、13% 的分支和 52% 的数据处理指令⊖。确定此基准测试的平均 CPI。

解：平均 CPI 是每条指令的 CPI 总和乘以指令使用时间的比例。对于此基准测试，平均 CPI = (0.13)(3)+(0.52 + 0.10)(4) + (0.25)(5) = 4.12。这优于最差情况下的 CPI 5，最差情况

⊖ 数据来自 Pattersonand Hennessy, *Computer Organization and Design*, 4th Edition, Morgan Kaufmann, 2011.

发生在执行所有指令都需要花费相同的时间时。

回想一下，我们设计了多周期处理器，以便每个周期涉及一个 ALU 操作、存储器访问或寄存器文件访问。让我们假设寄存器文件比内存更快且写入内存比读取内存更快。检查数据通路以找到限制循环时间的两个可能的关键路径：

1）从 PC 通过 SrcA 多路选择器、ALU 和结果多路选择器到寄存器文件的 R15 端口写入 A 寄存器。

2）从 ALUOut 通过结果多路选择器和地址多路选择器读取存储器数据写入数据寄存器。

$$T_{c2} = t_{pcq} + 2t_{mux} + \max[t_{ALU} + t_{mux}, t_{mem}] + t_{setup} \qquad (7.4)$$

这些时间的数值取决于具体的实现技术。

例 7.6　处理器性能比较。Ben 正在思考多周期处理器是否比单周期处理器更快。对这两个设计，他计划使用 16nm CMOS 工艺实现，其延迟由表 7-5 给出。请帮助他比较处理器执行来自 SPECINT2000 的 1000 亿条指令的执行时间（参见例 7.5）。

解： 根据式（7.4），多周期处理器的指令周期为 $T_{c2}=40+2(25)+200+50=340$ps。基于例 7.5 的结果，CPI 为 4.12，因此整个的执行时间为 $T_2=$（100×10^9 条指令）×（4.12 周期/指令）×（340×10^{-12} 秒/周期）=140 秒。根据例 7.4，单周期处理器的总执行时间为 84 秒。

原先设计多周期处理器的一个主要动机是避免所有的指令都按照最慢指令的速度执行。遗憾的是，这个例子表明在给定的 CPI 假设和电路元件延迟下，多周期处理器的速度慢于单周期处理器。最根本的原因是最慢的指令 LDR 被分成了 5 个步骤执行，而处理器的周期时间没有提高 5 倍。这主要因为：首先，并不是每一步都具有相同的长度；其次，每个周期必须增加 90ps 的寄存器 clk-to-Q 时间和建立时间，而不只是针对单条指令。一般而言，工程师必须知道在差异不太大的情况下要判断哪个微结构的计算速度更快是很困难的。

与单周期处理器相比，多周期处理器可能更便宜，因为它为指令和数据共享单个存储器，并且消除了两个加法器。但是，它确实需要 5 个非体系结构寄存器和其他多路选择器。

7.5　流水线处理器

3.6 节中介绍的流水线技术是提高数字系统吞吐率的有效手段。我们通过将单周期处理器分解成 5 级以构成流水线处理器。因此，可以在每级流水线中同时执行一条指令，总共有 5 条指令可以同时执行。由于每级仅有整个逻辑的五分之一，时钟频率几乎可以提高 5 倍。虽然每条指令的延迟并未改变，但是理想的吞吐率可以达到 5 倍。微处理器每秒执行上百万甚至十亿条指令，所以吞吐率远比延迟重要。流水线引入了一些开销，使得吞吐率不能达到理想的那么高，但是依然有很大的优势，所有现代高性能微处理器都使用了这项技术。

在整个处理器延迟中，存储器和寄存器文件的读写、ALU 操作占用了很大的延迟。我们选择 5 级流水线以使得每一级能完成一个操作。这里，我们称 5 级流水线为：取指（Fetch）、译码（Decode）、执行（Execute）、存储器访问（Memory）和写回（Writeback）。它们类似于多周期处理器中执行 LDR 指令的 5 个步骤。在取指级，处理器从指令存储器中读取指令。在译码级，处理器从寄存器文件中读取源操作数并对指令译码以产生控制信号。在执行级，处理器使用 ALU 执行计算。在存储器访问级，处理器从数据存储器中读取或写入数据。最后，在写回级，如果需要，处理器将结果写入寄存器文件。

图 7-42 比较了单周期处理器和流水线处理器的时序图。其中时间为水平轴，指令为垂直轴。时序图中采用了表 7-5 的延迟假设，但是忽略了多路选择器和寄存器的延迟。在单周期处理器中，如图 7-42a，第一条指令从时间 0 开始从存储器中读出；下一步，操作数从寄存器文件中读取；接着由 ALU 执行必要的计算。最后，访问数据存储器，结果在 680ps 时写回到寄存器文件。第二条指令在第一条指令结束后开始执行。因此，在此时序图中，单周期处理器的指令延迟为 200+100+120+200+60=680ps（最后的 60ps 是写入寄存器文件的时间），而且吞吐率为每 680ps 执行 1 条指令（每秒执行 1.47×10^9 条指令）。

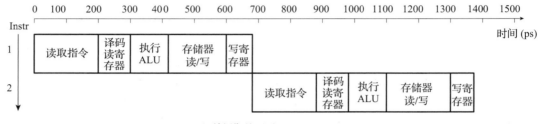

a）单周期处理器

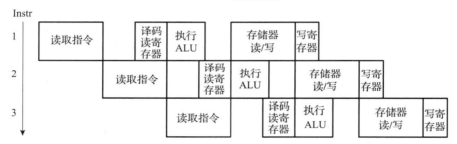

b）流水线处理器

图 7-42 时序图

在图 7-42b 的流水线微处理器中，流水线周期由最慢的一级决定。这里为取指或存储器访问级的存储访问操作，即 200ps。在时间 0，第一条指令从存储器中取出。在 200ps 时，第一条指令进入译码级，并开始取第二条指令。在 400ps 时，第一条指令执行，第二条指令进入译码级，并开始取第三条指令。如此类推，直至所有的指令完成。指令的延迟为 $5 \times 200 = 1000$ps。吞吐率为每 200ps 执行一条指令（每秒执行 5×10^9 条指令）。由于流水线级的划分不能完美地平均分配所有的逻辑，因此流水线处理器的延迟将稍长于单周期处理器。类似地，对于 5 级流水线也不能较单周期处理器提高 5 倍的吞吐率。但是，其吞吐率的优势是非常明显的。

图 7-43 中给出了流水线操作的抽象表示，其中每级都采用图形表示。每级流水线由主要的组件表示：指令存储器（IM）、寄存器文件（RF）读、ALU 执行、数据存储器（DM）和寄存器文件写回，并以此表示流水线中的指令流。沿着每一行读，可以确定特定一条指令在每一级中的周期数。例如，SUB 指令在第 3 个周期中取指，在第 5 个周期中执行。沿着每一列读，可以确定在特定时刻下不同流水线级的操作。例如，在第 6 个周期中，ORR 指令从指令存储器中取出，同时 R1 正在从寄存器文件中读取，ALU 正在计算 R12 和 R13 的与操作，

数据存储器空闲，而寄存器文件正在向 R3 写入和。每级流水线用阴影表示当前正在使用。例如，数据存储器在第 4 个周期中由 LDR 指令使用，在第 8 个周期由 STR 指令使用。指令存储器和 ALU 在每个周期中都在使用。除了 STR 指令外，每条指令都要写入寄存器文件。在流水线处理器中，寄存器文件在一个周期的第一部分写入，第二部分读取，如阴影所示。此时，数据可以在一个周期内完成写入和读取。

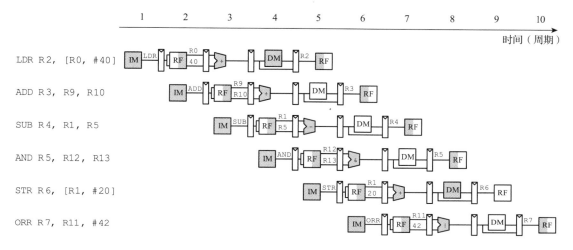

图 7-43　运行中流水线的抽象视图

　　流水线系统的核心挑战是处理冲突。在后条指令需要前条指令的计算结果，而前条指令还没有执行完毕时会发生冲突。例如，如果图 7-43 中 ADD 指令使用 R2，而非原先的 R10，将可能发生冲突。这是因为在 ADD 指令读取的时候，R2 寄存器还没有由 LDR 指令写入结果。在设计了流水线数据通路和相应的控制之后，这一节中将探索转发（forwarding）、停顿（stall）和冲刷（flush）等解决冲突的方法。最后，本节将再次分析考虑了时序开销和冲突影响后的性能。 |427|

7.5.1　流水线数据通路

　　在流水线数据通路中，流水线寄存器将单周期处理器数据通路划分为 5 级。

　　图 7-44a 给出的单周期处理器数据通路中留出了流水线寄存器的位置。图 7-44b 则显示了插入 4 级流水线寄存器分隔数据通路以形成 5 级流水线数据通路。流水线级和边界用灰色表示。信号后面增加了一个字母后缀（F、D、E、M 和 W）以标识它们属于哪一级。

　　寄存器文件比较特殊，因为它在译码级读取，而在写回级写入。这个部件画在译码级，但是写入地址和数据来自写回级。这个反馈带来的流水线冲突问题将在 7.5.3 节中讨论。流水线处理器中的寄存器文件在 CLK 的下降沿写入，以便它可以在一个周期的前半部分写入结果，并在该周期的后半部分读取该结果以用于后续指令。 |428|

　　流水线中一个细微但是重要的问题是与特定指令相关的所有信号都必须在流水线中一起向前传播。图 7-44b 中有一个这方面的错误，你能发现吗？

　　错误发生在寄存器文件写入逻辑中，该逻辑应在写回级运行。数据值来自 ResultW，这是一个写回级信号。但写地址来自 $InstrD_{15:12}$（也称为 WA3D），它是一个译码级信号。在图 7-43 的流水线图中，在周期 5 期间，LDR 指令的结果将错误地写入 R5 而不是 R2。

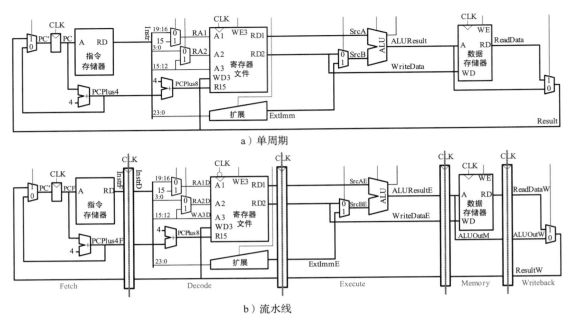

a）单周期

b）流水线

图 7-44　数据通路

图 7-45 给出了正确的数据通路，修改的部分用黑色表示。WA3 信号现在通过执行级、存储器级和写回级沿流水线传递，因此将与指令的其他部分保持同步。在写回级，WA3W 和 ResultW 一起传送到寄存器文件。

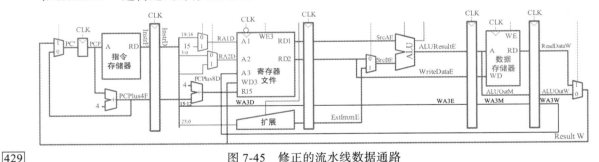

图 7-45　修正的流水线数据通路

细心的读者可能会注意到 PC 的逻辑也存在问题，因为它可能会使用取指级或写回级信号（PCPlus4F 或 ResultW）进行更新。该控制出现的问题将在 7.5.3 节中修复。

图 7-46 显示了另一种在 PC 逻辑中保存 32 位加法器和寄存器的优化。如图 7-45 所示，每次程序计数器递增时，PCPlus4F 同时写入 PC 以及取指级和译码级之间的流水线寄存器。而且，在随后的周期中，这两个寄存器中的值再次增加 4。因此，用于取指级中的指令的 PCPlus4F 在逻辑上等效于译码指令的 PCPlus8D。在前面发送该信号可以保存流水线寄存器和第二个加法器。[⊖]

7.5.2　流水线控制

流水线处理器与单周期处理器使用相同的控制信号，因此也可以使用相同的控制单元。

⊖　当使用 ResultW 而不是 PCPlus4F 编写 PC 时，这种简化存在潜在问题。但是，这种情况在 7.5.3 节中通过冲刷流水线来处理，因此 PCPlus8D 变得无关紧要而且流水线仍能正常运行。

控制单元在译码级检查指令中的 Op 和 Funct 字段以产生控制信号，其过程如 7.3.2 节介绍。控制信号必须与数据一起流动，从而与指令保持同步。控制单元还检查 Rd 字段以处理对 R15（pc）的写入。

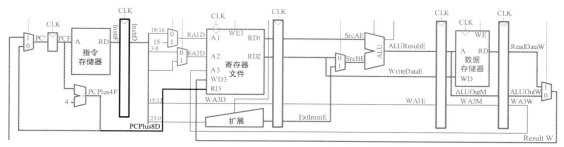

图 7-46　优化后的 PC 逻辑，消除了寄存器和加法器

带有控制的整个流水线处理器如图 7-47 所示。RegWrite 必须在送回寄存器文件之前通过流水线连接到写回级，就像图 7-45 中的 WA3 流水线一样。

430

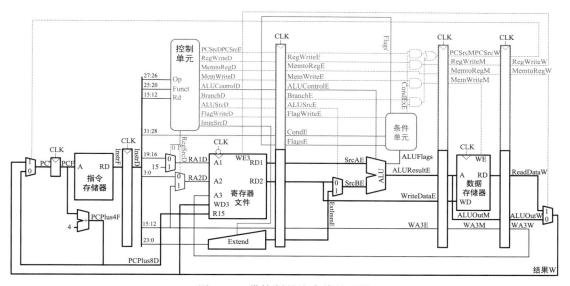

图 7-47　带控制的流水线处理器

7.5.3　冲突

在流水线系统中，多条指令同时执行。当一条指令依赖于还没有结束的指令时，将发生冲突。

寄存器文件可以在一个周期内完成读和写操作。我们假设写操作在一个周期的前半部分完成，读操作在后半部分完成，这样寄存器可以在同一个周期内完成写入和读出而不产生冲突。

如图 7-48 所示，一条指令写入寄存器 R1，后续指令读取这个寄存器，这时将产生冲突。这种冲突称为写后读（Read After Write，RAW）。ADD 指令在第 5 个周期的前半部分向 R1 写入结果。然而，AND 指令需要在第 3 个周期读出，这将导致错误的值。ORR 指令在第 4 个周期读取 R1，也将导致错误的值。SUB 指令在第 5 个周期的后半部分读取 R1 寄存器的值，可以得到正确的值，这是因为正确值在第 5 个周期的前半部分已经写入。后续指令也可以获得 R1 的正确值。可见，流水线中当前一条指令需要写入寄存器时，后续两条指令读取这个结果时可能会发生冲突。如果不做特殊的处理，流水线将计算错误结果。

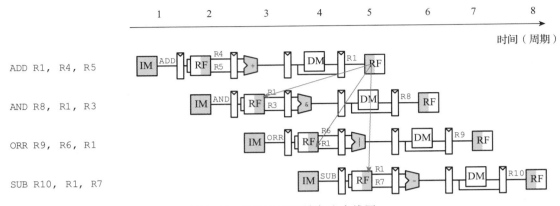

图 7-48　说明冲突的抽象流水线图

软件解决方案要求程序员或编译器在 ADD 和 AND 指令之间插入 NOP 指令，以便相关指令不读取结果（R1），直到它在寄存器文件中可用，如图 7-49 所示。这种软件互锁使编程变得复杂并且降低了性能，因此并不是理想方案。

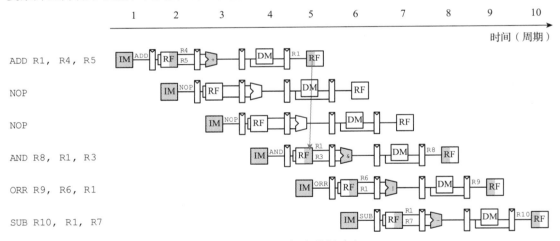

图 7-49　用 NOP 解决数据冲突

然而，对这个问题做进一步的分析并结合图 7-48 可以发现：ADD 指令计算的和在第 3 个周期就由 ALU 得到，并且直到第 4 个周期后才在 ALU 中用到 AND 指令。原则上，我们可以将前条指令的结果转发到后条指令以化解 RAW 类型的冲突，而不用等待寄存器文件中的结果，也不降低流水线的性能。在后续章节讨论的情况中，我们可能必须停顿流水线以暂停后续指令执行，为前面指令获得计算结果赢得时间。无论何种情况下，必须对流水线进行处理以解决冲突问题，保证程序运行的正确性。

冲突可以分为数据冲突和控制冲突。在当一条指令试图读取前条指令还未写回的寄存器时，将发生数据冲突。在取指令时还未确定下一条指令应取的地址时，将发生控制冲突。我们将在后续部分中为流水线处理器增加一个冲突单元以发现和恰当地处理冲突，从而保证处理器能正确执行程序。

1. 使用转发解决数据冲突

一些数据冲突可以通过将存储器访问级或写回级的结果转发（forwarding）或*旁路*（*bypassing*）到执行级来化解。这需要在 ALU 的前端增加多路选择器以选择来自寄存器文件的操作数，或来自存储器访问级或写回级的结果。图 7-50 显示了基本的设计原理。在第 4 个周期中，R1 从 ADD 指令的存储器访问级转发到相关的 AND 指令的执行级。在周期 5 中，R1 从 ADD 指令的写回级转发到相关的 ORR 指令的执行级。

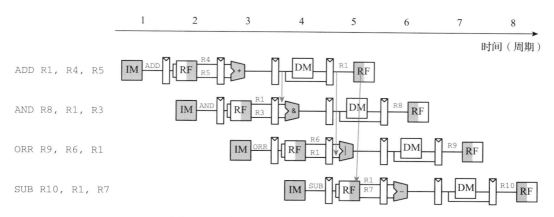

图 7-50 说明转发的抽象流水线示意图

当执行级的指令具有与存储器访问级或写回级中的指令的目标寄存器匹配的源寄存器时，转发是必要的。图 7-51 修改了流水线处理器以支持转发。它增加了一个冲突单元和两个转发多路选择器。冲突单元从数据通路（图 7-51 中的 Match）接收 4 个匹配信号，指示执行级的源寄存器是否与存储器访问级和执行级中的目标寄存器匹配：

```
Match_1E_M = (RA1E == WA3M)
Match_1E_W = (RA1E == WA3W)
Match_2E_M = (RA2E == WA3M)
Match_2E_W = (RA2E == WA3W)
```

冲突单元还从存储器访问级和写回级接收 RegWrite 信号，以了解是否实际写入目标寄存器（例如，STR 和 B 指令不会将结果写入寄存器文件，因此不需要结果转发）。

注意，这些信号是通过名称连接的。换言之，为了不让图显得混乱，不使用长导线连接顶部的控制信号和底部的冲突单元，而是通过标有控制信号名称的短导线指示连接。RA1E 和 RA2E 的匹配信号逻辑和流水线寄存器也被省略以使图示更简洁。

冲突单元计算控制信号以确定转发多路选择器是选择来自寄存器文件的操作数，还是来自存储器访问级或写回级的结果（ALUOutM 或 ResultW）。如果某流水线级将写入目标寄存器并且目标寄存器与源寄存器匹配，则应从该流水线级转发。如果存储器访问和写回级都包含匹配的目标寄存器，则存储器访问级应具有优先级，因为它包含最近执行的指令。总之，这里给出了 SrcAE 的转发逻辑的功能。除了检查 Match_2E 之外，SrcBE（ForwardBE）的转发逻辑是相同的。

```
if      (Match_1E_M • RegWriteM)  ForwardAE = 10;  // SrcAE = ALUOutM
else if (Match_1E_W • RegWriteW)  ForwardAE = 01;  // SrcAE = ResultW
else                              ForwardAE = 00;  // SrcAE from regfile
```

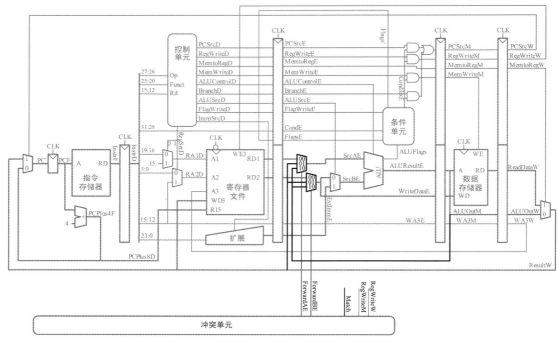

图 7-51 利用转发化解冲突的流水线处理器

2. 使用停顿解决数据冲突

当指令的结果在执行级计算时，可以使用转发方法化解 RAW 数据冲突。这是因为，结果可以转发到下一条指令的执行级。但是，LDR 指令直到存储器访问级后才能读取数据，因此结果不能转发到下一条指令的执行级。我们称 LDR 指令有两个周期延迟，因为相关指令直到两个周期后才能使用其结果。图 7-52 中指出了这个问题。LDR 指令在第 4 个周期的最后才从存储器中接收到数据。但是 AND 指令在第 4 个周期的开始时就需要这个数据作为源操作数。使用转发方法无法处理这种情况。

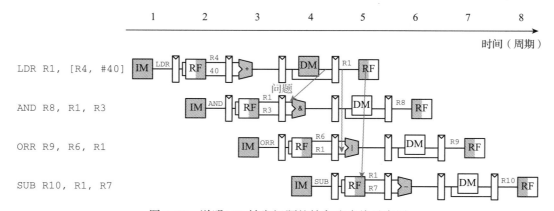

图 7-52 说明 LDR 转发问题的抽象流水线示意图

另外一种解决方法是停顿流水线：将操作挂起直至数据有效。图 7-53 显示在译码级停顿相关的 AND 指令。该指令在第 3 个周期进入译码级，并一直停顿到第 4 个周期位置。在此过程中，后续的 ORR 指令必须也保持在取指级，因为译码级已经满了。

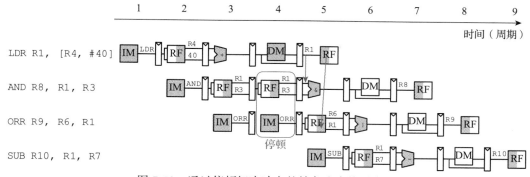

图 7-53 通过停顿解决冲突的抽象流水线示意图

在第 5 个周期时，LDR 指令的结果从写回级转发到 AND 指令的执行级。同样在第 5 个周期，ORR 指令的 R1 寄存器直接从寄存器文件中读取，而不需要转发。

注意到执行级在第 4 个周期没有用到。与之类似，存储器访问级和写回级也分别在第 5 个周期和第 6 个周期中没有使用。这种沿着流水线未使用级的传播称为气泡（bubble），其特征类似于 NOP 指令。气泡的产生是由于译码级停顿时对执行级产生无效的控制信号，使得气泡不发生操作，也不修改体系结构状态。

总而言之，可以通过禁止某一级的流水线寄存器实现停顿流水线，此时寄存器的内容将不发生改变。当某一级流水线停顿时，前面的各级也都应停顿，这样后续指令就不会丢失。在停顿级后的流水线寄存器必须清除以防止错误信息向前传播。停顿将降低性能，因此它们只有在必需的时候才能使用。

图 7-54 修改了流水线处理器以为 LDR 指令的数据依赖增加停顿功能。冲突单元将检查执行级中的指令。如果它是 LDR 指令，而且其目的寄存器（WA3E）匹配译码级中指令的任意一个源操作数（RA1D 或 RA2D），指令必须被停顿在译码级直至源操作数准备好。

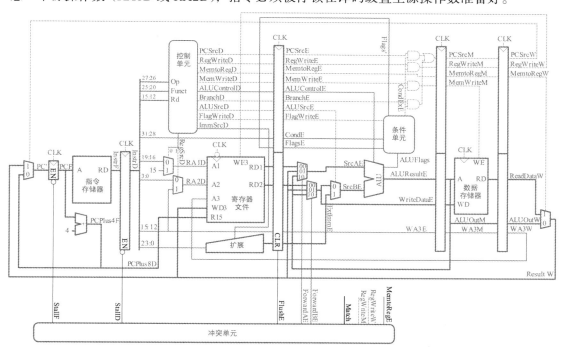

图 7-54 通过停顿方式解决 LDR 指令数据冲突的流水线处理器

停顿是通过对取指级和译码级的流水线寄存器增加使能（EN）和为执行级流水线寄存器增加同步复位/清除（CLR）的方式实现的。当 LDR 停顿出现时，StallD 和 StallF 信号有效以强制译码级和取指级流水线寄存器保持原有的值。FlushE 也同时有效以清除执行级流水线寄存器中的内容，从而产生气泡。

对于 LDR 指令，MemtoReg 信号将变为有效。因此，计算停顿和冲刷的逻辑如下所示：

```
Match_12D_E = (RA1D == WA3E) + (RA2D == WA3E)
LDRstall = Match_12D_E • MemtoRegE
StallF = StallD = FlushE = LDRstall
```

436

3. 解决控制冲突

B 指令将产生控制冲突：因为在读取下一条指令时尚未做出分支决定，所以流水线处理器不知道接下来读取什么指令。写入 R15（PC）存在类似的控制冲突。

处理控制冲突的一种机制是停顿流水线直到确定分支是否发生为止（即 PCSrcW 被计算出来）。因为确定分支是在写回级完成，流水线将针对分支指令停顿 4 个周期。这将严重地降低系统的性能。

另一种解决方法是预测分支是否发生，并基于预测来执行指令。一旦确定是否发生分支，而且如果预测错误，处理器将抛弃错误执行的指令。在目前为止提供的流水线中（图 7-54），处理器预测不会采用分支，只是继续按顺序执行程序，直到 PCSrcW 被声明

437

从 ResultW 中选择下一台 PC。如果分支的确发生了，分支指令后的 3 条指令将通过清除这些指令的流水线寄存器的方式来冲刷（抛弃）。这些浪费的指令周期称为分支误预测代价（branch misprediction penalty）。

图 7-55 显示了这样一种方案，其中采用从地址 0x20 到地址 0x64 的分支。直到第 5 个周期才写入 PC，此时已经获取了地址 0x24、0x28、0x2C 和 0x30 处的 AND、ORR 和两个 SUB 指令。必须冲刷这些指令，并在周期 6 中从地址 0x64 获取 ADD 指令。这有些改进，但在执行分支时冲刷如此多的指令仍然会降低性能。

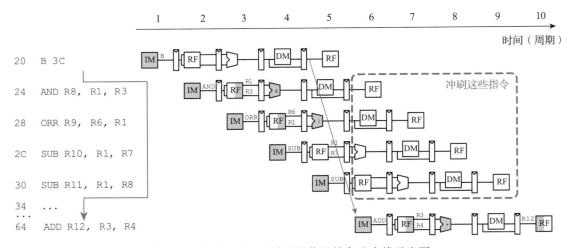

图 7-55   当分支发生时冲刷操作的抽象流水线示意图

如果可以提前做出分支决定，就可以减少分支误预测代价。我们发现当计算目标地址并且已知 CondEx 时，可以在执行级做出分支决策。图 7-56 显示了在第 3 个周期中进行早期分支决策的流水线操作。在第 4 个周期中，冲刷 AND 和 ORR 指令并获取 ADD 指令。现在，分

支误预测代价减少到只有 2 个指令而不是 4 个。

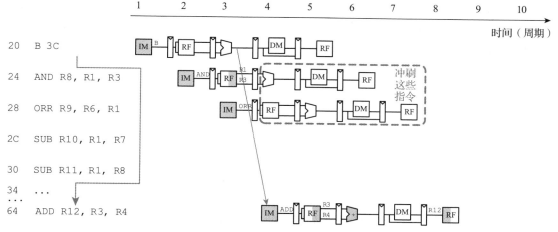

20	B 3C
24	AND R8, R1, R3
28	ORR R9, R6, R1
2C	SUB R10, R1, R7
30	SUB R11, R1, R8
34	...
...	
64	ADD R12, R3, R4

图 7-56 说明早期分支决策的抽象流水线示意图

图 7-57 修改了流水线处理器，以便更早地做出分支决策并处理控制冲突。在 PC 寄存器之前添加分支多路选择器以从 ALUResultE 中选择分支目的地。控制该多路选择器的 BranchTakenE 信号在满足条件的分支上被断言。PCSrcW 现在仅用于写入 PC，这仍然发生在写回级。

438

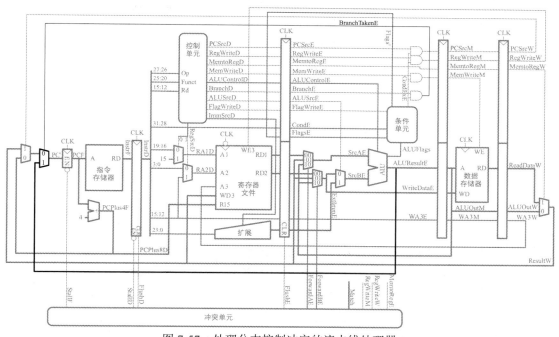

图 7-57 处理分支控制冲突的流水线处理器

439

最后，我们必须计算停顿和冲刷信号来处理分支和 PC 写入。由于条件相当复杂，因此通常采用流水线处理器设计的这一部分。采用分支时，必须从译码级和执行级的流水线寄存器中冲刷后续的两条指令。当对 PC 的写入处于流水线中时，应该停顿流水线直到写入完成。这是通过停顿取指级来完成的。回想一下，停顿一个流水线也需要冲刷下一个流水线以防止指令被重复执行。这里给出了处理这些情况的逻辑。当 PC 写入正在进行时（在译码、执行或存储器访问级），PCWrPending 被置位。在此期间，停顿取指级并冲刷译码级。当 PC 写入到达写回级（PCSrcW 置为有效）时，释放 StallF 以允许写入发生，但 FlushD 仍然有效，因此取指级中的非期望指令不会前进。

```
PCWrPendingF = PCSrcD + PCSrcE + PCSrcM;
StallD = LDRstall;
StallF = LDRstall + PCWrPendingF;
FlushE = LDRstall + BranchTakenE;
FlushD = PCWrPendingF + PCSrcW + BranchTakenE;
```

分支是非常常见的，即使是两个周期的误预测代价仍会影响性能。通过更多的改进工作，许多分支的代价可以减少到一个周期。目标地址必须在译码级计算，因为 PCBranchD = PCPlus8D + ExtImmD。BranchTakenD 也必须在译码级基于前一条指令生成的 ALUFlagsE 计算。如果这些标志迟到，可能会增加处理器的周期时间。这些变化留给读者练习（参见习题 7.36）。

4. 冲突总结

当一条指令依赖于其他指令的结果，而此结果还未写入寄存器文件时将产生 RAW 数据冲突。化解数据冲突的方法有两种：当结果已经计算出来时可以采用转发方法，或者停顿流水线直至结果可以使用。在取下一条指令时，若还不能确定应该取何指令，则将发生控制冲突。控制冲突可以通过下述方法化解：预测应取何指令，并在预测错误时冲刷流水线或者停顿流水线直到做出决策。尽量将分支确定过程提前可以减少预测错误时冲刷的指令数目。读者可以发现设计流水线处理器的主要挑战是理解指令间所有可能的相互关系并发现可能存在的所有冲突。图 7-58 显示了可以处理所有冲突的完整流水线处理器。

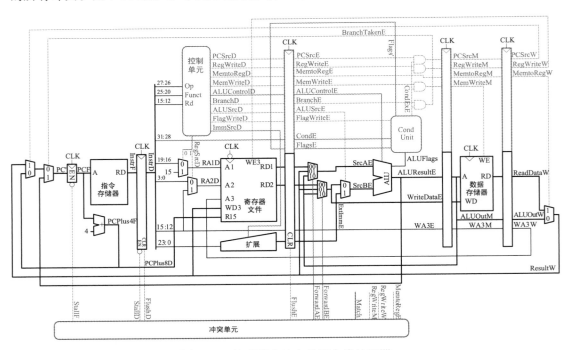

图 7-58　处理所有冲突的流水线处理器

7.5.4 性能分析

理想的流水线处理器中 CPI 应该为 1，这是因为在每个周期都将发布一条指令。然而停顿或冲刷将浪费一个周期，这使得 CPI 将稍高一些，并且和执行的特定程序密切相关。

例 7.7 **流水线处理器 CPI。** 例 7.5 中考虑的 SPECINT2000 包含了大约 25% 的加载指令、10% 的存储指令、13% 的分支指令和 52% 的数据处理指令。假设 40% 的加载指令后面跟随的指令需要立即使用其结果，从而产生停顿。而 50% 的分支指令将产生判断错误，从而需要冲刷。忽略其他冲突，请计算流水线处理器的平均 CPI。　　　　　　　　　　　　[441]

解： 所有指令的平均 CPI 是每条指令的 CPI 总和乘以其所占程序的比例。加载指令在无依赖性时需要一个周期，在有依赖性时需要两个周期，因此其 CPI 为 (0.6)(1)+(0.4)(2)=1.4。分支指令在预测正确时需要一个周期，在预测错误时需要三个周期，因此其 CPI 为 (0.5)(1)+(0.5)(3)=2.0。其他指令的 CPI 均为 1。因此，对于此测试基准程序，平均的 CPI 为 (0.25)(1.4)+(0.1)(1)+(0.13)(2.0)+(0.52)(1)=1.23。 ■

我们可以通过考虑图 7-58 中各级流水线的关键路径来确定周期时间。考虑到寄存器文件在写回周期的前半部分写入，在译码周期的后半部分读出。因此，译码级和写回级的周期时间需要两倍于在半个周期内完成的工作所需的时间。

$$T_{c3}=\max\begin{bmatrix} t_{pcq}+t_{mem}+t_{setup} & \text{取指} \\ 2(t_{RFread}+t_{setup}) & \text{译码} \\ t_{pcq}+2t_{mux}+t_{ALU}+t_{setup} & \text{执行} \\ t_{pcq}+t_{mem}+t_{setup} & \text{存储器访问} \\ 2(t_{pcq}+t_{mux}+t_{RFsetup}) & \text{写回} \end{bmatrix} \tag{7.5}$$

例 7.8 **处理器性能比较。** Ben 需要将流水线处理器与例 7.6 中的单周期处理器和多周期处理器进行性能比较。大部分的逻辑组件延迟在表 7-5 中给出。请帮助 Ben 比较在各种处理器上执行 SPECINT2000 基准程序中 1000 亿条指令的时间。

解： 根据式（7.5），流水线处理器的周期时间为 T_{c3} = max(40+200+50, 2(100+50), 40+2(25)+120+50, 40+200+50, 2(40+25+60))=300ps。由式（7.1）可知，总的执行时间为 T_3=（100×10⁹ 条指令）×（1.23 周期 / 指令）×（300×10⁻¹² 秒 / 周期）=36.9 秒。请与单周期处理器的 84 秒和多周期处理器的 140 秒比较。 ■

流水线处理器明显比其他处理器更快。然而，它相对于单周期处理器的优势不是理想中五级流水线所带来的五倍加速比。流水线的冲突导致了比较小的 CPI 代价。更为显著的是寄存器的时序开销（包括 clk-to-Q 和建立时间）将对流水线的每一级都有影响，而非整个数据通路。时序开销限制了可能从流水线中得到的益处。流水线处理器的硬件要求与单周期处理器类似，但它增加了 8 个 32 位流水线寄存器，以及多路选择器、更小的流水线寄存器和控制逻辑来解决冲突。　　　　　　　　　　　　　　　　　　　　　　　　　　[442]

*7.6　硬件描述语言表示

本节将介绍单周期处理器的硬件描述语言代码。该处理器可以支持本章所涉及的所有指令。对于中等复杂程度的系统而言，这些代码可以作为有益的编程练习。对于多周期处理器和流水线处理器的硬件描述语言程序设计留作习题 7.25 和习题 7.40。

在本节中，指令和数据存储器与数据通路分开，并通过地址和数据总线连接。实际上，大多数处理器从单独的高速缓存中提取指令和数据。但是，要处理文字池，更完整的处理器还必须能够从指令存储器读取数据。第 8 章将重新讨论内存系统，包括高速缓存与主内存的交互。

处理器包括数据通路和控制器。而控制器由译码器和条件逻辑组成。图 7-59 显示了带外部存储器接口的单周期处理器的框图。

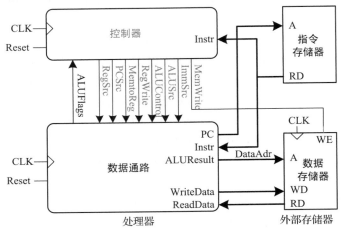

图 7-59　具有外部存储器接口的单周期处理器

硬件描述语言代码分为几个部分。7.6.1 节中的代码是单周期处理器的数据通路和控制器。7.6.2 节中描述了微结构中的通用模块，例如寄存器、多路选择器等。7.6.3 节介绍了测试程序和外部存储器。硬件描述语言的电子版本可以从此书的网站上下载（参见前言）。

443

7.6.1　单周期处理器

单周期处理器的主模块由下述硬件描述语言例子给出。

HDL例7.1　单周期处理器

SystemVerilog

```
module arm(input  logic         clk, reset,
           output logic [31:0]  PC,
           input  logic [31:0]  Instr,
           output logic         MemWrite,
           output logic [31:0]  ALUResult, WriteData,
           input  logic [31:0]  ReadData);

  logic [3:0]  ALUFlags;
  logic        RegWrite,
               ALUSrc, MemtoReg, PCSrc;
  logic [1:0]  RegSrc, ImmSrc, ALUControl;

  controller c(clk, reset, Instr[31:12], ALUFlags,
               RegSrc, RegWrite, ImmSrc,
               ALUSrc, ALUControl,
               MemWrite, MemtoReg, PCSrc);
  datapath dp(clk, reset,
              RegSrc, RegWrite, ImmSrc,
              ALUSrc, ALUControl,
              MemtoReg, PCSrc,
              ALUFlags, PC, Instr,
              ALUResult, WriteData, ReadData);
endmodule
```

VHDL

```
library IEEE; use IEEE.STD_LOGIC_1164.all;
entity arm is -- single cycle processor
  port(clk, reset:            in  STD_LOGIC;
       PC:                    out STD_LOGIC_VECTOR(31 downto 0);
       Instr:                 in  STD_LOGIC_VECTOR(31 downto 0);
       MemWrite:              out STD_LOGIC;
       ALUResult, WriteData: out STD_LOGIC_VECTOR(31 downto 0);
       ReadData:              in  STD_LOGIC_VECTOR(31 downto 0));
end;

architecture struct of arm is
  component controller
  port(clk, reset:    in  STD_LOGIC;
       Instr:         in  STD_LOGIC_VECTOR(31 downto 12);
       ALUFlags:      in  STD_LOGIC_VECTOR(3 downto 0);
       RegSrc:        out STD_LOGIC_VECTOR(1 downto 0);
       RegWrite:      out STD_LOGIC;
       ImmSrc:        out STD_LOGIC_VECTOR(1 downto 0);
       ALUSrc:        out STD_LOGIC;
       ALUControl:    out STD_LOGIC_VECTOR(1 downto 0);
       MemWrite:      out STD_LOGIC;
       MemtoReg:      out STD_LOGIC;
       PCSrc:         out STD_LOGIC);
  end component;
  component datapath
    port(clk, reset:    in  STD_LOGIC;
         RegSrc:        in  STD_LOGIC_VECTOR(1 downto 0);
         RegWrite:      in  STD_LOGIC;
         ImmSrc:        in  STD_LOGIC_VECTOR(1 downto 0);
```

```
ALUSrc:                  in     STD_LOGIC;
ALUControl:              in     STD_LOGIC_VECTOR(1 downto 0);
MemtoReg:                in     STD_LOGIC;
PCSrc:                   in     STD_LOGIC;
ALUFlags:                out    STD_LOGIC_VECTOR(3 downto 0);
PC:                      buffer STD_LOGIC_VECTOR(31 downto 0);
Instr:                   in     STD_LOGIC_VECTOR(31 downto 0);
ALUResult, WriteData:buffer STD_LOGIC_VECTOR(31 downto 0);
ReadData:                in     STD_LOGIC_VECTOR(31 downto 0));
end component;
signal RegWrite, ALUSrc, MemtoReg, PCSrc: STD_LOGIC;
signal RegSrc, ImmSrc, ALUControl: STD_LOGIC_VECTOR
                       (1 downto 0);
signal ALUFlags: STD_LOGIC_VECTOR(3 downto 0);
begin
   cont: controller port map(clk, reset, Instr(31 downto 12),
                       ALUFlags, RegSrc, RegWrite,
                       ImmSrc, ALUSrc, ALUControl,
                       MemWrite, MemtoReg, PCSrc);
   dp: datapath port map(clk, reset, RegSrc, RegWrite, ImmSrc,
                       ALUSrc, ALUControl, MemtoReg, PCSrc,
                       ALUFlags, PC, Instr, ALUResult,
                       WriteData, ReadData);
end;
```

444

HDL例7.2 控制器

SystemVerilog

```
module controller(input  logic          clk, reset,
                  input  logic  [31:12] Instr,
                  input  logic  [3:0]   ALUFlags,
                  output logic  [1:0]   RegSrc,
                  output logic          RegWrite,
                  output logic  [1:0]   ImmSrc,
                  output logic          ALUSrc,
                  output logic  [1:0]   ALUControl,
                  output logic          MemWrite, MemtoReg,
                  output logic          PCSrc);
  logic [1:0] FlagW;
  logic       PCS, RegW, MemW;

  decoder dec(Instr[27:26], Instr[25:20], Instr[15:12],
              FlagW, PCS, RegW, MemW,
              MemtoReg, ALUSrc, ImmSrc, RegSrc, ALUControl);
  condlogic cl(clk, reset, Instr[31:28], ALUFlags,
               FlagW, PCS, RegW, MemW,
               PCSrc, RegWrite, MemWrite);
endmodule
```

VHDL

```
library IEEE; use IEEE.STD_LOGIC_1164.all;
entity controller is -- single cycle control
   port(clk, reset:    in  STD_LOGIC;
        Instr:         in  STD_LOGIC_VECTOR(31 downto 12);
        ALUFlags:      in  STD_LOGIC_VECTOR(3 downto 0);
        RegSrc:        out STD_LOGIC_VECTOR(1 downto 0);
        RegWrite:      out STD_LOGIC;
        ImmSrc:        out STD_LOGIC_VECTOR(1 downto 0);
        ALUSrc:        out STD_LOGIC;
        ALUControl:    out STD_LOGIC_VECTOR(1 downto 0);
        MemWrite:      out STD_LOGIC;
        MemtoReg:      out STD_LOGIC;
        PCSrc:         out STD_LOGIC);
end;

architecture struct of controller is
   component decoder
      port(Op:               in  STD_LOGIC_VECTOR(1 downto 0);
           Funct:            in  STD_LOGIC_VECTOR(5 downto 0);
           Rd:               in  STD_LOGIC_VECTOR(3 downto 0);
           FlagW:            out STD_LOGIC_VECTOR(1 downto 0);
           PCS, RegW, MemW:  out STD_LOGIC;
           MemtoReg, ALUSrc: out STD_LOGIC;
           ImmSrc, RegSrc:   out STD_LOGIC_VECTOR(1 downto 0);
           ALUControl:       out STD_LOGIC_VECTOR(1 downto 0));
      end component;
   component condlogic
      port(clk, reset:       in  STD_LOGIC;
           Cond:             in  STD_LOGIC_VECTOR(3 downto 0);
           ALUFlags:         in  STD_LOGIC_VECTOR(3 downto 0);
           FlagW:            in  STD_LOGIC_VECTOR(1 downto 0);
           PCS, RegW, MemW:  in  STD_LOGIC;
           PCSrc, RegWrite:  out STD_LOGIC;
           MemWrite:         out STD_LOGIC);
      end component;
   signal FlagW: STD_LOGIC_VECTOR(1 downto 0);
   signal PCS, RegW, MemW: STD_LOGIC;
begin
   dec: decoder port map(Instr(27 downto 26), Instr(25 downto 20),
                         Instr(15 downto 12), FlagW, PCS,
                         RegW, MemW, MemtoReg, ALUSrc, ImmSrc,
                         RegSrc, ALUControl);
   cl: condlogic port map(clk, reset, Instr(31 downto 28),
                          ALUFlags, FlagW, PCS, RegW, MemW,
                          PCSrc, RegWrite, MemWrite);
end;
```

445

HDL例7.3   译码器

SystemVerilog

```systemverilog
module decoder(input  logic  [1:0]  Op,
               input  logic  [5:0]  Funct,
               input  logic  [3:0]  Rd,
               output logic  [1:0]  FlagW,
               output logic         PCS, RegW, MemW,
               output logic         MemtoReg, ALUSrc,
               output logic  [1:0]  ImmSrc, RegSrc, ALUControl);

  logic [9:0] controls;
  logic       Branch, ALUOp;

  // Main Decoder
  always_comb
      casex(Op)
                             // Data-processing immediate
        2'b00: if (Funct[5]) controls = 10'b0000101001;
                             // Data-processing register
               else          controls = 10'b0000001001;
                             // LDR
        2'b01: if (Funct[0]) controls = 10'b0001111000;
                             // STR
               else          controls = 10'b1001110100;
                             // B
        2'b10:               controls = 10'b0110100010;
                             // Unimplemented
        default:             controls = 10'bx;
      endcase

  assign {RegSrc, ImmSrc, ALUSrc, MemtoReg,
  RegW, MemW, Branch, ALUOp} = controls;

  // ALU Decoder
  always_comb
  if (ALUOp) begin          // which DP Instr?
    case(Funct[4:1])
      4'b0100: ALUControl = 2'b00;  // ADD
      4'b0010: ALUControl = 2'b01;  // SUB
      4'b0000: ALUControl = 2'b10;  // AND
      4'b1100: ALUControl = 2'b11;  // ORR
      default: ALUControl = 2'bx;   // unimplemented
    endcase

    // update flags if S bit is set (C & V only for arith)
    FlagW[1]    = Funct[0];
    FlagW[0]    = Funct[0] &
      (ALUControl == 2'b00 | ALUControl == 2'b01);
  end else begin
    ALUControl = 2'b00;  // add for non-DP instructions
    FlagW      = 2'b00;  // don't update Flags
  end

  // PC Logic
  assign PCS  = ((Rd == 4'b1111) & RegW) | Branch;
endmodule
```

VHDL

```vhdl
library IEEE; use IEEE.STD_LOGIC_1164.all;
entity decoder is -- main control decoder
  port(Op:              in  STD_LOGIC_VECTOR(1 downto 0);
       Funct:           in  STD_LOGIC_VECTOR(5 downto 0);
       Rd:              in  STD_LOGIC_VECTOR(3 downto 0);
       FlagW:           out STD_LOGIC_VECTOR(1 downto 0);
       PCS, RegW, MemW: out STD_LOGIC;
       MemtoReg, ALUSrc: out STD_LOGIC;
       ImmSrc, RegSrc:  out STD_LOGIC_VECTOR(1 downto 0);
       ALUControl:      out STD_LOGIC_VECTOR(1 downto 0));
end;
architecture behave of decoder is
  signal controls       STD_LOGIC_VECTOR(9 downto 0);
  signal ALUOp, Branch: STD_LOGIC;
  signal op2:           STD_LOGIC_VECTOR(3 downto 0);
begin
  op2 <= (Op, Funct(5), Funct(0));
  process(all) begin -- Main Decoder
    case? (op2) is
      when "000-" =>  controls <= "0000001001";
      when "001-" =>  controls <= "0000101001";
      when "01-0" =>  controls <= "1001110100";
      when "01-1" =>  controls <= "0001111000";
      when "10--" =>  controls <= "0110100010";
      when others =>  controls <= "----------";
    end case?;
  end process;

  (RegSrc, ImmSrc, ALUSrc, MemtoReg, RegW, MemW,
  Branch, ALUOp) <=  controls;

  process(all) begin -- ALU Decoder
    if (ALUOp) then
      case Funct(4 downto 1) is
        when "0100" => ALUControl <= "00";  -- ADD
        when "0010" => ALUControl <= "01";  -- SUB
        when "0000" => ALUControl <= "10";  -- AND
        when "1100" => ALUControl <= "11";  -- ORR
        when others => ALUControl <= "--";  -- unimplemented
      end case;
      FlagW(1) <= Funct(0);
      FlagW(0) <= Funct(0) and (not ALUControl(1));
    else
      ALUControl <= "00";
      FlagW <= "00";
    end if;
  end process;

  PCS  <=  ((and Rd) and RegW) or Branch;
end;
```

HDL例7.4   条件逻辑

SystemVerilog

```systemverilog
module condlogic(input   logic         clk, reset,
                 input   logic  [3:0]  Cond,
                 input   logic  [3:0]  ALUFlags,
                 input   logic  [1:0]  FlagW,
                 input   logic         PCS, RegW, MemW,
                 output  logic         PCSrc, RegWrite,
                                       MemWrite);

  logic [1:0] FlagWrite;
  logic [3:0] Flags;
  logic       CondEx;

  flopenr #(2)flagreg1(clk, reset, FlagWrite[1],
                       ALUFlags[3:2], Flags[3:2]);
  flopenr #(2)flagreg0(clk, reset, FlagWrite[0],
                       ALUFlags[1:0], Flags[1:0]);

  // write controls are conditional
  condcheck cc(Cond,  Flags,  CondEx);
```

VHDL

```vhdl
library IEEE; use IEEE.STD_LOGIC_1164.all;
entity condlogic is -- Conditional logic
  port(clk, reset:       in  STD_LOGIC;
       Cond:             in  STD_LOGIC_VECTOR(3 downto 0);
       ALUFlags:         in  STD_LOGIC_VECTOR(3 downto 0);
       FlagW:            in  STD_LOGIC_VECTOR(1 downto 0);
       PCS, RegW, MemW:  in  STD_LOGIC;
       PCSrc, RegWrite:  out STD_LOGIC;
       MemWrite:         out STD_LOGIC);
end;

architecture behave of condlogic is
  component condcheck
    port(Cond:   in  STD_LOGIC_VECTOR(3 downto 0);
         Flags:  in  STD_LOGIC_VECTOR(3 downto 0);
         CondEx: out STD_LOGIC);
  end component;
  component flopenr generic(width: integer);
    port(clk, reset, en: in  STD_LOGIC;
```

```
      assign FlagWrite = FlagW  & {2{CondEx}};
      assign RegWrite  = RegW   & CondEx;
      assign MemWrite  = MemW   & CondEx;
      assign PCSrc     = PCS    & CondEx;
endmodule

module condcheck(input  logic [3:0]  Cond,
                 input  logic [3:0]  Flags,
                 output logic        CondEx);

   logic neg, zero, carry, overflow, ge;

   assign {neg, zero, carry, overflow} = Flags;
   assign ge = (neg == overflow);

   always_comb
      case(Cond)
         4'b0000: CondEx = zero;             // EQ
         4'b0001: CondEx = ~zero;            // NE
         4'b0010: CondEx = carry;            // CS
         4'b0011: CondEx = ~carry;           // CC
         4'b0100: CondEx = neg;              // MI
         4'b0101: CondEx = ~neg;             // PL
         4'b0110: CondEx = overflow;         // VS
         4'b0111: CondEx = ~overflow;        // VC
         4'b1000: CondEx = carry & ~zero;    // HI
         4'b1001: CondEx = ~(carry & ~zero); // LS
         4'b1010: CondEx = ge;               // GE
         4'b1011: CondEx = ~ge;              // LT
         4'b1100: CondEx = ~zero & ge;       // GT
         4'b1101: CondEx = ~(~zero & ge);    // LE
         4'b1110: CondEx = 1'b1;             // Always
         default: CondEx = 1'bx;             // undefined
      endcase
endmodule
```

```
      d:    in  STD_LOGIC_VECTOR (width-1 downto 0);
      q:    out STD_LOGIC_VECTOR (width-1 downto 0));
   end component;
   signal FlagWrite: STD_LOGIC_VECTOR(1 downto 0);
   signal Flags:     STD_LOGIC_VECTOR(3 downto 0);
   signal CondEx:    STD_LOGIC;
begin
   flagreg1: flopenr generic map(2)
      port map(clk, reset, FlagWrite(1),
               ALUFlags(3 downto 2), Flags(3 downto 2));
   flagreg0: flopenr generic map(2)
      port map(clk, reset, FlagWrite(0),
               ALUFlags(1 downto 0), Flags(1 downto 0));
   cc: condcheck port map(Cond, Flags, CondEx);

   FlagWrite <= FlagW and (CondEx, CondEx);
   RegWrite  <= RegW  and CondEx;
   MemWrite  <= MemW  and CondEx;
   PCSrc     <= PCS   and CondEx;
end;

library IEEE; use IEEE.STD_LOGIC_1164.all;
entity condcheck is
   port(Cond:    in  STD_LOGIC_VECTOR(3 downto 0);
        Flags:   in  STD_LOGIC_VECTOR(3 downto 0);
        CondEx:  out STD_LOGIC);
end;

architecture behave of condcheck is
   signal neg, zero, carry, overflow, ge: STD_LOGIC;
begin
   (neg, zero, carry, overflow) <= Flags;
   ge <= (neg xnor overflow);

   process(all) begin -- Condition checking
      case Cond is
         when "0000" => CondEx <= zero;
         when "0001" => CondEx <= not zero;
         when "0010" => CondEx <= carry;
         when "0011" => CondEx <= not carry;
         when "0100" => CondEx <= neg;
         when "0101" => CondEx <= not neg;
         when "0110" => CondEx <= overflow;
         when "0111" => CondEx <= not overflow;
         when "1000" => CondEx <= carry and (not zero);
         when "1001" => CondEx <= not(carry and (not zero));
         when "1010" => CondEx <= ge;
         when "1011" => CondEx <= not ge;
         when "1100" => CondEx <= (not zero) and ge;
         when "1101" => CondEx <= not ((not zero) and ge);
         when "1110" => CondEx <= '1';
         when others => CondEx <= '-';
      end case;
   end process;
end;
```

447

HDL例7.5　数据通路

SystemVerilog

```
module datapath(input  logic        clk, reset,
                input  logic [1:0]  RegSrc,
                input  logic        RegWrite,
                input  logic [1:0]  ImmSrc,
                input  logic        ALUSrc,
                input  logic [1:0]  ALUControl,
                input  logic        MemtoReg,
                input  logic        PCSrc,
                output logic [3:0]  ALUFlags,
                output logic [31:0] PC,
                input  logic [31:0] Instr,
                output logic [31:0] ALUResult, WriteData,
                input  logic [31:0] ReadData);

   logic [31:0] PCNext, PCPlus4, PCPlus8;
   logic [31:0] ExtImm, SrcA, SrcB, Result;
   logic [3:0]  RA1, RA2;

   // next PC logic
   mux2 #(32)  pcmux(PCPlus4, Result, PCSrc, PCNext);
   flopr #(32) pcreg(clk, reset, PCNext, PC);
   adder #(32) pcadd1(PC, 32'b100, PCPlus4);
   adder #(32) pcadd2(PCPlus4, 32'b100, PCPlus8);
```

VHDL

```
library IEEE; use IEEE.STD_LOGIC_1164.all;
entity datapath is
   port(clk, reset:   in     STD_LOGIC;
        RegSrc:       in     STD_LOGIC_VECTOR(1 downto 0);
        RegWrite:     in     STD_LOGIC;
        ImmSrc:       in     STD_LOGIC_VECTOR(1 downto 0);
        ALUSrc:       in     STD_LOGIC;
        ALUControl:   in     STD_LOGIC_VECTOR(1 downto 0);
        MemtoReg:     in     STD_LOGIC;
        PCSrc:        in     STD_LOGIC;
        ALUFlags:     out    STD_LOGIC_VECTOR(3 downto 0);
        PC:           buffer STD_LOGIC_VECTOR(31 downto 0);
        Instr:        in     STD_LOGIC_VECTOR(31 downto 0);
        ALUResult, WriteData:buffer STD_LOGIC_VECTOR(31 downto 0);
        ReadData:     in     STD_LOGIC_VECTOR(31 downto 0));
end;

architecture struct of datapath is
   component alu
   port(a, b:         in     STD_LOGIC_VECTOR(31 downto 0);
        ALUControl:   in     STD_LOGIC_VECTOR(1 downto 0);
        Result:       buffer STD_LOGIC_VECTOR(31 downto 0);
        ALUFlags:     out    STD_LOGIC_VECTOR(3 downto 0));
   end component;
```

```systemverilog
// register file logic
mux2 #(4)  ra1mux(Instr[19:16], 4'b1111, RegSrc[0], RA1);
mux2 #(4)  ra2mux(Instr[3:0], Instr[15:12], RegSrc[1], RA2);
regfile    rf(clk, RegWrite, RA1, RA2,
              Instr[15:12], Result, PCPlus8,
              SrcA, WriteData);
mux2 #(32) resmux(ALUResult, ReadData, MemtoReg, Result);
extend     ext(Instr[23:0], ImmSrc, ExtImm);

// ALU logic
mux2 #(32) srcbmux(WriteData, ExtImm, ALUSrc, SrcB);
alu        alu(SrcA, SrcB, ALUControl, ALUResult, ALUFlags);
endmodule
```

448

```vhdl
component regfile
port(clk:         in  STD_LOGIC;
     we3:         in  STD_LOGIC;
     ra1, ra2, wa3: in STD_LOGIC_VECTOR(3 downto 0);
     wd3, r15:    in  STD_LOGIC_VECTOR(31 downto 0);
     rd1, rd2:    out STD_LOGIC_VECTOR(31 downto 0));
end component;
component adder
port(a, b:  in  STD_LOGIC_VECTOR(31 downto 0);
     y:     out STD_LOGIC_VECTOR(31 downto 0));
end component;
component extend
port(Instr:  in  STD_LOGIC_VECTOR(23 downto 0);
     ImmSrc: in  STD_LOGIC_VECTOR(1 downto 0);
     ExtImm: out STD_LOGIC_VECTOR(31 downto 0));
end component;
component flopr generic(width: integer);
port(clk, reset: in STD_LOGIC;
     d:          in  STD_LOGIC_VECTOR(width-1 downto 0);
     q:          out STD_LOGIC_VECTOR(width-1 downto 0));
end component;
component mux2 generic(width: integer);
port(d0, d1: in  STD_LOGIC_VECTOR(width-1 downto 0);
     s:      in  STD_LOGIC;
     y:      out STD_LOGIC_VECTOR(width-1 downto 0));
end component;
signal PCNext, PCPlus4,
       PCPlus8:         STD_LOGIC_VECTOR(31 downto 0);
signal ExtImm, Result:  STD_LOGIC_VECTOR(31 downto 0);
signal SrcA, SrcB:      STD_LOGIC_VECTOR(31 downto 0);
signal RA1, RA2:        STD_LOGIC_VECTOR(3 downto 0);
begin
-- next PC logic
pcmux:  mux2 generic map(32)
          port map(PCPlus4, Result, PCSrc, PCNext);
preg: flopr generic map(32) port map(clk, reset, PCNext, PC);
pcadd1: adder port map(PC, X"00000004", PCPlus4);
pcadd2: adder port map(PCPlus4, X"00000004", PCPlus8);

-- register file logic
ra1mux: mux2 generic map (4)
  port map(Instr(19 downto 16), "1111", RegSrc(0), RA1);
ra2mux: mux2 generic map (4) port map(Instr(3 downto 0),
                Instr(15 downto 12), RegSrc(1), RA2);
rf: regfile port map(clk, RegWrite, RA1, RA2,
                Instr(15 downto 12), Result,
                PCPlus8, SrcA, WriteData);
resmux: mux2 generic map(32)
  port map(ALUResult, ReadData, MemtoReg, Result);
ext: extend port map(Instr(23 downto 0), ImmSrc, ExtImm);

-- ALU logic
srcbmux: mux2 generic map(32)
  port map(WriteData, ExtImm, ALUSrc, SrcB);
i_alu:  alu port map(SrcA, SrcB, ALUControl, ALUResult,
                ALUFlags);
end;
```

7.6.2 通用模块

本节包含可用于任何数字系统的通用构建模块，包括寄存器文件、加法器、触发器和 2:1 多路选择器。ALU 的 HDL 留作习题 5.11 和习题 5.12。

449

HDL例7.6   寄存器文件

SystemVerilog	VHDL

```systemverilog
module regfile(input  logic        clk,
               input  logic        we3,
               input  logic [3:0]  ra1, ra2, wa3,
               input  logic [31:0] wd3, r15,
               output logic [31:0] rd1, rd2);

  logic [31:0] rf[14:0];

  // three ported register file
  // read two ports combinationally
  // write third port on rising edge of clock
```

```vhdl
library IEEE; use IEEE.STD_LOGIC_1164.all;
use IEEE.NUMERIC_STD_UNSIGNED.all;
entity regfile is -- three-port register file
  port(clk:         in  STD_LOGIC;
       we3:         in  STD_LOGIC;
       ra1, ra2, wa3: in STD_LOGIC_VECTOR(3 downto 0);
       wd3, r15:    in  STD_LOGIC_VECTOR(31 downto 0);
       rd1, rd2:    out STD_LOGIC_VECTOR(31 downto 0));
end;

architecture behave of regfile is
```

```
// register 15 reads PC+8 instead

always_ff @(posedge clk)
  if (we3) rf[wa3] <= wd3;

assign rd1 = (ra1 == 4'b1111) ? r15 : rf[ra1];
assign rd2 = (ra2 == 4'b1111) ? r15 : rf[ra2];
endmodule
```

```
type ramtype is array (31 downto 0) of
  STD_LOGIC_VECTOR(31 downto 0);
signal mem: ramtype;
begin
  process(clk) begin
  if rising_edge(clk) then
    if we3 = '1' then mem(to_integer(wa3)) <= wd3;
    end if;
  end if;
  end process;
  process(all) begin
    if (to_integer(ra1) = 15) then rd1 <= r15;
    else rd1 <= mem(to_integer(ra1));
    end if;
    if (to_integer(ra2) = 15) then rd2 <= r15;
    else rd2 <= mem(to_integer(ra2));
    end if;
  end process;
end;
```

HDL例7.7 加法器

SystemVerilog

```
module adder #(parameter WIDTH=8)
              (input  logic [WIDTH-1:0] a, b,
               output logic [WIDTH-1:0] y);

  assign y = a + b;
endmodule
```

VHDL

```
library IEEE; use IEEE.STD_LOGIC_1164.all;
use IEEE.NUMERIC_STD_UNSIGNED.all;
entity adder is -- adder
  port(a, b:  in  STD_LOGIC_VECTOR(31 downto 0);
       y:     out STD_LOGIC_VECTOR(31 downto 0));
end;

architecture behave of adder is
begin
  y <= a + b;
end;
```

[450]

HDL例7.8 立即数扩展

SystemVerilog

```
module extend(input  logic [23:0] Instr,
              input  logic [1:0]  ImmSrc,
              output logic [31:0] ExtImm);

  always_comb
    case(ImmSrc)
              // 8-bit unsigned immediate
    2'b00:    ExtImm = {24'b0, Instr[7:0]};
              // 12-bit unsigned immediate
    2'b01:    ExtImm = {20'b0, Instr[11:0]};
              // 24-bit two's complement shifted branch
    2'b10:    ExtImm = {{6{Instr[23]}}, Instr[23:0], 2'b00};
    default:  ExtImm = 32'bx; // undefined
    endcase
endmodule
```

VHDL

```
library IEEE; use IEEE.STD_LOGIC_1164.all;
entity extend is
  port(Instr:   in  STD_LOGIC_VECTOR(23 downto 0);
       ImmSrc:  in  STD_LOGIC_VECTOR(1 downto 0);
       ExtImm:  out STD_LOGIC_VECTOR(31 downto 0));
end;

architecture behave of extend is
begin
  process(all) begin
    case ImmSrc is
      when "00" => ExtImm <= (X"000000", Instr(7 downto 0));
      when "01" => ExtImm <= (X"00000", Instr(11 downto 0));
      when "10" => ExtImm <= (Instr(23), Instr(23),
                             Instr(23), Instr(23),
                             Instr(23), Instr(23),
                             Instr(23 downto 0), "00");
      when others => ExtImm <= X"--------";
    end case;
  end process;
end;
```

HDL例7.9 可重置触发器

SystemVerilog

```
module flopr #(parameter WIDTH = 8)
              (input  logic           clk, reset,
               input  logic [WIDTH-1:0] d,
               output logic [WIDTH-1:0] q);

  always_ff @(posedge clk, posedge reset)
    if (reset) q <= 0;
    else       q <= d;
endmodule
```

VHDL

```
library IEEE; use IEEE.STD_LOGIC_1164.all;
entity flopr is -- flip-flop with synchronous reset
  generic(width: integer);
  port(clk, reset:  in  STD_LOGIC;
       d:           in  STD_LOGIC_VECTOR(width-1 downto 0);
       q:           out STD_LOGIC_VECTOR(width-1 downto 0));
end;

architecture asynchronous of flopr is
begin
  process(clk, reset) begin
    if reset then  q <= (others => '0');
    elsif rising_edge(clk) then
          q <= d;
    end if;
  end process;
end;
```

[451]

HDL例7.10　带使能的可重置触发器

SystemVerilog

```systemverilog
module flopenr #(parameter WIDTH = 8)
              (input  logic            clk, reset, en,
               input  logic [WIDTH-1:0] d,
               output logic [WIDTH-1:0] q);

  always_ff @(posedge clk, posedge reset)
    if (reset)    q <= 0;
    else if (en)  q <= d;
endmodule
```

VHDL

```vhdl
library IEEE; use IEEE.STD_LOGIC_1164.all;
entity flopenr is -- flip-flop with enable and synchronous reset
    generic(width: integer);
    port(clk, reset, en: in  STD_LOGIC;
         d:             in  STD_LOGIC_VECTOR(width-1 downto 0);
         q:             out STD_LOGIC_VECTOR(width-1 downto 0));
end;

architecture asynchronous of flopenr is
begin
  process(clk, reset) begin
    if reset then  q <= (others => '0');
    elsif rising_edge(clk) then
       if en then
          q <= d;
       end if;
    end if;
  end process;
end;
```

HDL例7.11　2:1多路选择器

SystemVerilog

```systemverilog
module mux2 #(parameter WIDTH = 8)
            (input  logic [WIDTH-1:0] d0, d1,
             input  logic            s,
             output logic [WIDTH-1:0] y);

  assign y = s ? d1 : d0;
endmodule
```

VHDL

```vhdl
library IEEE; use IEEE.STD_LOGIC_1164.all;
entity mux2 is -- two-input multiplexer
    generic(width: integer);
    port(d0, d1: in  STD_LOGIC_VECTOR(width-1 downto 0);
         s:      in  STD_LOGIC;
         y:      out STD_LOGIC_VECTOR(width-1 downto 0));
end;

architecture behave of mux2 is
begin
  y <= d1 when s else d0;
end;
```

7.6.3　测试程序

　　测试程序将加载一段可执行代码到存储器中。图 7-60 中的可执行代码通过计算检测所有指令，只有当所有指令的功能实现完全正确时才能得到正确的结果。对于该图中的例子，如果程序完全运行正确，应向地址 100 的存储器写入数值 7，否则就表明硬件设计有问题。这种测试访问称为随机测试（ad hoc testing）。

ADDR		PROGRAM	; COMMENTS	BINARY MACHINE CODE	HEX CODE
00	MAIN	SUB R0, R15, R15	; R0 = 0	1110 000 0010 0 1111 0000 0000 0000 1111	E04F000F
04		ADD R2, R0, #5	; R2 = 5	1110 001 0100 0 0000 0010 0000 0000 0101	E2802005
08		ADD R3, R0, #12	; R3 = 12	1110 001 0100 0 0000 0011 0000 0000 1100	E280300C
0C		SUB R7, R3, #9	; R7 = 3	1110 001 0010 0 0011 0111 0000 0000 1001	E2437009
10		ORR R4, R7, R2	; R4 = 3 OR 5 = 7	1110 000 1100 0 0111 0100 0000 0000 0010	E1874002
14		AND R5, R3, R4	; R5 = 12 AND 7 = 4	1110 000 0000 0 0011 0101 0000 0000 0100	E0035004
18		ADD R5, R5, R4	; R5 = 4 + 7 = 11	1110 000 0100 0 0101 0101 0000 0000 0100	E0855004
1C		SUBS R8, R5, R7	; R8 = 11 - 3 = 8, set Flags	1110 000 0010 1 0101 1000 0000 0000 0111	E0558007
20		BEQ END	; shouldn't be taken	0000 1010 0000 0000 0000 0000 0000 1100	0A00000C
24		SUBS R8, R3, R4	; R8 = 12 - 7 = 5	1110 000 0010 1 0011 1000 0000 0000 0100	E0538004
28		BGE AROUND	; should be taken	1010 1010 0000 0000 0000 0000 0000 0000	AA000000
2C		ADD R5, R0, #0	; should be skipped	1110 001 0100 0 0000 0101 0000 0000 0000	E2805000
30	AROUND	SUBS R8, R7, R2	; R8 = 3 - 5 = -2, set Flags	1110 000 0010 1 0111 1000 0000 0000 0010	E0578002
34		ADDLT R7, R5, #1	; R7 = 11 + 1 = 12	1011 001 0100 0 0101 0111 0000 0000 0001	B2857001
38		SUB R7, R7, R2	; R7 = 12 - 5 = 7	1110 000 0010 0 0111 0111 0000 0000 0010	E0477002
3C		STR R7, [R3, #84]	; mem[12+84] = 7	1110 010 1100 0 0011 0111 0000 0101 0100	E5837054
40		LDR R2, [R0, #96]	; R2 = mem[96] = 7	1110 010 1100 1 0000 0010 0000 0110 0000	E5902060
44		ADD R15, R15, R0	; PC = PC+8 (skips next)	1110 000 0100 0 1111 1111 0000 0000 0000	E08FF000
48		ADD R2, R0, #14	; shouldn't happen	1110 001 0100 0 0000 0010 0000 0000 1110	E280200E
4C		B END	; always taken	1110 1010 0000 0000 0000 0000 0000 0001	EA000001
50		ADD R2, R0, #13	; shouldn't happen	1110 001 0100 0 0000 0010 0000 0000 1101	E280200D
54		ADD R2, R0, #10	; shouldn't happen	1110 001 0100 0 0000 0010 0000 0000 1010	E280200A
58	END	STR R2, [R0, #100]	; mem[100] = 7	1110 010 1100 0 0000 0010 0000 0101 0100	E5802064

图 7-60　测试程序的汇编指令和机器码

　　机器码存储在一个十六进制文件 memfile.dat 中。这个文件在模拟时由测试程序加载。这个文件包含了指令的机器码，其中每条指令对应一行。测试程序、顶层 ARM 模块和外部存储器的硬件描述语言由下述例子给出。在本例子中存储器均包含了 64 个字。

HDL例7.12　测试程序

SystemVerilog

```
module testbench();
  logic        clk;
  logic        reset;
  logic [31:0] WriteData, DataAdr;
  logic        MemWrite;

  // instantiate device to be tested
  top dut(clk, reset, WriteData, DataAdr, MemWrite);

  // initialize test
  initial
  begin
    reset <= 1; # 22; reset <= 0;
  end

  // generate clock to sequence tests
  always
  begin
    clk <= 1; # 5; clk <= 0; # 5;
  end




  // check that 7 gets written to address 0x64
  // at end of program
  always @(negedge clk)
  begin
    if(MemWrite) begin
      if(DataAdr === 100 & WriteData === 7) begin
        $display("Simulation succeeded");
        $stop;
      end else if (DataAdr !== 96) begin
        $display("Simulation failed");
        $stop;
      end
    end
  end
endmodule
```

VHDL

```
library IEEE;
use IEEE.STD_LOGIC_1164.all; use IEEE.NUMERIC_STD_UNSIGNED.all;
entity testbench is
end;

architecture test of testbench is
  component top
    port(clk, reset:          in  STD_LOGIC;
         WriteData, DataAdr:  out STD_LOGIC_VECTOR(31 downto 0);
         MemWrite:            out STD_LOGIC);
  end component;
  signal WriteData, DataAdr:  STD_LOGIC_VECTOR(31 downto 0);
  signal clk, reset, MemWrite: STD_LOGIC;
begin
  -- instantiate device to be tested
  dut: top port map(clk, reset, WriteData, DataAdr, MemWrite);

  -- generate clock with 10 ns period
  process begin
    clk <= '1';
    wait for 5 ns;
    clk <= '0';
    wait for 5 ns;
  end process;

  -- generate reset for first two clock cycles
  process begin
    reset <= '1';
    wait for 22 ns;
    reset <= '0';
    wait;
  end process;

  -- check that 7 gets written to address 0x64
  -- at end of program
  process (clk) begin
    if (clk'event and clk = '0' and MemWrite = '1') then
      if (to_integer(DataAdr) = 100 and
          to_integer(WriteData) = 7) then
        report "NO ERRORS: Simulation succeeded" severity
        failure;
      elsif (DataAdr /= 96) then
        report "Simulation failed" severity failure;
      end if;
    end if;
  end process;
end;
```

453

HDL例7.13　顶层模块

SystemVerilog

```
module top(input  logic        clk, reset,
           output logic [31:0] WriteData, DataAdr,
           output logic        MemWrite);

  logic [31:0] PC, Instr, ReadData;

  // instantiate processor and memories
  arm arm(clk, reset, PC, Instr, MemWrite, DataAdr,
          WriteData, ReadData);
  imem imem(PC, Instr);
  dmem dmem(clk, MemWrite, DataAdr, WriteData, ReadData);
endmodule
```

VHDL

```
library IEEE;
use IEEE.STD_LOGIC_1164.all; use IEEE.NUMERIC_STD_UNSIGNED.all;
entity top is -- top-level design for testing
  port(clk, reset:          in STD_LOGIC;
       WriteData, DataAdr:  buffer STD_LOGIC_VECTOR(31 downto 0);
       MemWrite:            buffer STD_LOGIC);
end;

architecture test of top is
  component arm
    port(clk, reset:          in STD_LOGIC;
      PC:                     out STD_LOGIC_VECTOR(31 downto 0);
      Instr:                  in  STD_LOGIC_VECTOR(31 downto 0);
      MemWrite:               out STD_LOGIC;
      ALUResult, WriteData:   out STD_LOGIC_VECTOR(31 downto 0);
      ReadData:               in  STD_LOGIC_VECTOR(31 downto 0));
    end component;
    component imem
```

```
                                             port(a:   in  STD_LOGIC_VECTOR(31 downto 0);
                                                 rd:  out STD_LOGIC_VECTOR(31 downto 0));
                                          end component;
                                          component dmem
                                          port(clk, we:  in   STD_LOGIC;
                                              a, wd:    in   STD_LOGIC_VECTOR(31 downto 0);
                                              rd:       out  STD_LOGIC_VECTOR(31 downto 0));
                                          end component;
                                          signal PC, Instr,
                                                 ReadData: STD_LOGIC_VECTOR(31 downto 0);
                                        begin
                                          -- instantiate processor and memories
                                          i_arm: arm port map(clk, reset, PC, Instr, MemWrite, DataAdr,
                                                          WriteData, ReadData);
                                          i_imem: imem port map(PC, Instr);
                                          i_dmem: dmem port map(clk, MemWrite, DataAdr,
                                                            WriteData, ReadData);
                                        end;
```

HDL例7.14   数据存储器

SystemVerilog

```systemverilog
module dmem(input  logic         clk, we,
            input  logic  [31:0] a, wd,
            output logic  [31:0] rd);

  logic [31:0] RAM[63:0];

  assign rd = RAM[a[31:2]]; // word aligned

  always_ff @(posedge clk)
    if (we) RAM[a[31:2]] <= wd;
endmodule
```

VHDL

```vhdl
library IEEE;
use IEEE.STD_LOGIC_1164.all; use STD.TEXTIO.all;
use IEEE.NUMERIC_STD_UNSIGNED.all;
entity dmem is -- data memory
  port(clk, we:  in   STD_LOGIC;
       a, wd:    in   STD_LOGIC_VECTOR(31 downto 0);
       rd:       out  STD_LOGIC_VECTOR(31 downto 0));
end;

architecture behave of dmem is
begin
    process is
      type ramtype is array (63 downto 0) of
                   STD_LOGIC_VECTOR(31 downto 0);
      variable mem: ramtype;
    begin -- read or write memory
      loop
          if clk'event and clk = '1' then
            if (we = '1') then
              mem(to_integer(a(7 downto 2))) := wd;
            end if;
          end if;
          rd <= mem(to_integer(a(7 downto 2)));
          wait on clk, a;
      end loop;
    end process;
end;
```

HDL例7.15   指令存储器

SystemVerilog

```systemverilog
module imem(input  logic  [31:0] a,
            output logic  [31:0] rd);

  logic [31:0] RAM[63:0];

  initial
    $readmemh("memfile.dat", RAM);

  assign rd = RAM[a[31:2]]; // word aligned
endmodule
```

VHDL

```vhdl
library IEEE;
use IEEE.STD_LOGIC_1164.all; use STD.TEXTIO.all;
use IEEE.NUMERIC_STD_UNSIGNED.all;
entity imem is -- instruction memory
  port(a:   in  STD_LOGIC_VECTOR(31 downto 0);
       rd:  out STD_LOGIC_VECTOR(31 downto 0));
end;
architecture behave of imem is -- instruction memory
begin
  process is
    file mem_file: TEXT;
    variable L: line;
    variable ch: character;
    variable i, index, result: integer;
    type ramtype is array (63 downto 0) of
                 STD_LOGIC_VECTOR(31 downto 0);
    variable mem: ramtype;
  begin
    -- initialize memory from file
    for i in 0 to 63 loop -- set all contents low
      mem(i) := (others => '0');
    end loop;
```

```
index := 0;
FILE_OPEN(mem_file, "memfile.dat", READ_MODE);
while not endfile(mem_file) loop
  readline(mem_file, L);
  result := 0;
  for i in 1 to 8 loop
    read(L, ch);
    if '0' <= ch and ch <= '9' then
      result := character'pos(ch) - character'pos('0');
    elsif 'a' <= ch and ch <= 'f' then
      result := character'pos(ch) - character'pos('a') + 10;
    elsif 'A' <= ch and ch <= 'F' then
      result := character'pos(ch) - character'pos('A') + 10;
    else report "Format error on line " & integer'image(index)
      severity error;
    end if;
    mem(index)(35 - i*4 downto 32 - i*4) :=
      to_std_logic_vector(result,4);
  end loop;
  index := index + 1;
end loop;

-- read memory
loop
  rd <= mem(to_integer(a(7 downto 2)));
  wait on a;
end loop;
end process;
end;
```

*7.7 高级微结构

高性能微处理器使用了多种技术来提高程序运行速度。程序运行时间正比于时钟周期和每条指令所需周期数（CPI）。因此，为了提高性能，我们应提高时钟频率，同时降低 CPI。本节将介绍一些已有的加速技术。因为实现细节比较复杂，我们这里仅主要介绍原理。如果读者想进一步了解细节，Hennessy 和 Patterson 所著的《Computer Architecture》一书将提供合适的参考。

集成电路制造的进步已经稳定地减小了晶体管尺寸。晶体管尺寸越小，其速度越快而且功耗越低。由于每个门的速度变快，即使微结构不发生变化，时钟主频也能提高。而且，更小的尺寸使得可以在一个芯片上放置更多的晶体管。微结构利用这些增加的晶体管构成更复杂的处理器，或在一个芯片上构造多个处理器。遗憾的是，功耗随着晶体管的数据和操作频率的增加而增加（见 1.8 节）。功耗已经成为新的关注点。微处理器设计者面临的挑战是在集成了数十亿晶体管的芯片上构造人类有史以来最为复杂的系统，同时对速度、功耗和成本等因素进行折中。

| 456 |

7.7.1 深流水线

除了制造工艺的进步外，提高主频的最简单方法就是将流水线划分为更多级。每一级包含尽量少的逻辑，以运行更快。本章考虑了经典的 5 级流水线，但是 10～20 级流水线目前已得到广泛使用。

流水线的最大级数受限于流水线冲突、时序开销和成本。流水线越长，其依赖性就越高。有一些依赖性可以通过转发解决，另一些则必须要停顿流水线，这将增加 CPI。在不同级之间的流水线寄存器存在 clk-to-Q 延迟和建立时间的时序开销（也包括时钟偏移），这些时序开销使得增加流水线级反而会降低回报。最后，因为需要额外的流水线寄存器和处理冲突的硬件，增加流水线级数将增加成本。

例 7.9 考虑将单周期处理器划分为 N 级而构成的流水线处理器。单周期处理器中整个组合逻辑的延迟为 740ps。寄存器的时序开销为 90ps。假设组合逻辑延迟可以划分为任意级，而且流水线冲突逻辑不会增加延迟。例 7.7 中的 5 级流水线的 CPI 为 1.23。假设由于分支预测错误和其他流水线冲突原因，每增加一级流水线将使 CPI 增加 0.1。请问采用多少级流水线时处理器执行程序的速度最快？

解： N 级流水线的循环时间是 $T_c = (740/N + 90)$ps。CPI 是 $1.23 + 0.1(N-5)$。每条指令时间为周期时间和 CPI 的乘积。图 7-61 画出了周期时间和指令时间与流水线级数之间的关系。指令时间在 $N=8$ 时达到最小值 279ps。这个最小值仅仅比 5 级流水线达到的 293ps 有少许提高。 ∎

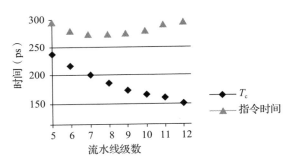

图 7-61 周期时间和指令时间与流水线级数的关系

7.7.2 微操作

回想一下我们的设计原则"规则性支持简单性"和"加快常见功能"。纯缩减指令集计算机（RISC）体系桔构（如 MIPS）仅包含简单的指令，通常是那些可以在一个简单的循环中执行的指令，具有三端口寄存器文件、单个 ALU 和单数据存储器访问的快速数据通路，就像我们在本章中开发的那样。复杂指令集计算机（CISC）体系结构通常需要更多寄存器、更多加法操作或每条指令多于一次存储器访问。例如，x86 指令 ADD [ESP], [EDX + 80 + EDI * 2] 涉及读取三个寄存器，添加基数、位移和缩放索引，读取两个存储器位置，对它们的值求和，并将结果写回内存。能够同时执行所有这些功能的微处理器在更常见、更简单的指令上却会变慢。

计算机体系结构设计师通过定义一组可在简单数据通路上执行的简单微操作来快速处理常见情况。每个实际指令被译码为一个或多个微操作。例如，如果我们定义类似于基本 ARM 指令的 μops 和一些用于保存中间结果的临时寄存器 T1 和 T2，则 x86 指令可能变为 7 μops：

```
ADD  T1, [EDX + 80]  ; T1 <- EDX + 80
LSL  T2, EDI, 2      ; T2 <- EDI*2
ADD  T1, T2, T2      ; T1 <- EDX + 80 + EDI*2
LDR  T1, [T1]        ; T1 <- MEM[EDX + 80 + EDI*2]
LDR  T2, [ESP]       ; T2 <- MEM[ESP]
ADD  T1, T2, T1      ; T1 <- MEM[ESP] + MEM[EDX + 80 + EDI*2]
STR  T1, [ESP]       ; MEM[ESP]<- MEM[ESP] + MEM[EDX + 80 + EDI*2]
```

虽然大多数 ARM 指令很简单，但有些指令也会分解为多个微操作。例如，具有 postindexed 寻址的负载（例如 LDR R1, [R2], #4）需要在寄存器文件上有第二个写端口。具有寄存器移位寄存器寻址的数据处理指令（例如 ORR R3，R4，R5，LSL R6）需要寄存器文件上的第三个读端口。ARM 数据通路不是提供更大的五端口寄存器文件，而是将这些复杂指令译码为一对更简单的指令： 458

复杂操作	微操作序列
LDR R1，[R2]，#4	LDR R1，[R2]
	ADD R2，R2，#4
ORR R3，R4，R5 LSL R6	LSL T1，R5，R6
	ORR R3，R4，T1

虽然程序员可以直接编写更简单的指令，并且程序可能运行速度一样快，但是单个指令比简单指令占用的内存更少。从外部存储器读取指令会消耗大量功率，因此复杂指令也可以节省功耗。ARM 指令集之所以如此成功，部分原因在于体系结构设计师明智地选择了比 MIPS 等纯 RISC 指令集更好的代码密度，而且比像 x86 这样的 CISC 指令集更有效。

7.7.3 分支预测

理想流水线处理器的 CPI 应为 1.0。分支预测错误是增加 CPI 的主要原因。流水线越深，分支的化解在流水线中就越迟，进而导致分支预测错误的开销越大，这是因为在错误预测分支指令后发布的所有指令将被冲刷。为解决这个问题，大多数流水线处理器使用分支预测器来猜测转移是否发生。在 7.5.3 节中，我们的流水线简单地预测所有的转移都不会发生。

有一些分支发生在程序运行到循环的结束部分时（例如 for 或 while 语句），而且需要发生跳转以重复循环。循环往往需要执行多次，因此这些向后跳转的分支指令往往会发生。最简单的分支预测是检查分支的方向，而且预测后向分支总会发生。这称为静态分支预测（static branch prediction），因为它不依赖于程序的执行历史。

在不了解特定程序的情况下，前向分支预测往往非常困难。因此，大多数处理器采用动态分支预测器（dynamic branch predictor），它使用程序运行的历史来预测分支是否发生。动态分支预测器保持了处理器最近执行的上百条（或者上千条）分支指令。这个表往往称为分支目标缓冲（branch target buffer），包含了分支目标和此分支是否发生的历史。 459

考虑代码示例 6.17 中的循环代码以分析动态分支预测器的操作。这个循环重复 10 次，而且跳出循环的 BGE 指令仅在最后一次迭代发生。

```
    MOV  R1，#0
    MOV  R0，#0
FOR
    CMP  R0，#10
    BGE  DONE
    ADD  R1，R1，R0
    ADD  R0，R0，#1
    B    FOR
DONE
```

1 位动态分支预测器（one-bit dynamic branch predictor）记住上次的分支转移是否发生，并预测下一次也采取同样的动作。当循环重复时，它将记住 BGE 指令上次没有发生分支，并且预测下一次也不会发生分支。这在循环的最后一次分支前都是正确的预测，而最后一次执行分支指令是发生跳转的。遗憾的是，如果循环再次执行，预测器记住上一次分支发生了。因此，它在循环重新第一次执行时将错误预测这个分支将发生。总之，1 位动态分支预测器在循环的起始和结束时会错误预测。

2 位动态分支预测器可以通过 4 个状态来解决这个问题：强跳转（strongly taken）、弱跳转（weakly taken）、弱不跳转（weakly not taken）、强不跳转（strongly not taken），如图 7-66 所示。当循环重复时，它将进入"强不跳转"状态，并预测分支下一次不发生跳转。这个预测将一直正确直到循环最后一次执行分支指令时。此时，分支指令将发生并使得预测器转移到"弱不跳转"状态。当循环再次执行时，分支预测器预测将不发生跳转，并进入"强不跳转"状态。总之，两位动态分支预测器仅仅在循环结尾处才会预测错误。

图 7-62   两位分支预测器状态转换图

分支预测器在流水线的取指级运行，因此它可以确定下一个周期需要执行哪条指令。当预测分支将发生时，处理器从分支目标缓冲中取出分支目标指令。

可以想象，分支预测器可以跟踪程序执行更多的轨迹以提高预测精度。对于典型程序，好的分支预测器可以达到超过 90% 的精度。

7.7.4   超标量处理器

超标量处理器（superscalar processor）具有多个数据通路硬件以支持同时执行多条指令。图 7-63 显示了能同时取指和执行两条指令的两路超标量处理器框图。数据通路一次从指令存储器取出两条指令。寄存器文件具有 6 个端口，每个周期中 4 个端口用于读取源操作数，2 个端口用于写回结果。它还包含了两个 ALU 和一个两端口数据存储器以同时执行两条指令。

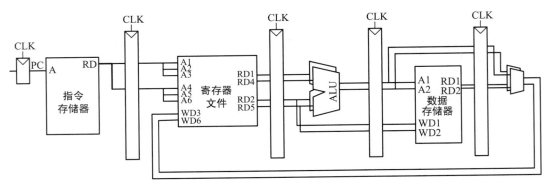

图 7-63   超标量数据通路

图 7-64 显示了两路超标量处理器每个周期执行 2 条指令的流水线图。对于这个程序，处理器的 CPI 为 0.5。设计者往往采用 CPI 的倒数作为每周期指令数（Instruction Per Cycle，IPC）。此处理器对于这个程序的 IPC 为 2。

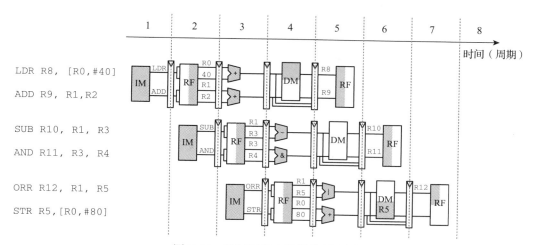

图 7-64 超标量流水线操作示意图

由于依赖性问题，同时执行多条指令是比较困难的。例如，图 7-65 显示了执行具有数据依赖性的程序的流水线图。代码中的依赖性用灰色表示。其中，ADD 指令依赖于由 LDR 指令产生的 R8，因此它不能与 LDR 指令同时发布。而且，ADD 指令另外还停顿了一个周期，使得 LDR 指令可以在第 5 个周期转发 R8 的值给它。其他的依赖性（包括 SUB 和 AND 之间针对 R8，ORR 和 STR 之间针对 R11）采用转发方式处理，即前一个周期产生的结果在后一个周期使用。这个程序需要 5 个周期来发布 6 条指令，因此 IPC 为 1.2。

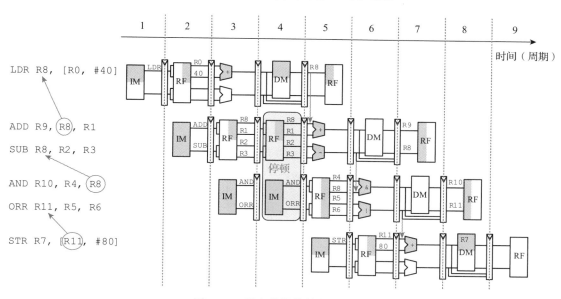

图 7-65 具有数据依赖性的程序

461
~
462

并行性有时间和空间两种形式。流水线是一种时间并行，多个执行单元是一种空间并行。超标量处理器开发了这两种并行性，使得其性能远远超越了我们的单周期和多周期处理器。

现在商业处理器已经有三路、四路甚至六路超标量结构。它们将分支等控制依赖按照数据依赖方式处理。遗憾的是，真实的程序具有很多依赖性，使得超标量处理器几乎无法完全利用所有的执行单元。而且，大量的执行单元和复杂的转发网络需要大量的电路和功耗。

7.7.5 乱序处理器

为了解决依赖性问题，乱序处理器（out-of-order processor）先行检查多条指令是否可以发布，并且尽可能早地开始执行不依赖的指令。指令发布执行的顺序可以不同于程序员所写的顺序，只要保持依赖性便可得到正确结果。

考虑在两路超标量处理器上执行图 7-65 的程序。处理器可以在保持依赖性的前提下，在每个周期中从程序任何位置发布两条指令。图 7-66 中显示了数据依赖性和处理器的操作。依赖性可以分为读后写（RAW）和稍后将讨论的写后读（WAR）两类。发布指令的约束如下。

- 周期 1
  - 发布 LDR 指令。
  - ADD、SUB 和 AND 指令由于在 R8 上依赖于 LDR 指令，因此不能发布。然而，ORR 指令是无依赖的，因此可以发布。
- 周期 2
  - 请记住在发布 LDR 指令和相关指令之间存在两个周期的延迟，因此由于 R8 的依赖性，ADD 还不能发布。SUB 写入 R8，因此在 ADD 之前不能发布该指令，以免 ADD 接收到错误的 R8。AND 指令依赖于 SUB 指令。
  - 只有 STR 指令可以发布。
- 周期 3
  - R8 的值可以使用，因此 ADD 指令发布，SUB 指令也可以同时发布，因为它在 ADD 指令使用 R8 后才写入 R8。
- 周期 4
  - AND 指令发布，R8 从 SUB 指令转发到 AND 指令。

乱序处理器在 4 个周期中发布了 6 条指令，因此 IPC 为 1.5。

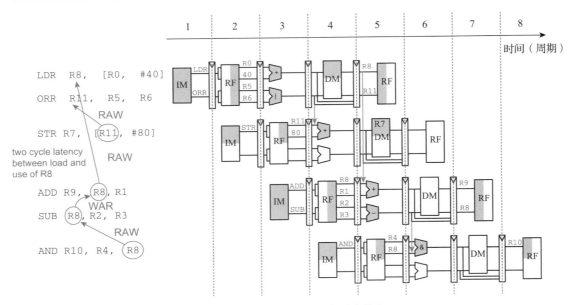

图 7-66 具有依赖性的程序乱序执行

463

ADD 指令和 LDR 指令针对 R8 的依赖性为写后读冲突。ADD 指令只有在 LDR 指令写入 R8 后才能读出。这种类型的依赖性我们在流水线处理器中已经了解如何处理。这种依赖性从本质上限制了程序运行的速度，即使有无限多的执行单元可以利用。类似地，STR 指令和 ORR 指令针对 R11，AND 指令和 SUB 指令针对 R8 也都是写后读相关的。

SUB 指令和 ADD 指令针对 R8 的依赖性为读后写冲突，或称为反依赖（antidependence）。SUB 指令不能在 ADD 指令读取 R8 前写入，这样 ADD 指令才能根据程序的原始执行顺序获得正确的值。WAR 冲突不会发生在简单的流水线处理器中，但是它们会出现在乱序处理器中，只要相关的指令（在本例中为 SUB 指令）提前得过早。

WAR 冲突并非是程序执行所不可避免的。它只不过是程序员为两条不相互依赖的指令使用了同一个寄存器而造成的人为冲突。如果 SUB 指令将结果写入 R12（而非 R8），依赖性就消失了，而 SUB 指令就可以在 ADD 指令之前发布。ARM 处理器仅有 16 个寄存器，因此程序员不得不在所有其他寄存器都已使用的情况下重用寄存器，从而产生冲突。

第三类冲突为写后写（WAW）或输出依赖（output dependence），没有在程序中显示出来。WAW 冲突发生在一条指令试图向后续指令已经写入的寄存器进行写入时。这个冲突导致错误值写入寄存器。例如，下述程序中 ADD 指令和 LDR 指令都写入 R8 寄存器。考虑到程序的原有顺序，R8 寄存器的最后结果应来自于 ADD 指令。如果乱序处理器先执行 ADD 指令，WAW 冲突将会发生。

```
LDR R8, [R3]
ADD R8, R1, R2
```

WAW 冲突也不是不可避免的，它们也是因为程序员为两条不相互依赖的指令使用了同一个寄存器而产生的。如果 SUB 指令首先发布，则程序可以将采用抛弃 LDR 指令结果而不写入寄存器的方式化解 WAW 冲突。这称为去除（squashing）LDR 指令。⊖

乱序处理器使用一个称为记分牌（scoreboard）的表来保持指令等待发布的次序，并记录依赖性的信息。这个表的大小决定了可以考虑发布的指令数目。在每个周期中，处理器检查这个表并发布尽可能多的指令，仅仅受限于程序内在的依赖性和可用的执行部件数目（例如 ALU 数目、存储器端口等）。

指令级并行（Instruction Level Parallelism, ILP）针对特定程序和微结构上同时可以执行指令的数目。理论研究表明，配合良好的分支预测器和大量的执行部件，在超标量处理器上 ILP 可以达到很高。但是实际处理器中，即使采用了六路超标量乱序执行结构，其 ILP 也很难超过 2 或 3。

7.7.6　寄存器重命名

乱序处理器使用寄存器重命名（register renaming）的方法来消除 WAR 冲突。寄存器重命名是在处理器中增加若干非体系结构的重命名寄存器。例如，一个处理器可以增加 20 个

⊖　读者可能会考虑为什么还要发布 LDR 指令。原因在于乱序处理器必须确保产生的异常与程序在顺序处理器上运行所产生的异常完全相同。LDR 指令可能会产生溢出异常，因此即使它的结果会被抛弃，也必须发布以检查异常是否发生。

464

465 重命名寄存器 T0～T19。因为这些寄存器不是体系结构的一部分，所以程序员不能直接使用它们。但是处理器可以自由地使用它们来消除冲突。

例如在前节中，SUB 指令和 ADD 指令在重用 R8 时发生了 WAR 冲突。乱序处理器可以将 SUB 指令的 R8 重命名为 T0。因此，由于 T0 寄存器与 ADD 指令之间没有依赖性，SUB 指令可以尽快执行。处理器中用一个表来保存哪些寄存器被重命名了，使得后续相关指令可以在寄存器的重命名上保持一致。在此例中，AND 指令也必须将 R8 寄存器重命名为 T0 寄存器，因为这个寄存器中包含了 SUB 指令的结果。

图 7-67 显示了图 7-65 中相同的程序在具有寄存器重命名机制的乱序处理器上的执行过程。R8 寄存器在 SUB 和 AND 指令里重命名为 T0 以消除 WAR 冲突。发布指令的约束如下。

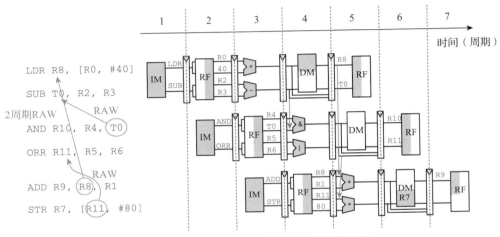

图 7-67 使用寄存器重命名的乱序程序执行

- 周期 1
  - 发布 LDR 指令。
  - ADD 指令由于在 R8 上依赖于 LDR 指令，因此不能发布。然而，SUB 指令由于其目的寄存器被重命名为 T0，所以变为无依赖的指令而可以发布。
- 周期 2

466
  - 注意到在 LDR 指令发布和使用其结果的相关指令之间需要两个周期的延迟，因此由于 R8 寄存器的依赖性，ADD 指令不能发布。
  - AND 指令依赖于 SUB 指令，所以可以发布，而 T0 寄存器从 SUB 指令转发到 AND 指令。
  - ORR 指令是无依赖的，因此可以发布。
- 周期 3
  - 此时，R8 可以使用，因此 ADD 指令发布。
  - R11 也可以使用，因此 STR 指令发布。

带寄存器重命名的乱序处理器可以在 3 个周期内发布 6 条指令，因此其 IPC 为 2。

7.7.7 多线程

由于实际程序的指令级并行性往往相当低，为超标量处理器或乱序处理器增加执行部件得到的回报在不断下降。另一个问题是存储器的速度远低于处理器（将在第 8 章讨论）。

大量的读取和存储指令访问一个比较小而快的高速缓存（cache）。然而当指令或数据不在 cache 中时，处理器将停顿上百个周期以从主存中读取信息。多线程技术可以在一个程序的指令级并行性比较低或因存储器访问而停顿时，保持处理器中的多个执行单元处于有效工作状态。

为了解释多线程，我们需要引入一些新的概念。在计算机上运行的一个程序称为进程（process）。计算机可以同时运行多个进程，例如，你可以在 PC 上听音乐的同时上网和检查病毒。每个进程可以包含一个或多个可以同时运行的线程（thread）。例如，字处理器程序中有一个线程来处理用户的输入，另一个线程用于检查当前用户文档的拼写，第三个线程负责打印文档。此时，用户就不需要在打印结束前等待，而可以直接继续输入。一个进程拆分成多个并发线程的程度，决定了它的线程级并行化（Thread Level Parallelism，TLP）水平。

在传统的处理器中，多个线程的同时运行只是一个假象。线程在操作系统的控制下在一个处理器上依次执行。当一个线程运行结束时，操作系统将保存其体系结构状态，加载另一个线程的体系结构状态并开始运行。这个过程称为上下文切换（context switching）。只要处理器能足够快地切换完成所有线程，用户就会产生所有线程同时运行的错觉。

多线程处理器包含了一个以上的体系结构状态，因此可以有一个以上的线程处于活跃状态。例如，如果我们将一个处理器扩展为具有 4 个 PC 和 64 个寄存器，就可以有 4 个线程同时运行。如果一个线程因为等待主存中的数据而停顿，处理器就可以没有任何延迟地切换到另外一个线程。这是因为线程的 PC 和寄存器都是可以立即访问的。而且，若一个线程因缺乏足够的并行性而不能使所有执行单元都保持工作状态，另一个线程就可以向空闲的执行单元发布指令。

多线程处理器不能提高指令级并行性，也不能提高单个线程的性能。但是，它可以提高处理器的整体吞吐率，因为执行单个线程时可能不能完全利用处理器的资源，而多个线程可以同时使用这些资源。而且多线程处理器仅仅复制了 PC 和寄存器文件，而没有增加执行部件或存储器，所以实现起来成本相对比较低。

7.7.8　多处理器

（本节由 Matthew Watkins 贡献）

现代处理器具有大量可用的晶体管。使用它们来增加流水线深度或为超标量处理器添加更多执行单元几乎不会带来性能优势并且会浪费功率。在 2005 年左右，计算机体系结构设计师在同一芯片上重建了多个处理器副本，这些副本称为核。

多处理器系统由多个处理器和处理器之间的通信方法组成。三种常见的多处理器包括对称（或同构）多处理器、异构多处理器和集群。

1. 对称多处理器

对称多处理器包括两个或多个相同的处理器，它们共享一个主存储器。多个处理器可以是在同一芯片上的单独芯片或多个核。

多处理器可用于同时运行更多线程或更快地运行特定线程。同时运行更多线程很容易，线程只是在处理器之间划分。遗憾的是，典型的 PC 用户需要在任何给定时间只运行少量线程。更快地运行特定线程更具挑战性。程序员必须将现有线程划分为多个线程，以便在每个处理器上执行。当处理器需要相互通信时，这变得棘手。计算机设计人员和程序员面临的主要挑战之一是有效地使用大量处理器核。

对称多处理器具有许多优点。它们的设计相对简单，因为处理器可以设计一次，然后多次复制以提高性能。在对称多处理器上编程和执行代码也相对简单，因为任何程序都可以在系统中的任何处理器上运行并获得大致相同的性能。

2. 异构多处理器

遗憾的是，继续添加越来越多的对称处理器核并不能保证提供持续的性能改进。截至 2015 年，普通应用程序在任意给定时间里只使用少量线程，而用户实际上可能希望几个应用程序同时运行。这足以让双核和四核系统保持在繁忙状态，同时，除非程序开始显著整合更多并行化处理，否则超过这个界限继续增加更多处理器核将使增加处理器核的好处递减。作为一个额外的问题，因为通用处理器的设计初衷是提供良好的平均性能，所以它们一般都不是执行某个给定操作的最节能选择。能量低效问题在高功率受限的便携式环境（如手机）中尤其重要。

异构多处理器旨在通过整合不同类型的处理器核和专用硬件以在一个系统里解决上述问题。每个应用程序使用那些为其提供最佳性能或最佳功率性能比的计算资源。因为现今晶体管资源是相当丰富的，所以不是每一个应用程序都能充分使用每一块硬件这个事实变得无关紧要。异构系统可以采取多种形式。异构系统可以合并具有不同微结构的处理器核，这些内核拥有不同的功率、性能和面积折中。

ARM 推广的一种异构策略是 big.LITTLE，其中，系统包含节能和高性能的核。诸如 Cortex-A53 之类的 "LITTLE" 内核是单发或双发顺序处理器，具有良好的能效，可以处理日常任务。诸如 Cortex-A57 之类的 "大" 内核是更复杂的超标量无序内核，可为峰值负载提供高性能。

另一种异构策略是加速器，其中，系统包含针对特定类型任务的性能或能效优化的专用硬件。例如，移动片上系统（SoC）目前可以包含用于图形处理、视频、无线通信、实时任务和密码技术的专用加速器。对于相同的任务，这些加速器的效率比通用处理器高 10～100 倍。数字信号处理器是另一类加速器。这些处理器具有针对数学密集型任务进行了优化的专用指令集。

异构系统并非没有缺点。它们增加了系统复杂性，无论是在设计不同异构元素方面，还是在付出额外的编程工作量来决定何时以及如何利用各种资源方面。对称和异构系统都在现代系统中占有一席之地。对称多处理器适用于具有大量线程级并行性的大型数据中心。异构系统适用于具有更多变化或特殊用途工作负载的情况。

3. 集群

在集群多处理器中，每个处理器都有自己的本地内存系统。一种类型的集群是在网络软件上连接在一起的一组个人计算机，以共同解决大问题。另一种变得非常重要的集群是数据中心，其中计算机和磁盘机架联网在一起并共享电源和冷却设备。包括谷歌、亚马逊和 Facebook 在内的主要互联网公司推动了数据中心的快速发展，以支持全球数百万用户。

*7.8　现实世界视角：ARM 微结构的演变

本节主要介绍自 1985 年 ARM 诞生以来其体系结构和微结构的发展。表 7-7 总结了值得关注的地方，如 IPC 的 10 倍改进和 30 年内频率增加 250 倍以及体系结构的 8 次修订。频率、面积和功率将因制造过程以及设计团队的目标、进度和能力而异。在产品简介中，代表性频率来自制造过程，因此频率增益的大部分来自晶体管而不是微结构。相对大小由晶体管特征尺寸标准化，并且可以根据高速缓存大小和其他因素而广泛变化。

表 7-7 ARM 处理器的演变

微结构	年份	体系结构	流水线深度	DMIPS/MHz	代表性频率（MHz）	一级高速缓存	相对尺寸
ARM1	1985	v1	3	0.33	8	N/A	0.1
ARM6	1992	v3	3	0.65	30	4KB unified	0.6
ARM7	1994	v4T	3	0.9	100	0-8KB unified	1
ARM9E	1999	v5TE	5	1.1	300	0-16KB I+D	3
ARM11	2002	v6	8	1.25	700	4-64KB I+D	30
Cortex-A9	2009	v7	8	2.5	1000	16–64KB I+D	100
Cortex-A7	2011	v7	8	1.9	1500	8-64KB I+D	40
Cortex-A15	2011	v7	15	3.5	2000	32KB I+D	240
Cortex-M0+	2012	v7M	2	0.93	60-250	None	0.3
Cortex-A53	2012	v8	8	2.3	1500	8-64KB I+D	50
Cortex-A57	2012	v8	15	4.1	2000	48KB I+32KB D	300

图 7-68 显示了 ARM1 处理器的裸芯片照片，该处理器在三级流水线中包含 25 000 个晶体管。如果仔细计算，可以在底部观察数据通路的 32 位。寄存器文件位于左侧，ALU 位于右侧。最左边是程序计数器，观察到底部的两个最低有效位为空（连接到 0），顶部的六个位是不同的，因为它们用于状态位。控制器位于数据通路的顶部。一些矩形块是实现控制逻辑的 PLA。边缘周围的矩形是 I/O 焊盘，图中可以看到微小的金键合线。

471

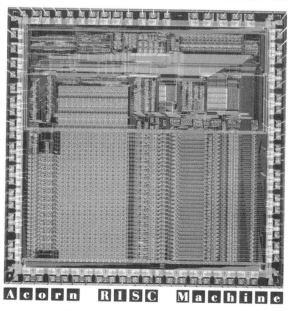

图 7-68 ARM1 裸芯片照片（经允许转载自 ARM 公司 ©1985）

1990 年，Acorn 剥离了处理器设计团队，成立了一家新公司 Advanced RISC Machines（后来命名为 ARM Holdings），该公司开始授权 ARMv3 体系结构。ARMv3 体系结构将状态位从 PC 移至当前程序状态寄存器，并将 PC 扩展至 32 位。苹果收购了 ARM 的大部分股份，并在牛顿计算机中使用了 ARM 610，这是世界上第一个个人数字助理（PDA），也是最早的手写识别商业应用之一。事实证明牛顿已经很超前，但它为更成功的 PDA 以及后来的智能手机和平板电脑奠定了基础。

ARM 在 1994 年的 ARM7 系列产品取得了巨大的成功，特别是 ARM7TDMI，它在接下来的 15 年内成为嵌入式系统中最广泛使用的 RISC 处理器之一。ARM7TDMI 使用 ARMv4T 指令集，该指令集引入了 Thumb 指令集以获得更好的代码密度，并定义了半字和有符号字节加载和存储指令。TDMI 代表 Thumb、JTAG Debug、Fast Multiply 和 InCircuit Debug。各种调试功能可帮助程序员在硬件上编写代码，并使用简单的电缆从 PC 进行测试，这是当时的重要进步。ARM7 使用带有取指级、译码级和执行级的简单三级流水线。处理器使用包含指令和数据的统一高速缓存。由于流水线处理器中的高速缓存通常忙于在每个周期读取指令，因此 ARM7 停顿了执行级的存储器指令，以便为高速缓存访问数据腾出时间。图 7-69 显示了处理器的框图。ARM 不是直接制造芯片，而是将处理器授权给其他公司，将其置于更大的片上系统（SoC）中。客户可以将处理器作为硬宏（完整且高效但不灵活的布局，可直接放入芯片）或软宏（可由客户合成 Verilog 代码）购买。ARM7 被广泛用于各种产品，包括手机、苹果 iPod、Lego Mindstorms NXT、Nintendo 游戏机和汽车。从那以后，几乎所有的手机都是围绕 ARM 处理器构建的。

ARM9E 系列改进了 ARM7，具有类似于本章所述的 5 级流水线、独立的指令和数据高速缓存，以及 ARMv5TE 体系结构中的新 Thumb 和数字信号处理指令。图 7-70 显示了 ARM9 的框图，其中包含许多与本章中遇到的相同的组件，但添加了乘法器和移位器。IA/ID/DA/DD 信号是指向存储器系统的指令和数据地址以及数据总线，IAreg 是 PC。下一代 ARM11 将流水线进一步扩展到 8 级，以提升频率并定义 Thumb2 和 SIMD 指令。

ARMv7 指令集添加了在双字和四字寄存器上运行的高级 SIMD 指令。它还定义了仅支持 Thumb 指令的 v7-M 变体。ARM 推出了 Cortex-A 和 Cortex-M 系列处理器。Cortex-A 系列高性能处理器现在几乎用于所有智能手机和平板电脑。运行 Thumb 指令集的 Cortex-M 系列是嵌入式系统中使用的微型且廉价的微控制器。例如，Cortex-M0+ 使用两级流水线，只有 12 000 个门，而 A 系列处理器有数十万个。作为独立芯片，它的成本低于 1 美元，当集成在更大的 SoC 上时，成本低于 1 美分。功耗约为 3 μW/MHz，因此由手表电池供电的处理器可在 10MHz 下连续运行近一年。

472 ~ 473

高端 ARMv7 处理器占据了手机和平板电脑市场。Cortex-A9 广泛用于移动电话，通常作为包含两个 Cortex-A9 处理器、图形加速器、蜂窝调制解调器和其他外围设备的双核 SoC 的一部分。图 7-71 显示了 Cortex-A9 的框图。处理器每个周期解码两个指令，执行寄存器重命名，并将它们发送到无序执行单元。

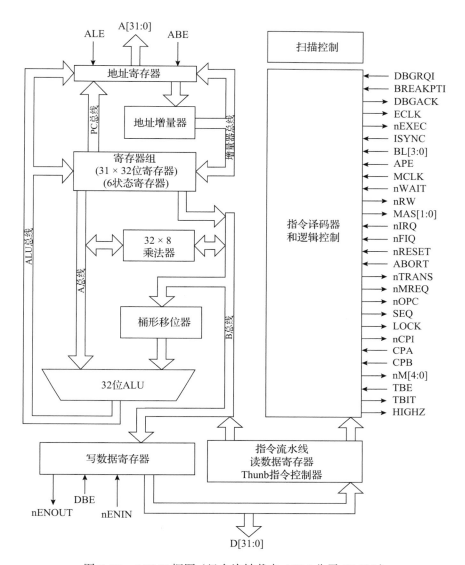

图 7-69　ARM7 框图（经允许转载自 ARM 公司 ©1998）

　　能效和性能对于移动设备都至关重要，因此 ARM 一直在推广 big.LITTLE 体系结构，将高峰值工作负载的多个高性能"大"内核与能够处理大多数常规流程的节能"LITTLE"内核相结合。例如，Galaxy S5 手机中的三星 Exynos 5 Octa 包含 4 个运行速度高达 2.1GHz 的 Cortex-A15 大核和 4 个运行频率高达 1.5GHz 的 Cortex-A7 LITTLE 核心。图 7-72 显示了两种类型的内核的流水线图。Cortex-A7 是一个有序处理器，每个周期可以译码和发出一条存储器指令和另一条指令。Cortex-A15 是一个复杂得多的无序处理器，每个周期最多可以译码三条指令。流水线长度几乎加倍，以处理复杂性和提高时钟速度，因此需要更准确的分支预测器来补偿更大的分支误预测代价。Cortex-A15 的性能约为 Cortex-A7 的 2.5 倍，但功耗仅为其 6 倍。智能手机只能在芯片开始过热并自行调节之前短暂运行大核心。

474

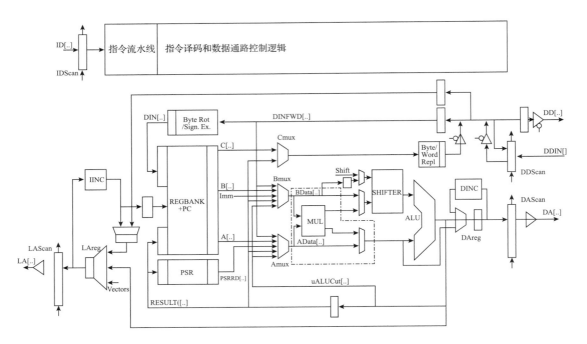

图 7-70 ARM9 框图（经允许转载自 ARM 公司 ARM9TDMI 技术参考手册 ©1999）

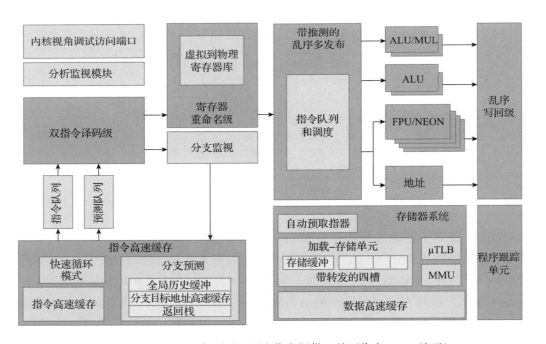

图 7-71 Cortex-A9 框图（此图由作者提供，并不代表 ARM 认可）

ARMv8 体系结构是一种简化的 64 位体系结构。ARM 的 Cortex-A53 和 Cortex-A57 分别具有类似于 Cortex-A7 和 Cortex-A15 的流水线，但将寄存器和数据通路升级到 64 位以处理 ARMv8。苹果公司在 2013 年推出了 64 位体系结构，当时它在 iPhone 和 iPad 上推出了自己的实现。

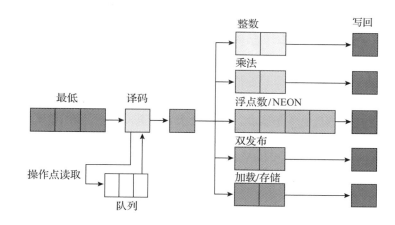

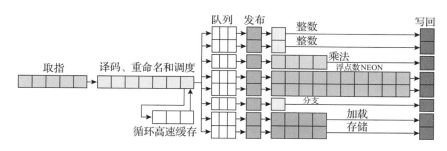

图 7-72　Cortex-A7 和 Cortex-A15 框图（此图由作者提供，并不代表 ARM 认可）

7.9　总结

本章介绍了三种构成处理器的不同方法，每种方法在性能和成本上都各有侧重。我们发现这个问题非常不可思议：像处理器这样表面上非常复杂的设备实际上简单到可以用半页大小的原理图来表示？而且，其内部运行机制在外行看来像谜一样难以理解，但是实际上却非常直观。

本书中基本上对微结构中涉及的主题都画出了完整的电路图。将很多电路拼在一起构成完整的微结构，这个过程也说明了前面章节中介绍的主要原理：第 2、3 章中的组合电路和时序电路设计；第 5 章中的电路模块应用；以及第 6 章中的 ARM 体系结构实现。微结构也可以由几页硬件描述语言表示，这需要用到第 4 章中的技术。

构造微结构也需要用到管理复杂性的技术。微结构连接了数字逻辑和体系结构抽象，也构成了本书中关于数字电路设计和计算机体系结构的要点。我们也可以使用结构框图和硬件描述语言的抽象来简洁地描述各个组件的组合关系。微结构体现了规整化和模块化，重用了ALU、存储器、多路选择器和寄存器等通用部件。同时，微结构还在很多方面使用了层次化方法。微结构可以分为数据通路和控制单元。每个单元通过逻辑模块构造，通过前面 5 章描述的技术，这些模块可以由逻辑门形成，并最终由晶体管构成。

本章中比较了单周期、多周期和流水线的 ARM 处理器微结构。这三种微结构实现了ARM 指令系统的相同子集，并具有相同的体系结构状态。单周期处理器最为直观，其 CPI为 1。

多周期处理器使用较短的变长步骤来执行指令。同时可以重用 ALU，而不需要多个加法器。然而，它需要多个非体系结构寄存器来保存各个步骤之间的中间结果。由于所有指令执行时间不完全相同，所以多周期设计在理论上应该更快。在本例中，多周期实现要慢一些，这是因为它受到最慢步骤和各个步骤之间时序开销的限制。

流水线处理器将单周期处理器分解为 5 个相对较快的流水线级。它需要在各级之间加入寄存器以分割并行执行的 5 条指令。从理论上看，其 CPI 应该达到 1。但是冲突导致的流水线停顿和冲刷会稍微增加 CPI。冲突化解需要额外添加硬件，并会增加设计的复杂性。在理想情况下，其时钟周期应该仅为单周期处理器的五分之一。实际上因为最慢流水线级和各级的时序开销，这很难达到。然而，流水线提供了潜在的性能优势。当前所有的现代微处理器都使用流水线。

虽然本章中的微结构仅仅实现了 ARM 体系结构的一个子集，但我们可以看到，通过增强数据通路和控制器的功能可以支持更多的指令。

本章中的一个主要限制是我们假设存储器系统是理想的，它的速度足够快，而且容量足够容纳完整的程序和数据。实际上，大容量快速存储器的成本非常高。下一章将介绍如何将存放最常用信息的小容量快速存储器与存放其余信息的大容量慢速存储器组合在一起以达到大容量快速存储器的效果。

477

习题

7.1 假设下述 ARM 单周期处理器控制信号中的一个发生了固定 0 故障（stuck-at-0 fault），即无论赋任何值信号始终为 0。哪些指令会产生错误？为什么？

（a）RegW （b）ALUOp （c）MemW

7.2 重复习题 7.1，并假设信号发生固定 1 故障（stuck-at-1 fault）。

7.3 修改单周期 ARM 处理器以实现下述指令之一。附录 B 中给出了指令的定义。在图 7-13 的副本上标注出对数据通路的修改。命名新的控制信号。在表 7-2 和表 7-3 的副本上标注出对主译码器和 ALU 译码器的修改。并描述其他需要修改的内容。

（a）TST （b）带有立即数移位量的 LSL （c）CMN （d）ADC

7.4 针对以下 ARM 指令，重复习题 7.3。

（a）EOR （b）带有立即数移位量的 LSR

（c）TEQ （d）RSB

7.5 ARM 包括具有后索引的 LDR，后者在完成加载后更新基址寄存器。LDR Rd, [Rn], Rm 相当于以下两条指令：

```
LDR  Rd,[Rn]
ADD  Rn,Rn,Rm
```

478

对于具有后索引的 LDR，重复习题 7.3。是否可以在不修改寄存器文件的情况下添加指令？

7.6 ARM 包括具有预索引的 LDR，它在完成加载后更新基址寄存器。LDR Rd, [Rn, Rm]! 相当于以下两条指令：

```
LDR  Rd,[Rn, Rm]
ADD  Rn,Rn,Rm
```

对预先建立索引的 LDR 重复习题 7.3。是否可以在不修改寄存器文件的情况下添加指令？

7.7　你的朋友是优秀的电路设计工程师。她提出重新设计单周期 ARM 处理器的一个部件，以降低一半的延迟。使用表 7-5 中给出的延迟，她应该重新设计哪个部件以获得整个处理器的最大加速，改进后的周期时间应该为多少？

7.8　考虑表 7-5 给出的延迟，Ben 通过设计一个前缀加法器将 ALU 的延迟减少了 20ps。如果其他部件的延迟保持不变，请确定新的单周期 ARM 处理器的周期时间，以及执行 1000 亿条指令的测试基准程序所需要的时间。

7.9　修改 7.6.1 节中给出的单周期 ARM 处理器的 HDL 代码，以处理习题 7.3 中的一条新指令。增强 7.6.3 节中给出的测试平台以测试新指令。

7.10　对习题 7.4 中的新指令重复习题 7.9。

7.11　假设多周期 ARM 处理器中的以下控制信号之一具有固定 0 故障，这意味着无论其预期值如何，信号始终为 0。哪些指令会出现故障？为什么？

　　（a）$RegSrc_1$　　　　　　　　（b）AdrSrc　　　　　　　　（c）NextPC

7.12　重复习题 7.11，假设信号有一个固定 1 故障。

7.13　修改多周期 ARM 处理器以实现下述指令中的一条。附录 B 给出了指令的定义。在图 7-30 的副本上标注出对数据通路的修改。命名新的控制信号。在图 7-41 的副本上标注出对控制器 FSM 的修改。描述其他所必需的修改。

　　（a）带有立即数移位量的 ASR　　（b）TST　　　　　　　　（c）SBC

　　（d）带有立即数移位量的 ROR

7.14　针对以下 ARM 指令，重复习题 7.13。

　　（a）BL　　　　　　　　　　　　（b）LDR（具有正或负的立即偏移）

　　（c）LDRB（只具有正的立即偏移）　（d）BIC

7.15　对多周期 ARM 处理器重复习题 7.5。给出对多周期数据通路和控制 FSM 的修改。有可能增加一条不用修改寄存器文件的指令吗？

7.16　对多周期 ARM 处理器重复习题 7.6。给出多周期数据通路的更改并控制 FSM。是否可以在不修改寄存器文件的情况下添加指令？

7.17　对多周期 ARM 处理器重复习题 7.7。假设例 7.5 的指令组合。

7.18　对多周期 ARM 处理器重复习题 7.8。假设例 7.5 的指令组合。

7.19　你的朋友是优秀的电路设计工程师。她提出要重新设计多周期 ARM 处理器中的一个部件以提高性能。使用表 7-5 中的延迟，她应该重新设计哪个部件以获得整个处理器的最大加速？应该达到多快？（如果快得超过了所需的值，就会浪费你朋友的努力。）改进后的处理器周期时间为多少？

7.20　Goliath 公司宣称拥有三端口寄存器文件的专利。为了避免和 Goliath 公司对簿公堂，Ben 设计了一个新的寄存器文件，其仅仅包含一个读/写端口（就像组合指令和数据存储器一样）。重新设计 ARM 处理器的多周期数据通路和控制器以使用这个新的寄存器文件部件。

7.21　假设多周期 ARM 处理器具有表 7-5 中给出的组件延迟。Alyssa P. Hacker 设计了一个新的寄存器文件，其功耗降低了 40%，但延迟时间增加了一倍。她应该将多周期处理器设计切换到速度较慢但功率较低的功率寄存器文件吗？

479

480

7.22 习题 7.20 中重新设计的多周期 ARM 处理器的 CPI 为多少？使用例 7.5 中的指令组合。

7.23 在多周期 ARM 处理器上运行下述程序。需要多少个周期？这个程序的 CPI 是多少？

```
        MOV   R0,  #5              ; result = 5
        MOV   R1,  #0              ; R1 = 0
L1
        CMP   R0,  R1
        BEQ   DONE                 ; if result > 0, loop
        SUB   R0,  R0,  #1         ; result = result-1
        B     L1
DONE
```

7.24 针对下述程序重复习题 7.23。

```
        MOV   R0,  #0              ; i = 0
        MOV   R1,  #0              ; sum = 0
        MOV   R2,  #10             ; R2 = 10

LOOP
        CMP   R2,  R0              ; R2 == R0?
        BEQ   L2
        ADD   R1,  R1,  R0         ; sum = sum + i
        ADD   R0,  R0,  #1         ; increment i
        B
        LOOP
L2
```

7.25 为多周期 ARM 处理器写硬件描述语言代码。处理器应和下述顶层模块兼容。存储器模块用于包含指令和数据。使用 7.6.3 节中的测试程序测试你的处理器。

```
module top(input    logic          clk, reset,
           output   logic   [31:0]  WriteData, Adr,
           output   logic          MemWrite);

   logic [31:0] ReadData;

   // instantiate processor and shared memory
   arm arm(clk, reset, MemWrite, Adr,
        WriteData, ReadData);
   mem mem(clk, MemWrite, Adr, WriteData, ReadData);
endmodule
module mem(input    logic          clk, we,
           input    logic   [31:0]  a, wd,
           output   logic   [31:0]  rd);

   logic [31:0] RAM[63:0];
   initial
       $readmemh("memfile.dat",RAM);

   assign rd = RAM[a[31:2]];  // word aligned

   always_ff @(posedge clk)
     if (we) RAM[a[31:2]] <= wd;
endmodule
```

481

7.26 扩展你的多周期 ARM 处理器 HDL 代码以处理习题 7.14 中的一条新指令。扩展测试程序以测试你的设计。

7.27 针对习题 7.13 中的一条新指令，重复习题 7.26。

7.28 流水线 ARM 处理器正在运行以下代码片段。正在编写哪些寄存器？哪些寄存器正在第五个周期读取？回想一下，流水线 ARM 处理器有一个冲突单元。

```
MOV  R1, #42
SUB  R0, R1, #5
LDR  R3, [R0, #18]
STR  R4, [R1, #63]
ORR  R2, R0, R3
```

7.29 对以下 ARM 代码段重复习题 7.28。

```
ADD  R0, R4, R5
SUB  R1, R6, R7
AND  R2, R0, R1
ORR  R3, R2, R5
LSL  R4, R2, R3
```

7.30 在流水线 ARM 处理器上执行下述指令，使用类似图 7-53 的流水线图，画出所必需的数据转发和停顿。

```
ADD  R0, R4, R9
SUB  R0, R0, R2
LDR  R1, [R0, #60]
AND  R2, R1, R0
```

7.31 针对下述指令，重复习题 7.30。

```
ADD  R0, R11, R5
LDR  R2, [R1, #45]
SUB  R5, R0, R2
AND  R5, R2, R5
```

7.32 对于流水线 ARM 处理器，需要多少个周期才能发布习题 7.24 中的所有指令？对于这个程序的处理器 CPI 是多少？

7.33 针对习题 7.23 中的所有指令，重复习题 7.32。

7.34 解释如何扩展流水线 ARM 处理器以处理 EOR 指令。

7.35 说明如何扩展流水线处理器以处理 CMN 指令。

7.36 7.5.3 节指出，如果在译码级而不是执行级进行分支，流水线处理器的性能可能会更好。演示如何修改图 7-58 中的流水线处理器以在译码级进行分支。停顿、冲刷和转发信号如何变化？重做例 7.7 和例 7.8 以查找新的 CPI、周期时间和执行程序的总时间。

7.37 考虑表 7-5 中的延迟。假设 ALU 的速度提高 20%。流水线 ARM 处理器的周期时间应该如何变化？如果 ALU 要慢 20% 呢？

7.38 假设 ARM 流水线处理器有 10 级，每级处理时长 400ps（包括测试序列时间开销）。假设使用例 7.7 中的指令组合。同时假设 50% 加载指令后紧跟着一条使用该加载结果的指令，这需要 6 个停顿信号，并假设 30% 的分支指令被误预测。分支指令的目标地址直到流水线第二级结束才计算。计算使用这个 10 流水线处理器执行 SPECINT2000 测试基准程序中 1000 亿条指令的平均 CPI 和运行时间。

7.39 为流水线 ARM 处理器写 HDL 代码。处理器应和 HDL 例 7.13 中的顶层模块兼容，应支持本章中描述的 7 个指令：ADD、SUB、AND、ORR（具有寄存器和立即寻址模式但没有移位）、LDR、STR（具有正立即偏移）和 B。用 HDL 例 7.12 中的测试程序测试你的设计。

7.40 为流水线 ARM 处理器设计图 7-58 中的冲突单元。使用 HDL 实现你的设计。画出综合工具根据 HDL 代码可能产生的硬件原理图。

面试问题

7.1　解释流水线微处理器的优点。

7.2　如果增加流水线级可以使得处理器运行速度更快，为什么处理器不会有 100 级流水线？

483
~
484

7.3　描述微处理器中出现的冲突，并解释如何化解它。每种方法有何利弊？

7.4　描述超标量处理器的概念及其利弊。

存储器系统

8.1 引言

计算机的性能依赖于处理器微结构，同时也依赖于存储器系统。第 7 章假想了一个可以在单时钟周期内访问的理想存储器系统。然而，这种假想只有在非常小的存储器或非常低速的处理器时才会成立。早期的处理器相对较慢，存储器能跟上其速度。但是处理器速度的增长比存储器速度要快。当前，处理器速度是 DRAM 存储器速度的 10～100 倍。对于处理器和存储器之间不断增大的速度差异，需要借助于巧妙的存储器系统来和处理器的速度匹配。这一章将研究实际的存储器系统，并考虑速度、容量、成本之间的折中。

处理器通过存储器接口（memory interface）与存储器系统相连。图 8-1 为多周期 ARM 存储器中使用的简单存储器接口。处理器通过地址总线发送一个地址到存储器系统。对于读操作，MemWrite 信号为 0，存储器通过读数据总线 ReadData 返回数据。对于写操作，MemWrite 为 1，处理器通过写数据总线 WriteData 发送数据到存储器。

存储器系统设计的主要问题可以用图书馆里的书来比喻说明。图书馆的很多书都放在书架上。如果你正在写一篇以梦为主题的学期报告，你可能会去图书馆⊖，取出弗洛伊德的《梦的解析》，然后带到工作室。在浏览之后，你会把它带回图书馆，然后取出荣格的《无意识心理学》。之后你可能因为一篇参考文献又回到图书馆查阅《梦的解析》，随之又来回查阅弗洛伊德的《自我与本我》。一个更聪明的办法是，把所有的书都保存在你的工作室以节省时间，而不是带着这些书来来回回。更进一步，当你取出一本弗洛伊德的书时，还应该在同一个书架取出他编著的其他书。

485
～
487

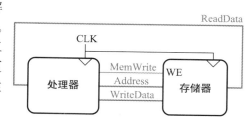

图 8-1　内存接口

这个例子说明了 6.2.1 节中所介绍的应使常见事件速度更快的原则。将那些最近使用或者最近最可能使用的书保存在工作室，可以减少来回奔波的时间耗费。这里应用了时间局部性（temporal locality）和空间局部性（spatial locality）的原理。时间局部性意味着如果你最近使用一本书，很可能很快就再用上它。空间局部性意味着当你使用一本书时，很可能会对同一主题的另外一些书也感兴趣。

⊖ 我们意识到，由于互联网的发展，图书馆使用率正在急剧下降。但是我们也相信图书馆包含大量来之不易的人类知识，而这些知识并非以电子方式提供。我们希望网络搜索不会完全取代图书馆研究的艺术。

　　图书馆自身也使用局部性原理使得常见事件速度更快。图书馆没有这么多的书架空间和预算来提供世界上的所有书。但是，它把一些不常用的书保存在地下室中。而且，它会与周边的图书馆建立馆际借阅约定，这样它就可以提供比其物理存储量更多的书籍。

　　总的来说，通过存储层次化可以对最常用的书做到大容量和快速访问。最常用书籍在你的工作室中；更多的书籍放在书架上；而其他更大一部分的可用书籍存储在地下室和其他图书馆。相似地，存储器系统使用存储器层次结构以快速访问最常用的数据，同时也有容量来存储大量的数据。

　　基于这种层次结构的存储子系统已经在 5.5 节中介绍了。计算机内存基本上由动态RAM（DRAM）和静态 RAM（SRAM）组成。理想的计算机存储器系统应是快速、大容量和廉价的。但实际上，某种特定内存只能具有这三个属性中的两个：必然会具有速度慢、容量小或者昂贵三个缺点之一。但是计算机系统可以将一个快速、小容量和廉价的存储器和一个低速、大容量和廉价的存储器组合起来以接近理想的存储器系统。快速的存储器存储最常用的数据和指令，所以平均来看，存储器系统看起来可以快速运行。大容量的存储器存储其余的数据和指令，所以总的容量很大。两个廉价存储器组合在一起比单独使用一个大容量快速存储器要便宜得多。这个原则可以扩展至整个存储器层次结构以降低成本，提高速度。

　　计算机主存一般由 DRAM 芯片组成。在 2015 年，一个典型 PC 的 DRAM 内存容量为8～16GB，其成本约为 7 美元 /GB。在过去的 30 年中，DRAM 的价格以每年大约 25% 的速度下降，存储容量以相同的速度增加。所以 PC 中存储器的总成本保持大致稳定。遗憾的是，DRAM 的速度只以每年 7% 的速度增长，然而处理器的性能则以每年 25%～50% 的速度增长，如图 8-2 所示。图中以 1980 年的存储器和处理器速度作为基线。在 1980 年，处理器和存储器的速度是一样的。但是性能却从此开始有了差别，存储器速度开始严重落后。⊖

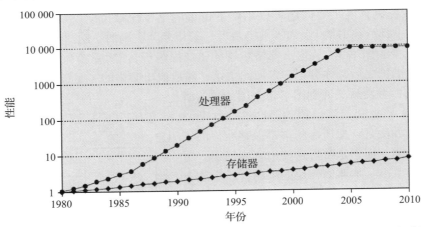

图 8-2　逐渐分离的处理和存储器性能（源自 Hennessy and Patterson, *Computer Architecture: A Quantitative Approach*, 5th ed., Morgan Kaufmann, 2011.）

　　在 20 世纪 70 年代和 80 年代早期，DRAM 的速度和处理器保持一致，但现在却慢得可怜。DRAM 访问时间是处理器周期的一到两个数量级（前者需要几十纳秒，后者则不到1 纳秒）。

⊖　虽然最近的单处理器性能几乎保持不变，如图 8-2 所示，2005～2010 年，多核系统的增加（图中未示出）只会加剧处理器和内存性能之间的差距。

　　为了抵消这个趋势，计算机将最常用的指令和数据存储在更快、但较小的存储器中，这称为高速缓存（cache）。高速缓存通常置于处理器同一芯片上的 SRAM 中，其速度与处理器相近。这是因为 SRAM 比 DRAM 要快，而且片上存储器可以消除片间传输产生的延迟。2015年，片上 SRAM 的成本大约为 5000 美元 /GB，但是高速缓存容量较小（千字节到数兆字节），所以总的花费并不很高。高速缓存可以存储指令和数据，但是统称它们的内容为"数据"。

489

　　如果处理器需要的数据在高速缓存中可用，它就会被快速地返回。这称为缓存命中（hit）。否则，处理器就需要从主存（DRAM）中获得数据。这称为缓存缺失（miss）。如果大部分情况下缓存命中，那么处理器就基本上不需要等待低速的主存，平均访问时间就会比较短。

　　存储器层次结构的第三层是硬盘（hard drive）。就像图书馆使用地下室储存没有放在书架上的书籍一样，计算机使用硬盘去存储不在主存的数据。在 2015 年，一个使用磁性存储器构建的硬盘驱动器（Hard Disk Drive，HDD）价格低于 0.05 美元 /GB，访问时间约为 5ms。其价格以每年 60% 的速度下降，但是访问时间几乎没有提高。使用闪存技术构建的固态硬盘（Solid State Drive，SSD），日益成为 HDD 的常见替代。SSD 已经在小众市场里使用了超过 20 年，在 2007 年首次进入主流市场。SSD 克服了 HDD 的一些机械故障，但价格是 HDD 的 10 倍，0.40 美元 /GB。

　　硬盘提供了一个比主存实际容量中更大的存储器空间，称为虚拟存储器（virtual memory）。正如地下室的书，需要花费很长的时间访问虚拟存储器中的数据。主存，也称为物理存储器（physical memory），包含了虚拟存储器的一个子集。因此，主存可以看作硬盘中常用数据的高速缓存。

　　图 8-3 总结了后续章节讨论的计算机系统存储器层次结构。处理器首先在容量小，但是速度快的高速缓存内寻找数据。如果数据不在高速缓存中，处理器会在主存中寻找。如果数据也不在主存，那么处理器就会从容量大，但是速度低的硬盘上的虚拟存储器中获取数据。图 8-4 说明了存储层次结构中容量和速度的权衡，列举了 2015 年技术水平下典型的成本和访问时间数据。其中访问时间越短，速度越快。

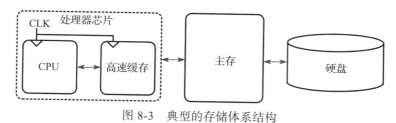

图 8-3　典型的存储体系结构

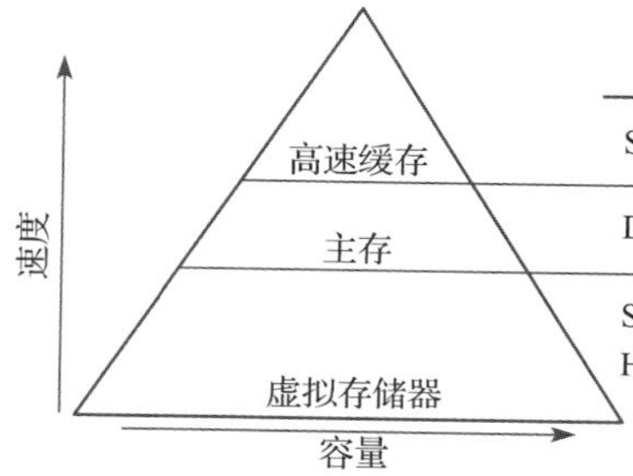

技术	每GB价格	访问时间（ns）	带宽（GB/s）
SRAM	\$5 000	0.5	25+
DRAM	\$7	10~50	10
SSD	\$0.40	20 000	0.5
HDD	\$0.05	5 000 000	0.75

图 8-4　2015 年时存储层次结构中各组成部分的典型特征

8.2 节分析了存储器系统的性能。8.3 节讨论了几种高速缓存的组织方法。8.4 节研究了
虚拟存储器系统。

490

8.2 存储器系统性能分析

设计者（和计算机购买者）需要定量的方法衡量存储器系统的性能，以评估不同选择下
成本和收益的平衡点。存储器系统性能的衡量标准为：缺失率（miss rate）或者命中率（hit
rate），平均存储器访问时间（average memory access time）。缺失率和命中率计算如下：

$$缺失率 = \frac{存储器访问缺失的次数}{总的存储访问次数} = 1 - 命中率$$

$$命中率 = \frac{存储器访问缺失的次数}{总的存储访问次数} = 1 - 缺失率 \qquad (8.1)$$

例 8.1　**计算高速缓存性能。** 假设一个程序有 2000 条数据访问指令（读和写），其中
1250 条指令所需要的数据在高速缓存中能找到，其余的 750 条数据由主存或者硬盘提供。
高速缓存的缺失率和命中率是多少？

解： 缺失率为 750/2000=0.375=37.5%，命中率为 1250/2000=0.625=1-0.375=62.5%。■

平均存储器访问时间（Average Memory Access Time，ATAM）为处理器的一条存储器
访问指令执行过程中等待存储器的平均时间。图 8-3 的典型计算机系统中，处理器首先在高
速缓存中查找数据。如果高速缓存找不到，处理器随之在主存中查找。如果主存中也缺失，
处理器将访问硬盘上的虚拟存储器。因此，ATAM 计算如下：

$$AMAT = t_{cache} + MR_{cache}(t_{MM} + MR_{MM}t_{VM}) \qquad (8.2)$$

491

其中，t_{cache}、t_{MM} 和 t_{VM} 分别为高速缓存、主存和虚拟存储器的访问时间。MR_{cache} 和 MR_{MM}
分别为高速缓存和主存的缺失率。

例 8.2　**计算平均存储器访问时间。** 假设某计算机系统拥有存储器层次结构由高速缓存
和主存两级构成。根据表 8-1 给出的访问时间和缺失率计算平均存储访问时间是多少。

解： 平均存储访问时间为 1+0.1(100)=11 周期。■

表 8-1　访问时间和缺失率

存储器层次	访问时间（周期）	缺失率
高速缓存	1	10%
主存	100	0%

例 8.3　**改进访问时间。** 11 个周期的平均存储器访问时间意味着处理器对每一个实际需
要使用的数据需要等待 10 个周期。为了将平均存储访问时间减低至 1.5 个周期，高速缓存
缺失率应为多少？使用表 8-1 的数据。

解： 如果缺失率为 m，平均访问时间为 $1+100m$。设置这个时间为 1.5，解出需要的高
速缓存缺失率 m 为 0.5%。■

值得注意的是，性能改进并不是像看起来那么好。例如，存储器系统速度提高 10 倍并
不一定意味着计算机程序速度快 10 倍。如果程序性能的 50% 归因于存储器访问指令，提高
10 倍速度的存储器系统只意味着能提高 1.82 倍的程序性能。这个通用原则称为 Amdahl 定
律（Amdahl's law），即只在子系统的性能影响占全部性能中大部分的时候，提高子系统性能

的努力才会有效果。

8.3　高速缓存

高速缓存中存放着常用的存储器数据，其存放数据字的量为容量（capacity）C。因为
高速缓存的容量比主存要小，所以计算机系统设计者必须选择主存的子集存放在高速缓
存中。 492

当处理器尝试访问数据，它首先检查高速缓存的数据。如果高速缓存命中，那么数据马
上就可被使用。如果高速缓存缺失，处理器就会从主存访问出数据，然后把它放在高速缓存
以便以后使用。为了放置新的数据，高速缓存必须替换（replace）旧数据。本节将研究高速
缓存设计中的以下问题：在高速缓存中存放哪些数据？如何在高速缓存中寻找数据？当高速
缓存满时，如何替换旧数据以放置新数据？

阅读后续章节时，要记住解决这些问题的驱动力在于大部分应用中数据访问存在的固有
的时间和空间局部性。高速缓存使用时间和空间局部性预测下一步需要的数据是什么。如果
程序以随机方式访问数据，它将不会在高速缓存的策略中得益。

我们将在后续章节中，以容量 C、组数 S、块容量 b、块数 B 和相联度 N 来刻画高速
缓存。

尽管我们这里主要关注数据高速缓存的读出操作，但是对指令高速缓存也适用于同样原
则。数据高速缓存的写入操作也与之相似，并将在 8.3.4 节讨论。

8.3.1　高速缓存中存放的数据

理想化的高速缓存应能提早预知所有处理器需要的数据，并提前从主存访问得到，所以
理想的高速缓存缺失率为零。因为不可能精确地预计将来所需的数据，所以高速缓存必须基
于过去存储器访问的方式来猜测将来需要什么数据。特别地，高速缓存利用时间和空间的局
部性以达到低缺失率。

时间局部性意味着：如果处理器最近访问过一块数据，那么它很可能再次访问这一份数
据。因此，当处理器读出和写入不在高速缓存中的数据时，数据需要从主存复制到高速缓存
中。后续对此数据的请求将在高速缓存内命中。

空间局部性意味着：当处理器访问一块数据时，那么它很可能也访问此存储位置附近的
数据。因此，当高速缓读出内存中一个字的时候，它也可以取出临近的一些字。这样的一组
字称为高速缓存块（cache block）。一个高速缓存块中字的数量称为块大小 b。容量为 C 的
高速缓存包含了 B=C/b 个块。

实际程序的时间和空间局部性原理已经为实验所验证。如果在程序中使用了一个变量，
那么同一变量就很可能被再次使用，从而产生了时间局部性。如果使用了一个数组的元素，
那么同数组的其他元素也很可能被使用，从而产生了空间局部性。 493

8.3.2　高速缓存中的数据查找

一个高速缓存可以组织成 S 个组，其中每一组有一个或者多个数据块。主存中数据的地
址和高速缓存中数据的位置之间的关系称为映射（mapping）。每一个内存地址可以准确地映
射到高速缓存中的一个组。地址中的一些位用于确定哪个高速缓存组包含了数据。如果一个
组包含了多个块，那么数据可能包含在组中的任何一块内。

高速缓存按照组中块的数目进行分类。在直接映射（direct mapped）高速缓存内，每一组包含一个块，所以高速缓存包含了 $S=B$ 个组。因此，一个主存地址映射到高速缓存唯一的块。在 N 路组相联（N-way associative）高速缓存中，每一组包含 N 个块。地址依然映射到唯一的组，其中共有 $S=B/N$ 个组。但是这个地址对应的数据可以映射到组中的任何块。全相联（full associative）高速缓存只有唯一一个组（$S=1$）。数据可以映射到组内 B 个块中的任何一块。因此，全相联高速缓存也是 B 路组相联高速缓存的别名。

为了说明高速缓存的组织方式，我们将考虑 32 位地址和 32 位字的 ARM 存储器系统。内存按照字节编址，每个字有 4 字节，所以内存包含了 2^{30} 个字，并按照字方式对齐。为了简化起见，我们将首先分析容量 C 为 8 个字，块大小 b 为 1 个字的高速缓存，之后推广到更大的块。

1. 直接映射高速缓存

直接映射高速缓存的每个组内有一个块，所以其组数 S 等于块数 B。要理解高速缓存块上内存地址的映射，可以想象内存就像高速缓存那样映射到多个 b 个字大小的块。内存中第 0 块的地址映射到高速缓存的第 0 组。内存中第 1 块的地址映射到高速缓存的第 1 组，这样一直到内存中第 $B-1$ 块的地址映射到高速缓存的第 $B-1$ 组。此时高速缓存没有更多的块了，所以就开始循环，内存的第 B 块映射到高速缓存的第 0 组。

图 8-5 中用容量为 8 个字，块大小为 1 个字的直接映射高速缓存说明了这个映射。高速缓存中有 8 组，每一组有 1 块。因为地址是字对齐的，所以最低两位地址恒为 00。紧接着的 $\log_2 8 = 3$ 位说明了存储器地址映射到哪一个组。因此，地址 0x00000004, 0x00000024, …, 0xFFFFFFE4 的数据全部映射到第 1 组，以蓝色标注。相似地，地址 0x00000010, …, 0xFFFFFFF0 的数据全部映射到第 4 组，如此类推。每一个主存地址都可以映射到唯一的一个高速缓存组上。

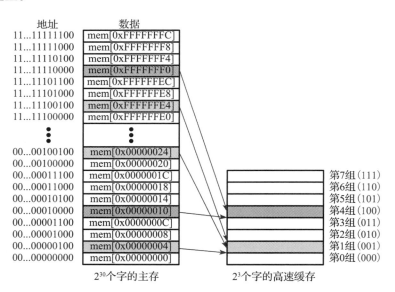

图 8-5　将主存映射到直接映射高速缓存

例 8.4　**高速缓存字段**。对于图 8-5，地址 0x00000014 的字映射到哪一个高速缓存组？给出另一个映射到相同组上的地址。

解：因为地址是字对齐的，所以地址的最低两位为00。相邻三位为101，所以这个字映射到第5组。地址0x34，0x54，0x74，…，0xFFFFFFF4上的字都映射到这一组。∎

因为很多地址都映射到同一组上，高速缓存还必须保持实际包含在每一组内数据的地址。地址的最低有效位说明了哪一组包含数据。剩下的高位称为标志（tag），说明了包含在组内的数据是众多可能地址中的哪一个。

在我们先前的例子中，32位地址中的最低两位称为字节偏移（byte offset），说明了字节在字中的位置。紧接着的3位称为组位（set bit），说明了地址映射到哪一组（一般来说，组位的位数为$\log_2 S$）。剩下的27位标志位说明了存储在特定高速缓存组中数据的存储器地址。图8-6给出了地址0xFFFFFFE4的高速缓存字段。它映射到第一组，且所有标志都为1。

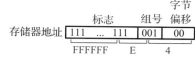

图8-6　当地址0xFFFFFFE4映射到图8-5高速缓存时相应的高速缓存字段

495

例8.5 **高速缓存字段**。为具有1024（2^{10}）个组和块大小为1个字的直接映射高速缓存确定组位和标志位的数目。其中地址长度为32位。

解：一个有2^{10}组的高速缓存的组位长度为$\log_2 2^{10}=10$位。地址中的最低两位为字节偏移，剩下的32−10−2=20位作为标志。∎

有时（例如计算机刚启动时），高速缓存组没有包含任何数据。高速缓存的每一组都有一个有效位（valid bit），以说明此组是否包含有意义的数据。如果有效位为0，那么其内容就没有意义。

图8-7为图8-5中直接映射高速缓存的硬件结构。高速缓存由8个表项的SRAM组成。每一个表项（组）包含了一个32位的数据缓存行、27位的标志和1位有效位。高速缓存使用32位地址访问。最低两位的字节偏移位因为字对齐而省略，紧接着的3位（组位）指明了高速缓存中的表项号或组号。读指令从高速缓存中读出特定的表项，检查标志和有效位。如果标志与地址中的最高27位相同，而且有效位为1，则高速缓存命中，数据将返回到处理器。否则，高速缓存发生缺失，存储器系统必须从主存中取出数据。

496

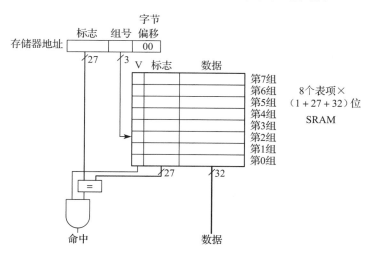

图8-7　8组的直接映射高速缓存

例8.6 **直接映射高速缓存的时间局部性**。实际应用中，循环是时间和空间局部性的常见来源。使用图 8-7 中 8 个表项的高速缓存，给出在执行以下 ARM 汇编代码循环后高速缓存中的内容。假设高速缓存开始状态为空。缺失率为多少？

```
        MOV R0, #5
        MOV R1, #0
LOOP    CMP R0, #0
        BEQ DONE
        LDR R2, [R1, #4]
        LDR R3, [R1, #12]
        LDR R4, [R1, #8]
        SUB R0, R0, #1
        B   LOOP
DONE
```

解：这个程序包含一个重复 5 遍的循环。每一次循环涉及 3 次的内存访问（读取），最后总计产生 15 次内存访问。第一次循环执行的时候，高速缓存为空。必须分别从主存的 0x4、0xC、0x8 中获取数据，存放到高速缓冲的第 1 组、第 3 组和第 2 组。然后，以后 4 次的循环执行，数据在高速缓存中都能被找到。图 8-8 所示为最后对内存地址 0x4 请求时的高速缓存内容。因为高 27 位的地址为 0，所以标志全为 0。缺失率为 3/15=20%。■

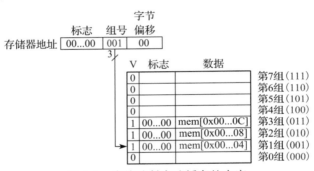

图 8-8　直接映射高速缓存的内容

当两个最近访问的地址映射到同一个高速缓存块时，会产生冲突（conflict）。最近访问的地址从块中逐出较前的地址。直接映射高速缓存每一组只有 1 个块，所以两个映射到同一个组的地址常常会产生冲突。例 8.7 说明了冲突。

例 8.7　**高速缓存块冲突**。当在图 8-7 中的 8 字直接映射高速缓存中执行以下循环时，缺失率是多少？假设高速缓存初始为空。

```
        MOV R0, #5
        MOV R1, #0
LOOP    CMP R0, #0
        BEQ DONE
        LDR R2, [R1, #0x4]
        LDR R3, [R1, #0x24]
        SUB R0, R0, #1
        B   LOOP
DONE
```

解：内存地址 0x4 和 0x24 都映射到第 1 组。当初始执行循环的时候，地址 0x4 中的数据被读入高速缓存的第 1 组。接着，地址 0x24 中的数据被读入第 1 组，并逐出地址 0x4 中的数据。在下一循环执行时，这种访问模式会重复发生。高速缓存必须重新获取地址 0x4 中的数据，逐出地址 0x24 的数据。这两个地址产生冲突，缺失率为 100%。■

2. 多路组相联高速缓存

N 路组相联的高速缓存通过为每组提供 N 块的方式以减少冲突。每个内存地址依然映射到唯一的组中，但是它可以映射到一个组内 N 个块的任意一块。因此，直接映射高速缓存也可称为单路组相联高速缓存。其中，N 称为高速缓存的相联度（degree of associative）。

图 8-9 给出了容量 C 为 8 个字，相联度 N 为 2 的两路组相联高速缓存的硬件。高速缓存现在只有 4 组，而不是直接映射高速缓存的 8 组。因此，只需要 $\log_2 4 = 2$ 位组位来选择组，而不是直接映射高速缓存的 3 位。标志从 27 增加到 28 位。每一组包括了两路（相联度为 2）。每一路由数据块、有效位和标志位组成。高速缓存从选定的组中读取所有两路中的块，检查标志和有效位以确定是否命中。如果其中一路命中，多路选择器从此路选择数据。

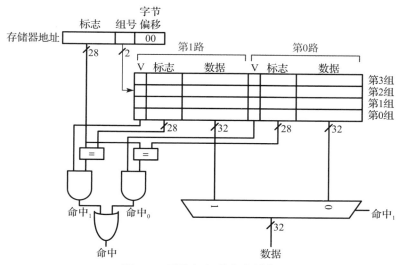

图 8-9   两路组相联高速缓存

与同容量的直接映射高速缓存相比，组相联高速缓存的缺失率一般会较低。这是因为它们的冲突更少。然而，因为输出的多路选择器和额外的比较器，组相联高速缓存常常比较慢，成本也比较高。并且还会产生另外一个问题：当两路都满时，选择哪一路进行替换？这个问题将在 8.3.3 节中讨论。大部分的商业系统都使用组相联高速缓存。

例 8.8　**组相联高速缓存的缺失率**。重复例 8.7 的问题，使用图 8-9 中 8 字 2 路组相联高速缓存。

解：两个对 0x4 和 0x24 地址的存储器访问都映射到第 1 组。然而，高速缓存中有两路，所以它能同时为两个地址提供数据空间。在第一个循环期中，空的高速缓存对两个地址访问都产生缺失，然后读入两个字的数据存放到第 1 组的两路中，如图 8-10 所示。随后的 4 次循环中，高速缓存都命中。因此，缺失率为 2/10=20%。对比例 8.7 中同容量大小的直接映射高速缓存缺失率为 100%。

第1路			第0路			
V	标志	数据	V	标志	数据	
0			0			第3组
0			0			第2组
1	00...00	mem[0x00...24]	1	00...10	mem[0x00...04]	第1组
0			0			第0组

图 8-10   两路组相联高速缓存内容

3. 全相联高速缓存

全相联高速缓存只有一个组，其中包含了 B 路（B 为块的数目）。存储器地址可以映射到这些路中的任何一个块。全相联高速缓存也可以称为 B 路单组组相联高速缓存。

图 8-11 为包含了 8 个块的全相联高速缓存 SRAM 阵列。对于一个数据请求，由于数据可能在任何一块中，所以必须对 8 个标志进行比较（图中没有表示出来）。相似地，当一路命中时，需要使用 8:1 多路选择器选择合适的数据。在相同容量下，全相联高速缓存一般具有最小的冲突缺失，但是需要更多的硬件用于标志比较。因为需要大量的比较器，它们仅仅适合于较小的高速缓存。

图 8-11   8 块全相联高速缓存

4. 块大小

前面的例子中块大小仅为一字，因此只能利用时间局部性。为了利用空间局部性，高速缓存需要使用更大的块来保存若干连续的字。

块大小大于 1 个字的优势在于，在发生缺失时所需要的字会取到高速缓存内，同时在块内临近的字也会从存储器取到高速缓存中。因为空间局部性的关系，后续的访问就很可能会命中。然而，对于容量固定的高速缓存而言，较大的块大小意味着块的数目较少。这可能会导致更多的冲突，从而增加缺失率。而且，因为要将多于一个字的数据从主存中取出，所以在一次缺失时需要耗费更多时间来读取缺失的高速缓存块。读取缺失块到高速缓存所需的时间称为缺失代价（miss penalty）。如果块中相邻的字在稍后未被访问，那么用于取出它们的工作就会被浪费。然而，大部分实际程序在取较大的块时可以获得更好的性能。

图 8-12 中给出了容量 C 为 8 个字，块大小 b 为 4 个字的直接映射高速缓存硬件。此时，高速缓存只有 $B=C/b=2$ 块。直接映射高速缓存的每一个组里仅有一块，所以这个高速缓存中两个组，只需要 $\log_2 2=1$ 用于选择组。同时，需要一个多路选择器来选择在一个块里的字。多路选择器由地址中的块内偏移（block offset）位（$\log_2 4=2$ 位）控制。最高的 27 位地址组成标志。整个块只需要一个标志，这是因为块内字的地址是连续的。

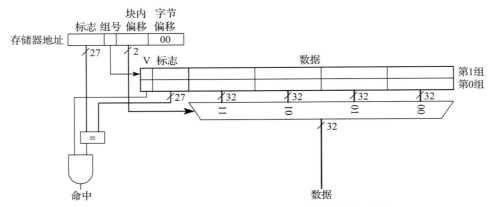

图 8-12   组数为 2、块大小为 4 个字的直接映射高速缓存

图 8-13 给出了地址 0x8000009C 映射于此直接映射高速缓存时的 cache 字段。对于字访问时，字节偏移总是 0。后续 $\log_2 b=2$ 位的块内偏移位指明了此字在块中的位置。后续一位指出组号。剩下的 27 位为标志位。因此，地址为 0x8000009C 的字映射到此高速缓存中第 1 组的第 3 个字。使用较大的块大小来利用空间局部性的原理也适用于关联高速缓存。

图 8-13　映射到图 8-12 的高速缓存时，对于地址 0x8000009C 的 cache 字段

例 8.9 直接映射高速缓存中的空间局部性。采用容量为 8 个字、块大小为 4 个字的直接映射高速缓存重复例 8.6。

解：图 8-14 给出了第一次存储器访问后高速缓存的内容。在第一次迭代循环时，高速缓存在访问存储器地址 0x4 时产生缺失。这次访问将读取从地址 0x0 到 0xC 的数据到高速缓存的块中。所有的后续访问（如地址 0xC 所示）都将在高速缓存内命中。因此，缺失率为 1/15=6.67%。

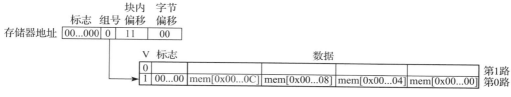

图 8-14　块大小为 4 个字的高速缓存内容

5. 小结

高速缓存组织为二维阵列的结构。其中行称为组，列称为路。阵列中每个表项包括一个数据块、相应的有效位和标志位。高速缓存的关键参数为：　　501

- 容量 C。
- 块大小 b（以及块数量 $B=C/b$）。
- 一组内块的数量（N）。

表 8-2 总结不同类型的高速缓存组织方式。存储器中的每个地址映射到唯一一组，但是它可以存放在此组的任何一路中。

表 8-2　高速缓存的组织方式

组织方式	组数（N）	路数（S）
直接映射	1	B
组相联	$1<N<B$	B/N
全相联	B	1

高速缓存的容量、相联度、组大小和块大小一般都为 2 的整数次幂。这使得高速缓存字段（标志、组号和块内偏移）均为地址位的子集。

增加相联度 N 可以减少因为冲突引起的缺失。但是高相联度需要更多的标志比较器。增加块的大小 b，会从空间局部性获益而减少缺失率。然而，对于固定容量的高速缓存这将减少组数，可能导致更多的冲突。同时，它也增加了缺失代价。

8.3.3 数据的替换

在直接映射高速缓存中，每个地址映射到唯一的块和组上。如果一个组满的时候，而又必须读取新的数据，那么组里的块就会被替换为新数据。在组相联和全相联的高速缓存中，高速缓存必须在组满时选择哪一个块被逐出。时间局部性原则建议最好选择最近最少使用的块，因为它看起来最近最不可能再次用到。因此，大部分相联高速缓存采用最近最少使用（Least Recently Used, LRU）的替换原则。

在两路组相联高速缓存内，用 1 位使用位（use bit）U，说明组内的哪一路是最近最少使用的。每次使用其中一路，就修改 U 位来指示另一路为最近最少使用。对于多于两路的组相联高速缓存，跟踪最近最少使用的路将更为复杂。为了简化问题，组里的多路分成两部分（group），U 指示哪一部分为最近最少使用的。替换时，就从最近最少使用部分里面随机选择一块用于替换。这样的策略称为伪 -LRU 策略，也易于实现。

例 8.10 **最近最少使用替换**。写出下述执行代码后，容量为 8 个字的两路组相联高速缓存的内容。假设采用最近最少使用替换策略，块大小为 1 个字，初始时高速缓存为空。

```
MOV R0, #0
LDR R1, [R0, #4]
LDR R2, [R0, #0x24]
LDR R3, [R0, #0x54]
```

解：开始的两条指令从存储器地址 0x4 和 0x24 中读取数据到高速缓存的第 1 组中，如图 8-15a 所示。$U=0$ 说明在第 0 路的数据是最近最少使用的。下一次存储器访问的地址为 0x54，依然映射到第 1 组，这将替换最近最少使用的第 0 路数据，如图 8-15b 所示。随后使用位 U 设置为 1，说明第 1 路的数据是最近最少使用的。　■

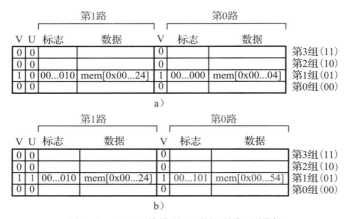

图 8-15　LRU 替换的两路相联高速缓存

*8.3.4　高级高速缓存设计

现代微处理器系统使用多层高速缓存以减少内存访问时间。本节将讨论两层高速缓存系统的性能，研究块大小、相联度和高速缓存容量对缺失率的影响。本节还介绍高速缓存如何使用直写或回写策略控制处理存储器写入。

1. 多层次高速缓存

大容量高速缓存的效果更好，这是因为它们更有可能保存当前需要使用的数据，因此会有更低的缺失率。然而，大容量高速缓存的速度比小容量高速缓存要低。现代处理器系统常常使用两级高速缓存，如图 8-16 所示。第一级（L1）高速缓存足够小以保证访问时间为 1～2 个处理器周期。第二级（L2）高速缓存常常也由 SRAM 构成，但比 L1 高速缓存容量更大，因此速度也更慢。处理器首先在 L1 高速缓存中查找数据。如果在 L1 高速缓存中缺失，那么处理器将从 L2 高速缓存中查找。如果 L2 高速缓存也缺失，处理器将从主存访问数据。因为从主存的访问速度实在太慢，一些现代处理器系统在存储器层次结构中增加了更多级的高速缓存。

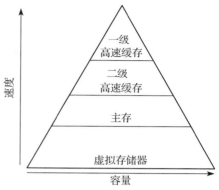

图 8-16　带两级高速缓存的存储器体系结构

例 8.11　**带 L2 高速缓存的系统**。使用图 8-16 中的系统，其中 L1、L2 高速缓存和主存的访问时间分别为 1、10 和 100 个周期。假设 L1、L2 高速缓存的缺失率分别为 5% 和 20%。即 5% 的访问在 L1 中缺失，其中的 20% 在 L2 中依然缺失。那么平均访问时间 (AMAT) 是多少？

解： 每一次的内存访问都会检查 L1 高速缓存。当 L1 高速缓存缺失时（访问中的 5%），处理器就检查 L2 高速缓存。当 L2 高速缓存缺失时（访问中的 20%），处理器就从主存获取数据。使用等式（8.2），可计算平均内存访问时间如下：1 周期 +0.05[10 周期 +0.2（100 周期）] =2.5 周期。

L2 高速缓存的缺失率高是因为它只接收那些在 L1 高速缓存缺失的"硬"内存访问。如果所有的访问都直接由 L2 高速缓存中获得，那么 L2 的缺失率会是大约 1%。 ■ [504]

2. 减少缺失率

可以通过改变容量、块大小和相联度的方式减少高速缓存的缺失率。减少缺失率的第一步是理解产生缺失的原因。缺失可以分为强制缺失、容量缺失和冲突缺失三种原因。对于高速缓存块的第一次请求被称为强制缺失（compulsory miss），这是因为无论高速缓存任何设计，块都必须先从内存读取。因高速缓存太小而不能保存所有并发使用的数据时发生容量缺失（capacity miss）。因多个地址映射到同一组而被替换的块依然需要时发生冲突缺失（conflict miss）。

改变高速缓存的参数可以影响一种或更多的高速缓存缺失类型。例如，增加高速缓存容量可以减少冲突和容量缺失，但是不会影响强制性缺失。另一方面，增加块大小可以减少强制性缺失（因为空间局部性），但是可能增加冲突缺失（因为更多的地址可能会被映射到同一组中，这可能会冲突）。

存储器系统十分复杂，衡量它们性能的最佳方法是在不同的高速缓存配置参数下运行基准测试程序。图 8-17 描述了 SPEC2000 基准测试程序下高速缓存容量、相联度和缺失率的关系。这一基准测试程序中强制性缺失较少，以靠近 x 轴的黑色区域表示。正如所期望的，增加高速缓存容量可以减少容量缺失。特别对于小型高速缓存来说，增加相联性可以减少冲突缺失，如顶端的曲线所示。在 4 路或 8 路以上再增加相联性只能小幅度地减少缺失率。 [505]

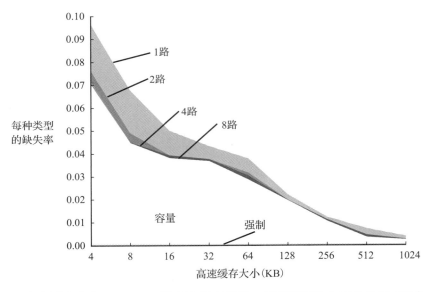

图 8-17　基准测试程序 SPEC2000 下高速缓存容量、相联度和缺失率的关系（源自：Hennessy and Patterson, *Computer Architecture*: *A Quantitative Approach*, 5th ed., Morgan Kaufmann, 2012.）

正如前面提到的，可以用增加块大小的方法利用空间局部性，减少缺失率。但是在固定大小的高速缓存中，随着块大小的增加，组的数量将减少，从而增加冲突的可能性。图 8-18 描述了对不同容量下高速缓存块大小（以字节为单位）和缺失率之间的关系。对于小型高速缓存（如 4KB 高速缓存），在大于 64 字节时增加块大小会因为冲突而增加缺失率。对于大型高速缓存，增加块大小时缺失率并不改变。然而，较大的块大小可能还将增加执行时间，这是因为其缺失时从主存用于获取高速缓存块的缺失代价时间更多。

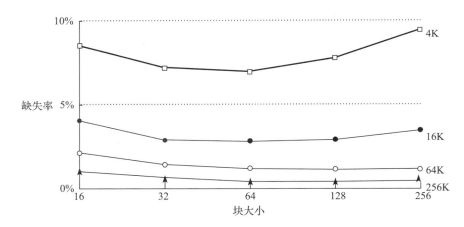

图 8-18　基准测试程序 SPEC2000 下块大小、高速缓存大小和缺失率的关系（源自：Hennessy and Patterson, *Computer Architecture*: *A Quantitative Approach*, 5th ed., Morgan Kaufmann, 2012.）

3. 写策略

前面各节关注了存储器的读出操作。存储器的存储（写入）操作遵循与读出操作相似的过程。在存储器写入前，处理器会检查高速缓存。如果高速缓存缺失，就会将相应的高速缓存块从主存读取到高速缓存，之后将写入高速缓存块中适当的字。如果高速缓存命中，就简单地将字写入高速缓存块中。

高速缓存可以分为直写和回写两种方式。在直写（write-through）高速缓存中，写入高速缓存块的数据会同时写到主存中。在回写（write-back）高速缓存中，需要增加一个与各高速缓存块关联的脏位（D）。当写入高速缓存块时 D 设置为 1，其余情况为 0。只在脏高速缓存块从高速缓存内替换出来时，它们才回写到主存。直写的高速缓存不需要脏位，但是与回写方式的高速缓存相比需要更多主存写入操作。由于主存访问时间太长，现代的高速缓存往往采用回写方式。

506

例 8.12 **直写与回写。**假设某高速缓存的块大小为 4 个字。使用直写和回写两种策略，在执行以下代码时主存访问次数分别为多少？

```
MOV R5, #0
STR R1, [R5]
STR R2, [R5, #12]
STR R3, [R5, #8]
STR R4, [R5, #4]
```

解：所有 4 个存储指令对同一个高速缓存块写入。在直写达高速缓存中，每一个存储指令对主存写入一个字，需要 4 次的主存写入。回写策略仅仅在脏高速缓存块被替换时才需要一次主存访问。 ◼

*8.3.5　ARM 处理器中高速缓存的发展

表 8-3 给出了 1985～2012 年间 ARM 处理器中高速缓存组织结构的发展情况。主要的趋势包括引入多级高速缓存结构，更大高速缓存容量，以及离指令和数据 L1 缓存。产生这些趋势的原因在于不断增长的 CPU 频率和主存速度差异，以及不断下降的晶体管成本。CPU 和存储器之间不断增加的速度差异需要不断减少缺失率以克服主存瓶颈，不断下降的晶体管成本则为增加高速缓存容量提供了可能。

507

表 8-3　ARM 高速缓存的发展

年份	CPU	主频（MHz）	一级高速缓存	二级高速缓存
1985	ARM1	8	无	无
1992	ARM6	30	4KB，统一	无
1994	ARM7	100	8KB，统一	无
1999	ARM9E	300	0-128KB, I/D	无
2002	ARM11	700	4-64KB, I/D	0-128KB, off-chip
2009	Cortex-A9	1000	16-64KB, I/D	0-8MB
2011	Cortex-A7	1500	32KB, I/D	0-4MB
2011	Cortex-A15	2000	32KB, I/D	0-4MB
2012	Cortex-M0+	60-250	无	无
2012	Cortex-A53	1500	8-64KB, I/D	128KB-2MB
2012	Cortex-A57	2000	48KBI/32KBD	512KB-2MB

8.4　虚拟存储器

大部分现代计算机系统使用硬盘（也被称为硬盘驱动器）作为存储体系的最底层（如图 8-4）。与理想化的大容量、快速、廉价存储器相比，硬盘容量大，价格便宜，但是速度却非常慢。硬盘比高成本效益的主存（DRAM）提供了更大容量。然而，如果大部分的存储器访问需要使用硬盘，性能将严重下降。在 PC 上一下运行太多程序时，就可能遇到这种情况。

图 8-19 所示为一个去了盖子的硬盘驱动器，它由磁性存储器构成，也称为硬盘。顾名思义，硬盘包含了一片或者更多的坚硬盘片（platter），每一个盘片的长三角臂末端都有一个读 / 写头（read/write head）。首先移动读 / 写头到盘片的正确位置，当盘片在它下面旋转时以磁方式读写。读 / 写头需要毫秒级的时间完成盘片上的正确寻道，这对于人看来很快，但却比处理器慢百万倍。硬盘驱动器越来越多地被固态驱动器取代，因为读数快了几个数量级（见图 8-4），并且它们不易受机械故障的影响。

图 8-19　硬盘

在存储器层次结构中增加硬盘的目标是提供一个虚拟化的廉价大容量存储系统，而且在大部分存储器访问时，依然能提供较快速的存储器访问速度。例如，一个只提供 128MB DRAM 的计算机，可以用硬盘高效提供 2GB 的存储。较大的 2GB 存储空间被称为虚拟存储器（virtual memory）。较小的 128MB 主存称为物理存储器（physical memory）。本节中，我们将使用物理存储器这个术语来指主存。

程序会访问虚拟存储器内的任一数据，必须使用虚地址（virtual address）指明其在虚拟存储器内的位置。物理存储器内保存了虚拟存储器中大部分最近访问过的子集。从这点来看，物理存储器充当了虚拟存储器的高速缓存。因此，大部分访问将以 DRAM 的速度命中物理存储器，而程序却可以使用更大容量的虚拟存储器。

针对 8.3 节中讨论的高速缓存原理，虚拟存储器系统使用了不同的术语。表 8-4 总结了类似的术语。虚拟存储器被分为虚页（virtual page），大小一般为 4KB。物理存储器也类似地划分为物理页，大小也是 4KB。一个虚页可能在物理存储器（DRAM）中，也可能在硬盘上。例如，图 8-20 中给出了一个大于物理存储器的虚拟存储器。长方形表示页。一些虚页当前在物理存储器中，另一些在硬盘上。根据虚地址确定物理地址的过程称为地址转换（address translation）。如果处理器试图访问不在物理存储器里的虚地址，就会产生页缺失（page fault），由操作系统将页从硬盘读取到物理存储器中。

表 8-4　高速缓存和虚拟存储器相似的术语

高速缓存	虚拟存储器
块	页
块大小	页大小
块偏移	页偏移
缺失	页缺失
标志	虚页号

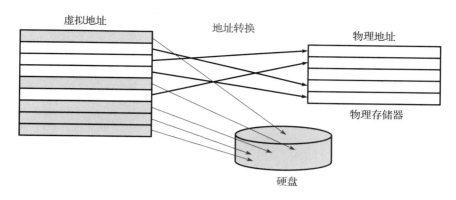

图 8-20　虚页和物理页

为了防止因冲突而产生的页缺失，任意虚页都可以映射到任意物理页。换句话说，物理存储器就像针对虚拟存储器的全相联高速缓存。在常规的全相联高速缓存里，每一个高速缓存块都有一个比较器，来比较最高位地址位与标志，以确定请求是否命中特定块。在类似的虚拟存储器系统里，每一个物理页也应该需要一个比较器，来比较虚拟存储器地址的最高位和标志，以确定虚页是否映射到物理页上。

现实的虚拟存储器系统中有很多物理页，对每一个页提供一个比较器的成本很高。作为代替，虚拟存储器系统使用页表实现地址转换。每个虚页都在页表对应一个表项，来说明它在物理存储器中的位置，或在硬盘中的位置。每次读出或者写入指令需要首先访问页表，然后访问物理存储器。页表访问将程序使用的虚地址转换为物理地址。物理地址随后用于实际的读或者写数据。

页表常常太大而只能存放在物理存储器中。因此，每一次读出或者写入需要两次物理存储器访问：第一次是访问页表，第二次访问数据。为了加速地址转换，地址转换后备缓冲（Translation Lookaside Buffer，TLB）缓存了最常用的页表表项。

本节的后续部分详细介绍了地址转换、页表和 TLB。

8.4.1　地址转换

在包含虚拟存储器的系统中，程序使用虚地址访问大容量存储空间。计算机必须将虚地址转换以找到物理存储器中的地址，或产生一个页缺失然后从硬盘获得数据。 |510|

前面提到虚拟存储器和物理存储器都被分成页。虚地址或者物理地址的高位分别说明了虚页或物理页的页号（page number）。低位说明指明了页内字的位置，也称为页偏移。

图 8-21 说明包含 2GB 虚拟存储器，128MB 物理存储器，页大小为 4KB 的虚拟存储器页组织结构。MIPS 处理器采用 32 位地址。对于 $2GB=2^{31}$ 字节虚拟存储器，仅使用虚拟存储器地址的最低 31 位，第 32 位总为 0。相似地，对于 $128MB=2^{27}$ 字节的物理存储器，仅只用物理地址的最低 27 位，最高 5 位总为 0。

因为页大小为 $4KB=2^{12}$ 字节，所以有 $2^{31}/2^{12}=2^{19}$ 个虚页和有 $2^{27}/2^{12}=2^{15}$ 个物理页。因此，虚页和物理页的页号分别为 19 位和 15 位。物理存储器在任何时间只能最多保存 1/16 的虚页。其余的虚页保存在硬盘上。

图 8-21 表明虚页 5 映射到物理页 1，虚页 0x7FFFC 映射到物理页 0x7FFE，等等。例如，虚地址 0x53F8（虚页 5 内 0x3F8 的偏移）映射到物理地址 0x13F8（物理页 1 内 0x3F8

的偏移）。虚地址和物理地址的最低 12 位是一样的（0x3F8），它指明了虚页和物理页内的页偏移。从虚地址到物理地址的转换过程中，只需要转换页号。

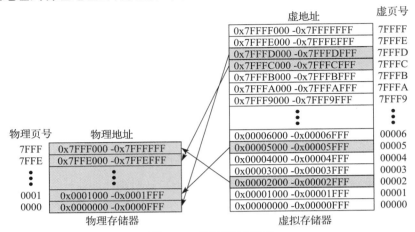

图 8-21　物理页与虚页

图 8-22 说明了虚地址到物理地址间的转换。最低 12 位为页偏移，不需要转换。虚地址的最高 19 位为虚页号（Virtual Page Number, VPN），可转换为 15 位物理页号（Physical Page Number, PPN）。后面两小节将进一步介绍页表以及如何使用 TLB 实现地址转换。

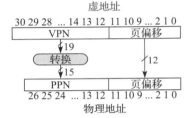

图 8-22　虚地址到物理地址的转换

例 8.13　**虚地址到物理地址的转换。** 用图 8-21 的虚拟存储器系统确定虚地址 0x247C 的物理地址。

解： 12 位页偏移（0x47C）不需要转换。虚拟存储器地址的其余 19 位给出了虚页号，所以虚地址 0x247C 应在虚页 0x2 中。图 8-21 中，虚页 0x2 映射到物理页 0x7FFF。因此，虚地址 0x247C 映射到物理地址 0x7FFF47C。

8.4.2　页表

处理器使用页表（page table）完成虚地址和物理地址间的转换。前面提到页表对每一个虚页都包含了一个表项。表项中包括了物理地址页号和有效位。如果有效位是 1，虚页映射到表项指定的物理页。否则，虚页在硬盘中。

因为页表比较大，需要存储在物理存储器中。假设页表存储为连续的数组，如图 8-23 所示。页表包含图 8-21 中的存储器系统映射。页表以虚页号（VPN）作为下标。例如，第 5 个表项说明了虚页 5 映射到物理页 1。第 6 个表项无效（V=0），所以虚页 6 在硬盘中。

例 8.14　**使用页表实现地址转换。** 使用图 8-23 给出的页表找

出虚地址 0x247C 的物理地址。

解： 图 8-24 给出了虚地址 0x247C 到物理地址的转换。其中

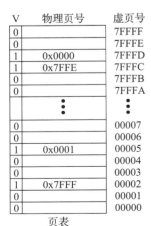

图 8-23　图 8-21 的页表

12 位页偏移不需要转换，虚地址的其余 19 位为虚页号 0x2，为页表的索引。页表虚页 0x2 到物理页 0x7FFF。所以，虚地址 0x247C 映射到物理地址 0x7FFF47C。其中物理地址和虚地址的最低 12 位保持不变。

页表可以存放在物理存储器的任何位置，这由操作系统自由决定。处理器一般使用专用的页表寄存器（page table register）存放页表在物理存储器中的基址。

为了实现读出和写入操作，处理器必须首先进行虚地址到物理地址的转换，之后访问物理地址中的数据。处理器从虚地址提取虚页号，之后将其和页表寄存器相加，找到页表表项的物理地址。处理器随后从物理存储器读取页表表项，以获取物理页号。如果表项有效，处理器将物理页号和页偏移合并，生成物理地址。最后，它根据物理地址读出或者写入数据。因为页表存储在物理存储器中，所以每一次读出或者写入操作需要两次物理存储器访问。

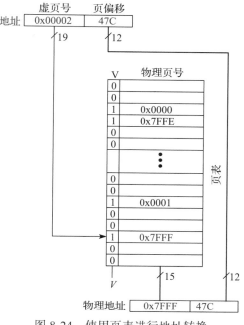

图 8-24　使用页表进行地址转换　　513

8.4.3　转换后备缓冲

如果每一次的读出和写入都需要读取一次页表，将加倍读出和写入的延迟，对虚拟存储器的性能会产生严重的影响。幸运的是，页表访问有很好的时间局部性。数据访问的时间和空间局部性，以及比较大的页意味着很多连续的读出和写入操作都发生在同一页上。因此，如果处理器能记住它最后读出的页表表项，就很可能可以重用这个转换表项而不需要重读页表。一般来说，处理器可以将最近使用的一些页表表项保存在称为**转换后备缓冲**（Translation Lookaside Buffer, TLB）的小型高速缓存内。处理器在访问物理存储器页表前首先查找 TLB 内的转换表项。在实际的程序中，绝大多数访问都在 TLB 中命中，避免了读取物理存储器中页表的时间消耗。

TLB 以全相联高速缓存的方式组成，一般有 16～512 个表项。每一个 TLB 表项有一个虚页号和它相应的物理页号。TLB 使用虚页号访问。如果 TLB 命中，它返回相应的物理页号；否则，处理器必须从物理存储器里读页表。TLB 设计得足够小使得它的访问时间可以小于一个周期。即使如此，TLB 的命中率一般也大于 99%。对于大多数读出和存取指令，TLB 使内存访问数从 2 次减少为 1 次。

例 8.15　**使用 TLB 实现地址转换**。考虑图 8-21 的虚拟存储器系统。使用一个 2 表项 TLB 完成地址转换，或解释为什么对于虚地址 0x247C 和 0x5FB0 到物理地址的转换必须访问页表。假设 TLB 目前包括有效的虚 0x2 和 0x7FFFD 的转换内容。

解：图 8-25 为处理虚地址 0x247C 请求的 2 个表项的 TLB。TLB 接收传入虚拟地址的虚页号 0x2，将其与每一个表项的虚页号比较。表项 0 匹配而且有效，所以请求命中。将匹配表项的物理页号 0x7FFF 与虚地址的页偏移拼接形成转换后的物理地址。同样，页偏移不需要转换。

514 对虚地址 0x5FB0 的请求在 TLB 中缺失。所以请求需要转向到页表进行转换。

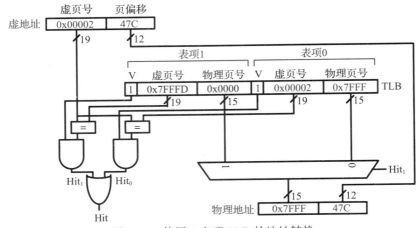

图 8-25 使用 2 表项 TLB 的地址转换

8.4.4 存储器保护

到目前为止，本节都集中于如何使用虚拟存储器来提供一个快速、廉价和大容量的存储空间。使用虚拟存储器的一个同样重要原因是提供并发程序间的保护。

读者可能已经知道，现代计算机一般在同一时间运行好几个程序或者进程。所有程序在物理存储器内是并存的。在一个设计良好的计算机系统中，程序应当各自独立地保护起来，以避免被某个程序使得其他程序崩溃，或破坏其他程序。更准确地说，在没有得到允许的情况下，某个程序不能访问其他程序的存储空间。这称为存储器保护（memory protection）。

虚拟存储器系统为每个程序提供独立的虚拟存储器地址空间（virtual address space）以提供存储器保护。每一个程序可以任意使用自己虚拟存储器地址空间中的存储器，但在任一时刻只有部分的虚拟存储器地址空间在物理存储器中。每一个程序可以使用它所有的虚地址空间而无须担心其他程序的物理位置。然而，一个程序只能访问已经映射到自身页表里的物理页。这样，程序就不能意外地或者恶意地访问其他程序的物理页，因为它们没有映射到程序的页表中。在某些情况下，多个程序可以访问公共的指令或者数据。操作系统会为每一个515 页表项加上控制位，以决定哪些程序可以写入共享的物理页。

*8.4.5 替换策略

虚拟存储器系统使用回写和近似的最近最少使用（LRU）替换策略。每一个对物理存储器的写都产生写硬盘的直写策略是不实际的。如果采用直写策略，写入指令将以毫秒级的硬盘速度操作，而不是纳秒级的处理器速度。在回写策略下，当物理页从物理存储器替换出来时，才回写到硬盘。把物理页回写到硬盘，然后从硬盘中读出另外的虚页称为交换（swap）。所以虚拟存储器系统里的硬盘有时称为交换空间（swap space）。处理器在发生页缺失时换出一个最近最少使用物理页，然后把缺失的虚页替换到被换出的页。为了支持这一替换策略，每一个页表表项需要包含两个额外的状态位：脏位 D 和使用位 U。

在物理页从硬盘读出后，若任何写入指令修改它，脏位就设置为 1。当物理页被换出时，只在它的脏位为 1 时，才需要回写到硬盘。否则，硬盘已经有了这一页的正确副本。

如果物理页最近被访问过，那么使用位 U 为 1。和高速缓存系统一样，精确的 LRU 替换将会异常复杂。所以操作系统使用近似的 LRU 替换策略：周期性地重设所有页中的使用位为 0。当一个页被访问，它的使用位设为 1。在页缺失时，操作系统寻找 $U=0$ 的页换出物理存储器。因此，操作系统未必替换出最近最少使用的页，而只是其中一个最近最少使用页。

*8.4.6 多级页表

页表会占据大量的物理存储器。例如，前面提到的页面大小为 4KB 的 2GB 虚拟存储器将需要 219 个表项。如果每一表项占用 4 字节，页表需要占用 $2^{19} \times 2^2$ 字节 $=2^{21}$ 字节 $=2MB$。

为了节省物理存储器，页表可以被分为多级（一般是两级）。第一级页表常保持在物理存储器中。它指明了小的第二级页表在虚拟存储器中的存放位置。第二级页表包含了一段范围虚页的实际转换内容。如果特定范围的转换内容没有使用到，相应的第二级页表可以被替换到硬盘，而不需要浪费物理存储器。

在两级页表中，虚页号分为两部分：页表号（page table number）和页表偏移（page table offset），如图 8-26 所示。页表号对驻留在物理存储器里的第一级页表进行寻址。第一级页表表项给出了第二级页表的基址或者在 V 为 0 时表示必须从硬盘获取。页表偏移对第二级页表进行寻址。虚拟存储器地址的余下 12 位为页偏移，页大小为 $2^{12}=4KB$。

516

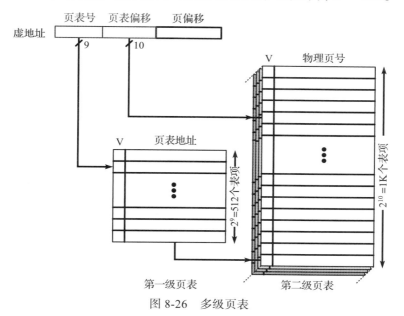

图 8-26 多级页表

图 8-26 中，19 位虚页号被分为 9 位的页表号和 10 位的页表偏移。因此，第一级页表有 $2^9=512$ 个表项。这 512 个第二级页表均有 $2^{10}=1K$ 个表项。如果每个一级和第二级页表表项占用 32 位（4 字节），而且只有两个第二级页表同时在物理存储器中，这个层次化页表结构只使用了（512×4 字节）+2×（1K×4 字节）=10KB 的物理存储器空间。两级页表只需要存储全部页表的 2MB 物理存储器的一小部分。两级页表的缺点是 TLB 缺失时转换过程将增加一次额外的存储器访问。

例 8.16 使用多级页表完成地址转换。图 8-27 为图 8-26 所示的两级页表可能包含的内容。仅给出了一个第二级页表的内容。使用这个两级页表，描述访问虚地址 0x003FEFB0 时发生了什么情况。

解：只有虚页号需要转换。虚地址中最高 9 位为页表号 0x0，这是第一级页表的索引。第一级页表的 0x0 号表项说明第二级页表在内存中（$V=1$），其物理地址为 0x2375000。

虚地址的后 10 位（0x3FE）为页表偏移，给出了第二级页表的索引。第二级页表的表项 0 位于底部，表项 0x3FF 位于顶部。第二级页表的第 0x3FE 号表项说明虚页在物理存储器（$V=1$）中，且物理页号为 0x23F1。将物理页号和页偏移拼接起来，形成物理地址 0x23F1FB0。

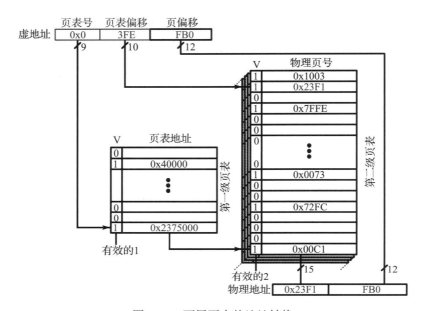

图 8-27 两层页表的地址转换

8.5 总结

存储器系统的组织是决定计算机性能的主要因素。DRAM、SRAM 和硬盘等不同的存储技术在容量、速度和消耗三方面提供了不同的折中。本章介绍了基于高速缓存和虚拟存储器的组织结构，它们使用存储器层次结构方法提供了接近理想的大容量、快速、廉价的存储器系统。主存一般用 DRAM 构成，其速度明显比处理器慢。高速缓存把常用数据保存在快速 SRAM 中以减少访问时间。虚拟存储器用硬盘存储暂时不需要在主存的数据以增加内存容量。高速缓存和虚拟存储器增加了计算机系统的复杂度和硬件，但是益处往往超过成本。所有的现代个人计算机都使用高速缓存和虚拟存储器。

结语

这一章把我们带到了数字系统世界旅程的终点。我们希望本书不仅让读者学习到工程技术知识，也能让读者感受到美妙和令人神往的数字电路设计艺术。读者学习了如何使用原理图和硬件描述语言设计组合和时序逻辑，熟悉了多路选择器、ALU、存储器等较大的数字电路模块。计算机是最吸引人的数字系统应用之一。读者已经学习了如何用汇编语言对 ARM

处理器编程和如何使用数字电路模块构造微处理器和存储器系统。读者可以发现抽象、规范、层次化、模块化和规整化等原则贯穿了全书。通过这些技术原则，我们可以完成微处理器内部运行这个拼图难题。从移动电话到数字电视再到火星探测器和医学影像系统，我们的世界日益数字化。

试想象，在一个半世纪之前，Charles Babbage 在与魔鬼的交易中也有相似的经历。他只不过渴望以机械精度来计算数学用表。今天的数字系统是昨天的科幻小说。Dick Tracy（20 世纪 30 年代美国连环漫画人物）曾在电话里听说过 iTunes 吗？Jules Verne（19 世纪法国科幻作家）会发射全球定位卫星星座到太空吗？Hippocrates（古希腊物理学家和医学家）能用过高分辨率的脑部数字照片治疗疾病吗？但是同时，George Orwell 噩梦中无所不在的政府监视正一天天地走向现实。黑客和政府进行未宣布的网络战，攻击工业基础设施和金融网络。而且罪犯声称可以用先进的膝上电脑开发核武器，其计算能力比冷战时期用于模拟炸弹实验的房间大小的超级电脑还强。微处理器的发展和进步仍在加速。未来 10 年的变化将会超过以往。读者现在已经有工具去设计和建造那些可以改造我们未来的新系统。更高的能力带来更多的责任。我们希望读者不仅仅为了娱乐或金钱来利用它，而应为了人类的利益。 519

习题

8.1 用简短的语言描述 4 个日常活动来说明时间局部性和空间局部性。每一种局部性说出两个例子，并加以解释。

8.2 用一段话描述两个短的可以利用时间局部性和（或）空间局部性的计算机应用。说明原理。

8.3 给出一个地址序列，针对此地址序列，容量为 16 个字，块大小为 4 个字直接映射的高速缓存性能将优于具有同样容量和块大小、采用 LRU 替换策略的全相联高速缓存。

8.4 重做习题 8.3，这时全相联高速缓存优于直接映射高速缓存。

8.5 在下述高速缓存参数中，增加其中一项而保持其他参数不变时，描述所产生的性能变化。

（a）块大小　　　　　（b）相联性　　　　　（c）高速缓存大小

8.6 两路组相联高速缓存的性能一定比同样容量和块大小的直接映射高速缓存好吗？请解释。

8.7 以下是关于高速缓存缺失率的说法。标志每句话是对还是错。简单解释你的原因，当说法是错的时候，给出一个反例。

（a）一个两路组相联高速缓存比有同样容量和块大小的直接映射高速缓存有更低的缺失率。

（b）一个 16KB 大小的直接映射高速缓存比有同样块大小的 8KB 直接映射高速缓存有更低的缺失率。

（c）给定相同的关联度和总容量，块大小为 32 字节的指令高速缓存一般比块大小为 8 字节的指令高速缓存有更低的缺失率。 520

8.8 高速缓存有以下的参数：块大小 b（以字为单位），组数 S，路数 N，地址位数 A。

（a）以给出的参数表示，高速缓存容量 C 是多少？

（b）以给出的参数表示，需要多少位来存放标志？

（c）全相联高速缓存的容量是 C，块大小是 b，这时 S 和 N 是多少？

（d）直接映射高速缓存的容量为 C，块大小为 b，S 为多少？

8.9 16 字高速缓存的参数如习题 8.8 给出。考虑以下重复的 LDR 地址序列（以十六进制给出）：

40 44 48 4C 70 74 78 7C 80 84 88 8C 90 94 98 9C 0 4 8 C 10 14 18 1C 20

假设对相联高速缓存采用最近最少使用（LRU）替换策略，如果这个地址序列输入以下高速缓存，忽略开始的影响（也就是强制缺失），计算有效缺失率。

(a) 直接映射高速缓存，$b=1$ 个字。

(b) 全相联高速缓存，$b=1$ 个字。

(c) 两路组相联高速缓存，$b=1$ 个字。

(d) 直接映射高速缓存，$b=2$ 个字。

8.10 重复习题 8.9。考虑以下重复的 LDR 地址序列（以十六进制给出）和缓存配置。缓存容量仍为 16 个字。

　　74 A0 78 38C AC 84 88 8C 7C 34 38 13C 388 18C

(a) 直接映射高速缓存，$b=1$ 个字。

(b) 全相联高速缓存，$b=2$ 个字。

(c) 两路组相联高速缓存，$b=2$ 个字。

(d) 直接映射高速缓存，$b=4$ 个字。

8.11 假设以下数据访问模式运行程序。这个模式仅运行一次。

521

　　0x0 , 0x8 , 0x10 , 0x18 , 0x20 , 0x28

(a) 如果使用直接映射高速缓存，容量为 1KB，块大小为 8 字节（2 个字），高速缓存内有多少组？

(b) 针对（a）中的高速缓存，在此直接映射高速缓存中，针对给出的内存访问模式，缺失率是多少？

(c) 针对给出的内存访问模式，以下哪一个方法最能减少缺失率？（高速缓存容量保持不变）。圈出你的答案。

(i) 增加相联度为 2。

(ii) 增加块大小到 16 字节。

(iii)(i) 和 (ii) 都可以。

(iv)(i) 和 (ii) 都不可以。

8.12 你正在为 ARM 处理器设计一个指令高速缓存。它的总容量为 $4C=2^{c+2}$ 字节，采用 $N=2^n$ 路组相联（$N\geqslant 8$），块大小为 $b=2^{b'}$ 字节（$b\geqslant 8$）。以已知参数的形式给出以下问题的答案。

(a) 地址的哪些位用于选择块里的字？

(b) 地址的哪些位用于选择高速缓存里的组？

(c) 每一个标志有多少位？

(d) 整个高速缓存中有多少标志位？

8.13 考虑以下参数的高速缓存：N（相联度）=2，b（块大小）=2 个字，W（字大小）=32 位，C（高速缓存大小）=32K 字，A（地址大小）=32 位。你只需要考虑字地址。

(a) 给出地址中的标志、组、块偏移和字节偏移位，每个字段需要多少位？

(b) 高速缓存中所有标志占多少位？

(c) 假设每个高速缓存块还有一位有效位（V）和一位脏位（D）。每一个高速缓存组（包括数据、标志和状态）需要有多少位？

522

(d) 使用图 8-28 中的模块和少量的 2 输入逻辑门电路设计高速缓存。高速缓存的设计必须包括标志存储、数据存储、地址比较、数据输出选择和任何你认为需要的部件。注意多路选择器和比较器

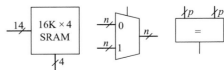

图 8-28　电路模块

块可以为任何大小（分别为 n 或者 p 位宽），但是 SRAM 块必须为 16K×4 位。请给出包含简明标志的电路模块图。只需设计实现读取功能的缓存。

8.14 你参加了一个热门的新互联网创业，用内嵌传呼机和网络浏览器开发腕表。它使用的嵌入式处理器中采用了图 8-29 所述的多级高速缓存方案。处理器包括一个小型的片上高速缓存和一个大型的片外第二级高速缓存（对，这个手表重 3 磅，但是你可以用它上网）。

假设处理器使用 32 位物理存储器地址但是只以字边界访问数据。表 8-5 给出了高速缓存参数。DRAM 的访问时间为 t_m，大小为 512MB。

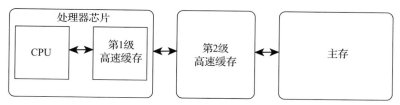

图 8-29　计算机系统

表 8-5　存储器特征

特征	片上高速缓存	片外高速缓存
组织方式	四路组相联	直接映射
命中率	A	B
访问时间	t_a	t_b
块大小	16 字节	16 字节
块数目	512	256K

（a）对于存储器中给定的字，在片上高速缓存和第二级高速缓存中总共有多少个可能的位置能找到它？

（b）片上高速缓存和第二层高速缓存的每个标志各需要多少位？

（c）给出内存平均访问时间的表达式。两级高速缓存按顺序连续访问。

（d）对于某一特定问题，测量发现片上高速缓存命中率为 85%，第二层高速缓存命中率为 90%。然而，当屏蔽片上高速缓存时，第二层高速缓存的命中率提高到 98.5%。请解释这个现象。

8.15 本章描述了最近最少使用（LRU）的多路相联高速缓存替换策略。还有一些不太常见的策略，如先入先出（FIFO）策略和随机策略。FIFO 策略替换出存在最长时间的块，而不考虑它是否最近被访问过。随机策略则随机选择一个块作替换。

（a）讨论这些替换策略的优缺点。

（b）描述一个 FIFO 会比 LRU 性能更好的访问模式。

8.16 你正在设计的计算机存储体系结构为分离的指令和数据高速缓存，并使用图 7-30 中的 ARM 多周期处理器，主频为 1GHz。

（a）假设指令高速缓存已经完美（即总是命中），但是数据高速缓存有 5% 的缺失率。在高速缓存缺失时，处理器暂停 60ns 访问主存，之后恢复正常操作。考虑高速缓存缺失的情况，平均内存访问时间为多少？

（b）考虑到非理想的存储器系统，平均每一条读出和写入指令需要多少时钟周期？

（c）考虑例 7.5 中的基准测试程序，其中有 25% 的读出指令，10% 的存储指令，13% 的分支指

523

令，52% 的数据处理指令。对非理想化的存储器系统，这个基准测试程序的平均 CPI 是多少？

（d）现在假设指令高速缓存也是非理想化的，缺失率为 7%，那么（c）部分基准测试程序的平均 CPI 是多少？把指令和数据高速缓存缺失都考虑在内。

8.17　参照以下参数重复习题 8.16。

（a）假设指令高速缓存已经完美（即总是命中），但是数据高速缓存有 15% 的缺失率。在高速缓存缺失时，处理器暂停 200ns 访问主存，之后恢复正常操作。考虑高速缓存缺失的情况，平均内存访问时间为多少？

（b）考虑到非理想的存储器系统，平均每一条读出和写入指令需要多少时钟周期？

（c）考虑例 7.5 中的基准测试程序，其中有 25% 的读出指令，10% 的存储指令，13% 的分支指令，52% 的数据处理指令。对非理想化的存储器系统，这个基准测试程序的平均 CPI 是多少？

（d）现在假设指令高速缓存也是非理想化的，缺失率为 10%，那么（c）部分基准测试程序的平均 CPI 是多少？把指令和数据高速缓存缺失都考虑在内。

8.18　如果计算机使用 64 位虚地址，那么可以访问多少虚拟存储器。注意 2^{40} 字节 =1terabyte，2^{50} 字节 =1petabyte，2^{60}=1exabyte。

8.19　一个超级计算机的设计者花费 100 万美元在 DRAM 上，同时花费同样多的钱在硬盘上以作为虚拟存储器。根据图 8-4 的价格，这台计算机可以拥有多大的物理存储器和虚拟存储器？需要多少位的物理和虚地址来访问这个存储器系统？

8.20　考虑一个可以寻址全部 2^{32} 字节的虚拟存储器系统。你有无限的硬盘空间，但是只有有限的 8MB 物理存储器。假设虚页和物理页都是 4KB 大小。

（a）物理地址为多少位？

（b）系统中最大的虚页号是多少？

（c）系统中有多少物理页？

（d）虚页号和物理页号占多少位？

（e）假设你设计了一个把虚拟存储器映射到物理存储器上的直接映射方案。该映射使用虚页号的若干最低有效位来确定物理页号。每一个物理页上可以映射多少虚页？为什么这里的直接映射不是一个好的方案？

（f）明显地，需要一个比（d）部分更有灵活性和动态性的虚拟存储器地址到物理地址转换方案。假设你使用一个页表存储映射（从虚页号到物理页号的转换）。页表将需要包含多少个页表表项？

（g）除了物理页号以外，每个页表表项还要包括一些状态信息，例如有效位（V）和脏位（D）。每一个页表表项需要占用多少字节？（按照整数字节向上取整）

（h）给出页表的布局图。页表的大小是多少字节？

8.21　考虑一个可以寻址全部 2^{50} 字节的虚拟存储器系统。你有无限的硬盘空间，但是只有有限的 2GB 物理存储器。假设虚页和物理页都是 4KB 大小。

（a）物理地址为多少位？

（b）系统中最大的虚页号是多少？

（c）系统中有多少物理页？

（d）虚页号和物理页号占多少位？

（e）页表将需要包含多少个页表表项？

（f）除了物理页号以外，每个页表表项还要包括一些状态信息，例如有效位（V）和脏位（D）。每一个页表表项需要占用多少字节？（按照整数字节向上取整。）

（g）给出页表的布局图。页表的大小是多少字节？

8.22　你决定使用地址转换后备缓冲（TLB）为习题 8.20 的虚拟存储器系统加速。假设内存系统的参数如表 8-6 所示。TLB 和高速缓存的缺失率表示所请求的内容找不到的概率。主存缺失率表示页缺失的概率。

表 8-6　存储器特征

存储器部件	访问时间（周期）	缺失率
TLB	1	0.05%
高速缓存	1	2%
主存	100	0.0003%
硬盘	1 000 000	0%

（a）在加上 TLB 前虚拟存储器系统的平均内存访问时间是多少？假设页表常驻在物理存储器，而不会保存在数据高速缓存内。

（b）如果 TLB 有 64 个表项，TLB 大小为多少位？每个表项中包括以下字段：数据（物理页号）、标志（虚页号）和有效位。给出各个字段所占用的位数。

（c）画出 TLB 的草图，清楚标出所有字段和尺寸。

（d）需要多大容量的 SRAM 来构 (c) 部分描述的 TLB？以深度 × 宽度的形式给出答案。

8.23　你决定采用 128 个表项的地址转换后备缓冲（TLB）加速习题 8.21 中的虚拟存储系统。

（a）TLB 大小为多少位？每个表项中包括以下字段：数据（物理页号）、标志（虚页号）和有效位。给出各个字段所占用的位数。

（b）画出 TLB 的草图，清楚标出所有字段和尺寸。

（c）需要多大容量的 SRAM 来构 (b) 部分描述的 TLB？以深度 × 宽度的形式给出答案。

8.24　假设 7.4 节描述的 ARM 多周期处理器使用虚拟存储器系统。

（a）在多周期处理器原理图内画出 TLB 的位置。

（b）描述加入 TLB 后如何影响处理器的性能。

8.25　你正在设计的虚拟存储器系统使用一个以专用硬件（SRAM 和相关逻辑）构成的单层页表。它支持 25 位虚地址、22 位物理地址和 2^{16} 字节（64KB）的页。每一页表表项包含一个物理页号，有效位（V）和脏位（D）。

（a）页表的总大小为多少位？

（b）操作系统组建议将页大小从 64KB 减少到 16KB。但是你们小组的硬件工程师坚决反对，认为这将增加硬件开销。说出他们的理由。

（c）页表将与片上高速缓存一起集成在处理器芯片上。片上高速缓存只对物理地址（不对虚拟地址）操作。对于给定的内存访问，可以同时访问片上高速缓存合适的组和页表吗？简要解释同时访问高速缓存组和页表表项的必要条件。

（d）对于给定的内存访问，可以同时执行片上高速缓存标志比较和访问页表吗？简要解释原因。

8.26　描述虚拟存储器系统可能影响应用写入的方案。必须讨论页大小和物理存储器大小如何影响程序的性能。

8.27 假设你的个人计算机使用 32 位虚地址。

(a) 每一个程序可以用最多多少的虚拟存储器空间?

(b) PC 硬盘的大小如何影响性能?

(c) PC 的物理存储器大小如何影响性能?

面试问题

8.1 解释直接映射、组相联和全相联高速缓存的不同。对于每一种高速缓存类型,给出一个程序,其性能要好于其他两种高速缓存。

8.2 解释虚拟存储器系统是如何工作的。

8.3 解释使用虚拟存储器系统的优点和缺点。

8.4 解释存储器系统的虚页大小如何影响高速缓存的性能。

528 ~ 529

索　引

索引中的页码为英文原书页码，与书中页边标注的页码一致。斜体的页码表示术语位于图、表或文本框中。